Eckart Goebel und Cornelia Zumbusch (Hg.)

BALANCE

Figuren des Äquilibriums in den Kulturwissenschaften

STUDIEN AUS DEM WARBURG-HAUS, BAND 23

Herausgegeben von
Uwe Fleckner
Margit Kern
Birgit Recki
Cornelia Zumbusch

Eckart Goebel und Cornelia Zumbusch (Hg.)

BALANCE

Figuren des Äquilibriums in den Kulturwissenschaften

DE GRUYTER

INHALTSVERZEICHNIS

7 Einleitung
Eckart Goebel und Cornelia Zumbusch

35 Der Weg der »goldenen Mitte«
Aristoteles' Lehre der μεσότης (*mesotes*) und ihre Bedeutung für die Daseinsmetapher der Balance
Simon Grund

57 Die Waage der Melancholie
Ein Beitrag zur Schilderung des Denkraums
Emiliano De Vito

71 »Nihil firmum est«
Balance und Tektonik in der niederländischen Stilllebenmalerei des 17. Jahrhunderts
Andreas Gormans

83 Antoine Watteau oder: die Grazie der Balance
Maria Moog-Grünewald

97 »Göttin des Maßes«
Herders äquilibristische Theorie der Tragödie
Hendrik Blumentrath

109 Gegengewichte
Hölderlins Sophokles-Übersetzungen und ihr Tragödienmodell
Lars Friedrich

129 Rhetorik und Logik der Kompensation
Michael Eggers

143 Äquilibrium im (P)Flug
Pflug und Ballon als Reflexionsfiguren horizontaler und vertikaler Arbeit am Ausgleich
Julia Kerscher

155 Bewegung aus dem Stand
Das Äquilibrium in der Zeichenkunst
Pirkko Rathgeber

167 Ein Gleichgewicht positiver und negativer Kräfte?
Henry van de Veldes physiologische Linientheorie
Ole W. Fischer

181 Äquilibristik und Informationsverhalten
Über W. Ross Ashbys Homöostaten
Bernhard J. Dotzler

193 Von Risiko, Schwindel und Balance
Circensische Äquilibristik
Margarete Fuchs

205 Gleichgewicht am Erwartungshorizont
Der urbanistische Erfahrungsraum der Achse
Ernst Seidl

217 REST in Peace
Floating Tanks als Medientechnik zwischen Balance und Exzess
Philipp Hauss und Sebastian Vehlken

239 Anmerkungen

295 Farbtafeln

312 Bildnachweis

EINLEITUNG

Eckart Goebel und Cornelia Zumbusch

> Waage und Gewicht stehen vor dem Herrn der Ewigkeit,
> keiner ist davon befreit, Rechenschaft ablegen zu müssen.
> Thoth sitzt als Pavian auf ihrem Tragbalken,
> um jedermann zu berechnen nach dem, was er auf Erden getan hat.
> (Inschrift auf dem Monumentalgrab eines Hohepriesters des Thoth)[1]

ZUR HISTORISCHEN SEMANTIK VON »BALANCE«

Die Idee zum vorliegenden Band über *Figuren des Äquilibriums in den Kulturwissenschaften* entstand aus der Beobachtung, dass unterschiedliche Modelle und Praktiken des Ausgleichens und des Balancierens, aber auch die Artikulation einer tiefsitzenden Angst vor dem Verlust des Gleichgewichts, von der Antike bis heute zu den Basiselementen kultureller Erfahrung und deren Reflexion gehören. Gleichgewichtsvorstellungen wurden und werden weiterhin in zahlreichen, ihrerseits ineinander verwobenen Diskursen thematisiert, illustriert, artistisch inszeniert und philosophisch durchdacht. Sie bedürfen daher einer interdisziplinär konturierten Erforschung, zu der die hier versammelten Einzelstudien einen weiteren Beitrag leisten.[2]

Konzepte, Theorien, Bilder und Faszinationsgeschichten einer ersehnten, vollendeten, bedrohten oder verlorenen Balance begegnen seit Jahrtausenden prominent in kosmologischen, religiösen, ethischen, medizinischen, physikalischen, politischen, juristischen, ökonomischen, ästhetischen, sozialen und individuellen Kontexten. Die für ein geordnetes Marktgeschehen unentbehrliche und als Bildspender enorm produktive Balkenwaage – lateinisch *bilancia* – gehört zu den historisch frühesten Messinstrumenten überhaupt; die ältesten Funde aus Oberägypten sind über 5000 Jahre alt.[3] Exemplarisch ablesbar sind das hohe Alter und der eminente kulturhistorische Rang von Gleichgewichts-, Ausgleichs- und Vergeltungsordnungen (*jus talionis*) bereits am altägyptischen Begriff der als kosmische Ordnungsmacht die Welt im Gleichgewicht haltenden »Ma'at«, der Jan Assmann eine große Monographie gewidmet hat: »Ma'at ist die regulative Energie, die das Leben der Menschen zur Eintracht, Gemeinsamkeit und Gerechtigkeit steuert und die kosmischen Kräfte zur Gesetzmäßigkeit ihrer Bahnen, Rhythmen und Wirkungen ausbalanciert.«[4] Im Hinblick auf das Leben des Einzelnen entwickelt sich im Alten Ägypten die Vorstellung eines *Totengerichts* mit Wägung der Seele (*Ba*). Die als postmortaler Initiationsritus konzipierte »Große Prüfung« kulminiert in der über Unsterblichkeit oder Vernichtung entscheidenden Herzwägung: »Diese Prüfung findet ihre Gestalt in dem großen Bild von der Wägung, bei dem das Herz des Menschen gegen die Ma'at aufgewogen wird.«[5]

Das Motiv der irreversiblen Wägung eines Menschenlebens begegnet auch im Alten Testament. Im 5. Buch Daniel findet sich etwa die berühmte Geschichte, wie eine spukhafte Hand Belsazar sein (Todes-)Urteil an die weißgetünchte Wand schreibt, weil er sich beim Gelage an den nach Babylon gebrachten goldenen und silbernen Gefäßen aus dem Jerusalemer Tempel vergriffen hat. Der herbeigerufene Daniel entziffert den rätselhaften Text: »So aber lautet die Schrift, die dort geschrieben steht: *Mene mene tekel u-parsin*. Und sie bedeutet dies: *Mene*, das ist, Gott hat dein Königtum *gezählt* und beendet. *Tekel*, das ist, man hat dich auf der Waage *gewogen* und für zu leicht befunden. *Peres*, das ist, dein Reich ist *zerteilt* und den Medern und *Persern* gegeben.«[6] Scharf abzugrenzen von der *Psychostasie* oder Seelenwägung ist die altgriechische *Kerostasie*, die Schicksalswaage. Im Unterschied zur Herzwägung fällt in der Kerostasie jenseits ethischer Erwägungen und Urteile die endgültige Entscheidung, wen der gewaltsame Tod (*Ker*) jetzt treffen wird. Im 22. Buch der *Ilias* richtet der tief zerrissene Zeus mit einer goldenen Waage über das Schicksal der Helden und entscheidet den Kampf zwischen Achilles und Hektor:[7]

»Jetzt nun streckte der Vater empor die goldene Waage,
Legt' in die Schalen hinein zwei finstere Todeslose,
Dieses dem Peleionen und das dem reisigen Hektor,
Faßte die Mitt' und wog: da lastete Hektors Schicksal
Schwer zum Hades hin; es verließ ihn Phoibos Apollon.«[8]

Intensive Wirksamkeit bis in die Gegenwart hinein – namentlich auch im Kontext der Geschichte der Melancholie – entfaltete neben diesen hier sehr knapp skizzierten »fundamentalen Ideen der Menschheitsgeschichte« zum Totengericht ferner die medizinische, meist auf den Pythagoreer Alkmaion zurückdatierte Lehre, »die Gesundheit werde durch das Gleichgewicht der Kräfte erhalten«.[9] Die ebenfalls uralte Idee vom *gesunden Gleichgewicht* wird in der hippokratischen Schrift über *Die Natur des Menschen* zur Humoralpathologie, der Lehre von den vier dominanten Körpersäften, ausgearbeitet, die Galen später kanonisiert:

»Der Körper des Menschen enthält Blut, Schleim, gelbe und schwarze Galle; von diesen Säften hängen die Konstitution des Körpers, Krankheit und Gesundheit ab. Am gesundesten ist der Mensch dann, wenn ihre gegenseitige Mischung, Wirkung und Menge ausgewogen und wenn sie am innigsten verbunden sind, krank aber, wenn einer der Säfte in zu großer oder zu geringer Menge vorhanden ist oder sich im Körper absondert und nicht mit allen vermengt ist.«[10]

Diskursbegründend für *Philosophien der Balance* seit der Antike wird die von Heraklit in mehreren Varianten kraftvoll formulierte Vorstellung einer Erzeugung von Gleichgewicht und Harmonie über das kühne Zusammenspannen von Gegensätzen: »Sie begreifen nicht, daß es [das All-Eine], auseinanderstrebend, mit sich selbst übereinstimmt: widerstrebende Harmonie wie bei Bogen und Leier.«[11]

Im Bereich der philosophischen Reflexion praktischen Handelns innerhalb der politischen Gemeinschaft der *Polis* hat dann vor allem die von Aristoteles in der *Nikomachischen Ethik* entwickelte, von der Ideenlehre Platons emanzipierte Tugendlehre eine bis heute einflussreiche Konzeption der »guten Mitte« auf den Weg gebracht, die eine genaue Balance zwischen schlechten Extremen bezeichnet:

»Denn diese [die Tugend] hat mit Affekten und Handlungen zu tun, und in diesen gibt es Übermaß, Mangel und das Mittlere. Zum Beispiel kann man Furcht, Mut, Begierde, Zorn, Mitleid und allgemein Lust und Unlust ebenso zu viel wie zu wenig empfinden, und beides ist nicht die richtige Weise. Dagegen sie zu empfinden, wann (*hote*) man soll, bei welchen Anlässen (*eph'hois*) und welchen Menschen gegenüber (*pros hous*), zu welchem Zweck (*hou heneka*) und wie man soll (*hos dei*), ist das Mittlere und Beste, und dies macht die Tugend aus. Ähnlich gibt es Übermaß, Mangel und das Mittlere in Bezug auf Handlungen. Die Tugend hat mit Affekten und Handlungen zu tun, bei denen das Übermaß wie auch der Mangel eine Verfehlung darstellt, das Mittlere dagegen gelobt wird und das Richtige trifft. Dies beides aber [Gegenstand von Lob und richtig zu sein] sind Kennzeichen der Tugend. Die Tugend ist also eine Art von Mitte (*mesotes*), da sie auf das Mittlere (*meson*) zielt.«[12]

Neben der *Mesotes*-Lehre nahm insbesondere die in der *Nikomachischen Ethik* ebenfalls präsentierte Differenzierung zwischen Verteilungsgerechtigkeit und *ausgleichender Gerechtigkeit* einen bleibenden Einfluss auf die Ethikdiskussion seither. Während die gerechte Verteilung einem von Aristoteles als »geometrisch« bezeichneten proportionalen Verfahren folgt und »Würdigkeit« beziehungsweise sozialen Rang einkalkuliert, geht es in der als »arithmetisch« titulierten Gerechtigkeit strikt um den Ausgleich. In der Perspektive der ausgleichenden Gerechtigkeit ist es irrelevant, ob etwa »ein guter oder ein schlechter Mensch Ehebruch begangen hat. Vielmehr sieht das Gesetz nur auf den Unterschied, der durch den zugefügten Schaden entstanden ist und behandelt die

Personen als gleiche«:[13] Justitia ist für die soziale Stellung der Kontrahenten vor Gericht »blind«, und die ihr emblematisch zugeordnete Balkenwaage ermittelt objektiv das angemessene, »ausgewogene« Urteil ohne Ansehen der Person.

Ihr ästhetisches Analogon finden die Lehre vom gesunden Gleichgewicht, der *Eukrasie*, und die *Mesotes*-Lehre im nur fragmentarisch überlieferten *Kanon* des Bildhauers Polykleitos, konkret im Begriff der *symmetria*, die, wie Joachim Schummer akzentuiert, als Kompositum aus »syn« und »métron« ursprünglich nicht Spiegelsymmetrie, sondern Eben- und Gleichmaß bedeutet:

> »So wie die Pythagoreer die perfekten Harmonien in der Musik durch Zahlenverhältnisse auszudrücken suchten, so beschrieb Polyklet den perfekten menschlichen Körper durch Maßzahlverhältnisse. Darüber hinaus übertrug seine Symmetrielehre auch die in der griechischen Medizin bedeutende Lehre vom Gleichgewicht der Gegensätze auf die bildende Kunst. So wie der Pythagoreer Alkmaion und ihm folgend die Hippokratische Schule den Zustand der Gesundheit als Gleichgewicht der elementaren körperlichen Kräfte definierte, so sollte die perfekte menschliche Skulptur, exemplifiziert in seinem Doryphoros, ein Gleichgewicht von Ruhe und Bewegung, Spannung und Entspannung, Hebung und Senkung usw. verkörpern, was später unter dem Begriff des Kontrapost zusammengefasst wurde. Beides zusammen, die perfekten Maßzahlverhältnisse des Körpers und das richtige Maß zwischen den Gegensätzen, bildeten die erste ästhetische Theorie der Symmetrie.«[14]

Die Idee eines *wirtschaftlichen Gleichgewichts* wiederum gilt ebenfalls als »one of the oldest ideas in economics«; erneut fungiert Heraklit als einer der ersten, der den »circular flow of goods and money« aphoristisch beschrieb.[15] Dieser Flow wird in der »klassischen Ökonomie« des 18. Jahrhunderts modern zur freilich kontroversen Doktrin der ausgewogenen freien Konkurrenzwirtschaft ausformuliert:

> »[Die klassische Ökonomie] konzipiert ein System, dessen immanente Gesetze dem einzelnen eine sichere Grundlage bieten, um seine wirtschaftliche Tätigkeit rational nach Maßgabe der Maximierung des Profits zu kalkulieren. Solche Kalkulationen trifft jeder für sich, ohne Absprache mit anderen; die Warenproduktion ist subjektiv anarchisch, objektiv harmonisch. Die erste Voraussetzung ist mithin eine ökonomische: die Garantie des freien Wettbewerbs. [...] [B]ei vollständiger Mobilität von Produzenten, Produkten und Kapital werden sich [...] Angebot und Nachfrage stets ausgleichen. Mithin sollen die Kapazitäten stets ausgelastet, die Arbeitskraftreserven ausgeschöpft sein und das System im Prinzip krisenfrei auf hohem, dem Entwicklungsstand der Produktivkräfte jederzeit angemessenen Niveau sich im Gleichgewicht halten.«[16]

Die variantenreichen Ausformulierungen kosmologischer, religiöser, ethischer, medizinischer, philosophischer und ökonomischer Balancekonzepte werden ihrerseits begleitet von einer fortlaufenden Aufmerksamkeit auf den sensiblen und störanfälligen *physiologischen Gleichgewichtssinn* beziehungsweise auf den »noch nicht vollständig erforschten« Vestibularapparat im Innenohr, der die Möglichkeit des aufrechten Gangs der von Kinetose (See- beziehungsweise Reisekrankheit) und Schwindel heimgesuchten Spezies Mensch gewährleistet.[17] Das von der thebanischen Sphinx dem König Ödipus gestellte Rätsel über jenes »seltsame Tier«, das zunächst auf vier, dann auf zwei und zuletzt auf drei Beinen geht, bevor es umfällt und stirbt, kann vor dem Hintergrund der Sorge um die Balance ebenfalls als Parabel über Gewinn und Verlust individuellen Gleichgewichts gelten. Arthur Schopenhauer beschrieb das Gehen des Menschen daher folgerecht als beständig aufgeschobenen Gleichgewichtsverlust, als »ein stets gehemmtes Fallen«.[18]

In der Wahrnehmungspsychologie erscheint die aus dem physiologischen Gleichgewichtssinn abgeleitete »Balancemetapher« daher als »Paradebeispiel für die These, unser Denken basiere auf einem überschaubaren Spektrum existentieller Leiberfahrungen«:

> »Wie wichtig das körperliche Gleichgewicht für Menschen ist, kann man an der Allgegenwart der Rede von ›Balance‹ – ihrer Herstellung, Gefährdung, oder ihrem Verlust – ablesen. Man spricht von ›Gleichgewicht‹, ob es um Machtverhältnisse, Märkte, die Anteile von Arbeits- und Familienleben am individuellen Zeitbudget oder etwa die Frage geht, in welchem Verhältnis die Attraktivität eines Museumsbaus zur Anziehungskraft der ausgestellten Kunstwerke steht oder stehen sollte; psychologische Theorien suchen diverse Gegenstandsbereiche mit den Begriffen ›Balance‹, ›Äquilibration‹ oder ›Homöostase‹ zu erschließen. So wird eine körperliche Erfahrung auf sehr unterschiedliche mehr oder minder körperferne Sachverhalte übertragen.«[19]

Die komplizierte Frage, ob der physiologische Gleichgewichtssinn tatsächlich als der primäre Bildspender für die Emergenz von »Balancemetaphern« gelten kann, soll weiter unten in dieser Einleitung noch einmal aufgegriffen werden. Denn es hat sich bei unserer Arbeit am Thema des vorliegenden Bandes herausgestellt, dass der Versuch einer Rekonstruktion der Semantik von »Gleichgewicht« eine *Pluralität* der historischen Ursprünge von Balancemetaphern berücksichtigen muss. So hat etwa das »Gleichgewicht der Märkte«, so sehr deren Schwankungen auch Schwindel hervorrufen oder durch Schwindel im Sinne von Betrug verursacht sein mögen, weniger mit dem Gleichgewichtssinn unmittelbar zu tun als mit der Waage, was sich am ökonomischen Begriff der »Bilanz« ablesen lässt, der auf »bilancia« zurückgeht.

Unstrittig ist gleichwohl, dass seit dem Erscheinen der Sphinx das Rätseln über die menschliche Existenz ein Nachdenken über die Balance und deren unausweichlichen

Verlust in Sturz und Fall mit einschließt. Noch in der Systemtheorie wird dem *Fließgleichgewicht* (*steady state*) offener Systeme mit begrenzter Lebensdauer bevorzugt die Entropie als »interdisziplinäre[s] Analogon« zugeordnet, insofern das vollendete *thermodynamische* Gleichgewicht erst besteht, wenn ein »Maximum an Entropie« erreicht ist, im Fall eines Organismus dessen Tod.[20] Fließgleichgewicht und Entropie avancieren zu Gegenbegriffen.

Der wohl schönste Text, der sich mit dem ästhetischen Inbegriff von Balance befasst – mit der Grazie – und ihren Verlust im tiefsten Fall: in der Vertreibung aus dem Paradies begründet sieht, ist Heinrich von Kleists Essay *Über das Marionettentheater*, der die »Unordnungen« beschreibt, welche das Bewusstsein »in der natürlichen Grazie des Menschen anrichtet«.[21] Für den Rückgewinn der Grazie ist Kleist zufolge nicht weniger gefordert als die Überwindung des postlapsalen Status der Sterblichkeit, mithin die Gnade – *grâce* –, die von oben kommt. Grazie besitzt die Marionette, die sich im vollkommenen Einklang mit den Gesetzen der Physik bewegt, oder aber es besitzt sie der Gott, der dem buchstäblich »deprimierenden« Gravitationsgesetz nicht (mehr) unterworfen ist:

> »Wir sehen, daß in dem Maße, als, in der organischen Welt, die Reflexion dunkler und schwächer wird, die Grazie darin immer strahlender und herrschender hervortritt [...]. [Es] findet sich auch, wenn die Erkenntnis gleichsam durch ein Unendliches gegangen ist, die Grazie wieder ein; so, daß sie, zu gleicher Zeit, in demjenigen menschlichen Körperbau am reinsten erscheint, der entweder gar keins, oder ein unendliches Bewußtsein hat, d. h. in dem Gliedermann oder in dem Gott.«[22]

Es ist, so argumentiert Christian Allesch, keineswegs ein Zufall im Kontext ästhetischer Theorie um 1800, dass Kleist seine Geschichte einem Tänzer in den Mund legt: »Es ist ja gerade der Tanz, der am direktesten von allen Künsten mit [Balance] zu tun hat, weil er [...] nicht bloß mit visuell oder räumlich dargestelltem Gleichgewicht zu tun hat, sondern mit erlebter Balance, mit der riskanten Preisgabe und dem Wiedergewinnen von Gleichgewicht.«[23] Vor dem Hintergrund der primären Fokussierung ästhetischer Theorien auf Bild, Klang, Gestalt und Text erscheint eine »Ästhetik des Gleichgewichts«, die von der internen Erfahrung des Gleichgewichts in der Bewegung ausgeht und nicht von der äußeren Betrachtung von Proportionen, daher als ein »Desiderat, dessen Einlösung noch aussteht.«[24]

Die Idee eines zu erhaltenden oder zu erstrebenden Gleichgewichts gilt vor dem skizzierten ideengeschichtlichen Hintergrund, so bestätigt Arno Strohmeyer im Kontext einer Darstellung des ebenfalls bereits in der Antike dokumentierten Konzepts eines *Gleichgewichts der politischen Kräfte* (*balance of power*), weithin als »eine grundlegende Vorstellung menschlichen Denkens«.[25]

Der US-Psychiater Karl Menninger spricht mit Blick nicht nur auf die theoretische Dimension, sondern auf menschliche Existenz insgesamt im variablen Spannungsfeld von psychophysischem Selbstverhältnis und Umweltbezug sogar vom »Gleichgewicht des Lebens«.[26] Menninger basiert sein systemtheoretisches Konzept der *Vital Balance* auf den vom Physiologen Walter B. Cannon elaborierten interdisziplinären Erfolgsbegriff der *Homöostase*, der die Fähigkeit von Organismen bezeichnet, die internen Bedingungen ihres Systems konstant zu halten beziehungsweise nach einer Störung wieder ins Gleichgewicht zu bringen.[27] Zugleich prägt Menninger im Gegenzug den Begriff der »Heterostase«, um der (von Cannon übrigens bestrittenen) statischen Konzeption vom Gleichgewicht selbstregulierender Systeme ein terminologisches Gegengewicht zu verschaffen.[28] Adressiert werden soll so die lebendige, sich gegen die Entropie stemmende Dynamik der durch Wachstum, Veränderung und Anpassung charakterisierten offenen Systeme in Zeit und Umwelt: »Leben kann nicht ohne Stabilität bestehen, aber ist ein vollkommen stabiles Leben menschlich?«[29]

Diese ihrerseits wiederum stets neu zu balancierende Polarität zwischen einem homöostatischen, konservativ-defensiven Reaktionsschema, das ein gestörtes Gleichgewicht zu beheben beziehungsweise den *status quo ante* zu restituieren strebt, einerseits und dem latent revolutionären Drang nach Neuem andererseits ist charakteristisch für zahlreiche Gleichgewichtstheorien. Weithin bekannt ist etwa der Widerspruch zwischen dem ökonomischen Gleichgewicht als perfekter Balance zwischen Angebot und Nachfrage (die den Profit in ein konstantes Gehalt transformiert) und dem Drang nach Wirtschaftswachstum, also dem Streben nach maximalem Profit. Als weiteres prominentes Theorem wäre hier die dualistische Triebtheorie Sigmund Freuds zu nennen, die zwischen den ins Leblose zurückstrebenden und den das Leben mehrenden Polen von »Ich(Todes-)trieben und Sexual(Lebens-)trieben« ausgespannt ist.[30] Bereits 1895 hatte Freud in den gemeinsam mit Joseph Breuer publizierten *Studien über Hysterie* das bis heute umworbene »psychische Gleichgewicht«, die »Gelassenheit« als Ziel der *talking cure* bestimmt.[31]

Zu nennen wären hier schließlich auch die notorischen Kontroversen über »Klassik«, verstanden als Ausbalancierung potentiell zerreißender Widersprüche in »edler Einfalt und stiller Größe«, und »Klassizismus« im Sinne eines starrsinnigen Festhaltens an historisch und künstlerisch gleichermaßen obsoleten Vollkommenheitsrezepten. In diesen Debatten wird zuweilen versucht, einen Ausgleich beziehungsweise »heikle Balancen« wiederum zwischen »Klassik und Moderne« zu erkennen. So attestiert Ernst Osterkamp dem sich für die Weltliteratur öffnenden späten Goethe die Intention der Verabschiedung eines normativen Begriffs des Klassischen. An die Stelle der Vorbildlichkeit antiker, griechischer Kultur trete nun wieder der ursprüngliche römische Begriff des Klassischen im Sinne von *classicus*, also des Erstklassigen, der es Goethe erlaubt, »das Vortreffliche aus allen Zeiten und Kulturen sich anzueignen […] und so zur Entfaltung der Moderne« beizutragen.[32]

Die verbreitete, in ihren Stereotypen meist als »jugendlich« markierte Annahme, Theorien über Balance seien vorab »klassizistisch« und »konservativ«, resultiert auch aus der auf unterschiedlichen Ebenen beziehungsweise in unterschiedlichen Lebensphasen immer neu zu prozessierenden Polarität von Beharrung und Veränderung, Homöo- und Heterostase. Die den Lebenszyklus des Individuums skandierenden »psychosozialen Krisen« von der peinvollen Auflösung der Mutter-Kind-Dyade über die Pubertät bis zur *Midlife-Crisis* und darüber hinaus erscheinen in dieser Perspektive als Oszillationen zwischen Verlust und Rückgewinn von Gleichgewicht: »Wir ›entdecken‹ ihn [den Menschen] irgendwo zwischen absoluter Geschlossenheit und völliger Offenheit.«[33]

Die *Ehe* zwischen zwei Menschen ist die wohl älteste Institution, um die psychosozialen Schwankungen und Krisen, denen ein einsam geführtes Leben unterliegt, im Fall des Gelingens in ein »gegenseitiges Einanderstützen« zu überführen und dann »ein Gleichgewicht durch die beständige Bewegung nach vorwärts« zu gewährleisten.[34]

Robert Musil hat daher in seiner Meisternovelle über *Die Vollendung der Liebe* von 1911 die destabilisierende Krise einer ehelichen Zweiergemeinschaft als dichte psychologische Fallstudie über die Konstellation von »Gatte und Gleichgewicht« paradigmatisch inszeniert.[35] Die Paradoxie, die Musil darstellt, besteht darin, dass das in der Ehe erreichte Gleichgewicht – eben die »Vollendung der Liebe« – als »Strebe aus härtestem Metall« einer starren Konstruktion erfahren wird und insofern das Fremdgehen Claudines am Ende der Novelle nachgerade kausal bedingt.[36] Die dargestellte Ehe ist einerseits eine perfekte Symbiose, deren Partner »sich entlasteten, deckten, wie zwei wunderbar aneinandergepaßte Hälften, die, zusammengefügt, ihre Grenzen nach außen verringern, während ihr Inneres größer ineinanderflutet. Sie waren manchmal unglücklich, daß sie nicht alles bis ins Letzte miteinander gemeinsam machen konnten.«[37]

Zugleich erkennen Claudine und ihr namenloser »Mann«, dass ein Wissen um ihre Einsamkeit das Geheimnis ihres »Zuzweienseins« ist: »Ihre Blicke klammerten sich aneinander fest, mit jenem gespannten Schwanken der Körper zweier Menschen, die auf einem Seil nebeneinanderstehn.«[38] Grund der »Einsamkeit zu zweien« ist der im Balanceakt der Ehe beständig auszutarierende ambivalente Gedanke an »jenen Dritten, Unbekannten«, dessen Blick sich fragend auf das Paar richtet.[39] Musil schildert die einsame Reise Claudines als krisenhafte Depersonalisations- und Regressionserfahrung, die im »unerhörten Ereignis« des Ehebruchs mit einem ebenfalls namenlosen bärtigen Ministerialrat kulminiert. »Jener Dritte«, so demonstriert die Novelle, ist beides: Stabilisator und Heimsuchung des ehelichen Gleichgewichts. Die Eheleute fühlen »alle diese Dritten um sich stehen, wie jene große Kugel, die uns einschließt und uns manchmal fremd und gläsern ansieht und frieren macht, wenn der Flug eines Vogels eine unverständlich taumelnde Linie in sie hineinritzt.«[40]

Walter Cannon selbst hatte im populärwissenschaftlich angelegten Buch über *The Wisdom of the Body* den Widerspruch zwischen der Statik der Homöostase und der (r)evolutionären Dynamik im Konzept des *steady state* – dem Fließgleichgewicht – zu überbrücken versucht, das Beharrung und Veränderung integrieren sollte. Die im *Epilog* angestellten Überlegungen zu einer möglichen Anwendbarkeit des am biologischen

Organismus entwickelten Konzepts der Homöostase nicht nur auf die Ehe, sondern auf den *body politic* insgesamt reden im Jahr 1932 daher weniger radikaler politischer Veränderung das Wort als dass sie einer melioristischen Idee von Reformpolitik im Sinne des sanften Gesetzes eines *steady state* verpflichtet sind. Sozialer Neptunismus steht hier, wie bereits bei Goethe, gegen revolutionären Vulkanismus: Zwar setzt nach Cannon die als materielle Grundversorgung gedachte soziale Homöostase die riskanten Abenteuer des Gedankens frei, doch dürfe dieser sich nie wider das System selbst wenden, das ihn trägt: »[S]teady states in society as a whole and steady states in its members are closely linked,« weshalb ein Zerreißen des »*milieu*« angeblich unvermeidlich den Kollaps des Ganzen nach sich ziehe.[41]

In der gegenwärtig intensiv geführten Debatte zur Frage nach der Möglichkeit einer Bewahrung beziehungsweise Restitution eines *ökologischen Gleichgewichts* in der Natur hat sich etwa der publizistisch ebenso erfolgreiche wie umstrittene Zoologe Josef Reichholf ebenfalls des vom Biophysiker Ludwig von Bertalanffy eingeführten Begriffs des Fließgleichgewichts bedient, um sowohl das binäre Balance- als auch das komplexere Modell des ökologischen *Mobiles* als Vereinfachungen des evolutionären Prozesses zu kritisieren, die seiner (kontrovers diskutierten) Ansicht nach dogmatische Konzepte von Naturschutz begünstigen. Reichholfs Ziel ist es, Ökosysteme, die er pointiert als *Stabile Ungleichgewichte* beschreibt, klar abzusetzen vom unflexiblen Gleichgewicht in der nichtlebendigen Natur, um bedrohte Ökosysteme nicht auf die Idee eines starren Gleichgewichts zu eichen, das es *de facto* nicht gebe:

> »Absetzen deshalb, weil alle Lebewesen und die von ihnen gebildeten Gemeinschaften natürlich diese nichtlebendige Basis brauchen. Genau hier liegt nun der entscheidende Unterschied. Weil das Ausmaß der Entfernung des Fließgleichgewichts vom nichtlebendigen Grundzustand nicht festgelegt ist, eröffnen sich weite Spielräume. ›Freiheitsgrade‹ sollten wir sie besser nennen, denn sie repräsentieren die zulässigen Möglichkeiten für die Akteure, für die Organismen […]. Die Ökosysteme sind offen.«[42]

Das im kulturellen Selbstverständigungsprozess so präsente Nachdenken über Balance gab und gibt bis heute immer wieder Anlass, im »Sinn für Gleichgewicht« den menschlichen Kompass insbesondere für ethische und ästhetische Wertungen zu erkennen. Das hohe Alter weithin prägender Balancekonzepte erschwert indes eine eindeutige Beantwortung der Frage, ob die bislang vorgestellten Konzepte und Praktiken des Balancierens und des Ausgleichens ein »Gefühl für Gleichgewicht« implementieren und dann trainieren oder ob sie ihrerseits ursprünglich aus einem vorgängigen »Sinn für Gleichgewicht« emergieren.

Der Mittelalterhistoriker Joel Kaye nimmt in der ambitionierten Einleitung zu seiner *History of Balance* auf der Basis des physiologischen Gleichgewichtssinns in der Tat einen »sense of balance« im Sinne eines apriorischen Rasters beziehungsweise Dispositivs der Anschauung und des Denkens an. *De facto* werden damit neue Forschungen zum epistemologischen, womöglich quasi-transzendentalen Status des Gleichgewichtssinns eingefordert:

> »[Balance] is a form rather than a content. It is less a thought than a generalized sense or apprehension that provides both the ground within which thoughts and questions are ordered and the boundaries that determine what questions can be asked, what thoughts are thinkable, and what imaginations are possible. My sense is that models of equality and equalization are as universal as they are [...] *because* they transcend content and work beneath words. [...] [T]he judgment that balance is healthful and productive and imbalance unhealthy and destructive is nearly universal, as is the association of balance with justice and righteousness and imbalance with the illicit and sinful.«[43]

Die ein halbes Jahrhundert vor Kaye von Fritz Heider entwickelte *Psychologie der interpersonalen Beziehungen* unternahm den experimentell gestützten Versuch, ebenfalls die allgemeine These, dass »Gleichgewichtszustände im allgemeinen der Disharmonie vorgezogen werden«, als Konstante sozialer Interaktion zu erweisen.[44] Unter einem Gleichgewichtszustand verstand Heider einen harmonischen Zustand, »bei dem die Größen, aus denen die Situation besteht, und die Gefühle dieser Größen untereinander ohne Spannungen zusammenpassen.«[45] Empirische Studien zu Gruppenverhalten hatten die Tendenz dokumentiert, entstandene Spannungen abzubauen und ein Gleichgewicht in den Interaktionen wieder herzustellen. Heider lieferte Ausgangspunkte für weitere sozialpsychologische Untersuchungen, etwa für die von Leon Festinger vorgelegte *Theorie der kognitiven Dissonanz*, in welcher der Erfahrung von Dissonanz die analoge Position zuwächst wie der Erfahrung von *Imbalance* bei Heider: »Die Existenz von Dissonanz, die psychologisch unangenehm ist, wird die Person motivieren zu versuchen, die Dissonanz zu reduzieren und Konsonanz herzustellen.«[46]

In seiner magistralen Abhandlung über *Die höfische Gesellschaft* von 1969 hat Norbert Elias Ludwig XIV. von Frankreich, der in seiner Jugend ein begeisterter und guter Tänzer war, als virtuosen Artisten auch des sozialen Lebens und seiner Konflikte beschrieben, der durch das Modell Versailles das absolutistische Königtum als Balancemodell exemplarisch realisierte, dessen zentral stabilisierender Faktor der König selbst war: »Was sich an ihm [Ludwig XIV.] beobachten läßt, ist ein genaues Abwägen der Stärkeverhältnisse an seinem Hof, und ein sorgfältiges Balancieren auf dem Spannungsgleichgewicht, das derart aus Druck und Gegendruck innerhalb des Hofes entsteht.«[47] Der detailliert analysierte Hof avanciert zum Paradebeispiel für die von Elias skizzierte »soziologische Interdependenztheorie«, die im Anschluss an die Konstellationsanalyse Karl Mannheims das Individuum von Anfang an als in ein »Interdependenzgeflecht« hineingestellt sieht.[48]

In einer soziologischen Balancetheorie sieht Elias daher das Potential einer nachmetaphysischen Auflösung starrer Begriffe und Oppositionen: »Man kann mit ziemlicher Sicherheit voraussagen, daß sich in der nächsten Entwicklungsphase denkende und forschende Menschen mehr und mehr von dem Gebrauch von absoluten und festgefrorenen Begriffspolaritäten, wie »Freiheit« und »Determiniertheit« abwenden und Balanceproblemen zuwenden werden.«[49]

Einen bedeutenden Vorläufer besitzen die nach 1945 entworfenen sozialpsychologischen und soziologischen Balancemodelle in Helmuth Plessners 1924 erstmals publizierter Abhandlung über die *Grenzen der Gemeinschaft*, die eine *Kritik des sozialen Radikalismus* elegant als ein Nähe-Distanz-Spiel formuliert. Plessners subtile Argumentation läuft auf eine »Verteidigung der Gesellschaft« hinaus.[50] In dieser Apologie werden die Sehnsucht nach Gemeinschaft und die Notwendigkeit gesellschaftlich vermittelter Distanz im Zeichen des sozialen »Takts« und einer aktualisierten *Mesotes*-Lehre austariert.[51]

Da eine »echte Gemeinschaft« als radikale Öffnung der Herzen füreinander auf der Liebe und den entsprechenden Verschmelzungswünschen basiert, die Liebesfähigkeit der Individuen jedoch überdehnt wird, wenn sie sich auf ein Kollektiv richten soll, braucht die Gemeinschaft, so Plessners hellsichtige Diagnose, die angebetete Führerfigur als Projektionsfläche, »den Herrn und Meister, ohne den sie zerfallen müßte«.[52]

Im Unterschied dazu erblickt Plessner im modernen Rechtssystem – das als eine durch die Gewaltenteilung ausbalancierte Machtordnung den »Führerfiguren« notorisch ein Dorn im Auge sein muss – die gesellschaftlich instituierte »Methode [des] Ausgleichs zwischen den von der menschlichen Natur gleichmäßig getragenen Forderungen nach Rückhaltlosigkeit und Verschlossenheit«.[53] Der gesellschaftlich garantierte Distanzraum, formal: die Menschenrechte und konkret: das »Recht auf Privatsphäre«, eröffnet dem Individuum die Chance, dem Abgrund des rückhaltlos geöffneten Selbst zumindest temporär zu entgehen, und also der schambesetzten Einsicht, dass an »irgendeinem Punkt [...] jeder die Karikatur seiner selbst« sei.[54] Die Distanz, die eine rationale Gesellschaft zu den Zumutungen der (Volks-)Gemeinschaft herstellt, ermöglicht dem Individuum die taktvolle Verhüllung des existentiellen »Zwielicht[s] im eigenen Inneren«.[55]

Der bislang gebotene Überblick zur historischen Semantik von Gleichgewicht entbehrt freilich der Vollständigkeit, weil zum Beispiel die Theorie der Gewaltenteilung, der *checks and balances* nicht gesondert diskutiert und ferner die ihrerseits komplexe, widersprüchliche und umstrittene Lehre von der *balance of power* nur gestreift wurden.[56] Auch ist die eminent einschlägige Theorie der Artistik bislang kaum erwähnt worden.[57] Der erste Überblick kann gleichwohl zunächst dies eine leisten:

Alltägliche Wendungen des heutigen Sprachgebrauchs werden vor dem Hintergrund der präsentierten Modelle transparent auf ihre erstaunliche historische Tiefe, erweisen sich als weit versprengte Fragmente von Pathosformeln. Das Bedürfnis nach »ausgleichender Gerechtigkeit« oder das Ideal einer »ausgeglichenen Persönlichkeit«

beziehungsweise die Bemühung um eine »innere Balance« *et cetera* zeigen nicht nur die bleibende Präsenz der Sorge um ein »gutes Gleichgewicht«, sondern führen bei näherer Betrachtung auch zurück auf quälende Fragen der Theodizee oder betreten einen großen Resonanzraum, der vielfältige »kanonische« Echos der Medizingeschichte und der Philosophie des guten Lebens seit der Antike empfängt. Formeln wie »gewogen und für zu leicht befunden«, »ein Herz aus Stein« oder »eine Bilanz ziehen« wiederum beschwören archaische Ideen vom Totengericht herauf, während das schlichte Lob einer »Ausgewogenheit der Darstellung« Debatten um Klassik und Klassizismus auf die Agenda setzt.

Die in der Arbeitswelt des 21. Jahrhunderts passioniert geforderte Beachtung einer guten *Life-Work-Balance* formuliert aktuell die Forderung, dass die Notwendigkeit, arbeiten zu müssen, in ein so gutes Verhältnis zu unserem Bedürfnis nach Schlaf, Ruhe und Erholung gebracht werde, dass wir nicht erkranken. Der hohe Preis einer gestörten *Life-Work-Balance*, der gefürchtete *Burn-out* weist nicht nur einen mephistophelischen »Tropfen Fegefeuer« auf, sondern dokumentiert auch Spuren der Thermodynamik in der Alltagskultur, insofern im »Ausgebrannt-sein« Entropie erfahren, die nahezu vollständige Abgabe aller Energie an eine fordernde Umwelt erlitten wird, die dazu führt, dass die Erkrankten »kalt« sind und sich »wie tot« fühlen.

Zum Nachleben kulturgeschichtlich früh geprägter Balancemetaphern in der Alltagsrede tritt der für eine metaphorologisch orientierte Philosophie der Balance bedeutsame Umstand hinzu, dass auch die Charakteristik kognitiver Prozesse von Gleichgewichtsmetaphern durchtränkt ist: Ob eine »Güterabwägung« vorgenommen wird, Argumente »in die Waagschale geworfen«, »erwogen« beziehungsweise gegeneinander »abgewogen« werden, eine »ausgeglichene« Diskussion beziehungsweise ein »Vergleich« oder »Einstand« erzielt werden sollen: Die Epistemologie des Vergleichs, deren Wissenschaftsgeschichte seit René Descartes Michael Eggers umfassend aufgearbeitet hat, wäre in einem weiteren Schritt zu ergänzen um Studien, die den Einfluss des vielfach mit Evidenzreklamationen arbeitenden »Sinns für Gleichgewicht« auf das »vergleichende Erkennen« freilegen.[58] Die latent ethische beziehungsweise politische Dimension der kognitiven Grundoperation des Vergleichens wird greifbar in dem Augenblick, in dem das Vergleichen vor dem einfärbenden Hintergrund von Gleichheits- und Gerechtigkeitspostulaten analysiert wird, die seit Rousseau nach dem »Ursprung der Ungleichheit unter den Menschen« fragen.

Darüber hinaus aber wirft ein Durchgang durch Aspekte der historischen Semantik von Balance die oben bereits mit Blick auf den physiologischen Gleichgewichtssinn erwähnte Frage auf, ob und wenn ja wie die jeweiligen Momente der weit aufgefächerten Balancemetaphorik ihrerseits miteinander verbunden sind, ob es überhaupt einen gemeinsamen Nenner gibt. Das ist eine der vielen bislang offen gebliebenen Fragen der Balance-Forschung:

Joseph Vogl etwa hat im Kapitel über das Leben der Ökonomie in *Kalkül und Leidenschaft* für die Ordnung der Dinge im 18. Jahrhundert zwar glanzvoll nachgewiesen, dass

Konzepte des »vollständigen Kreislaufs, der Kompensation von Überschüssen, eines homöostatischen Gleichgewichts und der proportionalen Repräsentation« nicht nur die Idee politischer Ökonomie jener Epoche in Europa konstituieren, sondern auch Modi der Regierungskunst, der Gesetzgebung, der menschlichen Physiologie, der sozialen Interaktion und zuletzt die Idee von Natur überhaupt bestimmen.[59] Am Ende wird daher das »Gleichgewicht ein ›erstes Gesetz der Natur‹ genannt«, das seinerseits als diskursives Relais zwischen den unterschiedlichen Diskursen und Praktiken fungiert.[60] Gleichwohl ist es für Vogl erstens nicht ausgemacht, »welchen Status das ›Gleichgewicht‹ in der politischen Ökonomie des 18. Jahrhunderts tatsächlich einnimmt – ob es als Optimum, Prinzip oder Realität zu verstehen sei«.[61] Und zweitens bezweifelt er, dass aus der erheblichen transdisziplinären Reichweite und Verknüpfungsfähigkeit von Termini wie »Zirkulation, Überschuss, Gleichgewicht und Kompensation« gefolgert werden könne, die Rede von der idealen Balance sei »im Milieu eines ›Interdiskurses‹ angesiedelt, insofern dieser einen gemeinsamen Nenner und einen kontinuierlichen Übergang zwischen den Spezialgebieten meint.«[62]

Die längere Befassung mit den unterschiedlichen Formen des Ausgleichens und Balancierens hat uns zu der Hypothese geführt, dass die Suche nach dem *einen* gemeinsamen Nenner die faktische *Pluralität* der Ursprünge der ubiquitären Rede vom Gleichgewicht verdeckt. In der gegenwärtigen Forschung, die mit den Beiträgen dieses Bandes einerseits dokumentiert wird, andererseits aber erst ihren Anfang nimmt, lassen sich mindestens drei Ursprünge der Rede vom Gleichgewicht ausmachen. Sie können vorläufig als die *hydraulische*, *physikalische* und *physiologische* Dimension gekennzeichnet werden, wobei sich natürlich von selbst versteht, dass für die *objective correlatives* aller drei Bereiche – das Fließgleichgewicht, die Waage und das Innenohr – die Gesetze der Physik und namentlich das Gravitationsgesetz gleichermaßen gelten. Es geht hier um heuristische Unterscheidungen für die Metaphorologie, die es dann auch erlauben, die vielfältigen Überlappungen und Kombinationen als solche zu erkennen.

Vogls Rekonstruktion der politischen Ökonomie des 18. Jahrhunderts zeigt exemplarisch den prägenden Einfluss nicht der *bilancia* und ihrer Derivate, sondern des *hydraulischen* Modells, das es erlaubt, so unterschiedliche Prozesse wie den Blutkreislauf und die Warenzirkulation *per analogiam* miteinander zusammenzubringen. Das Triebmodell Freuds, um ein weiteres Beispiel zu geben, orientiert sich ebenfalls dezidiert am Modell der Hydraulik. Für die Theorie der *balance of power* hingegen ist, wie die einschlägigen Studien zeigen, vor allem das hier als *physikalisch* markierte Modell der Balkenwaage konstitutiv: Die Waage befindet sich im Einstand, wenn zwei Staaten über gleiche Macht verfügen, senkt sich aber, sobald einer der beiden Staaten hegemoniale Ambitionen entwickelt, so dass der potentiell unterlegene Staat mit anderen Staaten ein Bündnis eingeht, um die Schalen wieder ins Gleichgewicht zu bringen. Da der Gleichgewichtssinn schließlich nicht nur auf dem Vestibularapparat basiert, sondern um zu funktionieren des Zusammenspiels mit dem Sehsinn, dem Gehör und dem Tastsinn bedarf, ist die *phy-*

siologische Dimension prägend vor allem in der ästhetischen Theorie, wenn Fragen der Positionierung von Objekten im Raum, der Proportion und der Symmetrie verhandelt werden. Der Rückbezug der Ästhetik auf den Gleichgewichtssinn wird evident angesichts der Grundunterscheidung zwischen dem Schönen und dem Erhabenen, dessen Phänomenologie seit den Anfängen der modernen Diskussion im 18. Jahrhundert mit der Erfahrung des Schwindelerregenden assoziiert ist. In der Moderne seit Charles Baudelaire gibt es für den erschreckenden, desorientierenden Schwindel, der sich beim Blick in den Abgrund – *Le Gouffre* – einstellt, dann kein transzendent verbürgtes Remedium mehr. Der beständig drohende Balanceverlust im Vortex ist das Signum der Moderne und der Hochseilartist über der bodenlosen Tiefe ihr Emblem:

> »Der Abgrund ist der einzige legitime Erbe der Transzendenz. Er hat einen ambivalenten Gefühlswert: er übt Sogwirkung aus und erzeugt Angst [...]. Aus der ›aspiration vers l'infini‹ [...] wird eine Fallangst und zugleich ein Angezogensein vom Nichts, in denen alle Wahrnehmungsfolgen, alle Grenzüberschreitungen des Raumes terminieren. Erhebung und Sturz, Unendlichkeit des Himmels und des Abgrunds verlieren auf diese Weise ihre qualitative Unterschiedenheit.«[63]

»Balance« erweist sich insgesamt als eine mindestens in die hydraulische, physikalische und physiologische Dimension aufgegliederte Daseinsmetapher im Sinne Hans Blumenbergs, die im kulturellen Selbstverständigungsprozess kompensierend eintreten muss, wenn das dem Schwindel ausgesetzte Denken an seine Grenzen und das Subjekt dergestalt aus dem Gleichgewicht gerät: »Alles, was der Fall ist, hat einen eindeutigen Grad der sprachlichen Verfügbarkeit, deren Umfang sich allerdings nicht mit dem deckt, was erfahren werden kann.«[64]

KUNST DER BALANCE

Das Spektrum der Hydraulik, Physik und Physiologie, das historische Semantiken der Balance eröffnen, lässt sich im Blick auf kunsttheoretische und ästhetische Modellierungen der Balance noch einmal anders akzentuieren. Es ist zum einen die Geometrie, die mit ihren Gesetzen der Symmetrie vor allem der bildenden Kunst Regeln zur Konstruktion von Gleichgewichtszuständen bietet. Zum anderen – und zum Teil in gewisser Konkurrenz zum statischen Balancemodell der mathematischen Proportionslehre – springt die Biologie als Wissenschaft von lebendigen Organismen ein, deren Wachstum und Entwicklung zum Vorbild für spontane Ausgleichsbewegungen wird. Die beiden Paradigmen der mathematischen Konstruktion und der lebendigen Bildung finden sich in wünschenswerter Deutlichkeit in zwei stilgeschichtlichen Entwürfen der ersten Hälfte des 20. Jahrhunderts, mithin bei Heinrich Wölfflin und bei Henri Focillon.

In seinen *Kunstgeschichtlichen Grundbegriffen* (1915) erläutert Wölfflin die zuerst in der Renaissance zutage getretene Stilform des Linearen und Geschlossenen, der Einheit und Klarheit immer wieder im Verweis auf ein nicht erschüttertes, stabilisiertes »Gleichgewicht«.[65] Der im Barock hingegen realisierte Gegenpol des Malerischen und Offenen löse »das starre Gefüge geometrischer Verhältnisse« auf.[66] Diesem Deutungsschema liegt ein Vorurteil zugrunde, demzufolge sich Gleichgewicht in den bildenden Künsten in erster Linie in den potentiell mathematisierbaren Ordnungen von Maß und Proportion zeigen soll. Während die Renaissance sich an den »Begriff der vollkommenen Proportion« halte, würde das »Ideal der schönen Proportion« mit dem barocken Zeitstil verschwinden.[67] Ausgehend von dieser Grundthese verwendet Wölfflin Balance und Imbalance als einen Schlüssel, mit dem sich die gesamte europäische Stilgeschichte eröffnen sollte. Vor dem Hintergrund dieser Alltagsintuitionen bestätigenden und ihrerseits Stilurteile prägenden Einschätzung Wölfflins ist allerdings zu fragen, ob sich Ästhetiken der Balance immer auf Statik, Geschlossenheit und Proportion verlassen.

Nur wenig später schlägt der französische Kunsthistoriker Henri Focillon unter dem Titel *La Vie des Formes* eine Ornamenttheorie vor, die gerade den klassischen Stil nicht über die geometrisch regulierte Form, sondern über eine nicht stillzustellende Oszillation beschreibt. Nicht Statik und Stabilität, sondern eine kaum wahrnehmbare Bewegung sollen »das Klassische« auszeichnen:

> »Als kurzer Augenblick der vollen Formenbeherrschung tritt es nicht im Sinne einer langsamen und monotonen Anwendung der ›Regeln‹ hervor, sondern als flüchtiges Glück, als *achmé* der Griechen: der Balken der Waage schwingt nur noch ganz schwach. Wir warten nicht darauf, ihn von neuem sich neigen zu sehen, und noch weniger auf den Augenblick seines absoluten Stillestehens, sondern wir warten auf das leichte, kaum merkliche Zittern, das uns im Wunder dieser zögernden Unbewegtheit sein Leben verrät.«[68]

Die Rede vom schwach schwingenden, ja wie ein Lebewesen unwillkürlich zitternden Balken evoziert die Vorstellung von einer bewegten Balance, die sich am Paradigma des Lebendigen und damit an der Biologie statt an der Mathematik orientiert. Mit dieser Referenz kann die Stilgeschichte des frühen 20. Jahrhunderts an die Ästhetik des ausgehenden 18. Jahrhunderts anschließen.

Betrachtet man Gründungstexte der klassischen Ästhetik und Poetik im 18. Jahrhundert, dann erweist sich das Nachdenken über Balance und Ausgleich als außerordentlich komplex. Denn Maß und Mitte werden zunehmend nicht von mathematischen Mustern diktiert, sondern auf der Grundlage von anthropologischen, psychologischen und biologischen Funktions- und Beschreibungsmodellen entwickelt. Immanuel Kant etwa verbindet ästhetische Erfahrung mit einem Zustand des harmonischen Spiels menschlicher Kräfte. Statt objektive Kriterien für die Bildung des Schönen anzugeben, verlegt sich

Kant auf die vermögenspsychologische Beschreibung desjenigen Gemütszustandes, den die als schön beurteilten Gegenstände hervorrufen. Dieser Zustand soll sich laut Kant durch die »wechselseitige Zusammenstimmung« der gleichermaßen »belebten Gemütskräfte (der Einbildungskraft und des Verstandes)« auszeichnen. Es handelt sich um eine »proportionierte Stimmung«, die Kant auch mit der Dynamik suggerierenden Metapher des Spiels beschreibt.[69] Entscheidend an dieser Bildwahl ist, dass sich die harmonische »Zusammenstimmung« der beteiligten Kräfte gerade nicht durch ihre Stillstellung, sondern aus ihrer überaus regen, am Modell des Lebendigen orientierten Tätigkeit ergibt. Balance wird hier zu einem dynamischen Geschehen.

Friedrich Schiller greift diese Denkfigur mitsamt der Spielmetapher auf und fügt sie zu einer anthropologisch fundierten Ästhetik, die mindestens ebenso sehr an das zeitgenössische Wissen vom ganzen Menschen wie an antike Diätetiken und an die ethisch-diätetische *mesotes*-Lehre anknüpft. Weil sich die Erfahrung des Schönen dem von Kant beschriebenen harmonischen Spiel der Vermögen verdankt, kann die ästhetische Erfahrung im Subjekt eine »mittlere Stimmung«, gedacht als Gleichgewichtszustand zwischen Sinnlichkeit und Verstand, herstellen.[70] Schiller bringt hier noch einmal das Bild der Waage ins Spiel: »Die Schalen einer Waage stehen gleich, wenn sie leer sind; sie stehen aber auch gleich, wenn sie gleiche Gewichte enthalten«.[71] Obwohl das Einstehen der Waage ein statisches Gleichgewicht suggeriert, betont Schiller in den umliegenden Passagen das Moment der simultanen Tätigkeit der Vermögen und – stärker noch als Kant – das notwendig Transitorische dieses Gleichgewichtszustands: Wenn man, »um von Minus zu Plus fortzuschreiten, durch Null den Weg nehmen muß«, dann erweist sich das Einstehen der Waage als Übergangszustand, der jeweils nur für einen Augenblick gehalten werden kann.[72]

Damit folgt Schillers Bild von der Waage einer etwas anderen Logik als dem bei Winckelmann vorgeprägten Modell der Schönheit, in dem das Verhältnis von Schönheit und Ausdruck in der antiken Kunst als ein maßvoll gegeneinander abzuwägendes bestimmt wird: »Der Ausdruck wurde der Schönheit gleichsam zugewäget, und diese war bei den alten Künstlern die Zunge an der Waage des Ausdrucks, und als die vornehmste Ansicht derselben – Wenn der Ausdruck die Schönheit überwiegen würde, kann die Gestalt nicht mehr schön heißen –, die Schönheit würde ohne Ausdruck unbedeutend heißen, und dieser ohne Schönheit unangenehm.«[73] Leidenschaftlicher Ausdruck erscheint hier als prekäre Zutat, die keinesfalls überdosiert werden darf, sondern sorgfältig austariert werden muss. Erst wenn das richtige Verhältnis gefunden ist, verdient die Gestalt ein für alle Mal das objektive Prädikat des Schönen. In Schillers Modell ist der Einstand der Waage hingegen immer nur im Übergang zwischen zwei Zuständen zu haben.

Bemerkenswert ist nicht zuletzt, dass in der Ästhetik eine besondere Ausgleichstätigkeit selbst dort angesetzt wird, wo das Schöne als Beschreibungskategorie gesprengt wird. So haben Zustände der Balance auch in Kants Beschreibung des Erhabenen, das im 18. Jahrhundert zur Komplementärkategorie des Schönen wird, ihren Ort. Kant bezeichnet die Selbsterfahrung des Subjekts angesichts übergroßer oder bedrohlicher, mithin »erhaben« genannter Gegenstände als ein »Spiel der Gemütskräfte«, welches »selbst durch ihren Kontrast als harmonisch« erfahren werde. Dies kann gelten, weil hier ein ganz besonderes Maß zur Geltung kommt: Es ist die »subjektive Zweckmäßigkeit« des als erhaben erfahrenen Gegenstands für die Vernunft, durch die sich das Subjekt im Moment der sinnlichen Überforderung der eigenen Überlegenheit über die Natur bewusst werden kann.[74] Auf diese Weise wird die zunächst bedrohliche Übermacht der sinnlichen Natur in einer entsprechenden kompensatorischen Leistung des Vernunftsubjekts wieder eingeholt und ausgeglichen.

Wie bereits angedeutet, geraten um 1800 mathematische Modelle außer Kurs und werden von biologisch-teleologischen Denkfiguren ersetzt. Davon zeugen etwa Goethes Überlegungen zum Schönen, in denen er, anders als Schiller, an den zweiten Teil von Kants *Kritik der Urteilskraft* anknüpft. Goethe lässt sich mithin nicht von den vermögenspsychologischen Parametern, sondern von teleologischen Naturvorstellungen leiten. In einem seiner ersten Briefe an Schiller vom August 1794 schickt Goethe eine Beilage mit, in der er darüber nachdenkt, »in wiefern die Idee: Schönheit sei Vollkommenheit mit Freiheit, auf organische Naturen angewendet werden könne«.[75] Und dort schreibt er:

> »Wenn ich also sage, dies Tier ist schön, so würde ich mich vergebens bemühen diese Behauptung durch irgend eine Proportion von Zahl oder Maß beweisen zu wollen. Ich sage vielmehr nur so viel damit: an diesem Tiere stehen die Glieder alle in einem solchen Verhältnis, daß keins das andere an seiner Wirkung hindert, ja daß vielmehr durch ein vollkommenes Gleichgewicht derselbigen Notwendigkeit und Bedürfnis versteckt, vor meinen Augen gänzlich verborgen worden [...].
> Man sieht also, daß bei der Schönheit *Ruhe* mit *Kraft, Untätigkeit* mit *Vermögen* eigentlich in Anschlag komme. [...] daher bildeten die Alten selbst ihre Löwen in dem höchsten Grade von Ruhe und Gleichgiltigkeit, um unsere Gefühl, mit dem wir Schönheit umfassen, auch hier anzulocken.«[76]

Bemerkenswert wäre hier der auf Winckelmann zurückverweisende eigenartige Umstand, dass Goethe das Prinzip der Schönheit nicht an der antiken Plastik und damit am schönen (Männer-)Körper, sondern am Tier expliziert. Entscheidend für den hier verfolgten Problemzusammenhang ist aber weiterhin, dass Goethe die Schönheit zwar als einen Zustand des Gleichgewichts beschreibt, den er aber nicht als mathematische Proportion, sondern als biologische Funktionalität, oder genauer, als Anschein einer solchen Funktionalität konzipiert. Was im Bild des ruhenden Löwen anschaulich werden soll, ist die Möglichkeit einer Kraft, die noch nicht zur Tätigkeit gekommen ist. In dieser Situation der Latenz siedelt Goethe die Kompositformeln »*Ruhe* mit *Kraft, Untätigkeit* mit *Vermögen*« an, die auf ein Sowohl-als-auch zielen. Schönheit scheint garantiert durch einen Zustand, der zugleich Bewegung und Nicht-Bewegung indiziert; ein Zustand, in dem Bewegung als potentielle, aber noch nicht realisierte Bewegung erfahrbar wird. Kennzeichnend ist auch Goethes Rede vom Verstecken der »Notwendigkeit«, die impliziert, dass nur dasjenige im Gleichgewicht erscheint, was jeden Zwang durch natürliche Bedürfnisse verbergen kann. Hier scheint das bereits besprochene ethisch-diätetische Ideal der *mesotes*-Lehre auf, das aber zu einer neostoizistisch anmutenden »Gleichgiltigkeit« gesteigert ist: Über innere Ausgeglichenheit verfügt man, wenn einem buchstäblich alles egal – also gleichermaßen gültig – zu sein scheint.

Diese ästhetisch-ethische Schönheits-Formel strahlt in Goethes Denken in zwei Richtungen aus. Sie lässt sich zum einen zu einem kurzen Text mit dem Titel *Nachlese zu Aristoteles* hin verlängern, in dem Goethe die für Gräzisten wohl überraschende, aus seiner Sicht aber einzig richtige Übersetzung der aristotelischen *katharsis* als »Ausgleichung der Leidenschaften« vorschlägt.[77] Die schlusskräftige Lösung eines tragischen Plots soll demgemäß durch einen Ausgleich gelingen, den Goethe als »Abrundung« einer Geschehensanordnung begreift, in der alle versöhnt werden und nichts offen bleibt. Zum anderen weist die Beilage an Schiller in die Richtung der Goethe'schen Morphologie. Hier knüpft Goethe an den naturphilosophischen Diskurs des 18. Jahrhunderts an, der seinerseits eine Denkfigur der Leibniz'schen *Theodizee* auf die Naturlehre überträgt: die *balance naturelle*. Während nach Leibniz jedes Übel im Verlauf der Weltgeschichte aufgewogen werde, geht die etwa von Carl von Linné formulierte Lehre von der *balance naturelle* davon aus, dass sich die von Gott geschaffenen Wesen in einem ausgewogenen Verhältnis zueinander befinden. Schon Leibniz unterlegt seinen Versuch, die bestmögliche Einrichtung der Welt zu beweisen, mit mathematischen Rechenspielen. So rechnet er etwa die vom Menschen in die Welt gebrachten Übel gegen die zu keinem Übel fähigen »vernunftlosen« Wesen auf:

> »Aber weshalb sollte es nicht möglich sein, daß der Überschuß an Gutem bei den vernunftlosen Geschöpfen, die die Welt erfüllen, den Überschuß an Üblem bei den vernünftigen Geschöpfen ausgleicht oder sogar unverhältnismäßig übersteigt? Freilich ist der Wert der letzteren viel höher, aber demgegenüber ist die Zahl der ersteren unvergleichlich größer; und es ist wohl möglich, daß das Verhältnis der Zahl und der Menge das Verhältnis des Wertes und der Beschaffenheit übersteigt.«[78]

Um sein Argument plausibel zu machen, wandelt Leibniz die in der Natur anzutreffenden Lebewesen in Zahlen um. Erst nach einer solchen Umrechnung von Qualitäten, also unterschiedliche »Beschaffenheiten«, in besser vergleichbare Quantitäten, lassen sich die Größen gegeneinander aufrechnen: Äquilibrium beruht auf der Äquivalenz der ins Kalkül gezogenen Dinge. An diese Einführung mathematischer Prinzipien in die Beschreibung der Natur knüpft der Naturforscher Carl von Linné an. In seiner Abhandlung über *Die Oeconomie der Natur*, einem der wenigen Texte, in dem die sonst eher im Hintergrund wirkende Metapher eines natürlichen Gleichgewichts expliziert wird, schreibt Linné:

> »Wenn wir nun auf den Endzweck sehen warum es dem höchsten Werkmeister gefallen habe, die Ordnung der Natur so einzurichten, daß einige Thiere gleichsam zu den grausamsten Würgern der andern geschaffen zu seyn scheinen; so ist vermuthlich seine gütige Sorge dahin gegangen, daß solche Raubthiere nicht nur ihren Unterhalt erhielten, sondern auch dazu dienten, daß alle übrige Thiergattungen in einer [sic!] gewissen Verhältnis bleiben, und sich nicht zum Schaden des Menschen und ihrer selbst, zu sehr vermehren können. Denn wenn es, wie wir überzeugt sind, wahr ist, daß nur eine gewisse und verhältnismäßige Anzahl von Thieren auf der Welt ihren Lebensunterhalt findet; so müßten nothwendig alle Hungers sterben, wenn diese Anzahl zwei- bis dreydoppelt vermehret würde.«[79]

Linné legt hier das Kalkül einer Schöpfung offen, in der sich Gleichgewichte von selbst einstellen. Das grausam anmutende Gesetz des Fressens und Gefressen-Werdens ist ein rationales Mittel, um das unmäßige Anwachsen oder Schrumpfen einzelner Populationen zu vermeiden und zu sichern, dass alle Klassen von Lebewesen in einer gewissen Proportion zueinander bleiben.[80]

Goethe hingegen benutzt das Gesetz einer Balance oder auch Ökonomie der Natur nicht, um die Selbstregulierung von Populationsgrößen zu beweisen, sondern um sich die anatomischen Baugesetze von Lebewesen verständlich zu machen. Anknüpfend an Überlegungen, wie sie von Herder angestoßen und von C.F. von Kielmeyer überprüft werden, setzt Goethe nicht auf das quantifizierende Argument großer Zahlen, sondern auf die Frage nach morphologischen Bildungsgesetzen. Jedem Lebewesen stehe ein bestimmter »Etat« zu, mit dem er haushalten müsse: Wer seine Energie auf lange Hinterbeine verschwende, wie etwa der Frosch, habe eben einen kurzen Körper. Wer auf Körperlänge setze, wie die Schlange, muss an der Anzahl der Beine sparen. Biodiversität erscheint hier als Ergebnis ständig zu aktualisierender Ausgleichsleistungen, die aber auf der Ebene der morphologischen Organisation abgerufen werden.[81] In Goethes Begriff des Schönen laufen schließlich nicht nur Ästhetik und Ethik, Biologie und Geschichtsphilosophie zusammen, insofern sich seine Vorstellung von Ausgleich und Kompensation komplexen Verhandlungen zwischen diesen Bereichen verdankt. Bei genauerer Betrachtung wird auch deutlich, dass Goethe Gleichgewicht als Ausgleichsgeschehen im Kontext einer dynamisierten Natur denkt. Damit ist Balance auch in Goethes Modellierungen immer nur in der Bewegung selbst zu haben.

Gleichgewicht nicht als statisch Gegebenes, sondern als dynamisch Geschehendes – diese Einsicht ist von dem Kunst- und Kulturhistoriker Aby Warburg auf pointierte Weise vorgetragen worden. In Warburgs Forschungen zur Bildgeschichte der Astrologie und der Astronomie hat die Entdeckung Johannes Keplers, dass sich die Planeten nicht auf kreisförmigen, sondern auf elliptischen Bahnen bewegen, eine zentrale Funktionsstelle. 1605 entdeckt, 1609 veröffentlicht, markiert Keplers Beschreibung des Kosmos in Warburgs Augen den entscheidenden Schritt über eine Modernitätsschwelle. Er begreift Keplers Einsatz als Befreiungsmoment, mithin als Emanzipation von traditionellen Denkmustern und Topoi, die im Vertrauen auf die eigenen Messdaten aufgegeben werden. Besonders hebt Warburg die Tatsache hervor, dass der Moderne damit zwar ihr Zentrum, nicht aber die Möglichkeit des Ausgleichs abhandengekommen ist. Geometrisch lässt sich die Ellipse bekanntlich konstruieren, indem man statt eines Mittelpunktes zwei Brennpunkte setzt. Die Ellipse ist dann die Bahn, die ein Körper bei der Bewegung um zwei Wendepunkte beschreibt. Die Bewegung zwischen zwei Extremwerten adressiert Warburg auch als Pendelschwingung. Die physikalische Beschreibung der Pendelbewegung als Transformation von potentieller in kinetische Energie bildet für Warburg ein Modell für menschliche Wahrnehmungs- und Erkenntnisvorgänge, für menschliche Kultur- und Weltbeschreibungsleistungen und nicht zuletzt für die Kunst selbst. Künstlerische Tätigkeit pendelt zwischen sinnlichem Eindruck und begrifflicher Fixierung, zwischen Affekt und Reflexion, zwischen Wissenschaft und Magie.[82]

In der Ellipse ist also sowohl die exzentrische Bahn der Planeten als auch das Schwanken des Pendels zur Form geworden. Die Ellipse beschreibt eine mathematisierte Abweichung, eine geregelte Unregelmäßigkeit in der Bewegung von Körpern. Als formgewordenes Gesetz der Krafterhaltung impliziert das Pendel für Warburg zugleich ein Energiesymbol, in dem die Spannung zwischen den Gegensätzen nicht getilgt, sondern präsent gehalten, ja offensiv vorgezeigt wird. Diese Denkfigur strukturiert nicht zuletzt Warburgs Geschichtsdenken. Denn die Ellipse mit ihren zwei Brennpunkten war für Warburg Zeichen eines menschlichen Weltverhältnisses, das grundsätzlich zwischen zwei Polen schwankt: sei es zwischen Magie und Mathematik, konkretem Körper und abstraktem Zeichen, manischer Bewegung und melancholischer Hemmung. Das Verhältnis der Gegensätze lässt sich nur bedingt als kontinuierlicher Fortschritt fassen. Zwar möchte Warburg der Geschichte der Kunst durchaus Zeichen einer kontinuierlichen Entdämonisierung oder Aufklärung ablesen. Ein störungsfreies Narrativ – etwa: vom Mythos zum Logos – ergibt sich daraus aber nicht. Vielmehr hat sich Warburg den immer neu ansetzenden Vermittlungsbemühungen gewidmet, den immer nur für einen Moment gelungenen Ausgleichsleistungen.

In seinen Studien zur Kunst der Renaissance stellt Aby Warburg die Leistungen der Kunst in eine »Ausgleichspsychologie«, die auf einen »neuen energetischen Gleichgewichtszustand« zielt.[83] Hier geht es um die wechselseitige Spiegelung einer Ethik und einer Ästhetik des Ausgleichs; sie vermittelt zwischen magischem und mathematischem, körperlich-affektivem und rationalem Weltverhältnis, und sie organisiert Kompromissbildungen in der historischen Abfolge konkurrierender Stile. Entscheidend ist auf allen diesen Ebenen, dass man ihren Vermittlungsleistungen die Heterogenität noch ansieht. Warburgs Bildlektüren entzünden sich insbesondere an den Fremdkörpern, den dynamischen Störmomenten, den Anachronismen und Relikten. Und nur aus dieser Perspektive können die auf einem schwankenden Schiff oder einer rollenden Kugel balancierende *fortuna*, wild galoppierende Kentauren oder ein trübsinniger Engel (Dürers *Melencolia I*) als »eine plastische Ausgleichsformel« gelten – so wie es in Warburgs Aufsatz zum *Vermächtnis Francesco Sassettis* und in *Heidnisch-antike Weissagung in Wort und Bild* geschieht.[84] Wenn Warburg von Gleichgewicht spricht, dann denkt er ganz offensichtlich nicht an mathematische Modelle von Proportion, Symmetrie oder Goldenem Schnitt. Äquilibrium kann mit Warburg vielmehr als Zustand verstanden werden, der sich auf starken gegensätzlichen Energien errichtet, der seinen Kollaps nur für eine Weile aufhalten kann und dem man den Aufwand der Ausgleichsleistung prinzipiell ansieht. Ausgleich wird weniger als Lösung, sondern vielmehr als Problem diskutiert.

DIE BEITRÄGE DES BANDES

Die in diesem Band versammelten Beiträge liefern eine Bestandsaufnahme dieses Problems, indem sie historische Vorstellungen von Gleichgewicht, ansetzend in der Antike und ausgespannt bis zur Gegenwart, in diversen Disziplinen und auf unterschiedlichen kulturellen Feldern aufsuchen. Was diesen weiten historischen Bogen und den nicht minder breit abgesteckten disziplinären Parcours zusammenhält, ist der Fokus auf die Modellierung von Ausgleichsleistungen: In welchen Techniken und Verfahren wird Gleichgewicht gedacht? Und wie werden Gleichgewichtszustände sprachlich oder visuell projiziert und repräsentiert? Dabei gehen wir nicht zuletzt davon aus, dass die Künste als besondere Archive eines Ausgleichswissens gelten können – und zwar nicht zuletzt in der Reflexion auf die künstlerischen und literarischen Verfahren, in denen Ausgleichsdynamiken ins Werk gesetzt werden.

Dies betrifft nicht nur in Kunsttheorien und Poetiken kodierte und lang tradierte Anleitungen zur Erzeugung von Maß und Harmonie, sei es in Proportionslehren, sei es in rhetorischen oder prosodischen Programmen der maßvollen oder metrisch abgemessenen, »gebundenen« Rede. Zu denken ist auch an die bereits angesprochenen Praktiken des Vergleichens: Um etwas ausgleichen zu können, muss etwas Vergleichbares aufgewandt werden. Dies gilt für Schulden wie für Rechtsverletzungen, denn sobald man über das Aufrechnen »Zahn um Zahn, Auge um Auge« oder den direkten Warentausch hinausmöchte, muss man Entsprechungen suchen und plausibilisieren. Dann gilt es, Ware gegen Geld, Schmerzensgeld gegen Körperverletzung aufzurechnen und diesen Tausch auch wechselseitig zu akzeptieren. Auskunft über die Organisation einer solchen Verständigung über Vergleichbarkeiten können künstlerische Formentwürfe geben. So verlangt die Prozessualität von Mangel oder Verlust, Übertretung oder Übermaß nach unterschiedlichen Verlaufsbeschreibungen. Sei es als Häufung von Unglücksfällen, die irgendwann ausgeglichen werden sollen, sei es als Verschuldung, die sukzessive abgetragen wird – gelingender Ausgleich als Modus auch »poetischer Gerechtigkeit« wird erst in entsprechenden Narrativen oder dramatischen Ereignisfolgen darstellbar, die in der Literatur erprobt und für theoretische Modellierungen bereitgestellt werden. Neben den bereits genannten geometrischen Konstruktionsmodellen und technischen Apparaturen wie Ellipse, Pendel oder Waage sind deshalb auch Verlaufsmodelle in Betracht zu ziehen; also Bewegungsformen und Gangarten, dramatische und narrative Verknüpfungsverfahren, aber auch Regelkreise und kybernetische Modelle.

Simon-Gabriel Grund geht denjenigen Modellen des ethischen und politischen Gleichgewichts im antiken Denken nach, die für die abendländischen Varianten der Balancemetapher besonders prägend waren. In Horazens Formulierung von der goldenen Mitte, einer *aurea mediocritas*, ist ein zentrales Prinzip der griechischen Lebenslehren popularisierend reformuliert. An Texten des Aristoteles skizziert der Beitrag systematisch deren physiologische Grundlagen, die davon ausgehende Körper-Seele-Analogie und schließlich die in politiktheoretischen Vorstellungen vom Idealstaat aktivierte Vorstellung von einem ständigen Streben nach Balance. Wie sich dabei zeigt, ruht die Metapher von der goldenen Mitte einer Anthropologie auf, der zufolge sich die Physis des Menschen durch gegensätzliche Kräfte und Qualitäten auszeichnet. Wenn hier bereits von Monarchie und Isonomie, also von der Alleinherrschaft oder der Aufteilung auf Kräfte gleichen Rechts die Rede ist, dann liegen die politischen Implikationen auf der Hand. Was als Sprung der Metapher von einer Beschaffenheit des Körpers zu Ethik und Politik erscheinen könnte, führt dann aber über die Brücke des somatischen Habitus, gedacht als Neigung zu denjenigen Handlungen, mit denen sich affektive Mittellagen erzeugen und erhalten lassen. Die Omnipräsenz der Konzepte von Maß und Mitte, *metrion* und *meson*, zeigt sich sowohl in verwaltungstechnischen Aspekten, die sich etwa mit der Größe der Bevölkerung oder mit der Versorgungssituation befassen, als auch im Verfassungsdenken. Wie Grund abschließend argumentiert, bleiben Ethik und Politik im Zeichen der Mitte und des Maßes wechselseitig aufeinander verwiesen: Nur im geselligen Leben kann sich das Ethos realisieren, umgekehrt kann sich die Polis nur im Zusammenleben Einzelner verwirklichen.

Emiliano De Vito fragt in seinem »Beitrag zur Schilderung des Denkraums« nach der Bedeutung der Waage in Albrecht Dürers Stich *Melencolia I*. Zwei konkurrierende Deutungen bieten sich an: Zum einen ließe sich die Waage als Messinstrument verstehen, das sich mit Ponderabilien, mit dem Wiegen des Gewichtigen befasst; zum anderen steht die Waage als Symbol für eine ausgeglichene Konstellation, hier im astrologischen Sinn als Ausgleich zwischen den Einflüssen des Saturn und des Jupiter. Von diesem ideengeschichtlichen, bereits im Warburg-Kreis festgehaltenen Stand der Dinge aus versucht De Vito, die raumgestaltende Funktion der Waage auf Dürers Stich zu bestimmen. Er tut dies im Rückgriff auf Walter Benjamins Deutung der *Melencholia* in *Über den Ursprung des deutschen Trauerspiels*. Dabei weist De Vito nach, dass nicht nur Benjamins Deutung der Dürer'schen Komposition, sondern auch sein eigenes Konzept der allegorischen Darstellung auf topologischen Kategorien beruht, die den Charakter der räumlichen Verteilung hervorheben. Das von Benjamin angelegte Schema der Allegorie wird vor diesem Hintergrund als Äquilibrium zwischen zentrifugalen und zentripetalen, sammelnden und zerstreuenden Kräften lesbar. Ihr Schlüsselwort ist die von De Vito in unterschiedlichen Deutungen und Bildbeschreibungen aufgespürte Präposition »um«, die bei der Beschreibung formaler Anordnungsmuster zum Einsatz kommt.

Um Schemata der räumlichen Anordnung kreisen auch die Überlegungen zur niederländischen Stilllebenmalerei, die Andreas Gormans unter dem Titel »Nihil firmum est. Balance und Tektonik in der niederländischen Stilllebenmalerei des 17. Jahrhunderts« anstellt. Dabei lenkt er den Blick auf die bislang erstaunlich wenig bedachten Zustände des drohenden Kippens, Rutschens oder Fallens, in denen sich einzelne Objekte befinden. Gormans deutet diese Techniken einer künstlerischen Äquilibristik als bildimmanente Reflexion auf die Grundverfassung einer Welt, die sich gemäß dem »barocken« Lebensgefühl durch ihre Wandelbarkeit und Unbeständigkeit auszeichnet. Diesen »nihil est firmum« oder »nihil est stabile«-Gedanken zeichnet Gormans zunächst in der Philosophie der Spätantike, insbesondere bei Seneca und dessen Rezeption im frühneuzeitlichen Humanismus nach, der sich bis zu den Überlegungen Descartes' in den *Meditationes de prima philosophia* verfolgen lässt: Der archimedische Punkt, der in einer sich stets wandelnden Objektwelt einzig »fest und unerschütterlich« (inconcussum) sei, lässt sich zwar denken, nicht aber in der gegebenen Welt lokalisieren. Vor allem aber zeigt Gormans, in welchem Maße der »nihil est firmum«-Gedanke die barocken Bildwelten von der Emblematik über kunsttheoretische Abhandlungen, etwa zur perspektivischen Darstellung, bis zur »Objektequilibristik« der Stilllebenmalerei prägt. Die insistierende Auseinandersetzung mit der kompositorisch hergestellten Stabilität des Instabilen deutet Gormans dabei als Versuch, die am unteren Ende der Gattungshierarchie platzierte Stilllebenmalerei zu nobilitieren. Indem die Stilllebenmalerei – und hier wird ihr Name zum Programm – den Dingen diejenige Konstanz und Ausgewogenheit verschafft, die ihr in der stets im Ungleichgewicht befindlichen Wirklichkeit fehlt, kann auch sie als Kunst gelten, die eine mangelhafte Welt künstlerisch überformt und verbessert.

Maria Moog-Grünewalds Beitrag zu Tanz und Gleichgewicht bei Watteau geht von der Auffassung wichtiger Zeitgenossen Watteaus aus, die Faszination seiner Malerei liege in der »grâce«, mithin in ihrer Grazie. Wie Moog-Grünewald zunächst zeigt, ist die Grazie im Kunstdiskurs des 17. Jahrhunderts Komplement einer Schönheit, die im französischen Klassizismus als symmetrisch und proportioniert, mithin als durch Regeln und Zahlenverhältnisse bestimmbar gedacht wird. Die Grazie tritt hier als flüchtiges und irreduzibles Phänomen – als *je ne sais quoi* – hinzu. Was zunächst am Rand des klassizistischen Kunstdiskurses als kaum theoretisierbares Surplus auftritt, rückt in der Ästhetik des Rokoko in den Mittelpunkt. Evidenz verleiht Moog-Grünewald diesem schwer explizierbaren Konzept der »grâce« in zwei eindringlichen Bildlektüren der beiden Gemälde *L'Indifférent* und *La Finette*. Dabei sucht sie den Reiz der Figurendarstellung in Haltungen auf, die zwischen Bewegung und Stillstand zu einem momentanen Gleichgewicht gefunden haben. Sei es als suspendierte, im Moment ihrer Ausführung angehaltenen Bewegung, sei es in der Suggestion, dass ein Zustand der Unbewegtheit schon im nächsten Augenblick in Bewegung übergehen wird – es ist das Äquilibrium, in dem die Grazie formal fass- und beschreibbar wird. Grazie wird, so erläutert Moog-Grünewald zuletzt an Watteaus berühmtem Gemälde *L'Embarquement pour Cythère*, zu einem Stilideal, in dem nicht Symmetrie, sondern eine Balance von Symmetrie und Asymmetrie erzeugt wird.

Wie Hendrik Blumentrath zeigt, grundieren Praktiken des Ab- und Zumessens nicht nur visuelle Ästhetiken, sondern werden um 1800 auch in Theorien des Tragischen und Fragen der Theaterästhetik relevant. Zentralfigur ist hier die antike Nemesis, die Göttin des Maßes und des Maßhaltens, um deren Beschreibung sich Herder in seinem Spätwerk bemüht. In Herders Text *Nemesis – ein lehrendes Sinnbild* zeichnet Blumentrath zunächst nach, wie die Nemesis vom mitunter tückischen Zufall, der Tyche abrückt und sich stattdessen der Dike, der Göttin des Rechts und des rechten Maßes annähert. Parallel dazu wird die Nemesis als Figur etabliert, die dem Einzelnen als eine zur Orientierung des eigenen Handelns voranschreitet und nicht den bereits strafbar Gewordenen gleichsam hinterrücks einholt. In einer Lektüre des weitgehend unterschätzten Textes zum Drama, das Herder 1802 in der *Adrastea* publiziert, zeigt Blumentrath anschließend, wie Herder auch die Tragödie als Problem einer Messkunst begreift, die sowohl die Affektökonomie der agierenden Charaktere als auch ein nun als »große Waage des Glücks und Unglücks« gedachtes Schicksal betrifft. Die wichtige Tendenz zur Verinnerlichung dieser Messkünste in Gestalt einer »Waage des Herzens« findet zuletzt auch Anhalt in der Aufwertung der Musik, mit deren Verabschiedung sich zwar die Tragödie aus dem Melodram konstituiert zu haben scheint, die aber als rührende und bewegende Kunstform in besonderer Weise geeignet wäre, die von Herder visionierten dynamischen Prozesse des Wiegens anzutreiben und zu regulieren.

Einer Tragödientheorie, die *prima vista* nicht unter dem Verdacht der »klassischen« Balance stehen würde, widmet sich Lars Friedrich. An Hölderlins Sophokles-Anmerkungen kann er zeigen, wie der Begriff des Gleichgewichts zu einer zentralen Kategorie der Reflexion auf die tragische Form wird. Im Rekurs auf Hölderlins Brief an Böhlendorff erläutert er zunächst, wie Hölderlin in einer eigenwilligen Appropriationsbewegung Merkmale wie »Präzision« und »Nüchternheit«, die mit und nach Winckelmann noch der Antike zugeschrieben werden, auch für die eigene Gegenwart reklamiert. Dabei macht Hölderlin in den *Anmerkungen zum Ödipus* auch auf die Rolle der Technik, insbesondere der Mechanik in der griechischen Kultur aufmerksam. Wie Friedrich im Rekurs auf Plutarch aufzeigt, beruht die antike Mechanik als praktische Anwendung der Mathematik auf der »strategischen Manipulation des Ungleichgewichts«. Im Rahmen des neuzeitlichen Denkens wird die »Balance entgegengesetzter Kräfte« zu einem Grundprinzip nicht nur der Himmelsmechanik, die sich durch ein Newtonisches Gleichgewicht gegenstrebiger Kräfte auszeichnet. Vor diesem Hintergrund wird Hölderlins *mechanema* der Tragödie als »gegenrhythmisches Austarieren« zweier ungleicher, weil maßverschiedener Teile lesbar. Im Zuge dieser himmelsmechanischen Modellierung des tragischen Gefüges, so demonstriert der Beitrag schließlich an Hölderlins Antigone-Deutung, dynamisiert Hölderlin den bereits von Aristoteles benannten Punkt des Umschlags, der *metabolé*, als ein gleichsam kosmisches Revolutionsgeschehen.

Michael Eggers liefert einen konzisen begriffs- und diskursgeschichtlichen Abriss des für eine Kulturgeschichte des Gleichgewichts zentralen Kompensationsgedankens, der sich, so zeigt Eggers, mit der Episteme des Vergleichs verbindet. Seine eigene wissensgeschichtliche Vergleichsreihe beginnt Eggers bei Herders komplexer Kräftelehre, in der ein universelles Gesetz der Kompensation dafür sorgt, dass die Kräfte einer als geschlossenes Ganzes gedachten Natur insgesamt im Gleichgewicht bleiben. Dem dynamischen Naturbild Herders verpflichtet, baut Kielmeyer die Kompensationsgedanken zu einem System der vergleichenden Naturwissenschaft aus, das auf der Vorstellung von einem steten Ausgleich organischer Kräfte beruht. Reformuliert als Vergleich organischer Funktionen, findet sich dieses Modell bei Georges Cuvier und führt auf direktem Weg zu Darwins Theoretisierung eines nun auf natürlicher Selektion beruhenden Evolutionsgeschehens, bei dem die »cases of compensation« aber nicht mehr als Ausgleichsdynamiken gedacht, sondern einem ökonomischen Gebot der Sparsamkeit unterstellt werden. Relevant wird dies nicht zuletzt im Rahmen einer Anthropologie, die den Menschen – spätestens seit Herder – als ein auf geistige Kompensationsleistungen angewiesenes physiologisches Mängelwesen versteht. Entscheidend ist aber die Beobachtung, dass mit Darwins Theorie der Evolution auch der Gedanke eines immer wieder zu erreichenden Gleichgewichtszustands aufgegeben ist. Eine sich seit der Entstehung immer weiter entwickelnde Natur kennt streng genommen keine Balance. Zugleich markiert die Mitte des 19. Jahrhunderts den Einsatz eines Normalismus, etwa bei Cesare Lombroso, der die ethisch vorteilhafte Mittellage der antiken *mesotes*-Lehre zum statistisch berechenbaren Mittelmaß entstellt. Von diesem Musterbeispiel einer positivistisch gewendeten Naturwissenschaft aus wird zuletzt die Faszination der Ritter-Schule für den Kompensationsbegriff verständlich, insofern nun, so Joachim Ritter und Odo Marquard, die Geisteswissenschaften zur Kompensation der in den exakten Wissenschaften ausgetriebenen Geschichte anzutreten haben.

Literarischen Modellen einer Inszenierung und Reflexion von Ausgleichsvorgängen widmet sich Julia Kerscher in ihrem Beitrag »Äquilibrium im (P)Flug. Pflug und Ballon als Reflexionsfiguren horizontaler und vertikaler Arbeit am Ausgleich«. An Gottfried Kellers *Romeo und Julia auf dem Dorfe* (1856) und Adalbert Stifters *Condor* (1840) zeichnet sie nach, wie Gleichgewicht nicht nur in Handlungsmotiven wie Pflugbewegung und Ballonflug thematisiert, sondern auch auf poetologischer Ebene aktiviert wird. Ein vergleichender Blick auf die prominente bildkünstlerische Auseinandersetzung mit Gleichgewichtsproblemen in Bruegels *Landschaft mit dem Sturz des Ikarus* verklammert die beiden Lektüren. Sichtbar wird in diesem Bild das auch in den beiden Erzählungen verwendete Verfahren, inmitten einer idyllisch anmutenden, kosmische Harmonie suggerierenden Umgebung Vorfälle von fatalem Ungleichgewicht und verfehlten Ausgleichsleistungen zu platzieren. An Kellers Text exponiert Kerscher eine Poetologie des Pflugs, in der die Wendebewegung des Furche um Furche umpflügenden Bauern als Bild für die novellistische Wendepunkttektonik gelesen werden kann. Am *Condor* hingegen entwickelt Kerscher die These von der literarischen Arbeit am Ausgleich der zeitgenössischen Imbalance der Geschlechterverhältnisse, die sich in der ausgewogenen Verteilung der Fokalisierung auf weibliche und männliche Beobachtungsperspektiven bemerkbar macht. Und auch im *Condor* macht Kerscher die selbstreflexive Dimension eines poetologischen Äquilibriums kenntlich, die sich in dem am Wendepunkt herabstürzenden Falken als einem zentralen novellentheoretischen Requisit verkörpert.

Pirkko Rathgeber schlägt im Vergleich zu den anderen Beiträgen eine diametral entgegengesetzte Fragerichtung ein. Statt zu verfolgen, welche Möglichkeiten zur (Wieder-) Herstellung von Gleichgewichtszuständen vorgeschlagen worden sind, geht es ihr im Blick auf das »Äquilibrium in der Zeichenkunst« um die Frage, wie Figuren aus dem Gleichgewicht gebracht werden. An Albrecht Dürer, Oskar Schlemmer und Georges Edwin Lutz, Illustrator und Autor des ersten Handbuchs des frühen Zeichentrickfilms, verdeutlicht sie, dass die Wahrnehmung von Bewegung, also die Möglichkeit, Figuren in der zeichnerischen Darstellung einen Anschein von Beweglichkeit und Leben zu verleihen, an die gezielte Herstellung von Ungleichgewicht gebunden ist. So entwickeln Proportions- und Bewegungslehren seit der Renaissance figürliche Bewegung nicht aus der Rekonstruktion von Bewegungsabläufen, sondern aus Strichfiguren, die sich in einer Position der Ruhe befinden. Bewegung wird entsprechend aus dem Stand abgeleitet. Entscheidend ist, dass sich auf der Grundlage dieser Beobachtung das Äquilibrium der Figur nicht nur als Zustand der Nicht-Bewegung beschreiben lässt. Vielmehr ist der Stand ein Zustand, in dem Bewegung latent enthalten ist. So benutzt Dürer die Waage als Metapher für den Gleichgewichtszustand von gezeichneten Figuren, Schlemmer orientiert sich an gewundenen oder wellenförmigen Linien, Lutz schließlich nimmt Bögen zur Hilfe, die am Prinzip des Uhrpendels gewonnen sind.

Während hier geometrische Linien helfen, menschliche Bewegungsmuster zeichnerisch zu rekonstruieren, dokumentieren umgekehrt die Überlegungen zur Interieur-Gestaltung des Architekten und Architekturtheoretikers Henry van de Velde einen entschiedenen Hang zur Physiologie. Ole W. Fischer zeichnet nach, dass sich van de Veldes Ideal eines Gleichgewichts positiver und negativer Kräfte nicht an axialen Ordnungssystemen, sondern an unterschiedlichen biologisch-vitalistischen und, so ist zugleich impliziert, an dynamischen Gleichgewichtsvorstellungen orientiert. Die »physiologische Linientheorie« basiert zunächst auf einem Ausbalancieren der Positiv- und Negativformen, mithin auf Figur-Grund-Relationen, wie sie zur gleichen Zeit auch in der

Gestaltpsychologie experimentell erprobt worden sind. Hier spielen wahrnehmungspsychologische Überlegungen eine Rolle. Van de Velde bedient sich aber auch Analogien zur Musik, die als vermeintlich unmittelbarer, vor jeden kulturellen Kodierungen anzusiedelnder Ausdruck von Emotionen gilt und psychische Wirkungsmöglichkeiten balancierter Interieurs plausibel machen soll. Fischer stellt die in van de Veldes Text umkreisten Gleichgewichtsvorstellungen zuletzt in den Kontext von Klassizität und »griechischer Heiterkeit«, die aber – durchaus im Anschluss an Nietzsche – weniger als Beruhigung, sondern vielmehr als Begeisterung, Erschütterung und rhythmische Belebung konzipiert wird.

Nicht nur die Künste und die durch sie adressierten Gefühls- und Erfahrungswelten, sondern auch das Nachdenken über die menschliche Intelligenz scheint – zumindest in gewissen Stadien – von der Vorstellung eines um jeden Preis zu erhaltenden Gleichgewichts geprägt gewesen zu sein. Für die Kybernetik ist die Regulierung von Gleichgewichtszuständen, sei es in Gesellschaften oder in Ökosystemen, bekanntlich zentral. Bernhard J. Dotzler stellt in seinem Beitrag »Äquilibristik und Informationsverhalten« eine Vorrichtung zur Steigerung der leider begrenzten menschlichen Intelligenz vor, die der Biophysiker und Intelligenzforscher W. Ross Ashby in den 1950ern entwickelt und vorgestellt hat. Dieser Intelligence Amplifyer ist mit einem Homöostaten ausgestattet, der aus einem wie auch immer verursachten instabilen Zustand stets in einen stabilen Zustand oder »Ruhezustand« zurückzukehren versteht. Von Kybernetikern wie Norbert Wiener und W. Grey Walter gewürdigt und als *Machina sopora*, als Schläfrigkeits- oder Tiefschlafmaschine bezeichnet, zeugt diese Vorrichtung weniger von der Überlegenheit der Maschinenintelligenz über die menschlichen Denk- und Rechenmöglichkeiten, sondern verrät vielmehr ihre heimliche Affinität zu einem menschlichen Grundbedürfnis – mithin dem fest verankerten Wunsch nach der Stabilisierung des Gleichgewichts.

Mit dem Zirkus widmet sich Margarete Fuchs einer Balancekunst *par excellence*. In der exemplarischen Analyse der Zirkus-Performance *Rudo* von Manolo Alcántara wie auch im Blick auf literarische Texte, wie etwa Kleists *Über das Marionettentheater* und Frank Wedekinds *Zirkusgedanken* illustriert sie, wie Zirkuskünste das ästhetische Potential des physiologischen wie physikalischen Gleichgewichts aktivieren. Eine der Ausgangsbeobachtungen betrifft die zentrale Rolle des Risikos, durch die sich Zirkuskünste von den »hohen« Künsten, die in ihren Ergebnissen berechenbar sein müssen, unterscheiden. Nummern im Zirkus, sei es beim Seiltanz, in der Trapezkunst oder anderen Formen der Akrobatik, arbeiten mit der gezielten Gefährdung der Balance – und sie tun dies mit offenem Ausgang. Entsprechend schwer zu kontrollieren sind auch die emotionalen Reaktionen im Publikum. Die Ausstellung des gefährdeten Moments wie auch die Versuche, die Schwerkraft zu überwinden, machen Balance als labile Ordnungsstruktur kenntlich.

Ernst Seidl fragt in seinem Beitrag »Gleichgewicht am Erwartungshorizont. Der urbanistische Erfahrungsraum der Achse« nach der Rolle der städtebaulichen Achse als Ausgleichsmotiv und erörtert davon ausgehend ihre Relevanz für den Erhalt des Äquilibriums des Menschen. Die historische Bestandsaufnahme reicht von der Nutzung axialer Magistralen für die monarchische Repräsentation, etwa in Gestalt der *trionfi* und Einzüge in Rom oder Pienza im 15. Jahrhundert oder im Paris des 17. Jahrhunderts, über die zur »axialen Überschreitung der Stadtgrenze« in modernen Städten wie Brasilia und Canberra bis zu aktuellen Entwürfen und Diskussionen etwa in Astana, der Hauptstadt Kasachstans. Kenntlich wird dabei die Verbindung von drei kulturhistorischen Größen, mithin der subjektiven Wahrnehmung des Menschen, der zentralperspektivischen Konstruktion, wie sie in der bildenden Kunst seit der Frühen Neuzeit verbindlich wurde, sowie des axial-symmetrisch aufgeteilten Stadtraums, in dem sich soziopolitische Ordnungsmuster abbilden.

Sebastian Vehlkens und Philipp Hauss' Beitrag »REST in Peace. Floating Tanks« schließt den Band mit einer Recherche, die im Bereich neuerer und neuester Lifestyle- und Wellnesstechnologien ansetzt, um deren medien- und wissensgeschichtliche Voraussetzungen zu klären. In Gestalt der Floating-Tank-Centers, wie sie derzeit in Hipster-Magazinen im Kontext von Achtsamkeit, Mindfulness und »Chillaxation« beworben werden, haben die zuerst in den 1970er Jahren entwickelten *Sensory Deprivation*-Tanks neue Konjunktur. Man erhofft sich Ausgleich von einem Alltag, der allzu viele stresserzeugende Einflüsse zu bieten hat – ein Ausgleich, der meist als Gleichgewicht zwischen Körper und Geist gedacht wird. Der Blick in die Vorgeschichte legt allerdings Erstaunliches frei: Die von den Verhaltenspsychologen Peter Suedfeld und Roderick Borrie in den 1970er Jahren entwickelte »Restricted Environmental Stimulation Therapy« (REST), die ihrerseits auf Ansätze der Hirnforschung der 1950er zurückgreift, setzt gerade nicht auf die Koordination von physiologischen und psychischen Prozessen, sondern auf ihre rigide Entkopplung. Dabei wird sichtbar, dass Floating Tanks einem kybernetischen und informationstheoretischen Denken entstammen, das die menschliche Physis und Psyche nach dem Modell des Computers behandelt. Hier schließen sich die (Regel-)Kreise zwischen physischem und psychischem Gleichgewicht, die von der antiken Ethik und Diätetik bis zu gegenwärtigen Lifestyle-Trends reichen: Hier wie dort werden Strategien entworfen, mit deren Hilfe sich aus dem Gleichgewicht geratene Systeme in Richtung Balance bewegen können – keine ein für allemal fixierbare, sondern eine »moving axis of equilibrium«.[85]

DER WEG DER »GOLDENEN MITTE«

ARISTOTELES' LEHRE DER μεσότης (*mesotes*) UND IHRE BEDEUTUNG FÜR DIE DASEINSMETAPHER DER BALANCE

Simon Grund

BALANCE ALS DASEINSMETAPHER

In der Mitte seines zweiten Odenbuches richtet sich der römische Dichter Horaz (65–8 v. Chr.) mit einer philosophischen Mahnung an seinen Freund Licinius. In diesem nicht nur im Hinblick auf die Buchkomposition so zentralen zehnten Gedicht formuliert er eine Maxime, die seinem Adressaten zu einer gelingenden Lebensführung verhelfen soll (Hor. *carm.* 2.10.1–8):

»Rectius vives, Licini, neque altum
semper urgendo neque, dum procellas
cautus horrescis, nimium premendo
litus iniquum.

Auream quisquis mediocritatem
diligit, tutus caret obsoleti
sordibus tecti, caret invidenda
sobrius aula.

Besser wirst du leben, Licinius, wenn du weder die hohe See unentwegt bedrängst, noch, die Stürme misstrauisch fürchtend, die Küste allzu sehr drückst.

Wer immer *die goldene Mitte* über alles andere schätzt, der wird, wenn er sicher gehen will, die Armut eines alten, zerfallenden Hauses meiden, wird aber auch, nüchtern bleibend, keinen prunkvollen Festsaal haben wollen, der doch nur Neid erweckt.«[1]

Diese Metapher der »goldenen Mitte« (*aurea mediocritas*) hat sich nicht zuletzt durch Horazens idiomatische Sentenz tief ins kulturelle Gedächtnis der westlichen Welt eingeprägt und ist zum festen Bestandteil eines populärphilosophischen Kanons praktischer Lebensführung geworden: Noch heute steht hinter Forderungen nach einem Leben im »Gleichgewicht« oder nach kompensierenden »Ausgleichshandlungen« oft ein idealisierter (»goldener«) Mittelweg als Richtschnur des menschlichen Lebens.[2] Diese Formulierung einer Balancemetapher ist somit vielleicht die prägnanteste, geht jedoch ebenso wie die sinnfällige Parabel des »Lebens als Seereise« nicht ursprünglich auf Horaz zurück, der in seinem dichterischen Eklektizismus weniger die Absicht hatte, eine neue, eigene Philosophie zu entwickeln, als das Geläufige in markige neue Worte zu kleiden.[3] Im Unterschied zu Hans Blumenberg, der seinerseits die Seereise als paradigmatisch für die Konstituierung einer Daseinsmetapher bestimmt, dient diese bei Horaz jedoch lediglich als bildhaftes Ausdrucksmittel. Der Kernpunkt seines Gedichts ist die Mitte zwischen Mangel und Übermaß, die im Konnex mit der Metapher der Seereise selbst zur musterhaften Veranschaulichung des Lebenswegs unter der Schablone der Daseinsmetaphorik avanciert.[4]

Interessant ist besonders die Frage nach den Ursprüngen des Balancegedankens, der als Leitmotiv hinter der Horazischen Weisheitsformel steht. Hans Peter Syndikus weist darauf hin, dass der Gedanke hinter der *aurea mediocritas* bis in die archaische Zeit Griechenlands zurückreicht: »Horazens Mahnung ist im Grunde schon die des pythischen Apollon und der sieben Weisen, deren Spruchweisheit vor dem Übermaß warnte und das Maß pries; ja, man sagt wohl nicht zuviel, wenn man behauptet, daß der Gedanke des rechten Maßes der Kerngedanke der griechischen Lebenslehre zu allen Zeiten gewesen ist«.[5] Allerdings, so Syndikus weiter, liegt zwischen der auf Lebenserfahrung beruhenden Weisheit der Alten und der popularisierenden Reformulierung des Horaz ein essenzielles Bindeglied: In der philosophischen Reflexion der hellenistischen Zeit findet sich das Bild der Mitte, des Maßhaltens und der körperlichen oder seelischen Balance in vielgestaltiger Ausprägung und Nuancierung. Prägend ist in diesem Diskurs jedoch die peripatetische Lehre des Aristoteles (384–322 v. Chr.), der auch in der römischen Rezeption etwa von Cicero (106–43 v. Chr.) oder Seneca (1–65 n. Chr.) als prominenter Referenzpunkt angeführt wird.[6] Dass sich Aristoteles' Lehre von der »Mitte« (μεσότης, *mesotes* oder μέσον, *meson*) aus einem kulturellen *common ground* Griechenlands speist, ist inzwischen allgemein anerkannt.[7] Das gnomische Idiom der Mäßigung erfährt insbesondere in der *Nikomachischen Ethik* eine Transformation zur subjektiven Individualethik, die als normative Richtlinie der Einzelhandlung eine relative Mitte zwischen einem Zuviel und einem Zuwenig postuliert. In dieser systematischen Modellierung schafft Aristoteles eine theoretische Grundlage für die Balance als Daseinsmetapher, die Horaz mit seiner Gedankenfigur der »goldenen Mitte« etabliert und die ihrerseits als Gelenkstelle zwischen der mystischen Archaik der frühen Griechen und dem allgemeinen Wertekanon westlicher Literatur- und Kulturtopik fungiert.

Zum besseren Verständnis der Daseinsmetaphorik der Balance bei und nach Horaz ist also eine genaue Betrachtung der systematischen Vorgängertheorien nötig. Dass der *mesotes*-Lehre des Aristoteles dabei eine herausragende Stellung zukommt, soll im Folgenden dargestellt werden: Seine besonders in der *Nikomachischen Ethik* entfaltete Lehre vom moralisch guten Handeln, das auf eine Mitte zwischen Mangel und Übermaß zielt, bedient sich bestimmter anthropologischer Implikationen und ist gewissermaßen die logische Fortsetzung und das moralische Pendant der physiologischen Konstituierung des Menschen. Die *Politik* wiederum geht den nächsten Schritt von der Betrachtung des Einzelmenschen hin zur Organisation des Gemeinwesens als übergeordnetes System. Die verschiedenen philosophischen Teilbereiche sind also, wie Olof Gigon pointiert formuliert, »sozusagen unterirdisch miteinander verbunden«, wobei die *mesotes* als tragendes Konzept der ganzen in der Staatstheorie kulminierenden Philosophie etabliert wird.[8] Auf diese Weise begreift Aristoteles das Streben nach Balancen als ganzheitlichen Vorsatz, der anthropologische, individualethische und politisch-gesellschaftliche Dimensionen gleichermaßen umfasst. Insofern bildet seine Lehre der *mesotes* eine umfassende Basis, um die vielfältigen Erscheinungsformen des menschlichen Lebens im privaten und öffentlichen Rahmen unter dem Denkmuster der Balance zu erfassen.

Die folgende Darstellung der aristotelischen *mesotes*-Lehre ist daher in einem Dreischritt konzipiert: Zu Beginn werden die physiologischen Grundlagen der naturphilosophischen Schriften besonders mit Verweis auf etwaige Prätexte medizinischer Provenienz erörtert. Auf der Basis der dort gewonnenen Erkenntnisse dient die von Aristoteles angeführte Analogie von Körper und Seele als Ausgangspunkt für die Darlegung der *mesotes*-Lehre in der Ethik. In einem abschließenden Ausblick wird demonstriert, dass auch in der *Politik* eine analoge Argumentation vorzufinden ist, die den idealen Staat als einen mittleren und in Balance befindlichen entwirft. Der Fokus der Betrachtung liegt dabei nicht auf einer erschöpfenden Analyse der aristotelischen Doktrin, vielmehr geht es um eine historische Kontextualisierung des Balancegedankens, für den die Lehre der *mesotes* modellhaft steht.

DIE *MESOTES* IN DER GRIECHISCHEN MEDIZIN

Eine konzeptuelle Verbindung der naturphilosophischen Werke zur *mesotes*-Konzeption der *Nikomachischen Ethik* ist schon oft beobachtet worden; bei der Frage, inwieweit diese Schriften durch Traktate zeitgenössischer Disziplinen beeinflusst sind, herrscht jedoch keine grundsätzliche Einigkeit. Hermann Kalchreuter hat in seiner grundlegenden Arbeit *Die μεςότης bei und vor Aristoteles* für eine Herkunft aus der zeitgenössischen Medizin plädiert:

> »Die Abhängigkeit des Aristoteles von der vor ihm liegenden naturwissenschaftlich-medizinischen Literatur, namentlich auch in der Beobachtung der richtigen Mitte in der Natur, *ist sicher*. Der subjektiv-persönliche Charakter der richtigen Mitte in der Ethik ist gegenüber der alten Volksmoral etwas völlig Neues; er gehört aber bei den Aerzten zu den Grundgedanken ihrer Vorschriften für Krankenbehandlung. Somit ist dieser Grundsatz der Fachwissenschaft von Aristoteles in die Ethik übertragen.«[9]

Kalchreuters Ansatz, der teilweise auch kritisch diskutiert worden ist, eignet sich gut, um die Dependenz der aristotelischen Naturphilosophie von vorherrschenden Lehrmeinungen exemplarisch hervorzuheben.[10] Nicht nur ist die Kenntnis medizinischer Abhandlungen bei Aristoteles – dem Sohn eines Arztes – anzunehmen, auch finden sich viele Parallelen zwischen seinen naturphilosophischen Schriften und den medizinischen Traktaten seiner Zeit.[11] Die medizinische Praxis steht bei der aristotelischen Physiologie zwar nicht im Zentrum, wird aber oft als Bildspender zur Veranschaulichung der auf elementarer Ebene nicht beobachtbaren Vorgänge konsultiert und auch in der Ethik als Kontrastfolie herangezogen. Wenn daher im Folgenden parallele Strukturen herausgestellt werden, geht es weniger darum, eine direkte chronologische Abhängigkeit der aristotelischen *mesotes*-Lehre aus der griechischen Medizin zu deduzieren, sondern besonders auf zwei Phänomene aufmerksam zu machen, die insgesamt eine strukturelle Ähnlichkeit andeuten und den ganzheitlichen Ansatz der aristotelischen Lehre bekräftigen: die Konstituierung des Menschen durch antagonistische Gegensätze und die subjektive Natur dieser Relationen, auf die schon Kalchreuter in der angeführten Textstelle hingewiesen hat.

Ein Grundprinzip der griechischen Medizin ist die Vorstellung von verschiedenen Kräften oder Substanzen, die in der Natur und im Menschen wirken und deren Verhältnis zueinander für Gesundheit oder Krankheit des jeweiligen Organismus verantwortlich ist. Alkmaion von Kroton (ca. 520-? v. Chr.), ein Arzt und Physiologe, der etwa zeitgleich mit Pythagoras und Parmenides gelebt haben dürfte, hat diesen Grundsatz bereits in vorsokratischer Zeit aufgestellt (hier als indirektes Zeugnis des Aetius, Frg. DK 24 B4).[12]

»Gesundheitsbewahrend sei die Gleichberechtigung (*isonomia*) der Kräfte (*dynamis*), des Feuchten, Trocknen, Kalten, Warmen, Bittern, Süßen usw., die Alleinherrschaft (*monarchia*) dagegen sei bei ihnen krankheitserregend. Denn verderblich wirke die Alleinherrschaft des einen Gegensatzes [...]. Die Gesundheit dagegen beruhe auf der gleichmäßigen Mischung (*krasis*) der Qualitäten.«[13]

Nach Alkmaion besteht der Mensch aus gegensätzlichen Kräften (δυνάμεις, *dynameis*) wie etwa *feucht-trocken, kalt-warm, bitter-süß*. Die Dominanz (μοναρχία, *monarchia*) eines der Glieder innerhalb der Gegensatzpaare bringt den Organismus in ein Ungleichgewicht und führt zu Schmerz oder Krankheiten. Der Zustand des Äquilibriums hingegen (ισονομία, *isonomia*), bei dem beide Qualitäten in gleichberechtigter Aktualität vorliegen, hat auch ein somatisches Gleichgewicht in Gestalt eines gesunden Körpers zur Folge. Die offensichtlich politische Terminologie dieser Zustandsbeschreibungen der Mischproportionen legt dabei den Fokus auf die dynamische Natur dieser Verhältnisse. Aufgabe des Arztes ist es, mit kompensierenden äußeren Einwirkungen (Diätetik) auf entstandenes Ungleichgewicht zu reagieren und den Körper in einem allgemeinen Zustand der Balance zwischen den einzelnen Kräften und Qualitäten zu halten.[14]

Diese Gleichgewichtslehre hatte in den nachfolgenden medizinischen Schriften großen Einfluss. Insbesondere die nähere Bestimmung der Gegensatzpaare hat zu einer Ausdifferenzierung der Lehre geführt: So kann man etwa für Philistion (ca. 427–347 v. Chr.) nachweisen, dass er in Rückgriff auf die Elementenlehre des Empedokles jedes der vier Elemente mit einer bestimmten Qualität versehen hat und bei ihm Krankheiten auf eine ungleiche Mischung oder Anordnung der Elemente zurückzuführen sind. Dieser Lehrmeinung folgte unter anderem Platon.[15] Besonders aber Vertreter der sogenannten »Säftelehre« gründeten ihre medizinischen Lehrschriften auf das Gleichgewichtsprinzip der Flüssigkeiten des Organismus, die sie als die im Körper wirkenden Kräfte bestimmten. Mit der richtigen Mischung der vier Körpersäfte setzt sich auch die Schrift *De Natura Hominis* (Über die Natur des Menschen) auseinander, die als Teil des *Corpus Hippocraticum* überliefert ist (Hippokr. *nat. hom.* 4.1–7).[16]

»Der Körper des Menschen hat in sich Blut und Schleim und gelbe und schwarze Galle, und das ist die Natur seines Körpers, und dadurch hat er Schmerzen und ist gesund. Am gesundesten ist er, wenn diese Säfte im richtigen Verhältnis (*metrios*) ihrer Kraft und ihrer Quantität zueinander stehen und am besten gemischt (*malista memigmena*) sind. Schmerzen hat er, wenn etwas von ihnen zu wenig (*elasson*) oder zu viel (*pleon*) vorhanden ist oder sich im Körper absondert und nicht mit dem Ganzen vermischt ist.«[17]

Wie Alkmaion hebt der Autor das Moment des Gleichgewichts zwischen den einzelnen Körperpotentialen hervor. Er betont das richtige Verhältnis (μετρίως, *metrios*) der

Mischung und führt Krankheiten beziehungsweise Schmerz auf die fehlende Balance der einzelnen Komponenten zurück. Die vier Körpersäfte stehen dabei stellvertretend für die Eigenschaften *kalt-warm* und *nass-trocken*. An einer späteren Stelle im Text (*nat. hom.* 7) wird diese Korrelation expliziert und zum Beispiel Blut als *warm* und *feucht*, Schleim als *kalt* und *feucht*, gelbe Galle als *warm* und *trocken* und schwarze Galle als *kalt* und *trocken* definiert. Insgesamt geht es also wieder um den Ausgleich zwischen entgegengesetzten Kräften (δυνάμεις, *dynameis*) im Körper, deren harmonisches Verhältnis zueinander über Gesundheit und Krankheit des Organismus entscheidet.[18]

Neben der Gleichgewichtslehre spielt auch der Gedanke einer individuellen Therapie eine Rolle. Bei der Krankenbehandlung muss man demnach immer den einzelnen Patienten im Blick haben, woraus folgt, dass es ein allgemeingültiges Balanceprinzip nach festgeschriebenen Mengenverhältnissen in der griechischen Medizin nicht geben kann. Neben der körperlichen Befindlichkeit sind außerdem die äußeren Umstände zu berücksichtigen (*nat. hom.* 9.5–7): »Um die ganze Sachlage zu überblicken, tut es Not, dass sich der Arzt gegen die vorherrschenden Zustände der Krankheit vorbereitet, sowie auf die körperliche Konstitution, die Jahreszeit und das Lebensalter, und er muss das Gespannte lösen und das Gelöste in Spannung halten.«[19] Dieser Grundsatz der Pathogenese findet sich auch in hippokratisch-salutogenetischen Lehrschriften zur Diätetik (Hippokr. *salubr.* 2.14–18): »Man muss also die Diätregelungen richten nach dem Lebensalter, der Jahreszeit, den Gewohnheiten, dem Ort und der körperlichen Konstitution, sowie der vorherrschenden Wärme oder Kälte entgegenwirken. Auf diese Weise nämlich dürfte man am gesündesten sein.«[20] Insgesamt lässt sich feststellen, dass auch außerhalb der aristotelischen Philosophie Balancetheorien aufgestellt und besonders in der medizinischen Wissenschaft intensiv diskutiert worden sind.

DIE SOMATISCHE BALANCE IN ARISTOTELES' NATURPHILOSOPHISCHEN SCHRIFTEN

Auch in Aristoteles' naturphilosophischen Schriften ist eine an binären Oppositionen ausgerichtete Konzeption des Leibes zu beobachten. Zwar hat er weder eine eigenständige Lehrschrift über den Menschen verfasst noch sind seine in den *Parva Naturalia* (kleine naturwissenschaftliche Schriften) erwähnten Abhandlungen über Gesundheit und Krankheit erhalten geblieben.[21] Eine implizite Lehre somatischer Balance kann man jedoch aus den erhaltenen Schriften erschließen.

Die Grundlage für die somatische Balance bei Aristoteles ist seine physikalische Lehre, die er in seinen meteorologischen und naturwissenschaftlichen Schriften entwirft. In diesem korpuskularen Weltbild sind es wie bei Platon die Elemente als kleinste Bestandteile, die als Gegensatzpaare die Materie der sublunaren Welt und somit auch die Körper der Tiere und Menschen konstituieren.[22] Gegensätzlich sind diese Elemente zunächst hinsichtlich ihrer natürlichen Ortslage und ihrer naturgemäßen räumlichen Bewegung (Aristot. *de mundo* 339a16–21):

»Von diesen [sc. *vier Elementen*] – Feuer (*pyros*) Luft (*aeros*) Wasser (*hydatos*) Erde (*ges*) – ist das sie alle überragende Element das Feuer, das die Unterlage bildende die Erde. Ein diesen entsprechendes Verhältnis haben die beiden anderen zueinander; von ihnen steht nämlich die Luft dem Feuer am nächsten, das Wasser der Erde. Aus diesen Elementen also setzt sich die irdische (sublunare) Welt zusammen.«[23]

In der vorliegenden Passage wird der natürliche Ort des Feuers als weit entfernt vom Zentrum bestimmt, das seinerseits der naturgemäße Ort der Erdelemente ist. Luft und Wasser sind relativer Natur, wobei die Luft näher an der Peripherie lokalisiert wird und das Wasser tendenziell näher am Zentrum gelegen ist. Diesen natürlichen Ortslagen korrespondieren die Ortsbewegungen auf analoge Weise (Aristot. *gen. corr.* 330b30–331a3):

»Da es aber vier einfache Körper gibt, gehören je zwei zu einem der beiden primären [sc. *Orte*]: Feuer und Luft zu dem zur Grenze (*pros ton horon*) Fortbewegten, Erde und Wasser zu dem zur Mitte (*pros ton meson*); d. h. außen liegend und am reinsten sind Feuer und Erde, mittlere und mehr gemischte dagegen [...] Wasser und Luft; zudem ist je eines gegensätzlich (*enantia*) zu einem der beiden anderen: Zum Feuer nämlich ist Wasser gegensätzlich, zur Luft aber Erde; denn sie sind aus je gegensätzlichen Beschaffenheiten (*ton enantion pathematon*) konstituiert.«[24]

Die natürliche Bewegung der Elemente fordert die Frage nach der stabilen Mitte und der Balance geradezu heraus. Darüber hinaus kommen ihnen bestimmte »Beschaffenheiten« (παθήματα, *pathemata*) zu, die im entsprechenden Werk *De generatione et corruptione* (Über Werden und Vergehen) ein Kapitel zuvor näher ausgeführt sind (*gen. corr.* 329b19–21): »Gegensätzlichkeiten (*enantioseis*) gemäß der Berührung sind aber folgende: warm – kalt, trocken – naß, schwer – leicht, hart – weich, leimig – spröde, rauh – glatt, dick – dünn.«[25] Der vorliegende durchaus umfangreiche Katalog wird in einer weitergehenden Analyse zergliedert, und die meisten der Begriffspaare werden als Derivate der beiden Oppositionen *warm-kalt* und *trocken-nass* subsumiert (siehe *gen. corr.* 330a24–29). Durch die Herausstellung dieser beiden primären Gegensatzpaare ergeben sich insgesamt vier gültige Kombinationen als elementare Eigenschaften einfacher Körper, ohne dass die sich *a priori* ausschließenden Kombinationen *warm* und *kalt*, sowie *nass* und *trocken* Berücksichtigung finden. Die verbleibenden begrifflichen Verknüpfungen ordnet Aristoteles anschließend je einem der vier Elemente zu (*gen. corr.* 330b3–6): »Denn das Feuer (*pyr*) ist Warmes und Trockenes, die Luft (*aer*) Warmes und Nasses (denn wie Dunst ist die Luft), das Wasser (*hydor*) aber ist Kaltes und Nasses, die Erde (*ge*) Kaltes und Trockenes [...].«[26] Auf diese Weise lässt sich ein zweiter Antagonismus innerhalb der Elemente ausmachen: Bestehend aus je einer Kombination der basalen Qualitäten *warm-kalt* und *trocken-nass* ringt jedes der Elemente mit einem ihm entgegengesetzten Element und den diesem innewohnenden Eigenschaften. Kommt es zu einem Zusammentreffen der gegensätzlichen Elemente, führt das je nach Mengenverhältnis entweder zu einem Wandel der Elemente oder zur Entstehung eines mittleren Zustandes (*gen. corr.* 328a28–32).[27] »Wenn jedoch irgendwie ein Gleichgewicht an Kräften besteht (*tais dynamesin isaze pos*), dann wandelt sich jedes von beiden in das Obsiegende aus seiner eigenen Natur, aber *wird* nicht das andere, sondern etwas dazwischen und Gemeinsames (*metaxy kai koinon*).«[28] Diesen Zustand der Balance antagonistischer Potentiale nennt Aristoteles später μεσότης (*mesotes*) und erklärt damit die Entstehung der homoiomeren Körperteile wie Fleisch oder Knochen (siehe *gen. corr.* 334b19–29). Mit einem Wechselspiel der gegensätzlichen Körperveranlagungen und dem Zustand der Balance werden in der *Physik* aber auch die körperlichen Tugenden wie etwa die Gesundheit erläutert (Arist. *phys.* 246b3–9):

> »Denn die körperlichen Werthaftigkeiten (*aretai*), etwa Gesundheit (*hygieia*) und Wohlbefinden (*euexia*), denken wir als beruhend in einer ausgewogenen Mischung (*en krasei kai symmetria*) des Warmen mit dem Kalten, und zwar hinsichtlich ihrer Bezogenheit entweder auf sich selbst im Inneren oder auf die Umwelt. Und gleiches gilt auch für die Schönheit, die Kraft und alle übrigen Werthaftigkeiten und Unwertigkeiten. Denn jede besteht in einer bestimmten Bezogenheit und bringt ihren Träger in ein gutes oder übles Verhältnis zu den für ihn spezifischen Erlebnissen (*ta oikeia pathe*) [...].«[29]

Kälte und Wärme als aktive Kräfte des Körpers bilden demnach die wichtigsten Gegensätze und entscheiden über Gesundheit und Krankheit auf der Grundlage eines vorherigen Gleichgewichtes zwischen den passiven Kräften *trocken* und *nass* (siehe *meteor.* 378b10–379a10).[30] Dieses wird seinerseits erzeugt durch eine ausgewogene Ernährung: Nahrung ist immer graduell *trocken* oder *nass* und eine ausgeglichene Kost ermöglicht dem Körper die anschließende Verarbeitung der Lebensmittel durch die körpereigene Wärme (siehe *part. an.* 650a2–10). Als im Menschen befindliches Zentrum der Wärme definiert Aristoteles das Blut im Herzen (siehe *resp.* 474a25-b3).

Damit die Wärme aber ausgeglichen bleibt, sorgt die innere Struktur des Herzens für eine gemäßigte Aktivität: Die vermuteten drei Herzkammern können das Blut wohltemperiert dosieren. Außerdem wird das Gehirn als ein zentraler Ort der Kälte und so zum Gegenpol des Herzens zur Bewahrung des körperlichen Gleichgewichts bestimmt (siehe *gen. an.* 743b25–33; *part. an.* 652b16–23). Das Hirn wiederum darf zur Kühlung des Organismus nicht zu kalt werden und wird daher durch umgebende Blutgefäße in einer gemäßigten Kühle bewahrt.[31] Gerät in diesem komplexen und auf ausgleichende Harmonie bedachten System jedoch eine der spezifischen Affektionen (οἰκεῖα πάθη, *oikeia pathe*) ins Übermaß, verliert der ganze Organismus das Gleichgewicht und droht zu vergehen (*phys.* 246b10): »Unter [den spezifischen Erlebnissen] (*oikeia* [sc. *pathe*]) verstehe ich die Umstände, von denen die Natur sein [sc. *des Erleidenden*] Entstehen und Vergehen abhängig gemacht hat.«[32] Die somatische Balance schlägt sich bei Aristoteles also auf mehreren Ebenen nieder: Ein Gleichgewicht (μεσότης, *mesotes*) der elementaren Potentiale (δυνάμεις, *dynameis*) führt zur Bildung von Körperteilen, die ihrerseits den Körper mit unterschiedlichen Erlebnissen (πάθη, *pathe*) wie Wärme oder Kälte affizieren und sich dabei auf Grundlage einer harmonischen Mischung der passiven Zustände *nass* und *trocken* gegenseitig kompensatorisch ausgleichen müssen, um den Organismus als Ganzen in einer stabilen Mitte zu halten.[33]

Der Rekurs auf den Bildbereich der Medizin in der Bestimmung der Gesundheit als Tugend des Körpers führt den Gedanken zurück zur Frage nach der Subjektivität des körperlichen Gleichgewichtes, das schon als Grundsatz der medizinischen Wissenschaft festgestellt worden ist. Auch bei Aristoteles schließt die Regulierung der körpereigenen Wärme und Kälte eine Anpassung an äußere Umstände wie das Lebensalter ein (Arist. *long. brev.* 466a18–20): »Man muß ja davon ausgehen, daß ein Lebewesen (*zoon*) von Natur aus feucht und warm ist und daß diese Beschaffenheiten zum Lebensprozess gehören, daß aber das Alter (*geras*) und der Tod trocken oder kalt sind. Das ist offenkundig.«[34] Eine diachron variierende Zustandsartung der Leibesempfindungen setzt eine prozessuale Anpassung der kompensatorischen Organaktivitäten voraus. Zudem sind insbesondere die äußeren Umstände, wie das Klima oder die individuelle Temperatur des Lebewesens, zu berücksichtigen. Eine Wechselwirkung dieser Faktoren bedingt eine Relativität des erstrebten mittleren Zustandes (Arist. *resp.* 478a1–4):

> »Was aber akzidentelle Beschaffenheiten (*hexeis*) betrifft, so werden Wesen, die im Übermaß warm sind, eher in kühler Umgebung, solche, die im Übermaß kalt sind, eher in warmer Umgebung bewahrt. Denn die Umgebung gleicht das Übermaß (*hyperbole*) der akzidentellen Beschaffenheit aus und reduziert diese auf [den entsprechenden mittleren Wert] (*to metrion*).«[35]

Die Textstelle verweist noch auf einen weiteren, den vermutlich wichtigsten Punkt für die Einbettung des *mesotes*-Gedankens in eine Daseinsmetaphorik der Balance: die »akzidentelle Beschaffenheit« (ἕξις, *hexis*) verstanden als habituelle Disposition des Organismus, die Tendenz des Körpers also, auf innere oder äußere Affektionen gut oder schlecht zu reagieren. Diese tendenzielle Handlungsneigung ist keineswegs invariabel, sondern verändert sich je nach Beschaffenheit des Körpers, der sich in Balance oder im Ungleichgewicht befindet. Über das Wesen dieses somatischen Habitus und die Frage seiner Veränderung wird im Anschluss an die oben angeführten Passagen aus der *Physik* gehandelt (Arist. *phys.* 246b19–20):

»Denn die werthafte Zustandsartung (*arete*) hat die Funktion, entweder einen Veränderungseinfluss überhaupt auszuschließen oder nur einen ganz bestimmten Zustand zuzulassen (*hodi pathetikon*), die unwertige Zustandsartung (*kakia*) hingegen liefert den Organismus dem Veränderungseinfluss überhaupt aus oder aber macht ihn nur im negativen Sinne unempfindlich.«[36]

Was bei der ethischen *mesotes* an zentraler Stelle steht und noch ausführlicher erläutert wird, schlägt sich auch hier im Bereich des Leiblichen nieder: Wenn sich der Körper in Balance befindet – die zuvor als »werthafte Zustandsartung« (ἀρετή, *arete*) festgesetzt worden ist – verhält er sich in einer bestimmten Weise zu Affektionen (παθητικός, *pathetikos* als semantisches Äquivalent zu πάθη, *pathe*), die seiner Gesundheit zuträglich ist. Wenn er hingegen im Ungleichgewicht ist, fällt die Reaktion gegenteilig aus. Für die körperliche Tugend entscheidend ist also die Fähigkeit, in einer bestimmten Weise auf innere oder äußere Einwirkungen reagieren zu können und diesen Habitus zu bewahren und zu stärken, indem man seinen Organismus durch Ernährung, Gymnastik oder Anpassung an äußere Faktoren bestmöglich im Gleichgewicht erhält.[37]

DIE SEELISCHE BALANCE IN ARISTOTELES' ETHISCHEN SCHRIFTEN

Die ethischen Schriften des Aristoteles (neben der *Nikomachischen Ethik* [*NE*] im erhaltenen *Corpus* besonders die *Eudemische Ethik* [*EE*] und die kürzeren *Magna Moralia*) bieten im Gegensatz zu seinen naturphilosophischen Abhandlungen, deren Verknüpfung aufgrund der posthumen Edition oft über Buchgrenzen hinweg erschlossen werden muss, eine nahezu einheitliche Darstellung der Morallehre.[38] Im Folgenden wird sich die Darstellung auf die *NE* beziehen, die oft als Kernstück der aristotelischen *mesotes*-Lehre angesehen wird und deren Argumentationslinie vielen Interpreten als vollständigste und stringenteste gilt.[39] Die Darstellung strebt dabei keine umfassende Gesamtdarstellung der Tugendethik als solcher an, sondern fasst die wichtigen Punkte der Beweisführung in den Büchern I und II der *NE* zusammen, um eine Analogie zur somatischen Balance der Naturphilosophie ziehen zu können. Aus diesem Grund hält sich die Ausführung auch nicht stringent an die chronologische Reihenfolge der Argumente, wie sie in der *NE* angeführt werden, sondern führt die entsprechenden Erläuterungen eher systematisch zusammen.

Der Inhalt der *NE* ist der Begriff der Glückseligkeit (εὐδαιμωνία, *eudaimonia*), die Aristoteles in der Mitte des ersten Buches als das Ziel (τέλος, *telos*) aller menschlichen Handlungen bestimmt (*NE* 1097b20–21): »So erweist sich denn das Glück (*eudaimonia*) als etwas Vollendetes, für sich allein Genügendes: es ist das Endziel (*telos*) des uns möglichen Handelns.«[40] Die Autarkie der Glückseligkeit ist dabei die Bedingung für ihre

Sonderstellung als höchstes für den Menschen zu erstrebendes Gut und Grundlage zum Erreichen eines guten Lebens.

Diese Ausgangshypothese führt zu der Frage nach der eigentümlichen Tätigkeit (ἔργον, *ergon*) des Menschen: Ein jedes Ding oder Lebewesen ist für Aristoteles schließlich genau dann in einem guten Zustand, wenn seine für ihn spezifische Tätigkeit (etwa bei einem Schuster die Herstellung von Schuhen) auf gute Art und Weise ausgeführt oder verwirklicht wird. Da die Glückseligkeit für den Menschen der Inbegriff eines guten Lebens ist, muss also eine Korrelation zwischen ihr und dem menschlichen *ergon* bestehen. Die Bestimmung dieser Tätigkeit erfolgt durch einen Exkurs in die Psychologie: Die aristotelische Konzeption der Seele sieht eine Dreiteilung zwischen einem vegetativen, einem sinnlichen und einem vernunftbegabten Seelenteil vor (siehe *NE* 1097b30–1098a6, 1102a26–1103a3). Den vegetativen Teil hat der Mensch mit den Pflanzen, den sinnlichen mit den Tieren gemein. Der Schluss liegt daher nahe, dass es sich beim spezifisch menschlichen *ergon* nur um eine Tätigkeit gemäß dem dritten, dem vernunftbegabten Seelenteil handeln kann (*NE* 1098a12–20):

> »Ist das nun richtig und setzen wir als Aufgabe und Leistung (*ergon*) des Menschen eine bestimmte Lebensform und als deren Inhalt ein Tätigsein und Wirken (*energeia*) der Seele, gestützt auf ein rationales Element (*meta logou*), als Leistung des hervorragenden Menschen dasselbe, aber in vollkommener und bedeutender Weise, und nehmen wir an, daß alles seine vollkommene Form gewinnt, wenn es sich im Sinne seines eigentümlichen Wesensvorzuges (*arete*) entfaltet, so gewinnen wir schließlich als Ergebnis: das oberste dem Menschen erreichbare Gut stellt sich dar als ein Tätigsein der Seele im Sinne der ihr wesenhaften Tüchtigkeit. Gibt es aber mehrere Formen wesenhafter Tüchtigkeit, dann im Sinne der vorzüglichsten und vollendetsten. Beizufügen ist noch: »in einem vollen Menschenleben«. Denn eine Schwalbe macht noch keinen Frühling und auch nicht ein Tag. So macht auch nicht ein Tag oder eine kleine Zeitspanne den Menschen glücklich (*eudaimon*) und selig.«[41]

Für den Menschen ist ein Leben nach den seelischen Tugenden der Vernunft charakteristisch. Die Umsetzung (ἐνέργεια, *energeia* – wörtl.: das »ins Werk Setzen«, das heißt ein Potential – δύναμις, *dynamis* – verwirklichen) dieser spezifischen Aufgabe während des gesamten Lebens (ἐν βίῳ τελείῳ, *en bio teleio*) ist das menschliche Gut und führt am Ende idealerweise zur Glückseligkeit. Aus diesem Grund können weder Kinder noch Tiere, weil sie qua Seelenlehre nicht fähig sind, nach Vernunfttugenden zu streben, noch irgendein Lebender vor seinem Tod glückselig genannt werden (siehe *NE* 1100a1–9). Als weitere Einschränkung sind für Aristoteles äußere Güter in Form grundlegender materieller Sicherheit gleichfalls notwendig zum Glück (*NE* 1099a31-b8). Die Definition des *ergon* als aktive lebenslange Tätigkeit verleiht ihm schließlich einen dynamisch-prozesshaften Charakter.[42] Wenn es also für die Glückseligkeit darauf ankommt, das Leben gemäß den Tugenden der Vernunft zu führen, stößt diese Bestimmung auf eine weiterführende Frage, nämlich die nach der Natur der Tugenden und speziell derer, die zur Vernunft gehören.

Bevor Aristoteles die Natur der Tugenden näher erläutert, werden diese in einem Rückbezug auf die vorgestellten Auszüge der Seelenlehre dichotomisch unterteilt: Der vernunftbegabte Seelenteil hat demnach eine Doppelnatur und besteht aus einem Teil, der im eigentlichen Sinne Vernunft besitzt und einem, der zwar selbst nicht daran teilhat, der jedoch auf die Vernunft hören kann »wie etwas, das auf seinen Vater hört« (τό δ' ὥσπερ τοῦ πατρὸς ἀκουστικόν τι, *to de hosper tou patros akoustikon ti*, siehe *NE* 1102b11–1103a3). Jedem dieser vernunftbegabten Seelenteile entspricht eine bestimmte Gruppe von Tugenden. Dem im eigentlichen Sinne vernünftigen Seelenteil kommen die »dianoëtischen Tugenden« zu wie etwa Weisheit (σοφία, *sophia*) und Klugheit (φρόνησις, *phronesis*), während dem mittelbar vernünftigen Teil die »ethischen Tugenden« wie Freigiebigkeit (ἐλευθεριότης, *eleutheriotes*) oder Mäßigung (σωφροσύνη, *sophrosyne*) eignen (siehe *NE* 1103a3–18). Diese kategorial unterschiedenen Tugendgruppen differieren besonders hinsichtlich der Frage ihres Erwerbs und ihrer Ausformung (*NE* 1103a14–20):

> »Die Tüchtigkeit ist also zweifach: es gibt Vorzüge des Verstandes (dianoëtische) und Vorzüge des Charakters (ethische). Die ersteren nun gewinnen Ursprung und Wachstum vorwiegend durch Lehre, weshalb sie Erfahrung und Zeit brauchen, die letzteren sind das Ergebnis von Gewöhnung. Daher auch der Name (ἠθική, *ēthike*), der sich mit einer leichten Variante von dem Begriff für Gewöhnung (ἔθος, *ĕthos*) herleitet. Somit ist auch klar, daß keiner der Charaktervorzüge uns von Natur eingeboren ist. Denn kein Naturding läßt sich in seiner Art umgewöhnen.«[43]

Die dianoëtischen Tugenden behandelt Aristoteles besonders im sechsten Buch der *NE*. Dort wird ihr Verhältnis zu den ethischen Tugenden präzisiert und dargelegt, dass letztere das Handeln selbst, erstere aber dessen Reflexion und Methode der Urteilsfindung zum Gegenstand haben (siehe *NE* 1138b19–35, 1139b31–35). Wenn also zunächst in den Büchern zwei bis fünf die ethischen Tugenden behandelt werden, folgt Aristoteles seinem wissenschaftlichen Duktus, vom Einfachen zum Besonderen fortzuschreiten (siehe *NE* 1098a20–26, 1103b31–34). Außerdem grenzt er das Feld der vorliegenden Betrachtung auf die für die Daseinsmetapher wichtigen Tugenden im menschlichen Handeln ein: Der Verweis auf die Notwendigkeit der Gewöhnung (ἐξ ἔθους, *ex ethous*) setzt ein situativ handelndes Subjekt voraus, das sich die fraglichen Eigenschaften im Laufe des Lebens durch seine Handlungen und Reaktionen auf Affekte schrittweise aneignet.[44]

Der Begriff der Tugend und ihr prozesshafter Charakter dienen außerdem als Brückenschlag für eine Analogie zwischen Körper und Geist: In der *Physik* sind die Tugenden des Körpers als ausgewogene Mischung der durch die körperlichen Anlagen (δύναμις, *dynamis*) verursachten Affektionen des Organismus (πάθη, *pathe*) Wärme und Kälte bestimmt worden. Dort und an anderer Stelle wird deutlich, dass die kompensatorische Erhaltung dieses relativen Mittelzustandes (μεσότης, *mesotes*) mit der Zeit eine bestimmte Disposition bildet (ἕξις, *hexis*), die die weitere Reaktion auf äußere Einflüsse positiv oder negativ beeinflusst, also ebenfalls einen Prozess der Gewöhnung in Gang setzt. Ein enger Zusammenhang dieser dynamischen Balance des Körpers mit der folgenden Definition der sittlichen Tugenden in der *NE* lässt sich nicht nur konzeptuell, sondern insbesondere auch semantisch feststellen (*NE* 1105b19–28).[45]

> »Unsere nächste Frage lautet nunmehr: was ist die [sittliche] Tüchtigkeit? Es gibt bekanntlich dreierlei seelische Phänomene: irrationale Regungen (*pathe*), Anlagen (*dynameis*) und feste Grundhaltungen (*hexeis*). Zu einer dieser drei Klassen wird die sittliche Tüchtigkeit wohl gehören. Als »irrationale Regungen« bezeichne ich die Begierde, den Zorn, die Angst, die blinde Zuversicht, den Neid, die Freude, die Regung der Freundschaft, des Hasses, die Sehnsucht, die Mißgunst, das Mitleid – kurz, Empfindungen, die von Lust oder Unlust (*hedone e lype*) begleitet werden. »Anlage« ist das, wodurch wir als fähig bezeichnet werden, die irrationalen Regungen zu fühlen: wodurch wir z. B. fähig sind in Zorn oder Unlust zu geraten oder Mitleid zu fühlen. »Feste Grundhaltung« ist etwas, kraft dessen wir uns den irrationalen Regungen gegenüber richtig oder unrichtig verhalten. Einer Zornesregung gegenüber ist z. B. unser Verhalten dann unrichtig, wenn wir sie zu heftig oder zu schwach empfinden, dagegen richtig, wenn es in einer gemäßigten Weise (*mesos*) geschieht. Bei den anderen Regungen ist es ähnlich.«[46]

Die Analogie folgt der bekannten dreiteiligen Argumentationsstruktur der somatischen Balance: *Erstens* hat die Seele bestimmte Anlagen (δύναμις, *dynamis*), durch die sie Affekte erfahren kann. Beim Körper waren diese Anlagen die Eigenschaften der elementaren Bestandteile oder auf höherer Ebene die komplexeren Organe wie etwa Herz oder Hirn. Diese Anlagen hat der Mensch von Natur aus (siehe *NE* 1103a23–28). *Zweitens* lassen sich die Affekte (πάθη, *pathe*) insgesamt auf den basalen Dualismus *Lust-Unlust* reduzieren, der damit dem wichtigen Gegensatzpaar des Körpers *Wärme-Kälte* entspricht.[47] Dem richtigen Umgang mit Lust und Unlust, das heißt der zwischen den Affekten zu bewahrenden Mitte, kommt dabei eine wichtige Rolle zu (*NE* 1105a5–7): »So muß denn unsere ganze Untersuchung sich notwendig um diesen Punkt bewegen, denn auf das Handeln wirkt es sich bedeutsam aus, ob man Freude und Unlust in der rechten (*eu*) oder in der falschen Weise (*kakos*) erlebt.«[48] In der richtigen Weise Lust beziehungsweise Unlust zu erleben heißt in diesem Falle, die Extreme zu meiden, die es bei jedem der Affekte gibt und sie stattdessen zum richtigen Zeitpunkt, aus den richtigen Anlässen und in der angemessenen Art und Weise zu empfinden, was schließlich als Zustand der Mitte definiert wird (siehe *NE* 1106b19–29). Neben den reinen Affekten hat die ethische Tugend auch menschliche Handlungen zum Gegenstand. Bei diesen gibt es ebenfalls eine Mitte zwischen Mangel und Übermaß, außerdem haben sie für Aristoteles notwendigerweise Lust oder Unlust zur Folge (siehe *NE* 1104b13–16). Diese Affekte bestimmen dann als Folge der jeweiligen Handlungen wie ein Indikator deren endgültigen moralischen Wert: Tugendhaftes Handeln ist erst dann vollkommen, wenn es nicht nur nach der Mitte zielt und die Extreme meidet, sondern wenn die Handlung außerdem Lust zur Folge hat, also auch bezüglich der aus ihr resultierenden Affekte die Mitte trifft (*NE* 1104b3–9):

»Als Anzeichen, ob man bereits eine feste Grundhaltung (*hexis*) erlangt hat, muß man das Gefühl von Lust oder Unlust (*hedone e lype*) nehmen, das sich bei den einzelnen Akten einstellt. Wer Sinnengenuß von sich fernhält und eben darüber Freude empfindet, der ist besonnen (*sophron*); wer sich nur widerwillig überwindet, ist haltlos. Wer die Gefahren durchsteht und zwar mit Freude oder doch wenigstens ohne Mißstimmung, der ist tapfer (*andreios*); wer sich verstimmen lässt, feige. In den Bereichen von Lust und Unlust nämlich entfalten sich die Vorzüge des Charakters (*he ethike arete*).«[49]

Diese Kriterien richtig einschätzen zu lernen ist für Aristoteles Sache der richtigen Charakterbildung und einer zielgerichteten Erziehung, die »Lust und Unlust da empfinden lehrt, wo es am Platze ist« (δεῖ ἦχθαί … ὥστε χαίρειν τε καὶ λυπεῖσθαι οἷς δεῖ, *dei echthai … hoste chairein te kai lypeisthai hois dei*, siehe *NE* 1104b3–18).[50] An dieser Stelle tritt besonders der Aspekt der Gewöhnung hervor. Als Charakteristikum der ethischen Tugenden resultiert sie als *drittes* und letztes Glied der Assoziationskette in einer dauerhaften Disposition (ἕξις, *hexis*), die den nachfolgenden Umgang mit den Affekten bestimmt. Wie schon beim Körper ruft die Bewahrung des Gleichgewichts der Seele opportune Verhaltensweisen hervor, die in einem reziprok-dynamischen Prozess das Vermögen für zukünftige Handlungen positiv befördern, oder, sollte man bezüglich der Affekte nicht das Gleichgewicht bewahren, negativ beeinflussen können. Eine weitere Analogie zur Tugend der Körperkraft verbildlicht dies (*NE* 1104a25-b3):

»So wird denn besonnenes und mannhaftes Wesen durch das Zuviel (*hyperbole*) und das Zuwenig (*elleipsis*) zerstört, dagegen bewahrt, wenn man der rechten Mitte (*mesotes*) folgt. […] denn so ist es auch bei den mehr sinnenfälligen Dingen, zum Beispiel bei der körperlichen Kraft. Sie entsteht, indem man reichlich Nahrung aufnimmt und ein hartes Training durchhält – und es ist dann gerade der gestählte Sportsmann, der so etwas am besten bewältigt. So ist es nun auch bei den sittlichen Werten (*epi ton areton*): indem wir uns sinnliche Genüsse versagen, werden wir beherrscht und sind wirs einmal geworden, so haben wir am ehesten die Kraft uns ihrer zu enthalten. Bei der Tapferkeit ist es nicht anders: indem wir uns daran gewöhnen Gefahren zu verachten und sie zu meistern, werden wir tapfer und sobald wir es sind, können wir ihrer am sichersten Herr werden.«[51]

Durch ihren selbstreferenziellen Charakter beschreibt die hier geforderte ἕξις (*hexis*) ein im Grunde autopoietisches System: Jeder erreichte Zustand dient dediziert der prozessualen Aneignung einer festen ethischen Grundhaltung und bildet nach deren Erlangen eine immer neue gesteigerte Ausgangsbasis (δύναμις, *dynamis*) im Vorgang der Verwirklichung der spezifisch menschlichen Tätigkeit, der ἐνέργεια (*energeia*).[52] So ist es konsequent, dass die Frage nach dem Wesen der Tugend schließlich in der ἕξις (*hexis*) ihre Beantwortung findet (*NE* 1103a9–10): »Haltungen (*hexeis*) aber, die uns zu Lob veranlassen, nennen wir Wesensvorzüge (*aretas*).«[53] Dass sich die ethische Tugend als Balance der Seele bezüglich der Affekte fassen lässt und damit eine dem Körper ähnliche Konzeption aufweist, wirft die Frage nach der genauen Beschaffenheit des in der *NE* vorgestellten Konzepts der *mesotes* auf. Wie für den Organismus gilt auch in der Ethik das grundsätzliche Dogma der Subjektivität (*NE* 1104a3–11):

»Im Bereiche des Handelns (*praxis*) aber und der Nützlichkeiten gibt es keine eigentliche Stabilität – übrigens auch nicht in Fragen der Gesundheit (*hygieina*). Wenn dies aber schon bei übergreifenden Aussagen (in der Ethik) zutrifft, so kann Exaktheit noch viel weniger bei der Darstellung von Einzelfällen des Handelns vorhanden sein: diese fallen weder unter eine bestimmte »Technik« noch Fachtradition. Der Handelnde ist im Gegenteil jeweils auf sich selbst gestellt und muß sich nach den Erfordernissen des Augenblicks (*pros ton kairon*) richten, man denke nur an die Kunst des Arztes (*iatrike*) und des Steuermanns.«[54]

Der gleich zweifache Rückbezug auf die Medizin verstärkt den Eindruck einer strategischen Verbindung beider Themenkomplexe.[55] Jedenfalls dient die Ärztekunst an dieser Stelle als bildhafter Vergleich, der den Fokus bei Fragen des Handelns auf die individuelle Disposition des Einzelmenschen legt. Dass die tugendhafte Handlung nach der Mitte zielt, ist weiter oben angeführt worden (siehe *NE* 1104a25-b3), wenn der Mensch aber das Maß der Dinge ist, muss auch die Mitte nach ihm bemessen sein und demnach interpersonell variieren. In dieser Konsequenz unterscheidet Aristoteles zwischen einer arithmetischen und einer relativen Mitte (*NE* 1106a29-b3):

»Unter dem Mittleren des Dinges verstehe ich das, was von beiden Enden gleichen Abstand hat und für alle Menschen eines ist und dasselbe. Mittleres dagegen in Hinsicht auf uns (*pros hemas*) ist das, was weder zu viel ist noch zu wenig: dies jedoch ist nicht eines und dasselbe für alle. Ein Beispiel: wenn der Wert 10 zu viel ist und der Wert 2 zu wenig, so gilt 6 als das mittlere in Bezug auf die Sache, denn es übertrifft den einen Wert um denselben Betrag, um den es hinter dem anderen zurückbleibt.

Das ist das arithmetische Mittel (*meson kata ten arithmetiken*). Das Mittlere jedoch in Hinsicht auf uns (*pros hemas*) darf nicht so verstanden werden, denn wenn eine Eßration von 10 Minen für einen Einzelnen zu viel, eine solche von 2 Minen aber zu wenig ist, so wird deshalb der Trainer nicht gerade 6 Minen anordnen. Denn auch dieses Quantum könnte je nachdem zu groß oder zu klein sein. Für einen Milon ist das zu wenig, für einen Anfänger in Körperübungen dagegen zu viel.«[56]

In der Überwindung der aus der platonischen und pythagoreischen Philosophie bekannten Harmonie einer exakt zu bestimmenden Mitte führt Aristoteles den individuellen Menschen gleichsam als Referenzpunkt in die Ethik ein.[57] Mit seiner individuellen Glückseligkeit in Form des Strebens nach der Mitte hat es die *NE* letztlich zu tun. Wie genau die Mitte »für uns« im Einzelfall aussehen soll, führt zu den problematischen Seiten der Lehre.

Zunächst haben nicht alle Handlungen oder Affekte überhaupt eine Mitte, sondern sind an sich schon ein Zuviel oder ein Zuwenig. Unter diese Rubrik fallen Schadenfreude (ἐπιχαιρεκακία, *epichairekakia*) und Neid (φθόνος, *phtonos*) ebenso wie Ehebruch (μοιχεία, *moicheia*) oder Mord an den Mitmenschen (ἀνδροφονία, *androphonia*). Diese und weitere werden als inhärent verwerflich bestimmt (siehe *NE* 1107a9–27). Andere hingegen ermangeln eines treffenden Begriffs, wie etwa der Ehrgeiz (φιλοτιμία, *philotimia*), der deshalb eine Sonderrolle einnimmt, weil für ihn nur die Bezeichnung des Zuviel gegeben ist, hingegen sich zu wenig ehrgeizig oder genau im richtigen Maße ehrgeizig zu verhalten ohne eigene Benennung auskommen muss (siehe *NE* 1107b30–1108a1).[58] Die Modellierung der relativen Mitte führt außerdem zu einem Verschwimmen der Grenzbereiche von Mangel und Übermaß. Aus Sicht eines zu furchtsamen Menschen etwa erscheint der Mutige, der in der Angst die rechte Mitte trifft, wie einer, der zu wenig Angst besitzt. Das Mittlere zeigt sich von jedem der Extrempunkte als ein eben solches Extrem, der Faktor des Individuellen führt also in der Gegenprobe zu einem hohen Maß an Unbestimmtheit und Vagheit (siehe *NE* 1108b11–35). Aufgrund dieser Schwierigkeiten räumt Aristoteles selbst ein, dass es oftmals schwer ist, die richtige Mitte zu treffen. Um dennoch eine Handlungsrichtlinie anzubieten, dient ihm erneut die Lust als Orientierungspunkt (*NE* 1109a34–b7):

> »Nachdem es nun extrem schwer ist, die Mitte (*meson*) zu treffen, so muß man [...] das kleinste Übel wählen und das wird sich am einfachsten so verwirklichen lassen, wie wir es schildern. Sodann müssen wir die Richtungen ins Auge fassen, in die wir auch unsererseits durch einen natürlichen Hang gedrängt werden: des einen Anlage neigt dahin, die des anderen dorthin. Dies aber läßt sich an unseren Lust- (*hedone*) und Unlusterlebnissen (*lype*) feststellen: da müssen wir uns dann zum entgegengesetzten Extrem zwingen, denn zur Mitte werden wir gelangen (*eis to meson hexo-*

men), indem wir kräftig von der falschen Linie abdrängen – so wie die Leute tun, die krummes Holz zurechtbiegen.«[59]

Die Konzeption seelischer Balance nimmt in der NE also ihren Ausgangspunkt von der Frage nach der Glückseligkeit. Als für den Menschen zu erstrebendes Lebensziel resultiert sie in der Verwirklichung seiner naturgemäßen Anlage, nach den Tugenden der Vernunft zu leben. Diese basieren auf einer habituellen Disposition, bezüglich der Affekte Lust und Unlust einen Zustand der Mitte zu finden und die Extreme zu meiden. Dieser Habitus festigt sich ein Leben lang und bildet sich in einem dynamischen Verlauf immer weiter aus. Für die seelische Tugend maßgeblich ist also wie für die körperlichen das andauernde Streben nach Balancen, nach Kompensation und Mäßigung und einer sich immer weiter festigenden Neigung zum Handeln nach der Mitte.

DIE BALANCE IN ARISTOTELES' POLITISCHEN SCHRIFTEN

Da der Mensch zur Erlangung der Tugenden nach Erhaltung seines körperlichen und seelischen Gleichgewichtes streben muss, erscheint ein kurzer Ausblick auf die aristotelische Staatsphilosophie lohnend, die über das naturgemäße Zusammenleben des auf Balance zielenden Menschen als πολιτικὸν ζῷον (*politikon zoon*, Arist. *pol.* 1253a3) reflektiert: Da sich viele der Tugenden erst im Zusammenleben mit den Mitmenschen realisieren, benötigt das Individuum eine staatliche Gemeinschaft, um diese Tugenden zu erlangen und dadurch letzten Endes glückselig werden zu können.[60]

Bezeichnenderweise endet die *NE* in Buch X mit einer Überleitung in die Politik: Aristoteles ruft in Erinnerung, dass zur Erlangung der sittlichen Tugend ein Prozess der Gewöhnung notwendig ist. Dieser setzt einen richtigen Umgang mit den Affekten wie Lust oder Unlust voraus, der durch eine zielgerichtete Erziehung gewährleistet werden kann. Der Staat übernimmt diese erzieherische Funktion nun auf einer übergeordneten Ebene, indem ihm Gesetze an die Hand gegeben werden, die als autoritäre Referenz die Neigungen besonders der Jugend in die gewünschten Bahnen lenken (Arist. *NE* 1179b31–1180a1):

»Indes, von Jugend auf eine richtige Führung zu ethischer Höhe zu bekommen, ist schwer, wenn man nicht unter einer entsprechenden Gesetzgebung aufwächst, denn die Vielen haben keine Neigung zu einem Leben der Besonnenheit und harten Ausdauer, besonders nicht in der Jugend. Daher muß schon die früheste Erziehung und müssen die Beschäftigungen festgelegt werden durch das Gesetz; denn wenn sie einem ganz vertraut werden, empfindet man sie nicht mehr als drückend.«[61]

Die Notwendigkeit, für das gemeinschaftliche Leben einen Umgang mit den Affekten (πάθη, *pathe*) zu erlernen, erschließt sich insbesondere vor dem Bild der griechischen Gesellschaft, das David Konstan in seinem Buch *The Emotions of the Ancient Greeks* zeichnet.[62] Dort stellt er die Affekte, anders als die moderne Psychologie, für die antike griechische Welt als eine externalisierte Form der *agency* dar, als ein Mittel also, um sich in der auf gesellschaftlichem *standing* basierenden πόλις (*polis*) seinen Mitbürgern gegenüber zu behaupten. Mit seinen Emotionen ist der Einzelne also nicht allein, vielmehr dienen die Affekte wie etwa Wut, Rivalität oder Furcht in ihrer richtigen (mittleren) Verwendung zur Bewahrung eines »equilibrium of goods or honor in a society where everyone is trying to get ahead of the rest«.[63] Die individuelle Glückseligkeit, das richtige Verhalten im Hinblick auf die Affekte, ist also eingebettet in die gesellschaftliche Dynamik einer sich um Gleichwertigkeit bemühenden Rangeshierarchie, der die Emotionen gewissermaßen als Triebfedern der kompetitiven Balanceerzeugung dienen und die daher tugendhafte Bürger benötigen, um das rechte Maß und so das gesellschaftliche Gleichgewicht nicht zu verlieren. Es stellt sich also die Frage, in welcher Staatsform die Erziehung zur Tugend am besten gewährleistet werden kann.

Aristoteles stellt in seiner *Politik* verschiedene Konzeptionen des idealen Staates vor, die er in unterschiedlichen Buchgruppen erörtert. Seine Abhandlung darüber gliedert sich in einen »idealistischen« (die Bücher VII-VIII) und einen »realistischen« Teil (die Bücher IV–VI), wovon erstere das Wesen des idealen Staates *per se* behandeln, während sich die anderen mit einer praxisnahen Analyse der besten in der Polis zu erreichenden Verfassungsform begnügen. Wie mit dieser Trennung umzugehen ist und ob eine chronologische oder qualitative Differenz zwischen diesen Buchgruppen besteht, ist umstritten.[64] Für die vorliegende Betrachtung sollen beide Teilbereiche kurz zur Sprache kommen, da sich sowohl in den idealisierten und von der Wirklichkeit abstrahierenden Überlegungen, wie auch in der Reflexion über die *realiter* beste Verfassung Strukturen des Gleichgewichtes als tragende Säulen der Modellierung ausmachen lassen. Wie zuvor ist der kurze Einblick an dieser Stelle nicht erschöpfend, sondern weist lediglich auf das omnipräsente Konzept der Balance und der Mitte auch in der Konzeption des Idealstaates hin.

Nachdem Aristoteles in einer einführenden Herleitung das Leben nach der Tugend als bestes Leben für Mensch und Staat bestimmt hat (siehe *pol.* 1323b40–1324a4), setzt er sich mit den zur Verwirklichung notwendigen Grundvoraussetzungen auseinander. Dabei überdenkt er auch die äußeren Anforderungen an den Optimalstaat und stellt fest, dass nur eine ausgeglichene Größe der Gemeinde – räumlich wie personell – die beste sein kann (*pol.* 1326a35–40):

> »Aber es gibt auch beim Staat, genauso wie bei allem anderen: bei Lebewesen, Pflanzen und Werkzeugen, eine bestimmte Begrenzung der Größe: wenn jedes von ihnen entweder zu klein oder zu groß ist, können sie ihr jeweiliges Vermögen nicht behal-

ten, sondern sie werden entweder völlig ihre Natur einbüßen oder sich in einem minderwertigen Zustand befinden.«[65]

Getragen von der Idee, dass Dinge durch Mangel und Übermaß zugrunde gehen, bestimmt er als Bestform eines Staates seine Autarkie und die seiner Bürger. Diese wird dann gewährleistet, wenn die Gemeinschaft von einer ausreichend großen Anzahl an Menschen getragen wird, die entsprechende Güter produzieren oder dem Wehrstand angehören. Gleichzeitig muss aber eine Überbevölkerung vermieden werden, da eine unübersehbare Menschenanzahl Schwierigkeiten bei Verwaltungsaufgaben oder der Durchsetzung von gesetzlichem Recht mit sich bringt (siehe *pol.* 1326b7–22). Er stellt daher folgenden Grundsatz auf (*pol.* 1326b22–24): »Offensichtlich erhalten wir damit die beste Begrenzung (der Größe) des Staates: dies ist die größte Ausweitung der Zahl, die noch gut überschaubar ist und die Autarkie des Lebens zu erreichen ermöglicht.«[66] Geht man von den Prinzipien der dynamischen Reproduktion einer Gemeinschaft aus, in der Menschen zu- oder abwandern, sterben und geboren werden, kann es sich bei der Grenzziehung der idealen Größe des Staates nur um eine Form dynamischer Balanceerhaltung handeln, deren geforderte mittlere Größe einer näheren Definition somit entbehrt und die vor allem die Extreme der zu geringen oder übermäßigen Bevölkerung vermeiden muss.

Der ideale Ort zur Gründung des Staates folgt ebenfalls einem Muster des Gleichgewichts (*pol.* 1327a1–10):

> »Und wie wir forderten, dass die Bevölkerung in ihrer Zahl leicht überschaubar sein müsse, so tun wir das auch bei dem Staatsgebiet – leicht überschaubar bedeutet hier, dass es leicht verteidigt werden kann. Wenn man einer Stadt ihre Lage geben soll und dabei ganz seinen Wünschen folgen darf, dann soll sie sowohl zum Meer als auch zum Staatsgebiet hin günstig gelegen sein.«[67]

Nach Möglichkeit soll die Stadt also gut mit dem Meer verbunden sein, während sie gleichzeitig an einer für den Landverkehr günstigen Stelle liegt. Dieser Grundsatz wird im Anschluss weiter ausdifferenziert, indem etwa die Vor- und Nachteile eines Seehafens diskutiert werden, bergen diese doch die Gefahr einer unkontrollierten Zuwanderung und damit eines ungesteuerten Eingriffs in die Bevölkerungsentwicklung. Aus diesem Grund empfiehlt Aristoteles einen Kompromiss: Der Seehafen sollte sich bestmöglich außerhalb der Stadt befinden, die weiter landeinwärts gelegen ist. Auf diese Weise kann man durch gesetzliche Kontrollen eine Übersiedelung in die dazugehörige Stadt regulieren und gleicht durch diesen Mittelweg die Gefahr der unmäßigen Zuwanderung aus (siehe *pol.* 1327a10–39).

Abseits der theoretischen Reflexion über die Voraussetzungen des Idealstaates findet sich das Bild der Mitte und der Balance auch in der eher pragmatischen Diskussion über die ideale Form der Politie, die er als die für die meisten Staaten und Menschen geeignete Verfassungsform bestimmt.[68] Die triadische Einteilung der Bürgerstände in Arme, Reiche und den Mittelstand ermöglicht ihm eine qualitative Unterscheidung der verschiedenen Formen der Verwirklichung der Polis im realpolitischen Kontext. Analog zum ethischen Grundsatz der *mesotes*-Lehre, auf die er explizit Bezug nimmt (siehe *pol.* 1295a34–b1), ist für ihn der Mittelstand mit einem mäßigen Vermögen der Grundpfeiler der Beständigkeit eines Staates (*pol.* 1295b2–5): »Es herrscht nun aber Einigkeit darüber, daß Maß (*to metrion*) und Mitte (*to meson*) am besten sind; daher ist offensichtlich auch der mittlere Besitz (*he ktesis mese*) unter allen Glücksgütern am besten; denn (dies sind Verhältnisse), die es am leichtesten machen, der Vernunft zu gehorchen [...].«[69] Ein gemäßigter Wohlstand führt nach dieser Ansicht zu einer Beherrschung des Innenlebens: Während sich die übermäßig Reichen nur ungern Gesetzen unterordnen und als Regierende eher noch unmäßiger werden, ist das wirtschaftliche Prekariat nicht in der Lage, nach rationalen Erwägungen zu handeln, da ihre grundlegenden Bedürfnisse nicht erfüllt sind. Zudem sind die Armen allzu unterwürfig, als dass sie zum Regieren geeignet wären (siehe *pol.* 1295b6–24). Da beide Bevölkerungsgruppen vornehmlich auf die weitere Verbesserung ihres eigenen Zustandes bedacht sind, kann ein Gleichgewicht zwischen ihnen nur ein sehr labiles sein: Allzu leicht, so Aristoteles, kippt die nur aus diesen beiden Klassen bestehende Polis in eine der Extremformen ab und wandelt sich etwa zu einer Tyrannei, einer Oligarchie oder einer Demokratie (siehe 1295b39–1296a5). Der Mittelstand, wenn er zahlreich genug vertreten ist, fungiert daher als eine Art kompensatorisches Element, das nicht nur eine rationale Befolgung der pädagogisch intendierten Gesetze garantiert, sondern auch Konflikte zwischen den im ökonomischen Extrem gelegenen Klassen verhindern kann (*pol.* 1296a7–10):

> »Daß aber die mittlere Verfassung am besten ist, zeigt sich auch darin, daß sie als einzige von Aufständen verschont bleibt. Denn wo die auf die Mittelklasse gestützte Bürgerschaft zahlreich ist, kommt es am wenigsten zu Aufständen und Spaltungen unter den Bürgern. Aus dem gleichen Grunde bleiben große Staaten eher von Unruhen verschont, weil in ihnen die Mittelklasse zahlenmäßig stark ist.«[70]

Dieser kurze Abriss der Politik zeigt, wie sehr Ethik und Politik bei Aristoteles verflochten sind. Es verwundert nicht, dass beide – in moderner Hinsicht – getrennten Teilbereiche oft unter dem gemeinsamen Begriff der aristotelischen »praktischen Philosophie« subsumiert werden.[71] Der Staat ist gewissermaßen Grundlage und letztes Ziel des menschlichen Strebens. Grundlage ist er, weil sich im gesellschaftlichen Zusammenleben die wichtigen Tugenden verwirklichen lassen, Ziel ist er, weil der Mensch als soziales Wesen der natürlich gegebenen Ordnung des Staatswesen *a priori* bedarf, um glücklich zu werden. Im Staat, der nach den Prinzipien der Mitte und der Balance gestaltet ist, verwirklicht sich schließlich der Mensch, der in seinem Streben nach Verwirklichung der Tugenden ebenfalls dem Prinzip der Mitte folgt.

BALANCE ALS LEBENSPRINZIP

Bei der Betrachtung der *mesotes*-Lehre nach Aristoteles ergibt sich das Bild einer ganzheitlichen Konzeption: Das Streben nach Balancen stellt sich dabei dar als grundlegender Wesenszug menschlichen Seins, der in seiner Rolle als Naturwesen auf eine Erhaltung des somatischen Gleichgewichts bedacht ist und als Analogon dazu in seinen Handlungen und Emotionen stets das Mittelmaß sucht und zu bewahren trachtet. Das für ihn naturgemäße Leben als Teil einer staatlichen Gemeinschaft lässt sich am besten in einem Staat verwirklichen, der nach denselben Prinzipien eingerichtet ist.

Über dieser Theorie der Mitte schwebt als komplementäres Element stets das Bild der Balance und der Kompensation, des Ausgleichs und der Erhaltung des Gleichgewichts. Seine sinnfälligste Entsprechung findet der Gedanke der Balance im Begriff der ἕξις (*hexis*). Die konzeptuelle Fundierung der körperlichen und ethischen Tugenden in einem auf lebenslangen Ausgleich beruhenden Prinzip einer graduellen Verwirklichung verleiht ihnen einen prozesshaften und dynamischen Charakter. Die Prozesshaftigkeit wiederum lenkt den Blick weg von einzelnen Handlungen hin auf ein allgemeines Prinzip, das zeitlebens andauert: Balance erscheint somit als metaphorische Umschreibung des Lebensweges. Metaphorisch einerseits, da die Balance im übertragenen Sinne als eine ausgeglichene Mischung der Affektionen des Körpers und der Seele zu verstehen ist, die in einer habituellen Disposition resultiert, metaphorisch aber auch, da sie als grobe Richtlinie lediglich ein allgemeines Orientierungsmuster anbietet: Im Leben »die Balance zu bewahren« heißt somit nichts anderes, als in den Handlungen und Affekten jene Mitte zu bewahren, die der individuellen Disposition des Einzelmenschen und den Umständen seines eigenen unikalen Lebens entspricht.

Als eine solche allumfassende Richtschnur findet sie ihre Entsprechung schließlich auch in der Rezeption der römischen Literatur, die, in gewisser Weise epigonal, im Akt der Nachahmung (*imitatio*) oder des Wettstreits (*aemulatio*) mit den griechischen Vorbildern oft ihren eigenen Standpunkt sucht.[72] Cicero etwa greift in seinem (nur fragmentarisch erhaltenen) staatsphilosophischen Werk *De Re Publica* (Über den Staat) den aristotelischen Gedanken des optimalen Standortes eines Stadtstaates auf: Die Stadt Rom ist demnach durch ihre Lage am Tiber in einer idealen und ausgeglichenen Position zwischen Land und Meer. Die Vormachtstellung des *Imperium Romanum* wird durch die topographische Balance der Hauptstadt befördert, ja geradezu bedingt.[73] Auch in der römischen Adaption der griechischen Philosophie spielt die *mesotes* eine große Rolle: So stellt der schon oben angeführte Seneca als philosophische Lebensmaxime eine Vermeidung der Extreme auf und bezieht sich mit seinen eingängigen Leitworten, dass »die Toga nicht auffallend glänze, noch vor Dreck starre« (*non splendeat toga, ne sordeat quidem*, Sen. *Epist.* 5.3), explizit auf das kennzeichnende Statussymbol des gebildeten Römers der Oberschicht.[74] Neben der diachron und graduell variierenden Rezeption spielt der Gedanke der Balance und des Gleichgewichts aber eine besondere Rolle für die

Literatur der Augusteischen Zeit. Es verwundert nicht, dass die einleitend angeführten Worte von Horaz und sein in der Figur der »goldenen Mitte« propagierter Lebensweg in eine Zeit fallen, die unter den Eindrücken eines beinahe hundertjährigen Bürgerkrieges steht und die, geprägt von Extremen der Gewalt und der Angst, Stabilität und Gleichgewicht ersehnt. Sein idealisierter Mittelweg und ein Leben des Maßhaltens stellen dabei in gewisser Weise einen literarischen Widerschein der auf politischer Ebene angestrebten Balance- und Neuordnungsbestrebungen dar und verbildlichen figurativ, was nach ihm eine ganze Generation von Dichtern umtreibt: Reflexionen über verlorenes und erlangtes Gleichgewicht, das Infragestellen bestehender Ordnungen und nicht zuletzt die Balance zwischen Konformität mit den konservativen Idealen augusteischer Kulturpolitik und einer Dichtung der Frivolität und subversiven Ironie.

DIE WAAGE DER MELANCHOLIE

EIN BEITRAG ZUR SCHILDERUNG DES DENKRAUMS

Emiliano De Vito

> Diese Waage hängt an einem Orte, der nicht ist.
> *Sohar*, II, 176 a

DIALEKTISCHE TOPOLOGIE

Es ist legitim zu fragen, ob Albrecht Dürer der Waage, welche in der Fülle der Dinge erscheint, von denen die Hauptgestalt des 1514 datierten Kupferstiches *Melencolia I* umgeben ist, eine besondere Bedeutung zuschreiben wollte (Abb. 1–2). Betreffs einer solchen Fragestellung lautet es in dem – in Walter Benjamins Worten – »kapitalen Buch« von Erwin Panofsky und Fritz Saxl über den Melancholie-Stich wie folgt:[1] »Daß jegliches Einzelstück dieses reichhaltigen Inventars hier seinen besondern ›Sinn‹ haben muß, das hat uns Dürer selbst bezeugt: Es gibt ein zu dem Kupferstich gehöriges Skizzenblatt von seiner Hand, auf dem es heißt: ›Schlüssel bedeutet Gewalt, Beutel bedeutet Reichtum‹«.[2] Bezüglich der Waage besteht aber – unseres Wissens – keine derartige Äquivalenz. Auf einer im Berliner Kupferstichkabinett befindlichen Zeichnung, einer der *Melencolia I* zugehörigen Vorstudie, sieht man nur zwei Waagen ohne erklärende Anmerkung (Abb. 3).

Aus den von den Dioskuren des Warburg-Kreises versammelten Quellen erfahren wir, dass spätestens im 15. Jahrhundert der Saturn zum Herrscher der Geometrie ernannt worden sei und dass die Geometrie als Kunst des Messens den Saturnberufen – Tischlerei, Steinmetzerei, Goldschmiederei, Baumeisterei – zugrunde gelegt worden sei.[3] In Bezug auf die Saturndarstellung bietet das 848 in Baghdad verfasste *Introductorium maius in astronomiam* des Abû Mashâr eine ziemlich allgemeine Angabe: »[Der Saturn] bedeutet die Schätzung (oder Bestimmung) der Dinge«.[4] Diese allzu allgemeine, unbestimmte Schätzungsangabe wird durch die dazugehörige lateinische Übersetzung von

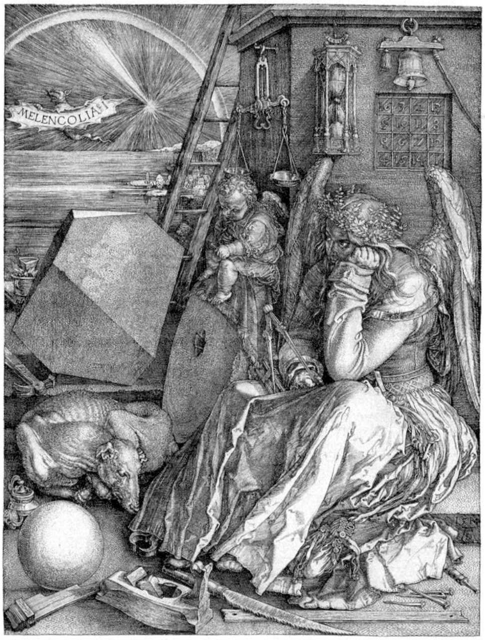

1 Albrecht Dürer: *Melencolia I*, 1514, Kupferstich, 37,1 × 28,3 cm (Blatt) u. 23,7 × 19 cm (Platte)

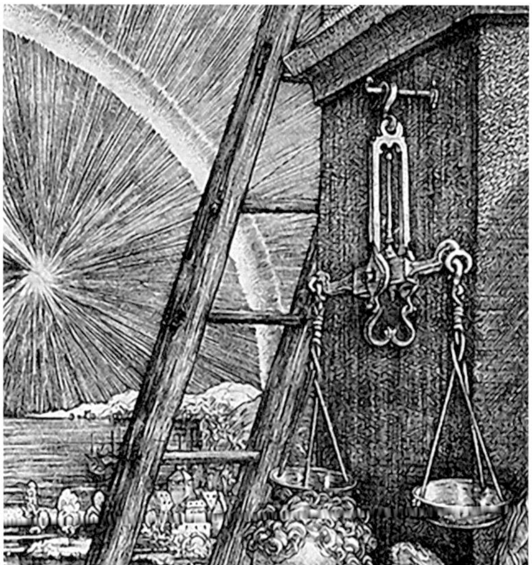

2 Albrecht Dürer: *Melencolia I*, Detailansicht

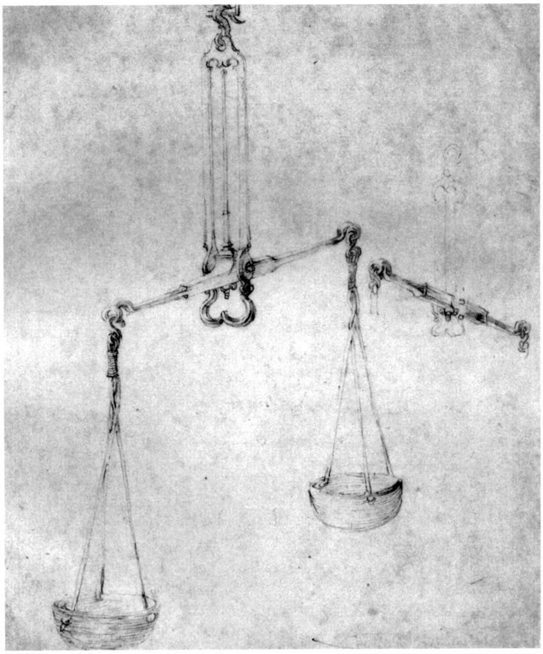

3 Albrecht Dürer: *Waage*, 1514, Teilentwurf zum Stich *Melencolia I*, Federzeichnung, 20,5 × 17,5 cm

Hermannus Dalmata aus dem 12. Jahrhundert dahin präzisiert, dass man *rerum dimensio et pondus* liest.[5] Betrachtet man diese zweifache *dimensio*- und *pondus*-Bestimmung, so geht daraus hervor, warum es zwei Kategorien von saturnischen Messinstrumenten gibt. In die erste fallen jene zum Messen des Ausmaßes benutzten Geräte, welche im eigentlichen, praktischen Sinne ursprünglich der Erdmessung und dem Saturn als Erdgott und nur später im übertragenen, theoretischen Sinne der Geometrie und dem Saturn als Herrn dieser Kunst gehören.[6] Die zweite, unser Thema näher betreffende Kategorie, besteht aus den zum Gewichtsmessen verwendeten Werkzeugen.

Was die »mythologische Ableitung der *pondus*-Bestimmung« betrifft, weisen Panofsky und Saxl auf den »sehr merkwürdigen Bericht des Varro« hin, »wonach sich im Saturntempel [in Rom], als Hinweis auf dessen Bedeutung als Schatzhaus, eine Waage befand«.[7] Bezüglich der astrologischen Bedeutung der Waage ergibt es sich aus einem in Aby Warburgs 1920 erschienenen Aufsatz über die *Heidnisch-antike Weissagung in Wort und Bild zu Luthers Zeiten* zitierten Passus von Melanchthons *De anima*, dass die *melancholia generosa* erzeugt werde, *si coniunctione Saturni et Iovis in libra temperetur*:[8] das heißt wenn sich Saturn und Jupiter bei der Konstellation der Waage in Konjunktion befinden und dort gleichsam im Gleichgewicht stehen, weil unter dem Zeichen der Waage die wohltuenden iovischen und die unheilen saturnischen Einflüsse einander balancieren.

Man dürfte behaupten, dass sich dieser Stand der Erkenntnisse über die Waage der *Melencolia I* vom Datum der Veröffentlichung des Heftes an, das als zweiter Band der Reihe *Studien der Bibliothek Warburg* erschien, wohl kaum wesentlich verändert hat, wenn man einige instruktive Bemerkungen im Rahmen einer alchemisch-hermetischen Umdeutung der *Melencolia I* in Gustav Friedrich Hartlaubs Aufsatz ausnimmt, der 1937 mit dem Titel *Arcana artis* veröffentlicht wurde.[9]

Was im vorliegenden Beitrag erstens versucht wird, ist, die quasi topologische Funktion des Waage-Emblems als eines der räumlich symbolischen und gleichsam raumgestaltenden Elemente der Bildkonzeption des Dürer'schen Blattes zu bestimmen. Das Vorhaben besteht darin, den Beweis für diesen ersten Satz mittels eines terminologischen Vergleichs zwischen den beiden grundlegenden Interpretationen des Blattes zu erbringen, die in den zwanziger Jahren des 20. Jahrhunderts entstanden, nämlich der oben genannten Studie und dem 1928 veröffentlichten *Ursprung des deutschen Trauerspiels* von Walter Benjamin.

In diesem seinem Hauptwerk hat Benjamin bekanntlich der Melancholie einen Exkurs gewidmet, der 1927 in den *Neuen deutschen Beiträgen* Hugo von Hofmannsthals als Vorabdruck separat erschien, was davon zeugt, dass der Autor diesem Auszug die größte Wichtigkeit zuzuschreiben vorhatte.[10] Nach der dort verwendeten Terminologie sind die von ihm in Betracht gezogenen symbolischen Elemente des Blattes – nämlich der Hund, die Kugel, der Stein, das Zahlenquadrat, die Waage – als »Sinnbilder« oder »Requisiten« bezeichnet.[11] Die Tatsache, dass die Requisiten die dinglichen Elemente der theatralischen Szene sind und besonders im deutschen barocken Trauerspiel »dem Zufall als Zersetzung des Geschehens in dinghaft abgestückelte Elemente durchaus entspr[echen]«, wirft in indirekter Weise ein Licht auf die gesamte Bildkonzeption des Dürer'schen Blattes, indem dieses – Benjamin zufolge – in vielem das Barock antizipiert und insbesondere – um einen solchen genealogischen Ausgangspunkt ausdrücklich zu formulieren – den Keim des barocken Gesetzes der Allegorie beherbergt.[12] Dass sich diese Konzeption als besondere räumliche Anordnung der Gegenstände um einen Mittelpunkt ausspricht, lässt freilich die von Benjamin dargelegte Beschreibung des *Hamlet* als Trauerspiel erahnen: »[Hamlet] will am Zufall sterben«; »die schicksalhaften Requisiten [scharen] sich *um* ihn als *um* ihren Herrn und ihren Kundigen«.[13] Es herrscht kein Zweifel, dass eine solche Beschreibung eine genaue räumliche Angabe bietet. Das wird klar, sobald von einem »Schema der Allegorie« die Rede ist, deren verstreut und scheinbar willkürlich angeordnete Embleme sich im räumlichen Gleichgewicht befinden, da sie sich um eine Mitte versammeln: »ums figurale Zentrum [...] gruppiert die Fülle der Embleme sich«; »sie scheinen willkürlich angeordnet«, aber gerade diese Gruppierung um ein Zentrum stellt ein Gesetz, ein Schema dar, wonach »›Zerstreuung‹ und ›Sammlung‹« die besondere »Dialektik dieser Ausdrucksform« bilden.[14]

Die Sammlung des Verstreuten um ein Zentrum stellt »die Unordnung der allegorischen Szenerie« dar: »Der Dialektik dieser Ausdrucksform gemäß hält einem Fanatismus der Versammlung die Schlaffheit in der Anordnung die Waage«.[15] Das von Benjamin erfasste Schema der Allegorie ist demnach als Gleichgewicht der scheinbar schwachen zentripetalen Kraft der Anordnung und des Zentrifugalen, des Unordentlichen als solchen bestimmt; mit anderen Worten geht es in diesem Schema um einen Äquilibriumszustand zwischen Sammlung und Zerstreuung.

Das »Emblem« – wie es sich auch aus einem Fragment des Passagen-Werkes ergibt, das die Ausdauer der Benjamin'schen Terminologie bezeugt – ist »Teil der Allegorie«, Element des allegorischen Bildes; und das allegorische Bild entspricht, wie man durch einen Textvergleich diese erstaunliche Übereinstimmung von Formulierungen beweisen kann, dem Grundschema jener Konfiguration des Umgebungsraums der Idee als Mutter, die in der *Vorrede* des Trauerspielbuchs vorkommt:[16] »Wie die Mutter aus voller Kraft sichtlich erst da zu leben beginnt, wo der Kreis ihrer Kinder aus dem Gefühl ihrer Nähe sich *um* sie schließt, so treten die Ideen ins Leben erst, wo die Extreme sich *um* sie versammeln. [...] Sie [*sc.* die Mütter als Ideen] bleiben dunkel, wo die Phänomene sich zu ihnen nicht bekennen und *um* sie scharen«.[17]

Im Benjamin'schen Sprachgebrauch bedarf es eines bestimmten Terminus, durch den man dieses Grundschema der Idee sowie der Allegorie wiederzuerkennen vermag: die Präposition »um«. Wenn »jeder topologische Raum [...] ein Umgebungsraum [ist]«, stellt das Benjamin'sche »um« den *terminus technicus* einer Topologie dar, wonach das Gebiet des dialektischen Gleichgewichts von Sammlung und Zerstreuung analysiert werden kann.[18]

Bezüglich der bildlichen Raumschilderung der Studie von Panofsky und Saxl lässt sich als Erstes hervorheben, dass auch in diesem Aufsatz die Präposition »um« eine technische Bedeutung besitzt. Das »um« bezeichnet nämlich einen bestimmten Typus der bildlichen Raumdarstellung. Es handelt sich hier, wie der Untertitel der Studie ankündigt, um eine »typengeschichtliche Untersuchung«. Obwohl kein explizit räumlicher Inhalt dem Wort »Typus« von den Autoren zugeschrieben wird, geht es in diesem Aufsatz tatsächlich um eine Typologie des bildlichen Raums. Dass das »um« eine solche technische Bedeutung besitzt, lässt sich philologisch beweisen. Die räumliche Bezeichnung des »um« als Umgebungsraums tritt besonders im Anhang V über die *Entwicklung der Planetenkinderdarstellung* ans Licht, wo ein Gedankengang entfaltet wird, welcher von der Argumentation durch Typen der *Typenwanderung* Emanuel Löwys methodologisch abhängig zu sein scheint.[19]

In diesem Anhang werden drei Beispiele eines typischen, räumlich relevanten Grundschemas der Berufsdarstellung in Betracht gezogen. Das erste wird auf einem Goldglas der Gräberkunst der Kaiserzeit ermittelt, wo der Verstorbene »als Herr seiner Werkstatt [dargestellt ist], und *um ihn herum* Szenen aus dieser«.[20] Das zweite trifft man auf einem Grabstein aus Autun an, wo man »nur den Verstorbenen in seiner Tätigkeit, und *um ihn herum* sein Werkzeug« sehen kann.[21] Das dritte stellt ein etruskischer Spiegel dar: »Hier ist an die Stelle des Verstorbenen ein Genius getreten, *um den herum* das

Werkzeug eines Tischlers dargestellt wird[;] eine Darstellung, [...] die man wohl als Bild des Genius der Tischlerei zu deuten haben dürfte. Wenn dieser etruskische Spiegel keine Fälschung ist, dann würde er in der Geschichte jener Linie von Berufsdarstellungen, an deren Endpunkt Dürers Melancholie steht, eine hervorragende Bedeutung haben«.[22]

Mit der Hervorhebung, dass das Besondere der *Melencolia I* nicht so sehr in dem inhaltlichen Programm als vielmehr in dem Formalen liegt, weisen die Autoren schließlich darauf hin, dass sich eine bestimmte Raumdarstellung in Dürers Blatt entfaltet: »Was aber das Formale angeht, so bedeutet der Dürerstich [...] vollends etwas durchaus Neues: die Melancholie ist zur Personifikation geworden; *um sie herum* sind die Werkzeuge ihres Tätigkeitsbereichs, in dem sie nunmehr unumschränkte Herrscherin ist. Wir kennen schon aus den Betrachtungen der spät-antiken Handwerkdarstellungen diese abgekürzte Form der Berufsbilder: Auf einem der spät-antiken Grabmäler war der Architekt dargestellt und *neben ihm* die Werkzeuge seines Berufes. Weitaus am nächsten aber käme unseren Darstellungen jener etruskische Spiegel, auf dem der Genius dargestellt ist, und *um ihn herum* die Werkzeuge. Diese Typen führen uns unmittelbar zu Dürers Melancholie, denn auch hier ist gleichsam ein Genius dargestellt und *um ihn herum* die Werkzeuge seines Schaffens«.[23]

Die Präposition »um« – darf man schließen – ist bei Panofsky und Saxl das Kennzeichen eines bestimmten Typus jener bildlichen Raumgestaltung, die in der *Melencolia I* zum vollkommensten Ausdruck gebracht wird.

Im Hinblick auf die Beziehung zwischen der Studie von Panofsky und Saxl und dem Barockbuch Benjamins besteht eine nicht unrelevante terminologische Verwandtschaft, die die Ermittlung eines und desselben räumlichen Grundschemas zu bezeugen scheint. Betrachtet man die Beschreibung dieser Grundgestalt aber näher, so geht aus einem solchen Vergleich hervor, dass es dort eine entscheidende Abweichung gibt, wo es sich um die Erwägung des Gleichgewichts zwischen jenen entgegengesetzten Zügen der Saturn- und Melancholie-Auffassung handelt, die sich in den entgegengesetzten raumgestaltenden Kräften des Dürerstiches widerspiegeln. Diese wesentliche Abweichung spürt man am deutlichsten bei Benjamins Darlegung der Melancholie-Konzeption, und zwar in Bezug auf die Lehre vom Saturn als »Gott der Extreme« und »Dämon der Gegensätze«.[24]

Während Panofsky und Saxl in jenen im Trauerspielbuch zitierten, aus ihrer Studie stammenden Textstellen das Adjektiv »dualistisch« verwenden und von »ein[em] ganz besonders ausgeprägt[en] und grundsätzlich[en] Dualismus« sowie von einer »immanent[en] Antithetik« und »immanent[en] Polarität des Kronosbegriffs« sprechen, kommentiert Benjamin die Passagen, denen die soeben angeführten Ausdrücke entnommen sind, mit einer entscheidend abweichenden Terminologie und spricht dagegen von einem »dialektisch[en] Zug der Saturnvorstellung«, von der »Dialektik des griechischen Melancholiebegriffs« und der »Dialektik des Saturn«, von dem »Raume dieser Dialektik« und der »imposant[en] Dialektik« der Dogmen der Melancholie-Theorie.[25]

Niemals – weder in den von Benjamin zitierten Textstellen aus der Studie Panofskys und Saxls noch in dieser ganzen Studie – benutzen die zwei Autoren das Wort »Dialektik« in Bezug auf jenes Spiel der gegensätzlichen Extreme der Saturn- und Melancholievorstellung; ein Spiel, das als *undialektisches Gleichgewicht* in der von Panofsky und Saxl gebotenen Schilderung des Dürer'schen Bildraums auftaucht: »Der Zirkel in der Hand der Melancholie [...] – so schreiben sie – symbolisiert gewissermaßen die geistige *Einheit in der Mannigfaltigkeit* der um sie verstreut liegenden Dinge«.[26] Während das »um« hier als raumdarstellendes sprachliches Mittel gilt, das dem Zirkel als Symbol der Einheit in der Mannigfaltigkeit entspricht, gilt das »um« im Barockbuch als Zeichen »symbolischen Charakters«, als »Ursprungssiegel« des dialektischen Umgebungsraums, welches – so die hier vertretene These – der Waage der *Melencolia I* in dem Maße entspricht, in dem man diesem Emblem einen solchen konjekturalen Wert beimessen darf.[27] Im ersten Falle wird ein undialektisches Gleichgewicht ermittelt, im zweiten ein *dialektisches*.

Der von Gershom Scholem angestellten Vermutung zufolge musste sich die »dialektische Denkart Benjamins, wie sie gerade in den Analysen des Trauerspielbuchs zum Ausdruck kam«, bei dem Warburg-Kreis als Spiegelung der Marburger Orthodoxie Cassirers, auf die insbesondere Panofsky »eingeschworen« war, wohl unbeliebt gemacht haben.[28]

So darf man wohl verallgemeinernd sagen, dass es mindestens zwei Arten von Polaritätsdenken gibt. Neben einer undialektischen Polarität, deren Äquilibrium den Punkt zeigt, wo ein Kompromiss zwischen den gegensätzlichen Kräften geschlossen wird, besteht eine dialektische Polarität, deren »neutrales Medium« als »Sphäre totaler Neutralität« und »Nicht-Synthesis« betrachtet werden kann.[29] In diesem letzten Fall handelt es sich um ein stillstehendes Gleichgewicht der polaren Kräfte, einen Nullbereich der Kraftströmungen, wo paradoxerweise »die Spannung zwischen den dialektischen Gegensätzen am größten ist«.[30] Es zeichnet sich daher der folgende erkenntnistheoretische Scheideweg ab: Die Präposition »um« bei Panofsky und Saxl bezeichnet eine *Typologie* des bildlichen Raums, die im Gegensatz zu Benjamins *Topologie* keine echt dialektischen Züge besitzt. Jeder Denkraum ist ein dialektischer Umgebungsraum.

ATMENDER DENKRAUM

Die Raumkonzeption der *Melencolia I*, wonach die Embleme des praktischen Lebens als Denksymbole in den bildlichen Raum eintreten, scheint dem melancholischen Geisteszustand als theoretischer Operation analogisch zu entsprechen. Innerhalb dieses bildlichen Bereichs ergibt sich ein räumliches Gleichgewicht zwischen Sammlung und Zerstreuung, das – dem oben Gesagten gemäß – keinen bloßen Dualismus darstellt. Was im Folgenden versucht wird, ist das entsprechende geistige Gleichgewicht als Äquilibrium dialektischer Qualität zu erfassen. Die strukturelle Entsprechung zwischen bildlichem und geistigem Raum kennzeichnet das, was im vorliegenden Beitrag mit »Denkraum« gemeint wird.

Auf die Möglichkeit eines solchen Übergangs vom Bildlichen ins Geistige bei der Deutung des Denkraums der *Melencolia I* weist die schon zitierte Textstelle aus dem Aufsatz von Panofsky und Saxl hin, die eine sinnvolle Entsprechung zwischen beiden Bereichen bezeugt: »Der Zirkel in der Hand der Melancholie [...] symbolisiert gewissermaßen die *geistige* Einheit in der Mannigfaltigkeit der um sie verstreut liegenden Dinge«.[31] Es ist zu erwägen, ob die Waage diesen Übergang besser als der Zirkel zu rechtfertigen vermag. Obwohl sie nicht der Hauptfigur sondern dem Putto direkt zugehörig ist, versinnbildet gerade der Putto gleichsam den geistigen Exponenten sowie die reflektierende Potenzierung – »das Ich des Ichs« im Schlegel'schen Sinne – der zentralen Figur und keineswegs – wie Panofsky und Saxl annehmen – die »reine Schaffensfreude«, die »mit der tatenlosen Schwermut [dieser letzten] nachdrücklich« kontrastiere.[32]

Die Tatsache ferner, dass den zwei Autoren zufolge jenes Emblem nur »gewissermaßen« einen geistigen Zustand bedeuten könne, zieht die Rede ins Metaphorische.[33] Wir möchten demgegenüber versuchen, die räumliche Repräsentation des Bildes Dürers als konkrete Widerspiegelung eines durchaus bestimmten Geisteszustands zu erfassen: Es geht bei diesem Bild um keine metaphorische Erfindung, sondern um eine wahrheitsgetreue Analogie.

Um diesen Geisteszustand zu begreifen, kann eine in verschiedenen philosophischen sowie religiösen Überlieferungen befindliche Analogisierung lehrreich sein, wonach die Gedanken und ihre Bewegung mit der Atemdynamik verglichen werden.

Nach dem Veda, mit welchem Paul Deussen seine *Allgemeine Geschichte der Philosophie* anfangen zu lassen wagte, besteht die zerstörerische und gleichzeitig rettende Szene des Opfers – nach einer erleuchtenden Bemerkung Roberto Calassos – aus zwei Arten von Gebärden: die der Götter (*deva*), die die Reste der Opferung verstreuen, und die der Seher (*rishi*), die diese *disiecta membra* (nämlich die Werkzeuge des Opfers, *sambhârâh*) einsammeln.[34] Die Szene des vedischen Opfers begrenzt einen Raum, der aus den verstreuenden und sammelnden Gesten besteht, die man ihrer rhythmischen Aufeinanderfolge wegen unmittelbar und unvermeidlich mit der Atmung assoziiere – so Calasso, der dieses Atmungsschema mit der grundlegenden alchemistischen Formulierung *solve et coagula* vergleicht.[35]

Dass es sich hier aber um keinen einfachen Wechsel sondern um die übereinanderliegenden Gebärden von Zerstreuung und Einsammlung handelt, kann man aus der Tatsache ersehen, dass in den vedischen Texten die Seher die »ewigen Gegner« der Götter seien, so dass der Leser nie zu sagen vermag, welche von ihnen vorher kommen, da (der »wechselseitigen Erzeugung« wegen) diese aus jenen und jene aus diesen gezeugt zu sein scheinen.[36]

Die Simultaneisierung von Einsammlung und Zerteilung ist ferner mit jenem wesentlichen Zug des allegorischen Bildes zu verknüpfen, den Walter Benjamin als »Simultaneisierung des Geschehens« hervorgehoben hat.[37] Benjamin hat das Paradigma der barocken Simultaneisierung in einer Tafel der *Emblemata selectiora* (1704) wiedererkannt, die »eine Rose gleichzeitig halb blühend, halb verwelkt, die Sonne in der gleichen Landschaft auf- und untergehend zeigt«.[38]

Im Dürer'schen Blatt tritt eine solche Simultaneisierung als Stillstand der entgegengesetzten raumgestaltenden Kräfte ans Tageslicht. Wenn jedes Gleichgewicht nur dann echt dialektisch ist, wenn es sich mit einem Stillstand deckt, so sollte der melancholische Geisteszustand, welcher sich in dieser Raumdarstellung widerspiegelt, eher einer Stillstellung der Atmung als der Aufeinanderfolge von Systole und Diastole analog sein.

Es besteht in der Tat ein bestimmter Aspekt des Denkens, welcher als Stillstellung der Gedanken beschrieben werden kann. In der letzten theoretischen Niederschrift Benjamins, die Jacob Taubes als »›erkenntnistheoretische‹ Vorrede zum Passagen-Werk« bezeichnet hat, heißt es:[39] »Zum Denken gehört nicht nur die Bewegung der Gedanken sondern ebenso ihre Stillstellung«.[40] Wie aus der Fortsetzung dieses Passus zu erfahren ist, entspricht ein solcher Stand der Gedanken der Kristallisation der Monade, der ideellen Konfiguration, und daher – Benjamin zufolge – dem echten Denken.

Eine analoge Zäsur des Vorstellungsvorgangs wird als die der Atmung in verschiedenen religiösen Überlieferungen dargestellt. Dass es sich bei dem Vergleich von Denken und Atmen um keine Metapher handelt, zeigen insbesondere die mystischen Doktrinen der Atemregulierung.

Nach der tantrisch-buddhistischen Atemlehre erreicht der meditierende Asket das Gleichgewicht vom Ein- und Ausatmen mittels einer Zwischenpause von gleicher Dauer; es geht hier um eine regelrechte Technik, der zufolge der Hauch (*prâna*) dem Geist (*manas*) entspricht ebenso wie die »Atmungsunterbrechung« – so übersetzt Mircea Eliade den sanskritischen Terminus *kumbhaka* – das Analogon der Unterbrechung von geistigen Vorstellungen darstellt. Ferner gilt im Hesychasmus – besonders deutlich in einer Abhandlung des 14. Jahrhunderts wie Kallistos Telikudes *De quieta conversatione* – das Anhalten des Atems als Begleiterscheinung vom Anhalten der Vorstellungen (darin inbegriffen derjenigen, die die Form vom Wortgebet annehmen).[41]

Dass die tantrisch-buddhistische Atemlehre Benjamin bekannt gewesen sein könnte, zeigt die explizite Andeutung auf »die Praxis der über den heiligen Silben atmend meditierenden Yoga«, eine Andeutung, die sich in der *Einbahnstraße* unter dem *Antiquitäten*-Schild befindet: »Nun ist der Atem [die] [...] allerfeinste Regulierung [der geistigen Vorstellung]«.[42] Diese »antiquierte« Praxis der Atem- und Vorstellungsregulierung spielt sich gemäß den kanonischen Silbenformeln ab, die keine bloßen Worte einer nach außen gerichteten Mitteilung, sondern Sprachgebärden einer intermittierenden Rhythmik artikulieren.

Einer regelrechten aber verborgenen Lehre vom Denken als Atem begegnet man in der *Vorrede* des Barockbuchs bei der Behandlung der Darstellungsform des philosophischen Traktats. Diese Darstellungsform wird hier dem »unablässigen Atemholen« verglichen, indem es »[die] eigenst[e] Daseinsform der Kontemplation« sei.[43] Durch das Atemholen empfinge die Kontemplation »den Antrieb ihres stets erneuerten Einsetzens ebenso wie die Rechtfertigung ihrer intermittierenden Rhythmik«.[44] Intermittierend sei hier die besondere Atmung der »prosaischen Form« des philosophischen Traktats, wo »der Schrift eigen [ist], mit jedem Satze von neuem einzuhalten und anzuheben«.[45] Diese Darstellungsform nötige den Leser »in Stationen der Betrachtung [...] einzuhalten. [...] Je größer ihr Gegenstand, desto abgesetzter diese Betrachtung«.[46]

In der Zäsur einer solchen »kontemplativen Darstellung« liegt die »prosaische Nüchternheit« des Benjamin'schen »philosophischen Stils«, welche ohne weiteres auf die Theorie des Nüchternen bei den Frühromantikern und insbesondere bei Hölderlin zurückzuführen ist.[47] Wichtig in diesem Zusammenhang erscheint, dass Nüchternheit und Besonnenheit ein Hendiadys bilden. Das geht aus dem Begriff der Kritik deutlich hervor, die als eminenter Ausdruck des Nüchternen zu betrachten ist: »für die Romantiker [liest man in der Doktordissertation Benjamins] [...] bedeutete der Terminus kritisch: objektiv produktiv, schöpferisch aus Besonnenheit«.[48] Durch den Begriff der Reflexion als kritisches Verfahren bei den Frühromantikern lässt Benjamin ferner einen wesentlichen Aspekt der Besonnenheit auftauchen: »Als ein denkendes und besonnenes Verhalten ist die Reflexion das Gegenteil der Ekstase, der μανία des Platon«.[49] Die aus diesem Passus hervortretende letzte Unversöhnlichkeit von Manie und Besonnenheit zeigt, dass es bedenklich ist, die Dürer'sche *Melencolia I* durch die erotische Manie deuten zu wollen. Der Melancholiker, der sich in Dürers Blatt wiedererkennen darf, befindet sich in keinem manisch erotischen Zustand; er operiert dagegen gemäß jenem besonderen Gleichgewicht der stillstehenden Gedanken, das als theoretische Praxis der Besonnenheit gedacht sein kann.

Der Schluss des Vortrags über die *Italienische Antike im Zeitalter Rembrandts*, den Warburg im Mai 1926 in Hamburg hielt, lautet: »Die Auffahrt mit Helios zur Sonne und mit der Proserpina in die Tiefe ist symbolisch für zwei Stationen, die untrennbar im Kreislauf des Lebens zusammengehören, wie Ein- und Ausatmung. | Auf dieser Fahrt dürfen wir als einziges Reisegut nur mitnehmen: die *ewig flüchtige Pause zwischen Antrieb und Handlung, es steht bei uns, wie lange* wir mit Hilfe der *Mnemosyne* die Atempause dehnen können«.[50]

Wenn diese Fahrt die pendelhafte Bewegung zwischen Depression und Manie ist, so könnte man sagen, dass die von Warburg erwünschte Ausdehnung der Atmungsunterbrechung, die mit Hilfe einer besonnenen Erinnerung zu verwirklichen ist, einer trockenen Hochebene ähnelt, wo das nüchterne Licht der Idee glänzt; einer Hochebene, welche die erhobene Mitte der Besonnenheit zwischen dem Abgrund der Depression und dem Gipfel der Manie bildet. Die nüchterne Besonnenheit entspricht diesem erhobenen Äquilibriumsbereich, diesem Denkraum, zu dessen Emblem die Waage mit leeren Schalen, welche in der *Melencolia I* erscheint, emporsteigen kann. »Das Gleichgewicht – so darf man schließen – ruht in den leeren Waagschalen«.[51] Das ursprüngliche, echte Gleichgewicht ist in der Tat kein dualistischer Ausgleich von Gewicht und Gegengewicht.

Die besonnene Nüchternheit lässt einen geistigen und bildlichen Balancierungs- sowie Vertrocknungsprozeß entstehen, dessen Ergebnis wir als Raum ohne Atmosphäre beschreiben könnten. Jeder Denkraum ist ein atmosphärenloser Raum.

NATÜRLICHE HISTORIE

Warburgs letztes Wort über die *Melencolia I* lautet bekanntlich: »Wir sind im Zeitalter des Faust, wo sich der moderne Wissenschaftler – zwischen magischer Praktik und kosmologischer Mathematik – den *Denkraum der Besonnenheit* zwischen sich und dem Objekt zu erringen versuchte«.[52]

Wenn die Waage dem oben Gesagten gemäß das Instrument ist, mittels dessen der Denkraum der Besonnenheit errungen werden kann, so deckt sich diese Erringung mit dem Gleichgewicht zwischen den Polen des Geistes, der *vita activa* und der *vita contemplativa*. »Manchmal [so lesen wir in einer berühmten Anmerkung Warburgs] kommt es mir vor, als ob ich als Psychohistoriker die Schizophrenie des Abendlandes aus dem Bildhaften in selbstbiographischem Reflex abzulesen versuche: die ekstatische Nymphe (manisch) einerseits und der trauernde Flußgott (depressiv) andererseits als Pole zwischen denen der treuordnend eindrucksempfindliche seinen tätigen Stil zu finden versucht. Das alte Contrasto-Spiel: Vita activa und vita contemplativa«.[53]

Fällt aber der Bereich der *vita contemplativa* mit dem der Depression nicht vollständig zusammen, so zeigt uns die von Warburg selbst eingestandene »psychohistorische« Tendenz, dass ihn im Laufe seiner Gelehrtentätigkeit (sowie bei seinem »Experiment an eigener Person«) nicht nur die manisch-depressive Polarität interessiert hat, sondern auch der Pol der manischen Handlung und des depressiven Leidens einerseits und andererseits der Gegenpol der Beobachtung, das ist der Besonnenheit.[54] Ferner erhebt die Warburg'sche Deutung der *Melencolia I* die Besonnenheit zur hermeneutischen Kategorie höchsten Ranges, welche dem Contrasto-Spiel entzogen ist. Die eminente hermeneutische Rolle dieser Kategorie zeigt, dass der Denkraum der Besonnenheit in diesem Zusammenhang keinen einfach depressiven Gegenpol darstellt, sondern im neutralen Medium zwischen Manie und Depression liegt.

Entspricht die Waage der *Melencolia I* der inneren Waage der besonnenen Selbstbeobachtung, so stellt sie das spezielle Messinstrument dar, mittels dessen das Gleichgewicht zwischen den Polen des Geistes – das heißt der *vita activa* und der *vita contemplativa*, der handelnden und der beobachtenden Instanz des Individuums – errungen werden kann. Genauer gesagt, geht es doch hier um keinen Dualismus von äußerlicher Handlung und innerlicher Beobachtung, sondern um eine dialektische Polarität inner-

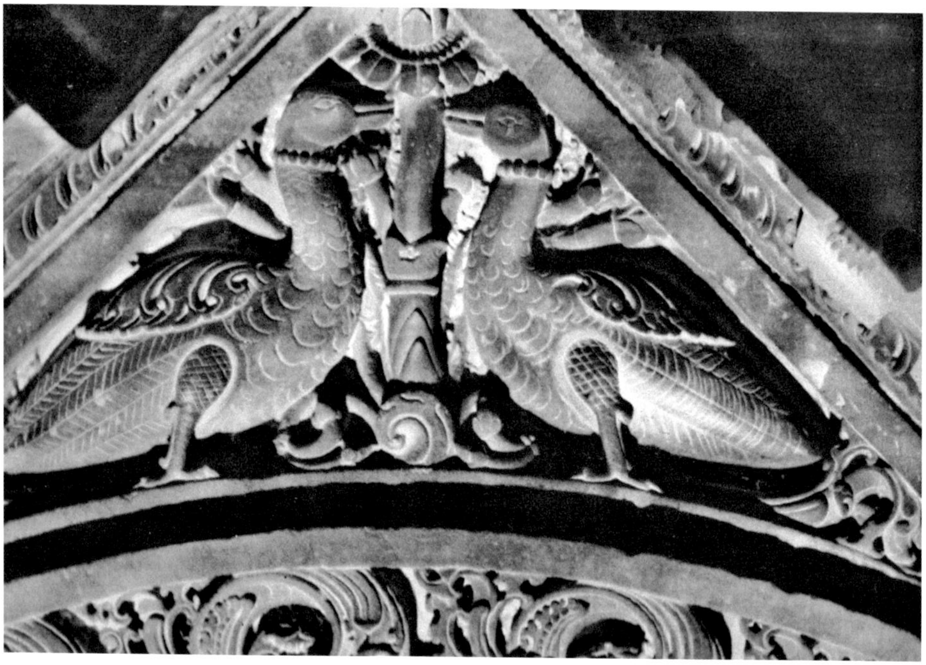

4 Wildgänse und Lotusblume, Nîlakantheshvara Tempel, Kekind, Rajputana, 10. Jahrhundert

halb des Denkraums, das ist eine Balancierung – im vedischen Sprachgebrauch – von geistig handelndem Ich (*aham*) und beobachtendem Selbst (*âtman*). Diese ursprüngliche Spaltung des individuellen Geistes stellt das Bild der zwei Vögel der Upanishaden dar, das sich zuerst in einem Hymnus des Rig-Veda (I, 164, 20) befindet: »Zwei Vögel, zu einander gesellte Freunde, setzen sich auf denselben Baum [eigentlich: sie umfangen ihn mit den Flügeln], der eine von ihnen isst die süße Pippala-Frucht, der andere schaut, ohne zu essen, zu«.[55]

Die Waage der *Melencolia I* scheint jener »neuen, erhabenen Meßkunst« zu gehören, die Novalis als Orientierungsvermögen erfasst:[56] »ungeteilte«, »stete Aufmerksamkeit«, das heißt »Besonnenheit« und »strenge Nüchternheit« seien die Kennzeichen des wahren Forschers, der diese Messkunst, den »echten Naturalismus« ausübe.[57] Wer diese »höchste Wissenschaft«,[58] diese »Naturgeschichte«[59] ausübe, der sei kein »bloßer Naturalist«,[60] sondern »ein Lehrer der Natur«.[61] In einem gewissen Sinne könnte man behaupten, dass der Engel der *Melencolia I* dem Intellekt eines solchen Lehrers entspricht: »Uns[er] Lehrer [...] [so die Lehrlinge zu Sais] versteht die Züge zu versammeln, die überall zerstreut sind«.[62]

Es ist eine Sammlung, die der Zerstreuung die Waage hält, dass jene »naturhistorische« Wissenschaft (nämlich die »Wissenschaft vom Ursprung«) kennzeichnet, welche Benjamins Forschung über die Idee und das allegorische Bild bestimmt; Sammlung und

Zerstreuung kennzeichnen die Aufgabe des Forschers, der im Raum der Benjamin'schen »natürlichen Historie« (deren Herkunft teilweise auf Novalis zurückgeführt werden soll) sich zu orientieren vermag.[63] Jeder Denkraum ist ein naturhistorischer Raum.

»NIHIL FIRMUM EST«

BALANCE UND TEKTONIK IN DER NIEDERLÄNDISCHEN STILLLEBENMALEREI DES 17. JAHRHUNDERTS

Andreas Gormans

ORDO UND *DISPOSITIO*

Mannigfaltig sind die Berührungspunkte zwischen Kunst und Äquilibrium. Thema ist der mit diesem Begriff umschriebene Zustand idealer Ruhe und Balance, der durch das Zusammenwirken von zwei oder mehreren, sich gegenseitig aufhebenden Kräften bedingt ist, in der Architektur ebenso wie in Plastik und Skulptur, vor allem aber in der Malerei. Vornehmlich in dieser Kunstgattung ging es, wie die frühneuzeitliche kunsttheoretische Literatur südlich und nördlich der Alpen in gleicher Weise deutlich macht, um eine harmonische, ausgewogene Füllung der Bildfläche, um Schönheit, Anmut und Grazie, hervorgerufen durch Ordnung und Anordnung, durch *ordo* und *dispositio*, durch das Zusammenspiel von Licht, Schatten und Farbe. Alles das hat wesentlich zum Eindruck der Einheit der Vielfalt beigetragen. Sind diese Forderungen stets als Körperdiskurse im Kontext der *per definitionem* mit figürlichen Darstellungen operierenden Historienmalerei formuliert worden, so ist die *compositio corporum* doch kaum weniger bedeutsam in all den Fällen, in denen es um die Darstellung toter Körper geht, also in der Gattung der Stilllebenmalerei.[1]

ÄQUILIBRISTIK IN DER NIEDERLÄNDISCHEN STILLLEBENMALEREI

Vor allem in der niederländischen Stilllebenmalerei des 17. Jahrhunderts waren sämtliche dieser Parameter, die nunmehr unter dem Begriff *ordonnantie*, also unter dem niederländischen Synonym für das italienische *composizione* subsumiert wurden, von Bedeutung.[2] Allerdings würde man einem Irrtum erliegen, wenn man glaubte, dass sich das Spektrum der möglichen Facetten von *ordonnantie* als normative ästhetische Spielform des Äquilibriums in einer visuellen, wirkungsästhetischen Balance erschöpfte. Ausgewogenheit im niederländischen Stillleben war nicht primär eine Frage der Anordnung, der Optik oder der Farbwahl, eine Sache von Licht, Schatten und Beleuchtung – Ausgewogenheit war immer auch eine Frage der Tektonik, eine Frage des Auslotens von realen Gewichten und der Balance von Kräfteverhältnissen (Tafel 1).

Die Fülle von Bilddetails, die daran keinen Zweifel lassen, ist bestechend: So werden beispielsweise die Inbegriffe des statisch Instabilen in der Dingwelt, nämlich Objekte runden Querschnitts, wie exotische Konchilien oder hölzerne Flöten, mit Vorliebe gefährlich nah an Tischkanten gerückt (Tafel 2). Die Tische selbst sind für das, was auf ihnen arrangiert ist, in aller Regel viel zu klein, so, als ob sie ein Sinnbild des Überflusses, der *abundantia*, hätten abgeben wollen. Ferner drängen subtil ausbalancierte Messer und Messerfutterale, die kurz davorstehen, ihr Gleichgewicht zu verlieren, immer wieder aus dem Bildraum heraus, um in gleichem Maße in den Betrachterraum hineinzureichen. Als Objekte zweier Welten sind sie optische, in erster Linie aber haptische Offerten an ein Publikum, das nicht nur staunen soll, sondern mitunter aufgefordert ist, nach vorne auf die täuschend echt gemalten Objektarrangements zuzueilen, um Schlimmeres zu verhindern (Tafel 3). Zu solchen Reaktionen motivieren außerdem Zinnteller, die leitmotivisch den Anschein erwecken, frei schwebend ihre Bodenhaftung verloren zu haben, weil sie so weit über Tischkanten hinausragen, dass sie eigentlich längst hätten abgestürzt sein müssen. Final gesteigert wird die Gesamtdramaturgie derartiger Szenerien immer dann, wenn an die Stelle der glatten weißen und sorgfältig gebügelten Damasttischdecken der 1620er- und 1630er-Jahre schwere, aus Persien importierte Tischläufer treten. Ihre sich zu tiefen Schluchten und steilen Gebirgszügen aufbauenden Falten sind vor allem deswegen so bedrohlich, weil sie das Rutsch- und Gleitpotential gerade für Objekte mit glatter Oberfläche nur noch erhöhen (Tafel 4).

Schon diese Beobachtungen berechtigen zu der Annahme, dass niemand die scheinbare Stabilität des tatsächlich Instabilen mit größerer Leidenschaft und mehr artistischer Raffinesse thematisiert haben dürfte als die Stilllebenmaler in den Niederlanden des 17. Jahrhunderts.[3] Dieses drohende Kippen, Stürzen und Abrutschen, dieses Austarieren von Kraft und Gegenkraft, das bislang nur sehr vereinzelt erkannt, kunstwissenschaftlich hingegen noch nie eingehender diskutiert worden ist, ist ein Spezifikum der Stilllebenmalerei.[4] Allerdings tritt diese Form des Objektumgangs nicht – wie man vermuten könnte – allein im Kontext der *vanitas*- oder Prunkstillleben auf, um der Vergänglichkeit des Wertvollsten auch noch formal-kompositorisch Nachdruck zu verleihen.[5] Vielmehr konnten alle Dinge zum Gegenstand einer Äquilibristik der Objekte werden. Kostbare Gläser à la façon de Venise, feinstes chinesisches Porzellan aus der

Wan-Li-Zeit oder exotische Konchilien wie etwa das Gehäuse eines *nautilus pompilius* aus dem Pazifischen Ozean – alles das war ebenso wenig vor einem Abrutschen gefeit wie Musikinstrumente und Bücher, wie Geschirr, Besteck und die Gegenstände des täglichen Gebrauchs. Künstlerische Äquilibristik reflektiert somit nicht ausschließlich eine gebotene Zurückhaltung in einem Land, dessen rasante wirtschaftliche Entwicklung größten Luxus ermöglichte, dessen Religion hingegen das einfache Leben propagierte.[6] Da grundsätzlich alle Dinge in gefährliche Schieflagen geraten konnten, liegt es nahe, dass dem allgegenwärtig drohenden Absturz, der an den Gegenständen nationaler Wertschätzung demonstriert wurde, ein übernationales, letztlich universales Prinzip zu Grunde liegt. Als umfassende gegenständlich kodierte Spiegel der niederländischen Kultur des 17. Jahrhunderts, als ausschnitthafte Schauplätze des großen *theatrum mundi*, sind niederländische Stillleben Reflexionen einerseits über die grundsätzliche Wandelbarkeit der Welt, andererseits über die Unbeständigkeit des Reichtums der natürlichen und geschaffenen Dinge auf ihr.

DIE UNBESTÄNDIGE WELT

Diese *conditio humana* beschreibt eine elementare Lebenserfahrung, die schon früh thematisiert wurde. Für Heraklit, dem in den Niederlanden des 17. Jahrhunderts eine besondere Wertschätzung entgegengebracht wurde, war das Grundprinzip der Welt ein ständiges Werden; keinem Menschen, so der Vorsokratiker, war es möglich, zweimal in denselben Fluss zu steigen.[7] Die *Epistulae morales ad Lucilium* des römischen Philosophen Seneca sind in diesem Zusammenhang von besonderem Interesse. So heißt es im 88. Brief: »Sicher ist nur das Eine, dass eben nichts sicher ist« (hoc unum certum est, nihil esse certi), eine Sichtweise, die auch bei Plinius zu finden ist, jedoch auf den Skeptiker Pyrrhon von Elis zurückgeht.[8] Noch deutlicher wird Seneca im 98. Brief, in dem es angesichts der Gewissheit des Todes heißt: »Für welchen Besitz auch immer du als Herr amtlich eingetragen wirst – bei dir ist er, dein Eigentum ist er nicht: Nichts ist fest für den hinfälligen Menschen« (nihil firmum [est] infirmo).[9] Für den um 800 lebenden Mainzer Erzbischof Rabanus Maurus, mit dem die Reihe antik-mittelalterlicher Belegstellen abgeschlossen werden soll, habe ein Verehrer der Welt weder etwas Sicheres, noch etwas Festes (Nihil tutum, nihil firmum, apud mundi amatorem).[10]

Während von dem italienischen Frühhumanisten Francesco Petrarca der Ausspruch überliefert ist, dass es in der Welt nichts Dauerhaftes gebe (Nihil est stabile), lassen sich dann vor allem in der Philosophie der frühen Neuzeit eine Fülle suggestiver bildlicher Denkformen nachweisen, die den alten nihil firmum est-Gedanken umso pointierter ins Bewusstsein gehoben haben.[11] So hat etwa einer der Begründer des frühneuzeitlichen Rationalismus, der 1629 immigrierte René Descartes, in Amsterdam zwei bahnbrechende Werke verfasst, von denen im vorliegenden Kontext insbesondere die so

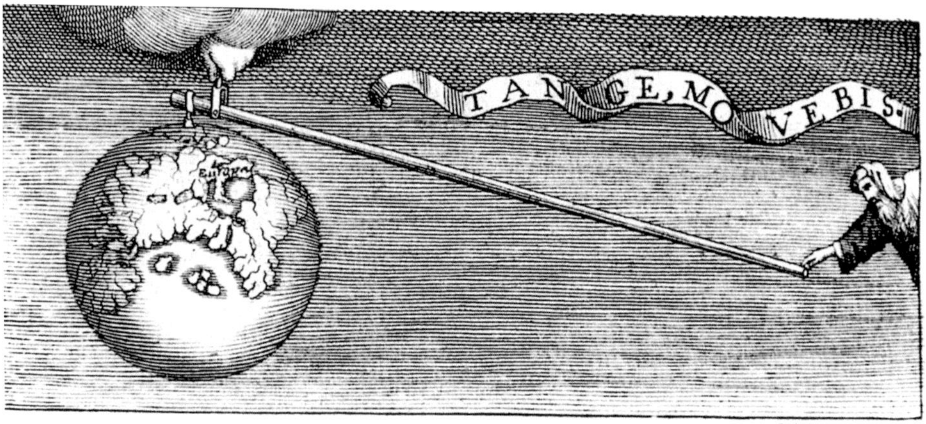

1 Pierre Varignon: *Projet d'une Nouvelle Méchanique [...]*, Paris 1687, S. 89

genannten *Meditationen* von Bedeutung sind. Während sich allein das von ihm konstatierte Fehlen eines einzigen verbindlichen Wahrheitskriteriums auf die unentwegt wandelnde Objektwelt und die Instabilität in der Stilllebenmalerei beziehen ließe, lässt sich noch viel mehr das Bild, das er zur metaphorischen Umschreibung dieser Situation anführte, auf die Malerei lebloser Dinge anwenden. So heißt es in den *Meditationes de prima philosophia* von 1641 in § 1 der zweiten Meditation: »... Nichts als einen festen und unbeweglichen Punkt verlangte Archimedes, um die ganze Erde von ihrer Stelle zu bewegen, und so darf auch ich Großes hoffen, wenn ich nur das geringste finde, das sicher und unerschütterlich ist.«[12] Nach Descartes, der sich hier zum zweiten Archimedes macht, galt also innerhalb der Welt nichts als fest und unerschütterlich (quod certum sit et inconcussum).

Genau diese Hypothese führt auch ein von einem anonymen Künstler gestochenes Frontispiz aus dem Werk *Projet d'une Nouvelle Méchanique* des französischen Physikers Pierre Varignon von 1687 vor Augen (Abb. 1). Illustriert ist die gerade zitierte Legende, die Archimedes zu der Aussage verleitet haben soll, er könne mit Hilfe eines Hebels sogar die Erde selbst bewegen. »Gib mir nur einen einzigen festen Punkt, an dem ich stehen kann, und ich will die Erde aus den Angeln heben.«[13] Exakt das versucht er. Die imperativisch verfasste Inschrift auf dem Schriftband TANGE, MOVEBIS (Berühre, und du wirst [sie] bewegen) unterstreicht dies nachhaltig. Doch ist der antike Mechaniker in der Sicht des 17. Jahrhunderts bei seiner Suche nach einem fixen Punkt unübersehbar auf die Mithilfe Gottes angewiesen, denn der Hebel, mit dem die Weltkugel bewegt werden soll, ist eine Schnellwaage, die von der *manus dei*, der Hand Gottes, gehalten wird.[14] Folglich liegt der einzige fixe Punkt außerhalb der Welt, während auf der Welt selbst allein *inconstantia*, also Unbeständigkeit, und steter Wandel regieren; Gott allein ist der unbewegte Beweger, er ist das *primum movens*.

Der Gedanke von einer unbeständigen Welt, von einem steten Wandel der Dinge, wird darüber hinaus auch von einem höchst aufschlussreichen Emblem aus den *Emblemata Sive Symbola* des Otto van Veen von 1624 thematisiert (Tafel 5). Im Sinne eines universalen *clavis interpretandi*, einer übergeordneten bildlichen Sinndeutung von Bildern, ist dieses Emblem – das erste oben links auf der neunteiligen Zusammenstellung der Buchseite – genau genommen auf jedes Stillleben übertragbar, auch wenn es Van Veen noch auf die Form guten Regierens beschränkt wissen will.[15] Der Würfel, der hier die Tische zahlreicher Stillleben repräsentieren könnte, verharrt – wie das Wort *quies* andeutet – ruhig und unerschütterlich. Er ist die einzige sichere Basis, der einzige Garant dafür, dass die wandelbare Welt im Bild des Globus, der seinerseits stellvertretend für die Gesamtheit der labil dargebotenen, wandelbaren Objektwelt in einem Stillleben stehen könnte, zur Ruhe gekommen ist, ganz so, wie es auch das Motto unterstreicht – Das Bewegliche wird unbeweglich – Mobile fit fixum.[16]

Schließlich dürfte Senecas nihil firmum est-Gedanke in den 1670 postum erschienenen, so genannten *Pensées* des französischen Mathematikers, Physikers und Literaten Blaise Pascal am deutlichsten formuliert worden sein, wenn er schreibt:

> »Das ist unsere wirkliche Lage. Sie ist es, die uns unfähig macht, etwas gewiss zu wissen [...]. Auf einer unermesslichen Mitte treiben wir dahin, immer im Ungewissen und treibend von einem Ende gegen das andere gestoßen. An welchen Grenzpfahl [auch] immer wir uns binden und halten möchten, jeder schwankt und entschwindet, und wenn wir ihm folgen, entschlüpft er unserem Griff und entgleitet uns und flieht in einer Flucht ohne Ende. [...] Das ist die Lage, die uns natürlich ist und in jedem Fall die gegensätzlichste zu unseren Wünschen; [denn] wir brennen vor Gier, einen festen Grund zu finden und eine letzte beständige Basis, um darauf einen Turm zu bauen, der bis in das Unendliche ragt; aber all unsere Fundamente zerbrechen, [alles stürzt] und die Erde öffnet sich bis zu den Abgründen.«[17]

OBJEKTÄQUILIBRISTIK

Anders als die Ideengeschichte des nihil firmum est-Gedankens beginnt die Motivgeschichte der Objektäquilibristik erst im 16. Jahrhundert, wenn man die weitaus ältere Tradition der so genannten Fortuna-Räder einmal ausblendet.[18]

So türmen sich beispielsweise in einer 1550 datierten Radierung des zur Schule von Fontainebleau gehörenden Kupferstechers und Zeichners Juste de Juste muskulöse männliche Akte zu einem hohen, äußerst labilen Gerüst (Tafel 6).[19] Auf die eigene Kraft und Kunst scheint man sich jedoch noch nicht gänzlich verlassen zu wollen, denn unverzichtbar für den Erfolg dieser akrobatischen Einlage, dieses am menschlichen Körper vorgeführten Capriccio über das Thema der *inconstantia*, ist eine latente symbolische Anwesenheit Gottes. Wie ein bildhaftes Zeichen im Bilde verschafft De Juste seiner Aktgruppe nämlich in der rechten unteren Ecke als allein verlässlichen Widerpart, als tragfähiges Fundament, ein Christusmonogramm aus den Buchstaben P und X, geformt aus den Beinen und Füßen der unteren Trägerfiguren.

Da in der frühen Neuzeit unter dem Oberbegriff *corpus* die *corpora animalia,* also die belebten menschlichen Körper, sowie die *corpora mathematica* und die durch Ausdehnung definierten *corpora physica* subsumiert worden sind, erstaunt es nicht, wenn die zunächst im Bereich der belebten Körper angestellten Überlegungen zur *stabilitas instabilitatis* auch auf den Bereich der unbelebten, mathematischen und ausgedehnten Körper übertragen werden.[20] Eingebettet in die didaktische Literatur zu Fragen der perspektivischen Darstellung sollte sich dieser Ideentransfer insbesondere in der Polyederkunst des 16. Jahrhunderts niederschlagen.[21] Einen direkten Beleg für diese Transferleistung liefert das Frontispiz der 1571 erschienenen *Perspectiva* des Nürnberger Goldschmieds und Grafikers Hans Lencker in einem idealen Arrangement auf die Spitze gestellter stereometrischer Körper (Tafel 7).[22] Keiner der dargestellten Körper könnte weggenommen, keiner hinzugefügt werden, ohne das ausgewogene, äußerst empfindliche Gleichgewichtsverhältnis zu stören. Ein anderes nur wenig später entstandenes Blatt Lenckers von 1576 wiederum zeigt eine Kombination aus Ringen, Kreuzen und Sternen, wobei die Spitzen der sechsstrahligen Körper unmittelbar an menschliche Gliedmaßen denken lassen. Sie scheinen eine pyramidal aufgebaute Gruppe von Akrobaten nachzubilden, die sich an den Händen halten, gegenseitig stützen und so vor dem Absturz bewahren (Tafel 8). Die Vorführung der *instabilitas mundi* wird somit zum Gedankenexperiment mit stereometrischen Körpern in anthropomorpher Einkleidung. Nihil firmum est – das ist das Axiom, das hier gleich mehrmals buchstäblich auf die Spitze getrieben wurde.

In einer Darstellung aus der *Perspectiva Corporum Regularium* von 1568 des in Wien geborenen Wenzel Jamnitzer lassen sich dann vollends Affinitäten und vermutlich sogar direkte Abhängigkeiten zwischen der grafischen Polyederkunst und der Stabilität des Instabilen in der Stilllebenmalerei des 17. Jahrhunderts aufzeigen (Tafel 9).[23] Sämtliche stereometrischen Körper stehen auf einem festen Grund, wie auf einer Tischplatte, die in einem Stillleben als Basis dienen könnte. Einzelne von ihnen rücken gefährlich nah an den vorderen Rand der Sockelplatte. Ein Senklot, das sogar noch davorhängt, durchstößt die vordere Bildebene, ganz so, wie es später dann auch mit den erwähnten Messergriffen auf zahllosen niederländischen Stillleben der Fall ist.

Objektäquilibristik, wie sie das niederländische Stillleben vorführt, konnte also sowohl in ideengeschichtlicher als auch motivgeschichtlicher Hinsicht an eine lange Vorgeschichte anknüpfen. Zu fragen ist an dieser Stelle indes, ob der nihil firmum est-Gedanke wirklich allein dafür verantwortlich gemacht werden kann, dass die Instabilität des scheinbar Stabilen so akribisch und leidenschaftlich, dazu in nahezu allen Untergattungen des Stilllebens thematisiert worden ist. – Es spricht Vieles dafür, dass davon nicht auszugehen ist. Objektäquilibristik, so wie sie das niederländische Stillleben bis an die Grenzen des gerade noch Zulässigen und Möglichen durchexerziert hat, besaß vielmehr dezidiert kunsttheoretische Implikationen. Sie war ein Mittel der Nobilitierung der Gattung, die keine Gattung nötiger hatte als das Stillleben. Letzteres stand in der Hierarchie der Gattungen der Malerei bekanntlich am unteren Ende.[24] Bezeichnend in diesem Zusammenhang war das Bild, das Samuel von Hoogstraten in seiner Schrift *Inleyding tot de Hooge Schilderkonst* von 1678 dazu heranzog. Im Heerlager der Künste, so der Dordrechter Maler und Kunsttheoretiker, waren die Maler von Stillleben lediglich die einfachen Fußsoldaten, die Maler von Landschaften und Genrebildern, vor allem aber von Historienbildern, hingegen die Offiziere, die durch ihr Tun die großen, entscheidenden Schlachten schlugen.[25] Um diese Situation grundlegend zu ihren Gunsten zu ändern, verfolgten die Maler der am wenigsten geschätzten Stillleben zahlreiche Strategien.

Auf dem Feld des Paragone, des Wettstreits der Künste und Künstler untereinander, waren es Stilllebenmaler wie Sebastian Stoskopff, die in einzelnen ihrer Gemälde exakt zuzuschreibende Kleinplastiken und Grafiken anderer Künstler perfekt imitierten.[26] Bezogen auf ein Spezifikum der Stilllebenmalerei, nämlich die Materialität der dargestellten Objekte, vollzogen gerade Stilllebenmaler einzigartige Metamorphosen, quasi-alchemistische Akte von beinahe magischer Qualität, indem sie nur aus Öl und Farbpigmenten etwa Silber schufen, das in seiner materiellen Präsenz und den Fähigkeiten, farbiges Licht zu spiegeln und zu brechen, selbst die bedeutsamsten Schöpfungen zeitgleich agierender Silberschmiede in den Schatten stellte.[27] In diesem Sinne hatte die Panegyrik für die beispiellosen Leistungen etwa der Stilllebenmalerei Willem Kalfs entsprechende toposhafte Formulierungen gefunden. So schrieb beispielsweise Gerard de Lairesse in seinem *Het groot Schilderboek* von 1707, dass der berühmte Willem Kalf in seinen Stillleben alle anderen übertroffen habe, und Arnold Houbraken in seiner *De Groote Schouburgh der Nederlantsche Konstschilders en Schilderessen* von 1718/19, dass der 1693 verstorbene Maler als Beispiel für eine Person zu gelten habe, die sich durch bewusste Spezialisierung nie welkenden Ruhm erworben hätte.[28]

MALEREI ALS *PUNCTUM FIXUM*

Das wohl aufschlussreichste Zeugnis für diesen Gedanken der Überbietung im Stillleben findet sich jedoch bei Johann Wolfgang von Goethe. Fast 80 Jahre nach Houbraken äußerte auch er sich zu Kalf, zu einem Stillleben, das er seinerzeit noch in der Sammlung Johann Friedrich Städels in Frankfurt am Main gesehen hatte. Wenngleich der bedeutendste Schöpfer deutschsprachiger Dichtung noch nicht wissen konnte, dass dieses Gemälde mit Feldflasche, Schenkkannen und Schale kein Original-Werk Willem Kalfs ist, schrieb er über dieses Bild am 19. August 1797 in einer fragmentarischen Notiz *Zur Erinnerung des Städelschen Kabinetts*:[29]

»Die Meisterschaft dieses Mannes in diesem Teile der Kunst zeigt sich hier in ihrem höchsten Lichte. Man muß dieses Bild sehen um zu begreifen, in welchem Sinne die Kunst über die Natur sei und was der Geist des Menschen den Gegenständen leiht, wenn er sie mit schöpferischen Augen betrachtet. Bei mir wenigstens ist's keine Frage, wenn ich die goldnen Gefäße oder das Bild zu wählen hätte, daß ich das Bild wählen würde.«[30]

Es ging also mit anderen Worten bei der Stilllebenmalerei um Kunst, die man als eine übertreffende Veredelung der Natur zu begreifen habe. Stilllebenmalerei erschöpfte sich nicht in einer sklavischen Nachahmung des Vorgegebenen. *Imitatio*, Nachahmung, bedeutete *aemulatio*, also überbietende Nachahmung. Sie meinte – wie dies auch schon Aristoteles, Horaz, Quintilian und der niederländische Kunsthistoriograph Samuel van Hoogstraten herausgestellt haben – eine kreativ-schöpferische Auseinandersetzung mit dem Vorgegebenen.[31] Hierzu zählte die Überbietung der Natur, die offensichtlich auch das scheinbare Außerkraftsetzen der Gesetze der Natur umfasste. Mimesis war Nachschaffen und Verändern in Einem, Nachahmung produzierte Fiktion.[32] Gerade in der leitmotivisch überreizten Äquilibristik der Objekte konnte die *inventio* und damit jene Kategorie, die die Spitzenstellung der Historienmalerei innerhalb der Gattungen sicherstellte, auch in der Stilllebenmalerei ihren Ausdruck finden. Angesichts der leitmotivisch feststellbaren Instabilität war es folglich in einem nicht unerheblichen Maße die Objektäquilibristik, die die Malerei und die Maler, die sich ihr verschrieben hatten, nobilitierte. Denn egal, wie labil ein Objektgefüge war, wie sehr die Optik die Physik ad absurdum führte – niemals sollte es in einem Stillleben zu einem tatsächlichen Absturz kommen, weil die Malerei genau dies verhinderte. Allein *pictura* verschaffte Ruhe, Stillstand und eine Ausgewogenheit der Gewichtskräfte, so dass sich die Frage stellt, ob die um 1650 erstmalig nachweisbare Bezeichnung »stilleven« für die späteste und niedrigste Gattung innerhalb der Gattungen der Malerei nicht auch gleich eine Nobilitierung darstellte, indem sie *expressis verbis* auf ihre ureigene Leistung verwies, nämlich das, was genau genommen einem unendlichen Wandel unterlag, auf einmalige Weise stillzustellen.[33] – Wie auch immer man diese Frage beantwortet, vor allem im Falle der niederländischen Stilllebenmalerei war Malerei das *punctum fixum*. Sie lieferte den ersehnten ruhigen Fixpunkt, nach dem schon Archimedes und insbesondere Philosophen des 17. Jahrhunderts so akribisch verlangt hatten. Als innerterrestrische *ars*, die das leistete, was noch für Archimedes nur von einem außerterrestrischen Standpunkt mit Gottes Hilfe möglich war, wurde die Stilllebenmalerei zur *ars divina*, zur göttlichen Kunst, die denjenigen, der sie betrieb, zum *deus artifex*, zum gottgleichen Künstler, machte.[34]

Mit diesem willentlichen Bekenntnis zur Objektäquilibristik als einem Mittel der Gattungsnobilitierung hat sich nicht zuletzt auch das Selbstverständnis der Stilllebenmaler verändert. Zwar bezogen sich diese wegen der hohen illusionistischen Kraft ihrer Kunst nach wie vor auf Apelles, Zeuxis und Parrhasios, also die bekannten, ihnen vorausgegangenen Helden der antiken Kunstgeschichte, doch wird man auch in diesem Kontext neue Überlegungen anstellen müssen.[35] In welche Richtung man den Kreis personaler Referenzpunkte zu erweitern hat, macht der abschließende Blick auf ein Werk des Haarlemers Willem Claesz Heda deutlich, der als Großmeister waghalsigen Arrangierens, Balancierens und Exponierens von Gegenständen an der Grenze zwischen Bild- und Wahrnehmungsraum gelten muss (Tafel 10). Besonders auffällig an diesem 1640 datierten und in Aachen aufbewahrten Bild ist die Tatsache, dass in diesem höchst labilen Spiel des Gleichgewichts der Kräfte der drohende Sturz des einen Objektes nur durch die statisch kalkulierte Positionierung eines anderen verhindert wird. Augenscheinlich geht es um die Demonstration des Zusammenspiels von Kraft und Gegenkraft, um das Zusammenspiel von Ursache und Wirkung. Denn nähme man in diesem miniaturhaften mechanistischen Weltbild in einem Gedankenexperiment den umgestürzten Nautiluspokal weg, so würde möglicherweise der vordere Zinnteller kippen. Kippte der Teller, so stürzte wiederum die spiralförmig geschälte Zitrone. Käme der schwer auszutarierende ellipsoide Körper dieser Citrusfrucht ins Rollen, würden final auch das diagonal gelegte Messer und sehr wahrscheinlich auch der Löffel fallen, der als tektonische Brücke hin zu einem weiter rechts stehenden Zinnteller mit Pastete fungiert. Somit wird der haltende Gegenstand selbst immer wieder von einem anderen Gegenstand gehalten. Das abstrakte Axiom, das aufgrund seiner mehrfachen Wiederholung *ad infinitum* zu denken ist und diesem Gemälde offensichtlich und doch verborgen zugrunde liegt, ist evident. Ein Endgültiges, allein Feststehendes gibt es nicht; selbst das Bedingende wird immer wieder selbst als ein Bedingtes vorgeführt, ein Letztbegründetes und damit grundsätzlich Unbedingtes scheint unmöglich.

Es sieht demnach ganz so aus, als ob Hedas Stillleben Qualitäten eines gemalten philosophischen Traktates über die Unmöglichkeit philosophischer Letztbegründung annehmen wollte, als ob das monochrome *banketje* als philosophisches Lehrstück hätte betrachtet werden wollen. Angesichts der Dominanz tektonischer Diskurse schlüpften Heda und seine Kollegen vermutlich sogar in die Rolle eines Mechanikers. Unbestritten vermochten sie jedenfalls Vieles zum zeitgenössischen Diskurs über optische, philosophische und auch physikalische Bedingungsgefüge beizutragen. In einer Zeit, in der noch nicht zwischen *ars* und *scientia* unterschieden wurde, in der Optik und Mechanik als Leitwissenschaften des Jahrhunderts galten und die Stilllebenmalerei mit immer neuen Versuchsanordnungen aufwartete und als diejenige Gattung galt, die paradigmatisch für die Schnittstelle zwischen Kunst und Naturwissenschaft steht, gehörte der Künstler, der sich als Optiker, Philosoph oder Mechaniker betrachtet sehen konnte und wollte, jedenfalls augenscheinlich zum Spektrum dessen, was die *dissimulatio artificis* im 17. Jahrhundert zuließ.[36]

NACHLEBEN EINER SENTENZ

Nach dieser Verschränkung von äquilibristischer Kunstpraxis, naturphilosophischem Wissen und Bildtheorie wird man abschließend die Frage stellen müssen, was von alledem in der nachfolgenden Zeit geblieben, was vor allem aus dem Satz »nihil firmum est« geworden ist?

Über Jahrhunderte hinweg ließ sich diese Sentenz in Texten nachweisen, ebenso lange fand sie ihren Niederschlag in den Künsten. Der Glaube an diesen Satz schwand allerdings zunehmend, denn trotz der in allen Bereichen erfahrbaren grundsätzlichen Wandelbarkeit der Welt sollte dieser Wandel berechenbar werden. Ein Blick auf die naturwissenschaftlichen Fortschritte des 17. und 18. Jahrhunderts mag dies verdeutlichen, vor allem in der Astronomie, aber auch auf dem Gebiet der Mechanik. Hier sollten insbesondere Newtons Axiome zum Fundament der klassischen theoretischen Physik und der Himmelsmechanik ausgebaut werden, darunter bezeichnenderweise auch die Formulierung des Gravitationsgesetzes. Diese frühneuzeitlichen Fortschritte in den Naturwissenschaften Newtons sind zum Maß aller Dinge geworden, denn nicht nur für die Dinge, also die Objekte in der Welt, hatte dies Klarheit gebracht, auch die philosophische Erkenntnistheorie und Ethik wurden davon infiziert, vor allem die kritische Transzendentalphilosophie Immanuel Kants. In dieser Philosophie, die nach den Bedingungen der Möglichkeit einer festen, sicheren Erkenntnis fragte, waren die so genannten »reinen Anschauungsformen a priori«, »Raum und Zeit«, die unabdingbaren Voraussetzungen jeder sinnlichen Erkenntnis.[37] Das Korrelat auf der Seite seiner praktischen Philosophie war bekanntlich sein berühmter »Kategorischer Imperativ«, das schlechthin höchste Gebot des Sollens, das ohne jede Einschränkung Gültigkeit besitzen sollte.[38] Auch dieses Gesetz ist Teil eines Angriffs auf die Welt der metaphysischen Spekulationen, wie es der Königsberger Aufklärer selbst formuliert hat – mithin Teil einer prinzipiellen Aufkündigung ethischer wie erkenntnistheoretischer Beliebigkeit, vorgetragen mit dem Anspruch, Letztbegründungen vorgelegt zu haben. Ob in Newtons Physik oder in Kants theoretischer oder praktischer Philosophie – im Verlauf des 18. Jahrhunderts macht sich somit auf der Objekt- wie auf der Subjektseite gleichermaßen eine Tendenz breit, die der Wandelbarkeit die Endgültigkeit, oder doch zumindest einen vorhersagbaren berechenbaren Wandel entgegensetzt. In der Stilllebenmalerei, dem bislang größten Experimentierfeld einer statischen Instabilität, ging mit dem 18. Jahrhundert jedenfalls die Freude an der Konstruktion labiler Objektarrangements deutlich zurück – das Zeitalter der geistreichen labilen tektonischen Bildentwürfe war vorbei.

Es sieht demnach ganz so aus, dass in dieser Zeit die Sentenz »nihil firmum est« auf sich selbst angewendet wurde. Denn, wenn nichts feststeht, dann impliziert dies genau genommen, dass auch der Satz »nihil firmum est« selbst nicht feststeht. Senecas Sentenz hatte also offenbar ausgedient und ist gewissermaßen zu Grabe getragen worden. Ein kleiner, unscheinbarer Holzschnitt am Ende des sechsseitigen vorangestellten Index zu der von Thomas Bewick illustrierten, erstmals 1790, jedoch in mehreren Auflagen erschienenen *History of Quadrupeds*, einer Geschichte der Vierfüßer, macht dies jedenfalls auf einzigartige Weise anschaulich (Tafel 11). Wie ein Überbleibsel aus einer vergangenen Zeit erscheint dieser Grabstein gleich einem Grenzstein, der das Ende eines Zeitalters des Fragilen und Labilen markiert. Die gut lesbare Inschrift »Firmum in Vita Nihil« (Nichts im Leben steht fest) verweist noch auf den Namen des hier bestatteten Mottos; der verdorrte Baum, die Ruinen im Hintergrund und der Knochen im Vordergrund unterstreichen dies nachdrücklich. Dass nichts im Leben feststeht, wird schließlich auch am Grabstein selbst demonstriert. Deutlich nach rechts geneigt, scheint festzustehen, dass er selbst nicht feststeht, sondern in absehbarer Zeit kippen und vergehen wird. Was die Inschrift auf dem Stein besagt, wird somit am Stein, also dem Träger der Inschrift, selbst demonstriert. Doch auch wenn sich der Stein bereits deutlich geneigt hat, wenn er zu kippen droht, so wird er doch in dieser Position verharren und zwar auf ewig. Garant für das Äquilibrium der Kräfte ist auch hier immer noch einzig und allein die Kunst, denn nur sie verleiht dem Moment Dauer, nur sie verleiht Zeit überdauernd Bestand. Vor allem aus diesem Grunde dürfte Goethe seine Worte sehr bewusst gewählt haben, als er 1797 – vor einem Prunkstillleben stehend, von dem er noch glaubte, es sei ein »Kalf« – äußerte, dass er lieber das Bild dieses bedeutenden holländischen Stilllebenmalers besitzen würde als die Gegenstände darauf.

ANTOINE WATTEAU ODER: DIE GRAZIE DER BALANCE

Maria Moog-Grünewald

Carsten Dutt zugeeignet

»*LA GRÂCE DE WATTEAU EST LA GRÂCE*«

Über Watteau, Antoine Watteau, ist viel, unendlich viel geschrieben worden – soviel, wie wohl über nur wenige Künstler vor und nach ihm. Watteau ist berühmt – derart, dass seine Berühmtheit nach einer Erklärung verlangt.[1] Man führt an, dass sie zunächst Folge eines raffinierten Marketings *avant la lettre* ist:[2] Nicht nur suchen unmittelbar nach dem frühen Tod des Künstlers im Jahre 1721 Sammler und Liebhaber in den Besitz eines oder mehrerer seiner zahlreichen Gemälde und insbesondere der Zeichnungen zu kommen, vielmehr sorgen kenntnisreiche Händler, befreundete zumal, für die Vervielfältigung seiner Werke durch Kupferstiche.[3] Watteaus Gemälde, Zeichnungen, Radierungen, die wenigen eigenen und die vielen fremder Hand, treffen offensichtlich den Zeitgeschmack, sie sind zeitgemäß, durchaus im Sinne von *modern*.[4] Damit aber stellt sich die Frage, was denn das spezifische Kennzeichen ist, das die Gemälde und Zeichnungen Watteaus von der zeitgenössischen Kunst der Régence und mehr noch des unmittelbar vorausgegangen Grand Siècle unterscheidet;[5] mithin jene Eigentümlichkeit, die die außergewöhnliche Hochschätzung Watteaus begründet.[6] Sind es jene »Fêtes galantes«, deren Darstellung zu einem Marken- und Wiedererkennungszeichen zahlreicher seiner Gemälde werden sollte und die eifrig und eilfertig von seinen Nachfolgern Jean-Baptiste Pater und Nicolas Lancret imitiert wurden, ohne je dem Original gleichzukommen?[7] Oder ist es die Vorstellung, Kythera in all ihren Varianten sei ein utopisches Gegenmodell zur herrschenden Kultur, eine implizite Kritik der Gesellschaft des Ancien Régime und ihrer Regeln?[8] Doch Liebesfeste, Liebesgärten, im Ganzen »Bilder vom irdischen Glück« kennen seit der frühen Renaissance eine lange Tradition:[9] Großformatige Gemälde von Giorgione, Tizian, Rubens, Fragonard sind nurmehr die herausragenden Beispiele bald sobrer, bald prachtvoller Inszenierung, deren vorläufiger Höhepunkt Watteaus Kythera-Bilder sind.[10] Gleichwohl wird man nicht leicht von der Hand weisen können, dass das Faszinosum der Gemälde Watteaus auch die Sujets sind. Doch welche Sujets sind es genau? Im August 1717 reicht Watteau sein Akademie-Stück ein – spät und auf wiederholtes Mahnen von Seiten des Präsidenten.[11] Im handschriftlichen Protokoll der *Ecole des Beaux-Arts*, das die Aufnahme Watteaus in die *Académie Royale de Peinture et de Sculpture* festhält, ist unter anderem zu lesen: »Le sieur Antoine Watteau, peintre ne Valenciennes et agree le trente Juillet mil sept cent douze a fait apporter le tableau qui lui avait ete ordonne representant. ~~Le pelerinage a l'isle de Cythere~~ Cithere.«[12] Das Gemälde stelle »Le pelerinage a l'isle de Cithere« dar.[13] Doch ist diese nähere Bezeichnung des Sujets durchgestrichen und darüber »une feste galante« von selbiger Hand eingetragen. Wer die Ersetzung veranlasst hat, ist nicht bekannt – möglicherweise war es Antoine Coypel, der Premier Peintre du Roy und Vorsitzende der Akademiesitzung. Doch wichtiger als dies: Was könnte der Grund für die Ersetzung sein? Das Sujet ist offenbar der Pilgerzug, der indes ein besonderer ist: Die Pilger sind Liebespaare, Kythera ist ihre Stätte. Die Herme der Göttin Venus und die himmelstrebenden Amoretten lassen daran keinen Zweifel. Erotik, durchaus dezent, vermittelt auch »une feste galante«. Doch wird mit Begriff und Sache der »feste galante« nicht sowohl auf ein Sujet verwiesen – das Wort »representant« ist nicht durchgestrichen –, als vielmehr, wie absichtsvoll auch immer, ein neues Genus instituiert: An die Seite der kanonisierten Genera – Historienmalerei, Malerei, die die Mythologie zum Vorwurf nimmt, Landschaftsmalerei, Porträts – tritt die galante Malerei, und Watteau ist ihr Erfinder, wenn nicht dem Wort, so der Sache nach.[14] Sollte darin also die Neuheit, gar die Modernität der Malkunst Watteaus bestehen? Dies zu beurteilen, wäre wiederum zu fragen, was unter *galant* zu verstehen ist – zumal in der Verbindung *fête galante*. Das semantische Spektrum von *galant*, zumindest in der französischen Sprache des 17. und des 18. Jahrhunderts, ist reich und differenziert; *galant* wird in der ersten Hälfte des 18. Jahrhunderts geradezu zu einem Modewort. Ein *galant homme* zeichnet sich durch seine Rechtschaffenheit, seine Gesittetheit, seine guten Manieren aus.[15] Ein *homme galant* hingegen erweist dem weiblichen Geschlecht seine besondere Aufmerksamkeit.[16] Gefällig ist der *galant homme* wie der *homme galant* gleichermaßen.[17] Doch kann das Wort *galant* auch in einem allgemeineren Sinne gebraucht und auf Sachen im engeren und weiteren Verständnis angewandt werden – der *Dictionnaire de l'Académie françoise* von 1740 gibt unter anderen folgende Beispiele: »*Un habit galant. Une mascarade galante. La fête qu'il donna étoit encore plus galante que magnifique.* [...].«[18] Soviel wird aus dem Wenigen deutlich: Das Momentum des Sittlichen, das dem Begriff *galant* eignet, gewinnt zugleich ästhetische Relevanz. Es ist daher nur folgerichtig, auch die Weise der Kunst, Welt darzustellen, in bestimmten Hinsichten als *galant* zu bezeichnen. So finden sich unter der Radierung, die Boucher von dem Selbstporträt Watteaus gefertigt hat, folgende Verse:[19]

»Watteau, par la Nature, orné dheureux talents
Fut tres reconnaissant des dons, qu'il reçut d'elle:
Jamais une autre main ne la peignit plus belle,
Et ne la sçut montrer sous des traits si galants.«

Die Verse, so schlicht in der Form, einfach in der Aussage sie auch erscheinen mögen, formulieren gleichwohl in aller Knappheit die Kunstregeln des ausgehenden 17. und beginnenden 18. Jahrhunderts in Frankreich: Voraussetzung gelingender künstlerischer Tätigkeit ist Talent, zuweilen ist auch die Rede von Genie. Talent, Genie, ist eine Gabe der Natur, sie ist mitgegeben, und sie hat keinen anderen Zweck, als eben diese Natur in schöner Weise wiederzugeben. Die Schönheit der Darstellung der Natur, mithin die *schöne Natur*, erfährt allerdings eine Steigerung: durch die »traits si galants«, die ihr Anmut, Gefälligkeit, ja Grazie verleihen. *Gracieux* wird zu einem Synonym zu *galant*: Der Erfinder der *fêtes galantes* ist der gracieux Watteau, und für die Goncourts, die subtilen Kenner der Malerei des 18. Jahrhunderts, ist Watteau geradezu der Inbegriff an Grazie.[20] Ihren fulminanten Essay über Watteau eröffnen die Goncourts mit den Worten:

»Watteau a renouvelé la grâce. La grâce, chez Watteau, n'est plus la grâce antique: un charme rigoureux et solide, la perfection de marbre de la Galatée, la séduction toute plastique et la gloire matérielle des Vénus. *La grâce de Watteau est la grâce.* Elle est le rien qui habille la femme d'un agrément, d'une coquetterie, d'un beau au delà du beau physique. Elle est cette chose subtile qui semble le sourire de la ligne, l'âme de la forme, la physionomie spirituelle de la matière.«[21]

Watteaus Gemälde und Zeichnungen haben nicht nur Grazie, sie sind Grazie, ja mehr noch: Die eine ist die andere.[22] Die Tautologie duldet keinen Widerspruch, sie entledigt sich mit einem Streich der Notwendigkeit präziser Definition oder auch nur Explikation. Stattdessen Annäherungen, Impressionen, Wirkungen, im Ganzen der durchaus geglückte Versuch, in ungewöhnlichen und zugleich anschaulich-bildhaften Wendungen der Ästhetik der Grazie, wie sie Watteaus Kunst repräsentiert, sprachlichen Ausdruck zu geben – freilich eine Tautologie zweiter Instanz. Indes kann den Goncourts, Kunstkennern von Rang und Liebhabern insbesondere der französischen Kunst des 18. Jahrhunderts, kaum der Vorwurf des Dilettantismus, gar des Schönredens gemacht werden.[23] Denn eine genauere Vorstellung dessen, was Grazie ist, worin sie besteht, wie sie zu bestimmen ist, vermitteln auch die Kunstlehren und Kunstreflexionen der Zeit von etwa 1680 bis 1740 nicht, jener Zeit also, in die Leben und Werk Watteaus

(1684–1721) eingebettet sind.[24] Und dennoch ist es lohnend, einige für die in Frage stehende Zeit belangvolle Kunstlehren zu konsultieren.[25] Dabei wird sich – um es vorauszunehmen – zweierlei zeigen: Grazie hat als ästhetische Kategorie (noch) keine Eigenständigkeit, sie ist nurmehr ein Komplement der Kategorie der Schönheit. Sodann: Im Unterschied zur genau bestimmten ästhetischen Kategorie der Schönheit ist die ästhetische Kategorie der Grazie durch Unbestimmtheit gekennzeichnet. Die im Folgenden knapp präsentierten Positionen der seinerzeit bedeutendsten Kunstlehren haben den Zweck, nicht sowohl das Diktum der Goncourts zu bestätigen – »La grâce de Watteau est la grâce« –, als vielmehr die Spezifik der Grazie, die die Kunst Watteaus auszeichnet und die seine Einzigartigkeit ausmacht, benennen und begründen zu können – an Beispielen der Bildanalyse.

GRAZIE IN DEN KUNSTLEHREN DER FRANZÖSISCHEN KLASSIK

André Félibien schreibt in dem 1666 erschienenen ersten Teil der *Entretiens sur les vies et sur les ouvrages des plus excellens peintres anciens et modernes* gelegentlich der Frage der Proportion großer, ja monumentaler Bauwerke:[26]

> » [...] vous pouvez juger par tout ce que je viens vous dire, si c'est peu de chose que de sçavoir bien disposer & mettre à exécution de si grands travaux: Et si l'on ne doit pas les considerer avec admiration, quand on y voit, je ne dis pas cette beauté que la raison & l'art fait produire aux Ouvriers, mais encore cette grace qu'on ne trouve que difficilement, que peu de gens sçavent donner à leurs Ouvrages, mais qu'on admire par tout où elle se rencontre.«[27]

Schönheit ist die Folge von Proportion und Symmetrie – sie gehört dem Bereich der Reflexion und der Kunstfertigkeit an; Grazie hingegen ist ein Surplus, ist etwas, das hinzukommt und Bewunderung auslöst. Unmerklich fast hat eine Erweiterung der Perspektive statt, zugleich ein Wechsel des Rayons:[28] von den regelorientierten Voraussetzungen handwerklicher Fertigkeit zum Charme, den ein Kunstwerk ausstrahlen sollte, kurz: von der Herstellung zur Wirkung. Erhellend für das Verständnis des Verhältnisses von Schönheit und Grazie ist die Frage, die der fiktive Gesprächspartner Pymandre an das Ich des Dialogs richtet: »Quelle difference [...] mettez-vous donc entre la grace & la beauté, & comment les separez-vous l'vne de l'autre? Car si la beauté vient de la proportion des parties, la grace peut-elle se trouver dans des sujets qui ne sont ny beaux ny proportionnez?«[29] Die Antwort lässt in ihrer Klarheit nichts zu wünschen übrig: »Ie puis vous dire en peu de mots [...] la difference qu'il y a entre ces deux charmantes qualitez. C'est que la beauté naist de la proportion & de la symetrie qui se rencontre entre les parties corporelles & materielles. Et la grace s'engendre de l'vniformité des mouvemens interieurs causez par les affections & les sentimens de l'ame.«[30] Schönheit ist ein Werk des Verstandes, Grazie ist Ausdruck des Gefühls, von Empfindungen. Beide, Schönheit und Grazie, verhalten sich zueinander wie Körper und Geist, sie sind aufeinander verwiesen, und erst ihr Einklang bringt das vollkommene Werk hervor.[31] Das *Je ne sais quoi*, das kaum in Worte zu fassen, ins Bild zu setzen ist, ist aber nichts anderes – so Félibien – als diese geheime Verbindung, dieser »nœud secret qui assemble ces deux parties du corps & de l'esprit«.[32]

Was ist zu Félibiens Ausführungen zu Schönheit und Grazie in ihrem Verhältnis zueinander zu sagen? Félibien schreibt seine *Entretiens* in den sechziger Jahren des 17. Jahrhunderts, in der Hochzeit der französischen Klassik:[33] Das Château de Versailles wird gebaut, Racine steht auf dem Höhepunkt seiner Karriere, Boileau schickt sich an, den »Classicisme« in verbindliche Regeln zu fassen. In diesem geistigen und künstlerischen Umfeld schreibt und argumentiert Félibien.[34] Schönheit über Proportion und Symmetrie zu bestimmen, ist *klassisch* – und es ist hellenistisch-stoisch: Die großen Kunsttheoretiker der italienischen Renaissance – Leon Battista Alberti, Andrea Palladio, um nur diese zu nennen – waren die Mittler. Es war die Stoa, die durchaus in Abgrenzung zu Platon und Aristoteles eine eigene Proportionslehre entwickelt hat, einen Regelkanon, nach dem Schönheit hervorgebracht und beurteilt werden kann. Ohne hier die komplexe Geschichte des Schönen in Antike und Früher Neuzeit nachzeichnen zu können, sei auf ein die Problematik, um die es geht, besonders erhellendes Beispiel verwiesen[35] – Galen, neben Hippokrates der bedeutendste Mediziner des Altertums, hat es überliefert: Chrysipp habe über die Schönheit gelehrt:

> »daß sie nicht in den einzelnen Elementen vorhanden sei, sondern in der Symmetrie der Teile zueinander: im Verhältnis eines Fingers zum anderen, aller Finger zur Handfläche und Handwurzel, von diesem zum Handgelenk, von diesem zum Unterarm, vom Unterarm zum ganzen Arm, und [im] Verhältnis von allem zu allem, wie es im Kanon des Polyklet geschrieben ist.«[36]

Chrysipp, die Stoiker bestimmen Schönheit ausschließlich nach logischen Strukturen der Symmetrie, die allererst durch Zahlen bestimmt sind.[37] Sie übertragen die Zahlverhältnisse gleichermaßen auf den menschlichen Körper, die Musik, die Bauten. Die ganze Welt, der Kosmos, weist mit allen scheinbaren Zufälligkeiten im Einzelnen eine durchgängig rationale Ordnung des Ganzen auf. Sie ist reine Materie, und als solche erschließt sie sich einem ausschließlich materialistischen Zugang.[38] Dies ist der Grund, weshalb Félibien schreiben kann – ich nehme den Satz noch einmal auf: »C'est que la beauté naist de la proportion & de la symetrie qui se rencontre entre les parties corporelles & materielles.« Und Roger de Piles veröffentlicht erstmals 1684 sein Lehrwerk *Les Premiers Elémens de la Peinture pratique*, in dem auf zahlreichen Abbildungen der menschliche Körper in unterschiedlichen Haltungen und Stellungen bis ins Detail vermessen wird: Modell sind der Herakles Farnese, der Apollo von Belvedere, die Venus von Knidos und der Meleager von Skopas.[39] Ziel ist es, die genaue Kenntnis der Maße und Proportionen zu vermitteln, Voraussetzung der korrekten und damit auch vollkommenen pikturalen Darstellung des menschlichen Körpers, sei dieser nun nackt oder bekleidet.

Die Kunsttheorie der französischen Klassik ist nicht anders als ihre Ethik weitestgehend stoisch beziehungsweise neostoizistisch geprägt. Nicolas Poussin – um nur ihn als Beispiel zu nennen – war Stoiker, die große Zahl der Tragödien Pierre Corneilles nimmt neostoische Konzepte auf und problematisiert sie, und die bedeutendsten Bühnenstücke Racines sind gerade dort, wo sie den neostoizistischen Optimismus jansenistisch in Frage stellen, *e contrario* stoischer Morallehre verpflichtet.[40] Das überrascht nicht, ist doch die Neuzeit in allen Bereichen – Politik, Ethik, Kunst – weit mehr von den hellenistischen Philosophien bestimmt als von Platon und Aristoteles.[41] Und dennoch ist das *Siècle de Louis le Grand* keineswegs einsinnig klassizistisch.[42] Das zeigt – um wiederum zu unserer Fragestellung zurückzukommen – die Bestimmung des Verhältnisses von Schönheit und Grazie: Ein Kunstwerk ist nur dann vollkommen, wenn sich Grazie zu Schönheit fügt; Grazie aber gehört im Unterschied zu Schönheit dem Bereich des Intuitiv-Spontanen an, sie lässt sich nicht erlernen noch erweisen, da es für sie keine Regeln und keine Prinzipien gibt.[43] Grazie ist, was gefällt und eine unmittelbare Wirkung auf die Sinne, das Herz hat – ohne die Kontrolle des Geistes: »La Grace doit assaisonner toutes les parties dont on vient de parler, elle doit suivre le Genie; c'est elle qui le soûtient & qui le perfectionne; mais elle ne peut, ni s'aquerir à fond, ni se démontrer. [...] On peut la définir, ce qui plaît, & ce qui gagne le cœur sans passer par l'esprit.«[44] Grazie ist Ausdruck von Genie – seinerseits ein Geschenk der Natur oder gar eine Gabe Gottes. Im Unterschied zum deutschen Wort *Grazie*, dessen semantisches Spektrum eng ist, geben die lateinische Version – *gratia* –, die italienische – *grazia* – und die französische – *grâce* – ihren Ursprung in der christlichen Theologie zu erkennen. Das christliche Konzept der Negativen Theologie beziehungsweise die platonisch-neuplatonische Vorstellung der *theología apophatikḗ* ist umstandslos und nicht ohne eine gewisse Frivolität übertragen auf Grazie als einen Begriff der Ästhetik: Das Nicht-Benennbare, Nicht-Bestimmbare, Nicht-Erklärbare, Unsagbare der göttlichen Natur finden im *Je ne sais quoi* ihr Säkularisat. Ein weiteres Beispiel in der langen Reihe sind die zahlreichen Vorträge, die Antoine Coypel, Sohn und Vater eines Malers und selbst Maler, in seiner Eigenschaft als langjähriger Präsident der *Académie Royale de Peinture et de Sculpture* zwischen 1708 und 1720 gehalten hat – sie galten nicht allein den Mitgliedern der Akademie, vielmehr den jungen Menschen, die sich anschickten, Maler oder Bildhauer zu werden;[45] es waren Anweisungen, Lehrwerke, wie viele andere keineswegs systematisch. Begriff und Sache der Grazie sind – wie auch der Schönheit – ubiquitär, man erfährt das Übliche. Im Selbstkommentar zur *Epître à mon fils*, einer Kunstlehre in 182 Versen, liest man unter anderem:

»Les ouvrages les plus recherchez, les plus reguliers, même les plus sçavans & les plus profonds, pourront, sans doute, se faire estimer; mais ils n'auront pas toujours le bonheur de plaire, s'ils sont dénuez de ce *charme divin, que l'on appelle la grace*, & qui embellissant [...] la beauté même, gagne le cœur plus promptement que cette beauté ne touche l'esprit & la raison.«[46]

Doch Coypel vermag an keiner Stelle, in keinem Zusammenhang näher zu erläutern, worin dieser »charme divin, que l'on appelle la grace« bestehe, was ihn ausmache.[47] Grazie, auch im Plural gebraucht, wird zugeschrieben: sei es den herausragenden Malern des italienischen Cinquecento, sei es den heroischen Künstlern des französischen Grand Siècle. Das jeweils Spezifische, Unterscheidende bleibt ungenannt – auch und gerade dann, wenn es um die Malweise geht.[48] Und wichtiger noch als dies: Grazie ist keine eigenständige ästhetische Kategorie, sie ist nurmehr das Surplus, das der Schönheit ihren Reiz verleiht, einer Schönheit, die sich durch Symmetrie und Proportion, Regelmäßigkeit und Regelhaftigkeit auszeichnet. Noch ist die klassizistische Kunsttheorie vorherrschend, und in Frankreich wird sie ab der Mitte des 18. Jahrhunderts erneut vertreten, um in der Folge vom klassizistischen Stil unter Louis XVI und *a fortiori* vom Stil des Empire in jeweils eigener Weise fortgeführt zu werden.[49] Doch in der so genannten Régence und unter Louis XV setzt sich ein neuer Stil durch – er firmiert unter dem Namen Rokoko und ist zumindest in Frankreich für die Zeit ab etwa 1720 bis 1770 von eminenter Wirkung.[50] Ästhetisches Kennzeichen des Rokoko aber ist Grazie – Grazie in ihrer Singularität.[51]

L'INDIFFÉRENT UND *LA FINETTE*

»La grâce de Watteau est la grâce«. Die so nur scheinbar tautologisch verlegene Feststellung der Goncourts gilt es an Watteaus Bildern selbst zu erweisen – zunächst an den beiden kleinen Gemälden, die die Titel *L'Indifférent* (*Der Gleichgültige*) (Tafel 12) und *La Finette* (*Die Schlaue*) (Tafel 13) tragen – es sind Pendants.[52] *L'Indifférent* stellt einen jungen Mann vor mit feinem, leicht gelocktem, aschblondem Haar, das in seiner Halblänge das Gesicht umschmeichelt; er steht dem Betrachter gegenüber, schaut ihn mit leicht nach rechts geneigtem Kopf und nur minim geöffneten Lippen an.[53] Ganz offensichtlich hebt er zu einer Bewegung an: Seine beiden Arme sind ausgebreitet, wobei der linke Arm in fast rechtem Winkel zum Körper ausgestreckt, der rechte in einer leichten Beugung etwas mehr nach unten gehalten ist. Ein Überwurf in hellem, seidig schillerndem Karminrot bedeckt den rechten Arm von der Schulter bis zum Handgelenk, damit zugleich fast die gesamte rechte Seite des Oberkörpers. Das seinerseits irisierend bläuliche Innenfutter des Überwurfs korrespondiert wiederum farblich mit dem seidig schimmernden grünen Habit: einer körpernah geschnittenen Jacke und einer Culotte. Hinzukommen hautfarbene Seidenstrümpfe und elegant-leichte Schuhe mit rosa Spitzenpompons: Sie nehmen den gleichfarbigen Pompon an der etwas ausladenden Kopfbedeckung wieder auf. Und schließlich: Eine weiße Halskrause umschmeichelt das Gesicht – nicht anders als weiße, aus dem Ärmel der Jacke hervortretende Spitzenvolants die Haltung der Hände akzentuieren –, wie im Ganzen die Kleidung in ihren Einzelheiten, ihren Formen und Farben, vornehmlich die eine Funktion zu haben scheint: die Haltung des jungen Mannes als eine Bewegung in Suspens hervortreten zu lassen, genauer: als eine Bewegung, die unmittelbar anhebt.[54] Es ist die Bewegung eines Tänzers, der bei Einsatz des Tanzes einen kurzen Augenblick in der Haltung vollkommenen Gleichgewichts verharrt.[55] Die wohl treffendste Poietik des kleinen Gemäldes hat Paul Claudel gegeben: In seinem *Poème en prose* hat er bis in die Struktur und Semantik ein poetisches Äquivalent zur bildkünstlerischen Darstellung geschaffen, Ausdruck ästhetischer Erfahrung *par excellence* – das *Poème en prose* setzt ein:

> »Non, non ce n'est pas qu'il soit indifférent, ce messager de nacre, cet avant-courrier de l'Aurore, disons plutôt qu'*il balance entre l'essor et la marche*, et ce n'est pas que déjà il danse, mais l'un de ses bras étendus et l'autre avec ampleur déployant l'aile lyrique, *il suspend un équilibre* dont le poids, plus qu'à demi conjuré, ne forme que le moindre élément. Il est en position de départ et d'entrée, il écoute, il attend le moment juste, il le cherche dans nos yeux, de la pointe frémissante de ses doigts, à l'extrémité de ce bras étendu il compte, et l'autre bras volatil avec l'ample cape se prépare à seconder le jarret.«[56]

Eine Balance zwischen Aufschwung und Gang (»il balance entre l'essor et la marche«), ein Äquilibrium zwischen Bewegung und Stillstand, ein Gleichgewicht, das nur einen Wimpernschlag lang aufrechterhalten wird – kurz: eine Haltung in Suspens. Wie aber wird dieser visuelle Eindruck erreicht? Es ist zum einen die bis ins Detail ausbalancierte Wiedergabe der Hände, genauer der Finger, die, leicht nach innen gewendet, in spiegelbildlichem Verhältnis zueinander geordnet sind und über die ausgebreiteten, leicht angewinkelten Arme das jeweilige Ende einer Diagonalen bilden: Leichte und elegante Bewegtheit ist die Wirkung. Und es ist zum anderen die Ästhetik der bildnerischen Komposition, der Korrespondenz der Farben und Formen, der Semantik von Hell und Dunkel, die die Haltung der Figur als einen Akt der Balance hervorbringt, und es ist darüber hinaus die Illusionierung von Vordergrund und Hintergrund, von Nähe und Ferne. Während links im Bild der rechte, leicht nach unten weisende Arm mit seinem karmesinroten Umhang vor den Konturen bräunlich-grüner Sträucher, niedriger Bäume einen eher dunklen Vordergrund evoziert, weist der linke, leicht nach oben gestreckte Arm in eine hell erstrahlende Ferne, in einen Raum, der sich ins Unendliche hin zu öffnen scheint – ein Effekt, der sich dadurch einstellt, dass die Perspektive ihre Konturen in einer unbestimmten, indeterminierten Ferne verliert und damit einen imaginären

Raum und einen Ort der Imagination schafft. Der imaginäre Raum als Ort der Imagination ist aber der Ermöglichungsgrund einer Balance, deren Ausdruck die Grazie ist. Auch anders: Die Grazie hat ihren Grund in einer Balance zwischen Bewegung und Kolorit.[57] Balance ist die spezifische und damit auch bilddeskriptiv bestimmbare Grazie, die das kleine Gemälde *L'Indifférent* und im Ganzen die Kunst Watteaus auszeichnet.[58]

Einen Kontrapunkt zu *L'Indifférent* bildet das Pendant *La Finette*. Auch *La Finette* eignet die Grazie der Balance, doch sie ist anderer Art und in ihrem Verhältnis zu *L'Indifférent* eine zweifache. Betrachten wir zunächst das kleine Gemälde für sich. Vorgestellt ist eine junge Frau – sie sitzt auf einem Tabouret, den Körper in seitlicher Haltung nach links gewandt, ihr etwas puppenhaftes, doch keineswegs naives Gesicht ist auf den Betrachter gerichtet. Ihr Körper ist in ein seidenschimmerndes Gewand, eine Robe volante, gekleidet: Die Konturen verschwinden hinter der in weite Falten am Rücken und am Ärmel gelegten Stofffülle.[59] Die linke Hand – der Unterarm ist frei – hält den durch den zweiten Wirbelkasten verlängerten Hals einer Theorbe – das Instrument ist mit dem Oberkörper der jungen Frau durch ein Band verbunden.[60] Das Band, der Unterarm und der Theorbenhals stehen in bewegt-versetzter Parallelität zueinander, wobei der Theorbenhals bis an den linken Bildrand in einer leichten Diagonalen als eine Art Verlängerung des Arms weitergeführt ist. Die Körperhaltung der Finette ist eher statisch, statuarisch fast. Farblich herrscht eine gewisse Monochromie eines skalierten Seegrüns vor – das gilt gleichermaßen für die in Umrissen nur angedeuteten, da großflächig gemalten Sträucher und Bäume wie für den Glanz des Gewandes selbst.[61] Nur das Gesicht und der Unterarm heben sich durch ihre helle Weiße hervor. Der Hintergrund ist ohne Weite, nur mehr ein blasser gelblich-rötlicher Lichtschein. Worin könnte die Grazie der Figur, des Bildes insgesamt beruhen? Jene Grazie, die sich in der Balance zeigen soll? Es ist die Unbewegtheit, die augenblicklich in Bewegung übergehen wird: in das Spielen der Theorbe. Die Raffinesse der Darstellung liegt darin, dass der schlanke, überlange, gerade Hals der Laute ein Gegengewicht bildet zur ausladenden Fülle der Robe volante, deren ondulierende, schimmernde Stoffbahnen einem fast starr aufrecht sitzenden Körper eine innere Spannung verleihen, die kurz davorsteht, sich zu entladen: im Musizieren.[62] Und darüber hinaus: Die Theorbenspielerin wartet auf den Einsatz, den der Tänzer ihr gibt – und *vice versa*. Beide scheinen jeweils auf den anderen zu achten, um den Tanz und das Spiel zu beginnen. Tatsächlich stehen die Pendants *L'Indifférent* und *La Finette* über ihre jeweilige Einzelrepräsentation hinaus in einem Verhältnis des Äquilibriums, das als ein Verhältnis der dynamischen Variation, nicht der Spiegelbildlichkeit charakterisiert werden kann. Den beiden ausgebreiteten Armen des Tänzers korrespondiert der nur in eine Richtung weisende, durch den Theorbenhals optisch verlängerte linke Unterarm der Musizierenden, dem aufrechtstehenden jungen Mann die sitzende junge Frau, der Polychromie die Monochromie, der hellen Weite eine Dichte des Hintergrunds.[63] In der ausbalancierten Verwiesenheit der beiden Gemälde erfährt die Grazie, die den beiden kleinen Gemälden jeweils eignet und deren Merkmal ein jeweiliges und voneinander unterschiedenes Äquilibrium ist, eine Doppelung und damit Steigerung.[64] Damit wird offensichtlich, weshalb Watteau *L'Indifférent* und *La Finette* als Pendants, ja als Diptychon, geschaffen hat:[65] um die Grazie der Balance nicht allein innerhalb eines Gemäldes zum Austrag zu bringen, vielmehr zugleich und wiederum auf andere Weise zwischen zwei Gemälden. Die Balance zwischen den beiden je differenten Bildstrukturen des *Indifférent* und der *Finette* ist in geradezu ingeniöser Weise eine Potenzierung der je differenten Balance, die die jeweilige Bildstruktur bestimmt.

Doch kommt noch ein weiteres hinzu: Die Figuren unserer beiden Gemälde nehmen zwar Haltungen ein, die zum Tanzen beziehungsweise zum Musizieren einsetzen, doch sie übersteigen diese Haltungen zugleich ins Theatralische. Tanzen und musizieren der »Gleichgültige« und die »Schlaue«, oder spielen sie das Tanzen und das Musizieren?[66] Sind sie Gaukler, gar italienische Komödianten? Der »Gleichgültige« ist der Figur des Mezzetin nicht zuletzt aufgrund seiner Kopfbedeckung und der Halskrause am ähnlichsten.[67] Die »Schlaue« spielt auf einem italienischen Modell der Theorbe.[68] Auf diese Weise wird die strukturelle Balance ergänzt und damit erweitert durch eine Ambiguität des Sujets.

JE NE SAIS QUOI

»La grâce de Watteau est la grâce«. Grazie als ästhetische Kategorie wird in der Kunst Watteaus zu einer eigenständigen Kategorie. Sie ist nicht mehr nur ein Surplus, das der Schönheit ihren Reiz verliehe. Genau das ist der Grund dafür, dass die Gemälde Watteaus keinen generisch vorgegebenen Gegenstand im engeren Sinne haben: Weder die Historie noch die Mythologie noch das Alte und Neue Testament bieten Stoffe, Szenen, Episoden, die es auf der Bildfläche wiederzukennen gälte.[69] Die Malerei Watteaus ist keinem Genre zuzuordnen, nicht einmal der Genremalerei. Und doch hat sie ein Sujet: Szenen der galanten Liebe – neben Szenen des theatralischen Spiels.[70] Sie sind der bestmögliche Grund, um eine Ästhetik der Balance im Wortsinne zu inszenieren. Diese *prima facie* kühne Behauptung verlangt eine nähere, ja umständliche Erläuterung.

Die Ästhetik der Balance ist eine Ästhetik, die nicht erfunden oder gefunden ist, um gegen die Kultur des königlichen Hofes und der Adelskreise seiner Zeit zu opponieren.[71] Sie ist vielmehr eine Ästhetik, die notwendigerweise die Aporien eines Kunstwollens zu überwinden suchte, das in Proportion und Symmetrie die klassische Schönheit verwirklicht sah. Aporetisch war dieses Kunstwollen, weil es Norm an die Stelle von Erfahrung setzte, auch anders: das Allgemeine regelhaft für das Besondere reklamierte. Wenn die Kunstlehren des ausgehenden 17. und des beginnenden 18. Jahrhunderts Schönheit als Ausdruck von Proportion und Symmetrie mit immer größer werdendem Nachdruck von Grazie als dem *Je ne sais quoi* ergänzt wissen wollten, kann dies als ein impliziter Versuch erachtet werden, dem *jeweils* Sinnenfälligen, das heißt dem *jeweils* Proportionierten und Symmetrischen, Rechnung zu tragen. Watteau hat – wie absichtsvoll auch immer –

diesen Versuch zum Programm gemacht: Die Grazie wird zu einem ästhetischen Ideal, das Symmetrie nicht mehr absolut setzt, vielmehr durch Asymmetrie ausbalanciert.[72] Die Grazie, wie sie Watteau in seinen Gemälden und Zeichnungen zur Anschauung bringt, ist in ihrer künstlerischen Wirklichkeit und Wirksamkeit aisthetisch erfahrbar und beschreibbar: Das *Je ne sais quoi* hat Gestalt. Das ist nur scheinbar ein Widerspruch. Denn wofern die Grazie, eine genuin »religiöse Erfahrung«, in der Neuzeit »ästhetische Evidenz« gewinnt, ist es notwendig, auch deren formalästhetische Bedingungen zu reflektieren.[73] Genau hier kommt noch einmal in Ergänzung und Variation der Theologie die Philosophie ins Spiel. Die Regelästhetik der französischen Klassik ist, wie intentional auch immer, von Konzepten des Hellenismus, näherhin der Stoa, geprägt. Die Ästhetik der Grazie hingegen invertiert – keineswegs intentional, doch in der Sache – platonisch-neuplatonische Theoreme.[74] Plotin bemerkt in *Enneade* VI 7 unter anderem, dass »man hier auf Erden die Schönheit nicht so sehr in der Symmetrie zu erblicken hat als in dem Glanze, der über der Symmetrie strahlt und der den eigentlichen Reiz des Schönen ausmacht«.[75] Der Reiz des Schönen liegt mithin nicht in der Symmetrie, vielmehr im Glanz (ἐπιλαμπόμενον), der sie überstrahlt und der das wahrhaft Liebens- und Begehrenswerte (τὸ ἐράσμιον) ist. Jener Glanz ist aber nichts anderes als die »Grazie, die zur Schönheit hinzutritt« (χάρις ἐπιθέουσα τῷ κάλλει) und die »der Seele das Liebesverlangen eingibt« (ὑπὸ τοῦ δόντος τὸν ἔρωτα). Grazie, Charis, die Glänzende, die Erotische und Erotisierende findet bei Watteau ihr Sujet in der Darstellung der galanten Liebe und ihre Form in der Balance, der feinsinnigen Vermittlung von Ruhe und Bewegung im Augenblick imminenten Übergangs. Beide, das Sujet und die ihm korrespondierende Form, erzeugen Unbestimmtheit: Das *Je ne sais quoi* sucht die platonisch-neuplatonisch nurmehr intelligible Charis aisthetisch und ästhetisch zu wenden – ein Paradox, gleichwohl Kennzeichen der Neuzeit und Moderne.

PÈLERINAGE À CYTHÈRE

Das Glanzstück der Werke Watteaus ist ohne Zweifel das große Gemälde, das Friedrich der Große 1763 aus einer Versteigerung in Den Haag erworben hat – es befindet sich in den Räumen des Charlottenburger Schlosses in Berlin und ist unter dem Titel *L'Embarquement pour Cythère* (Tafel 14) bekannt: Einschiffung nach der Insel Kythera.[76] Einen Titel hatte die Berliner Version ursprünglich nicht – wie auch die übrigen Gemälde Watteaus keinen Namen hatten – mit Ausnahme der ersten Fassung des Gemäldes, die Watteau am 28. August 1717 vor den Mitgliedern der Akademie enthüllte, eben jenes Aufnahmestücks, das im Protokoll freilich unter »Le pelerinage a l'isle de Cithere« firmierte, um sodann durch »une feste galante« ersetzt zu werden. Das Gemälde hängt im Pariser Louvre. Der geläufige Name der Berliner Version, *L'Embarquement pour Cythère*, ist eine späte Findung. Dem Stich, der 1733 nach der Berliner Version gefertigt wurde, ist wohl erstmals diese meistverbreitete wie in der Sache verfehlte Benennung beigegeben.[77] Verfehlt ist die Benennung *L'Embarquement pour Cythère*, weil sie dem Sujet des Gemäldes kaum Rechnung trägt: Sie engt dessen Ausdruck ein und banalisiert ihn; mehr noch: Sie verkennt die Intention, die diesem Bild Watteaus wie seiner Malerei insgesamt eignet.[78] Denn »L'Embarquement pour Cythère«, die Einschiffung nach Kythera, bezeichnet eindeutig eine Handlung, ein Geschehen und ein Ziel; im Unterschied dazu ist »Pèlerinage à Cythère« vieldeutig: »pèlerinage« ist sowohl die Wallfahrtsstätte als auch die Wallfahrt selbst, und es gibt guten Grund, Kythera als den Ort, auf dem die Wallfahrt ihr Ziel erreicht hat, zu erachten. Dafür spricht die Statue (so auf dem Berliner Bild) beziehungsweise die Herme der Venus (so auf dem Pariser Bild): Sie ist in all ihrem Charme auf der Liebesinsel selbst präsent, umgeben von Amoretten. In der Schwebe freilich bleibt, ob die Paare, Passanten auf der Liebesinsel weilen, ob sie gerade ankommen oder wieder aufbrechen. Jedes der Paare befindet sich nach Körperhaltung und Mimik in einer anderen, doch nie ganz eindeutigen Situation: Werbung, Überredung, Verhaltenheit, Zögern, Hingebung, Erfüllung, Zweifel. Die unendlich vielen Nuancen galanter Liebe finden pikturalen Ausdruck in einer heiteren und geistvollen Grazie.[79] Leichtigkeit ist das Mittel, einem letztlich unerreichbaren Ideal Ausdruck zu geben, dem Ideal der galanten Liebe und in eins dem Ideal einer Ästhetik der Grazie. Daher hat die Darstellung der galanten Liebe in all ihren Facetten, in ihrem unendlichen Reichtum an Möglichkeiten des Ausdrucks von seelischen Regungen und körperlichen Bewegungen ihren Zweck nicht in sich selbst: Sie ist der Versuch, dem Ideal der Grazie, der Charis, jenem nach neuplatonischem Verständnis nurmehr intelligiblen Glanz, aisthetisch-künstlerischen Ausdruck zu geben. Kythera ist der Ort und die Idee der Grazie. Der spezifische Modus aber, den Watteau gewählt hat und der die große Zahl seiner Gemälde bestimmt, ist die Balance. Allgemein ist es die Balance zwischen Symmetrie und Asymmetrie; im Besonderen und mit Blick auf das Berliner Bild ist es ein immer neues und das heißt variiertes Austarieren von Bewegung und Haltung der Figuren, einzeln, als Paar und in Gruppe. So ist jedes einzelne Paar ein besonderes und von den übrigen unterschiedenes Exempel austarierter Bewegtheit bis ins Detail des Kolorits, bildet die Folge der Paare von rechts unten im Bild über den leicht ansteigenden und wieder zum Ufer links abfallenden Hügel die Form einer regelmäßig-unregelmäßigen Rocaille, die von Pilgerstäben, bald quer liegend, bald aufragend, und dem ins helle Licht getauchten Schiffsmast konterkariert und wiederum durch Blumengirlanden um bauschige Röcke der Damen und in den Händen der im weiten, hellen Horizont sich verlierenden Eroten charmant aufgefangen wird. Und so sind es gerade auf der linken Seite des Bildes die etwas unübersichtliche, leicht gedrängte Fülle der Paare vor dem rokoko-ornamentierten Schiffsbug und die ihrerseits in Rocaillegestalt aufwimmelnden Amoretten, die den Eindruck des Unbestimmten vermitteln: Ihre Konturen verlieren sich im Sfumato und stehen damit wiederum in Kontrast zu den grün-dunkel abgeschatteten Farben des Hains auf der rechten Seite, vor dem sich ihrerseits die Helligkeit des Kolorits der Figuren und insbesondere die marmor-warme Weiße einer Venus in Bewegung abheben.[80] Doch alle diese Besonderungen, die Details im Einzelnen wie – um nur noch dieses zu nennen – der von einem lebendigen Amorknaben mit einem großen Lorbeerzweig geschmückte Helm des Mars zu Füßen der Venus-Statue haben nur einen einzigen Zweck: der Grazie bildnerisch Anschauung zu geben. Watteau hat dafür das Sujet der galanten Liebe und die Form der Balance gewählt.

»GÖTTIN DES MASSES«

HERDERS ÄQUILIBRISTISCHE THEORIE DER TRAGÖDIE

Hendrik Blumentrath

NEMESIS

Es gibt etwas, schreibt Karl Philipp Moritz 1791 in seiner *Götterlehre*, vor dem »die Götter selber Scheu tragen. Es ist das nächtliche geheimnisvolle Dunkel, worin sich noch etwas über Götter und Menschen Obwaltendes verhüllt, das die Begriffe der Sterblichen übersteigt.«[1] Was sich »entweder dem Blick der Sterblichen entzieht, oder was die Phantasie selbst gern in nächtliches Dunkel hüllt«, sind die »Geburten der Nacht«:[2] Zu ihren Abkömmlingen zählt Moritz den Schlaf und den Tod, die zweideutige Rede und den Traum, Lachesis, Klotho und Atropos. Der »rächenden Nemesis, die verborgene Vergehungen straft«, widmet er einen eigenen Eintrag.[3] Sie ist

> »wie die Parzen, eine Tochter der Nacht; sie hemmet Stolz und Uebermuth, straft und belohnt nach gerechtem Maaß, und ahndet verborgnen Frevel. Sie gehört unter den alten Gottheiten zu den hohen geheimnisvollen Wesen, die von Göttern und Menschen mit Ehrfurcht betrachtet werden. Und unter den neuen Göttern behauptet sie bleibend und herrschend ihren Platz.«[4]

Mit diesem Portrait der Nemesis skizziert Moritz die mythologische Fassung einer Figur, deren Auftritte gegen Ende des 18. Jahrhunderts gegenwärtiger sind denn je. Ihre Arbeit ist Göttern wie Menschen gleichermaßen gewidmet: eine Verwalterin des Schicksals. Sie ahndet Hybris, stellt gestörtes Gleichgewicht wieder her. Um 1800 erscheint sie überall dort, wo Fragen von Kontingenz und Determination zur Verhandlung stehen, wo Verkettungen von Subjekten und Ereignissen, Handlungen und Dingen auf ihre mögliche Schicksalhaftigkeit hin befragt werden. Man begegnet ihr in geschichtsphilosophischen Essays und ästhetischen Schriften, in Literatur und Theater, im Nachdenken über das Tragische wie über die Form der Tragödie. Den entscheidenden Impuls für die Renaissance der antiken Göttin um 1800 liefert Johann Gottfried Herder: Seit den 1780er-Jahren hatte er sich immer wieder der Nemesis zugewandt. Dabei wird von ihm zum zentralen Signum erhoben, was in Moritz' Darstellung nur im Schleier der *obscuritas* nächtlicher Verhüllung erwähnt wird: Herders Nemesis ist Göttin des Maßes. Für sein Spätwerk bildet sie Leitmotiv wie organisierendes Prinzip. Mit der Figur sind Konzepte des Maßes und Maßhaltens aufgerufen, die selbst auf Kulturtechniken des Messens und Maßnehmens verweisen – seien es Analogie- und Äquivalenzbildungen, der Bezug auf das *aptum* oder Modellierungen homöostatischer Systeme – und in Bildern des Äquilibriums inszeniert werden. Dieser Befund gilt, und das ist Gegenstand des vorliegenden Aufsatzes, auch für Herders Theaterästhetik. Die Überlegungen zur Tragödie, die er in seiner Abhandlung *Das Drama* in der *Adrastea* theoretisch zu verdichten sucht, stehen durchweg im Zeichen der Nemesis. Die Frage des Maßes ist damit zentral für Herders Verständnis der Gattung: Das betrifft die zugrundeliegende Verschränkung von Geschichtsphilosophie und Ästhetik; das betrifft Ökonomie der Handlung ebenso wie die Frage der Affekte. Herder entwirft die Tragödie als Problem der Messkunst.

»GÖTTIN DES MASSES«

1786 veröffentlicht Herder *Nemesis – ein lehrendes Sinnbild* in der zweiten Sammlung der *Zerstreuten Blätter.*[5] Neben Benjamin Hederichs *Gründlichem mythologischen Lexikon* und den Arbeiten Johann Joachim Winckelmanns greift er vor allem auf die Erläuterungen numismatischer Sammelwerke zurück, um die Darstellungen der Göttin in Poesie und bildender Kunst zu interpretieren.[6] Herder liest Homer, Hesiod, Herodot, Euripides, Sophokles; er interpretiert spätantike Epigramme und Hymnen, verweist auf Statuen und Abbildungen auf Münzen, um seinen Text in immer neuen Anläufen auf seine Deutung hinstreben zu lassen: Nemesis ist die »Göttin des Maßes«.[7]

Sie ist »Feindin alles Übermuts und Übermaßes«, legt »Handlungen Maß, Worten den Zügel« an.[8] Messstab und Zügel sind für Herder die zentralen Attribute ihrer Ikonographie. Wo Winckelmann in den *Monumenti antichi inediti* Zweifel äußert, ob Nemesis je das Maß in den Händen halte, verweist Herder auf Abbildungen smyrnäischer Münzen. Auch der charakteristische Griff mit der Hand an das Gewand auf Brusthöhe erscheint nicht nur als Verweis auf das Verborgene, sondern wird als Geste des Messens interpretiert: »[S]ie beugt den Arm zur Brust zurück[,] als ob sie vom Finger zum Ellenbogen hinab messe.«[9] Und noch die Entstehungslegende der Statue, die man zur Verehrung der Göttin in Rhamnous (neben Smyrna die wichtigste bekannte Tempelanlage) errichtet hat, wird von Herder als Beweis ihres maßvollen Wirkens gedeutet: Pausanias erzählt in seiner *Beschreibung Griechenlands* von den Persern, die in der anmaßenden Vorstellung, Athen ohne Weiteres einnehmen zu können, bereits den Marmor für ihr Siegesmal mitschleppen und so das Material liefern, aus dem Agorakritos, Schüler des Phidias, die berühmte Bildsäule fertigte. »Sie wurden«, so fasst Herder zusammen,

> »bei Marathon geschlagen und flüchteten mit vielem Verlust in die Sümpfe oder ins blutige Meer; ihren Marmor mußten sie zurücklassen und glücklicher Weise war diese Statue (d.i. Nemesis, H.B.) eben aus ihm gemacht. Mit bescheidenem Triumph konnte sie nun der Künstler zu der Göttin umbilden, die allen stolzen Übermut, alle kecke Siegesfreude vor dem Siege, ja jedes prahlende Wort, jeden unterdrückenden Hochmut hasset. Durch die Unternehmung der Perser aufs Höchste beleidigt, war sie es gewesen, die das Rad des Glückes gewandt und den für nichts geachteten Atheniensern den glänzendsten Sieg, die stolzeste Freiheit verschafft hatte.«[10]

Noch ihr eigenes Abbild bringt die Göttin aus einem Akt der Ahndung von Hybris hervor; das verfehlte Maß des persischen Siegesmarmors wird umgestaltet zur rechtmäßigen Gestalt der maßgebenden Göttin.

Bereits in der Vorrede der *Zerstreuten Blätter* hatte Herder bedauernd vermerkt, dass der Name der Göttin durch Unzulänglichkeiten früherer Darstellungen einen falschen Klang angenommen habe, und seiner Abhandlung zum Ziel gesetzt, »diesen Mißverstand zu heben und die ernste Göttin in ihrer wohltätigen, schönen Gestalt zu zeigen«.[11] Entsprechend besteht ein großer Teil seiner Ausführungen darin, konkurrierende Deutungen der Nemesis zu kommentieren und auf dieser Folie seine eigene Konzeptualisierung zu entfalten. Ausgangspunkt dieser Lektürearbeit ist einer der ersten figurativen Auftritte der Göttin, Hesiods *Theogonie*. Nemesis ist dort als »Plaggöttin der Menschen« gezeichnet, die neben Betrug und Streitsucht von der Nacht geboren wurde; damit ist eine Darstellungstradition begründet, die noch bei Moritz nachhallt.[12] Von dem nächtlichen Dunkel, in das die Göttin damit gestellt ist, sucht Herder seine aufklärerische Figur weit entfernt zu halten: Die *Theogonie*, so stellt er daher gleich zu Beginn klar, scheint ihm »aus mancherlei Sagen zusammengeflossen«.[13] Und so sind auch die daraus abgeleiteten Deutungsmuster in seiner Sicht nur Fehlinterpretationen, die von weiteren Zeugnissen nicht gestützt werden. Nemesis, so fasst er sein Urteil zusammen, ist »[k]eine Tochter der Nacht«, keine neidische »Schadenfreundin« und keine »Rach- und Plagegöttin; die Mythologen drücken sich unrecht aus, die sie mit Einer derselben verwechseln«.[14] Eine Deutung als »im ewigen Dunkel ratschlagende[...] Gewalt des Schicksals« erscheint ihm irrig; ihre Identifikation mit Fortuna trotz der Nähe beider Begriffe verfehlt.[15]

Man kann Herders Zurückweisung bestehender Deutungstraditionen vor allem drei systematischen Bereichen zuordnen. Sie betrifft, erstens, die Frage der Affekte. Dass das Wirken der Nemesis selbst als Ausdruck göttlichen Neids auf die Werke der Menschen zu verstehen sei, ist bei Hesiod angelegt und bis in die Schriften Hegels immer wieder als Topos zu finden. Einer solchen Vorstellung der neidischen oder rachsüchtigen Nemesis tritt Herder mit dem Verweis auf die *Ethik* Aristoteles' entgegen: Dieser hatte *to nemesan* als rechtmäßige Empörung, als Empfinden von Schmerz über unverdientes Glück definiert, in Herders Worten als »Unwillen, den Menschen am Glück der Unwürdigen oder an dessen unwürdigem Gebrauch haben«.[16] Es ist das aristotelische Lob der tugendhaften Mitte zwischen den Extremen von Neid und Schadenfreude, das Herder zum »philosophischen Richtmaß« seiner weiteren Betrachtungen erheben wird.[17] Vor allem aber entwirft er im Schlussteil seines Aufsatzes selbst ein lose an Aristoteles' Emotionsskalen angelehntes Modell, in dem er die Ambivalenzen der Nemesis-Darstellungen als Ausdruck eines anthropologischen Grundzugs auszumachen sucht. Mitleid mit dem Unglücklichen ist hier ein Blick auf den Glücklichen gegenübergestellt, der – nach Einsetzen eines Akts der Vergleichung – zwei unterschiedliche Affekte erlaubt. In diesen erkennt Herder das Vorbild der konkurrierenden Nemesis-Darstellungen: Der Neid, der sich bei »rohen Gemütern« zumal dann einstellt, wenn unangemessen mit dem Glück geprahlt wird, entspricht dem zurückzuweisenden Modell der *Theogonie*.[18] In »edeln Gemütern« hingegen erwächst im Blick auf den Umgang des anderen mit dessen Glück eine Affektlage, die, »weder mit dem Neide noch dem Mitleiden« vermischt, nüchternes Urteil erlaubt und der »schärfste Punkt ihrer Urteilswaage« wird:[19] Herder entwirft eine nemesische Rezeptionshaltung.

Seine Einwände betreffen, zweitens, Fragen von Notwendigkeit und Kontingenz. Eine mögliche Nähe von Nemesis zur Fortuna bestreitet er mit Verweis auf die ikonographische Tradition aufs Entschiedenste: »Alle ihre Symbole sind von den Symbolen des Glücks verschieden«.[20] Attribut der Göttin ist Herder zufolge der Messstab. Die historisch durchaus zahlreichen Darstellungen mit Rad, Kugel oder Weltenball (die noch die Katalogisierer von Dürers *Nemesis* dazu verleiten sollten, den Stich fälschlicherweise mit *Das große Glück* oder *The Great Fortune* zu betiteln) werden in ihrer Deutung möglichst weit von der Glücksgöttin entfernt:[21] So übt sich Nemesis nicht in beliebigen Drehungen, sondern ändert »das Rad des Glücks mit leisem Fuß [...], die Waage des Schicksals mit leisem Finger« und bringt damit »eine neue Gestalt der Dinge zur Ansicht, die ein billigeres Gleichgewicht zeiget«; nicht Tyche, sondern Dike, nicht dem Zufall, sondern stets dem rechten Maß verpflichtet.[22] Als Geschichtsmacht repräsentiert Nemesis damit nicht launischen Zufall und raschen Glückswechsel, sondern eine Vernunftordnung, deren Schwankungen stets wieder auf einen neuen Zustand des Gleichgewichts hinstreben. In dieser Weise jedenfalls hat Herder die Figur in verschiedenen Arbeiten für seine Philosophie der Geschichte eingesetzt. Man kann das etwa an seiner Auseinandersetzung mit Spinoza *Gott. Einige Gespräche* beobachten, die er einige Zeit vor dem Sinnbild-Aufsatz begann und kurz nach diesem veröffentlichte.[23] Im dritten Gespräch erscheint Nemesis als »Bildsäule« in der bekannten, mit dem linken Arm messenden Haltung, und wird als ernste Göttin beschrieben, die mit Verweis auf die *omnia in men-*

sura-Formel daran erinnert, dass allen Dingen ein Maß zugrunde liegt.[24] Der anschließende Verweis auf den Auftritt der messenden Göttin als »mathematisch-physisch- und metaphysische Formel« bei Johann Heinrich Lambert überführt die ekphrastische Darstellung der Nemesis in die genealogische Betrachtung des Konzepts:[25] Herders Nemesis rekurriert auf Lamberts Entwürfe selbsterhaltender dynamischer Systeme, die sich nach Störungen immer wieder neuen Gleichgewichtszuständen annähern.[26] Implizit wie explizit hat Herder immer wieder auf Lambert verwiesen: In *Nemesis der Geschichte* wird er schließlich Störung, Beharrung und asymptotische Annäherung in eine historiographische Kräftephysik überführen, die dem Schrecken einer Konzeption von Geschichte, die in dieser »nichts als eine vernunftlose Wiedererzählung äußerer Zufälle« sehen will, das maßvolle »Steigen und Fallen des Glücks der Reiche nach den Sitten ihrer Bewohner« entgegenhält.[27]

Mit einem solchen Entwurf einer Vernunftordnung, die nicht vom Zufall, sondern von den Prinzipien homöostatischer Regulation beherrscht wird, ist, drittens, die Aufforderung an das Individuum zur Schulung seines eigenen Vermögens zum Maßnehmen verbunden. Dass Herder Nemesis als Mahnerin und nicht als strafende oder rächende Göttin entwirft, ist diesem Anspruch geschuldet. Wo Winckelmann die göttliche Hand auf der Schulter als das Einholen des Verbrechers durch seine verdiente Strafe deutet, entdeckt Herder darin die göttliche Warnung des Voranschreitenden.[28] Im Sinne einer solchen Mahnung soll die »innere Nemesis« zur »Aufseherin« des eigenen Glücks gemacht werden: Dass damit ein jeder die »kleinere Waage seines Schicksals überall mit sich führe«, bedeutet für Herder gleichermaßen Individualisierung des Schicksals wie Verpflichtung zu verantwortungsvollem Handeln und Bewegen in der Welt.[29] In *Das eigene Schicksal* hat er ein solches Verhältnis von maßvoller Ordnung und individuellem Handeln, das sich nach der Waage im Inneren richtet, genauer ausgeführt.[30] Demnach kann auch die Ordnung der moralischen Welt »unter allgemeine Gesetze gebracht und berechnet« werden – ganz so, wie in der physischen Welt das »Echo uns nur den Schall unsrer Worte« zurückgibt, »der Ball, die Kugel, das Hagelkorn, der Lichtstrahl« in dem Winkel »abprallen«, in dem sie zuvor »anpralleten«:[31] Sieht man nur genau genug hin, muss sich irgendwann eine Art Newton'sches Maß der Moral zeigen. In einer solchen Welt aber sind all jene Unglücksfälle und Wendungen zum Schlechten, die man als »Inkonsequenzen« des Schicksals beklagt und Zufall zu nennen pflegt, vielmehr als eigene Inkonsequenz gegen natürliche Eignung und Charakter zu veranschlagen: erwartbare Folgen einer Missachtung des grundlegenden Maßes.[32] Herder entwirft das Schicksal als ein individuelles, als »Nachklang, das Resultat deines Charakters«, und verbindet mit diesem Entwurf die Maxime, diesem Charakter mit angemessener Handlung zum passenden Zeitpunkt stets treu zu bleiben.[33] Die Pflicht des Individuums besteht jedoch vor allem darin, das eigene Schicksal in die Hand zu nehmen. Man könnte das, was Herder in ausführlichen Überlegungen zu kollektiven Schicksalen – von »unglücklichen Familien« bis zu ganzen Nationen – entwirft, eine soziale Bindungslehre nennen: eine Aufforderung an das Individuum zum steten Abwägen, ob und in welchem Maße es sich an das Schicksal anderer binden sollte.[34] Die »schärfste Waage deines, keines fremden Schicksals ist in dir«:[35] Das Bild der verinnerlichten Schicksalswaage mahnt in *Das eigene Schicksal* nicht nur zur Ergründung des eigenen Charakters, sondern auch zur Überprüfung sozialer Bande und Bündnisse.

TRAGÖDIE ALS MESSKUNST

Herders theaterästhetische Überlegungen in *Das Drama* werden nicht nur über einen figurativen Auftritt an die messende Göttin gebunden, sondern folgen in ihrer grundlegenden Systematik exakt den Bahnungen, die die konzeptuellen Entwürfe zur Nemesis zur Verfügung stellen: Affekthaushaltung, Zufall und Notwendigkeit des Bühnengeschehens, schließlich auch die Knüpfung und Lösung von Bindungen und Verbindungen werden als Fragen von Maß und Messkunst verhandelt. *Das Drama* erscheint 1802 im vierten Stück des zweiten Bandes der *Adrastea*.[36] Herders Zeitschriftenprojekt direkt an der Epochenschwelle versteht sich ebenso als Versuch einer Bilanzierung des vergangenen Jahrhunderts wie als Wegweiser für das kommende.[37] Bereits mit ihrem Titel stellt Herder die Zeitschrift in das Zeichen der Nemesis: Adrastea ist, so Herders Deutung im Sinnbild-Aufsatz, der Beiname der Göttin des Maßes.[38] Dementsprechend ziert das schon im Sinnbild-Aufsatz behandelte Münzbild der beiden Nemeses von Smyrna in Gestalt einer von Johann Christian Ernst Müller gestochenen Vignette das Titelblatt der ersten Ausgabe (Tafel 15).[39] Ihre Deutung wird in der Vorrede zum Programm der Zeitschrift entwickelt: Das Himmelsgespann mit den beiden hohen Gestalten, die jeweils die »rechte Hand messend und schweigend erhoben« zeigen, wirkt zügelnd und lenkend, entbindet die auf der Erde wartenden Menschen jedoch nicht von ihrer Verpflichtung, selbst am Gelingen der Zukunft zu arbeiten.[40] Denn diese tragen alle dazu nötigen Fähigkeiten in sich: »Eurer Gedanken und Begierden Maß, die Zügel Eurer Leidenschaften, der Befehlstab der Vernunft ist in Euch«.[41] Als »Schutzbild« stellt Herder die Vignette seinem gesamten Projekt voran.[42] Bei den Schreibenden der Zeitschrift soll es für eine sparsame Haushaltung der Worte sorgen (»Nichts zu viel!«), im »Gemüt der Leser erhalte es das Gleichmaß der Gerechtigkeit und Wahrheit«.[43] Man kann damit bereits dem Vorwort das Programm der Zeitschrift entnehmen, das die durchaus unterschiedlichen – kulturgeschichtlichen wie naturphilosophischen, religiösen wie ästhetischen – Abhandlungen zusammenhalten soll: das Erkennen, Erlernen und Einhalten des Maßes.

Herders Überlegungen zum Drama sind unvollendet geblieben, führen aber über frühere Überlegungen – etwa des berühmten Shakespeare-Aufsatzes von 1773 – deutlich hinaus. *Das Drama* ist sein dezidiertester Versuch eines theaterästhetischen Modells;

der Schwerpunkt der Ausführungen betrifft die Theorie der Tragödie. Die Forschung hat der Abhandlung nur wenig Aufmerksamkeit geschenkt. Ältere Arbeiten haben ihr die nur halbherzig versteckte Kritik an Goethes und Schillers Formexperimenten übelgenommen und fehlende begriffliche Klarheit sowie die generell »schier unglaubliche Verwirrung« der Ausführungen beklagt, und auch in der neueren Forschung hat Herders Theorie der Tragödie nur wenig Beachtung gefunden.[44] Das mag nicht zuletzt daran liegen, dass die angeführten Referenzen keine besonders originelle Abhandlung vermuten lassen: In vielem knüpft sie an Aristoteles' *Poetik* und Lessings *Hamburgische Dramaturgie* an. Indes entwickelt Herder über die Referenz auf die Nemesisfigur durchaus einen spezifischen Zugriff auf die Gattung, an die er hohe Erwartungen knüpft: Indem der Dramatiker Gleichgewichtsverhältnisse der Welt erkennt und in der Verknüpfung der Begebenheiten auf der Bühne umsetzt, soll das Theater zu einer Institution der Einübung angemessener Affektlagen und der Erprobung sozialer Bindungsverhältnisse werden.

Herders Abhandlung nimmt ihren Ausgang von einer Befragung des ihm gegenwärtigen Theaters durch die Antike. Nach Lektüren der attischen Tragiker folgen längere Ausführungen zu Shakespeares *Hamlet* und *Macbeth*, einige kurze Bemerkungen zu Lessings *Nathan* und *Emilia Galotti* sowie – stark generalisierend und ohne näher auf einzelne Autoren einzugehen – zur zeitgenössischen französischen Tragödie. Deutlich stellt Herder seine Abhandlung damit in die Tradition der *Querelle des Anciens et des Modernes*. Seine Antwort auf die dadurch implizierte Frage nach der Differenz von altem und neuem Theater hat man vor allem in einer Akzentverschiebung zwischen antikem und modernem dramatischen Schicksal ausgemacht, in der eine Emphase der Vorbestimmtheit des Menschen dem Fokus auf dessen Charakter weicht.[45] Es ist dabei jedoch bemerkenswert, in welchem Maße Herder in einem Absatz, der als Scharnier zwischen den verschiedenen Teilen fungiert, beide Varianten einander annähert, einander berühren und in kreisenden Versuchen einer Begriffsbestimmung zusammenfallen lässt, die sich nicht exklusiv auf eine Epoche beschränken lassen. Denn wenn auch jeder Charakter etwa in Sophokles' *König Ödipus* unter der Gewalt des Schicksals steht, so wirkt es doch nur durch ihn, ist »Exposition seines Charakters«.[46] Und wenn sich, umgekehrt, etwa in Shakespeares *Hamlet* alles aus dem Charakter seiner Titelfigur ergibt, ist es zugleich doch »das Schicksal«, das »entscheidet. Es wechselt Gewehre und Becher«.[47] Weniger um eine echte Differenz zwischen »Antike« und »Moderne« denn um die Etablierung seines bereits früher skizzierten Konzepts des Schicksals geht es Herder: die Möglichkeit wie Verpflichtung, auch innerhalb eines vom Individuum nicht zu kontrollierenden Geschehenszusammenhangs dem eigenen Charakter gemäß zu handeln.

Bekanntermaßen ist der Begriff des Schicksals um 1800 von verschiedener Seite unter Verdacht geraten: Herder begegnet diesem Umstand mit einer Aufzählung unpassender dramatischer Darstellungsformen. Diese reichen von der Inszenierung der »große[n] Göttin« (d.i. Nemesis, H.B.) als »Poltergeist«, der schadenfroh die Pläne der Vernunft durchkreuzt, über fatalistische oder stoisch leidende Figuren bis zu unmotivierten Göttereingriffen.[48] Das Handwerk des Dramas missversteht schließlich völlig, wer »mit der Schickung Scherz« treibt: Wenn der »Held Alles getan hat, fällt er ins Wasser oder bricht ein Bein, und Alles ist, als ob es nicht geschehen wäre«.[49] Mit Verweis auf die Nemesis hatte Herder in den *Ideen zur Philosophie der Geschichte der Menschheit* den Fortschritt des Menschengeschlechts als »beständiges Fallen [...] zur Rechten und zur Linken«, das dennoch mit jedem Schritt vorankommt und »wie der Pendul« von den Extremen immer wieder zur »ruhigen Mitte« gelangt, entworfen.[50] Hier hingegen herrscht Stillstand, zielloses Hin und Her, Sturz und Beinbruch: Herders Typologie verfehlter dramatischer Schicksalsdramaturgien fasst Fatalismus und Zufall in der Form dramatischer Bewegungsmodelle.

Wie indes die maßvolle Vernunftordnung der Welt im Theater zu präsentieren ist, zeigt Herder in seinem raschen Durchgang durch die einzelnen Stücke. Dabei prägt die Übertragung seines Nemesis-Konzepts auf die Bühne seine Lektüren der attischen Tragödien ebenso wie die Analysen der Dramen Shakespeares. Ein ums andere Mal macht er ein Modell aus, in dem ein unentschiedener Konflikt in eine Bewegung überführt wird, die notwendig auf ein Ziel hinstrebt, in dem Spannungen aufgelöst und in harmonisches Gleichgewicht aufgelöst werden. Das gilt für die *Orestie* und die Ablösung der »alten Rachgöttinen« durch die Eumeniden ebenso wie für Aeschylus' *Perser*, das für Herder »der Rhamnusischen Göttin, der Nemesis-Adrastea selbst ein feierliches Dankopfer« darbringt; für Sophokles' Stücke, die auf »Aeschylus' hartgebrochener Bahn [...] leiseren Trittes vorwärts« schreiten und sich in je anderen Varianten in der Reinigung der Leidenschaften vollenden; auch für Shakespeare, wo Hamlet als neuer Orestes stets in seinem Charakter bleibt, der Bösewicht aber selbst »das Maß seiner Frevel, nach seinem Charakter« zu erfüllen hat.[51]

Herders Textkomposition ist dabei so angelegt, dass die Abschnitte zu den einzelnen Stücken immer wieder mit dem Verweis auf das sich vollendende Schicksal, die Versöhnung oder Entsühnung enden und sich damit in der eigenen Darstellung wiederholt, was für den Verlauf der besprochenen Tragödien behauptet wird. Die aristotelische Fabel wird zur »Schicksalsfabel«, die sich im notwendigen Gang der Dinge vom Konflikt hin zur Auflösung bewegt.[52] Auf der Bühne ist ein System in Szene zu setzen, wie es Herder in Gestalt der Nemesis entworfen und in *Das eigene Schicksal* ausgearbeitet hatte: Vorzuführen ist der »große Zusammenhang von Begebenheiten des menschlichen Lebens, den das Verhängnis webet«.[53] Jenes Verhängnis ist dabei weder blindes Schicksal noch von den Charakteren und ihren Handlungen abgekoppelt. Was als zufällige Wendung erscheint, muss doch als natürliche Folge der Charaktere und ihrer Handlungen ausgewiesen werden. Das Drama soll seinem Publikum die Bahnungen einer umfassenden Vernunftordnung vorführen, in der alle noch so rätselhaften Fälle und Wendungen aufgehoben bleiben.

Um dieses »hohe [...] Gesetz der Weltfügungen, der großen Waage des Glücks und Unglücks« auf die Bühne zu bringen, bedarf es jedoch eines entsprechend kundigen

Dichters.[54] Zwar übt dieser nicht eigentlich seine, sondern vielmehr die »Macht der Begebenheit« aus, ist nicht Autor, sondern »durch seine Darstellung Ausleger und Anwender dieser Blätter des Schicksals«.[55] Doch nur der gute »Haushalter der Begebenheiten des Schicksals« ist dazu in der Lage, dessen Gesetze in angemessener Weise auf die Bühne zu bringen.[56] Den Begriff der Haushaltung hatte Herder nicht nur dort verwendet, wo er Lamberts Konzeption des Systems bespricht; als »Haushaltung der Natur«, die nach »ewigen Gesetzen« und in »unveränderlichen Charakteren« arbeitet, beschreibt er auch für die Äsopische Fabel das Gesetz der Nemesis.[57] Was die Göttin für den Lauf der Welt garantiert, fällt dem Dramatiker als Aufgabe für die Bühne zu: Die Darstellung ihrer Ordnung erfordert die Einübung dramatischer Messkünste.

Die Figur des verinnerlichten Maßes dient Herder dabei als Ausgangspunkt: Die »Waage«, auf der der Dichter im Theater »Begebenheiten und Gesinnungen zuwägen« soll, ist in dessen Herzen zu finden.[58] Wer sich nur nach dem Geschmack des Publikums richtet, wird nur modische Verkünstelung auf die Bühne bringen – die Herder selbstredend im französischen Theater zu erkennen meint. Stattdessen hat der Dichter die Beständigkeit darzustellender Charaktere wie Handlungsverläufe zu erkennen, die »Fügungen der obern und untern Haushaltung«, den »Knoten ihrer Verknüpfung sowohl als ihre Auflösung«.[59] Lebenserfahrung bildet ebenso Quelle dieses Wissens wie die Kenntnis geglückter Darstellungen, die Herder sowohl in den attischen Tragödien als auch bei Shakespeare verwirklicht sieht. Zum wichtigsten Ratgeber für die Erfassung wie die gelungene Umsetzung des adrasteischen Maßes erklärt er indes die aristotelische Poetik: Die Verweise auf das Gebot dramatischer Vollständigkeit, auf die Warnung vor Auflösung des Knotens durch die Maschinerie und den Vorrang der Fabel münden in einer Skizze dramatischer Ökonomie, die gedrängte Ereignisreihen in Ruhepunkte überführt und zur Auflösung von Spannungen hinstrebt, die Glücks- und Unglücksfälle als notwendige Folgen menschlicher Leidenschaften und Handlungen entwirft, dramatischen Ausgleich schafft und immer wieder aufs Neue zu erweisen hat, was weit über die Bühne hinausreicht: den »innern Zusammenhang der Dinge«.[60]

Dass dabei eine »strenge dramatische Gerechtigkeit«, in der jeder tugendhafte Charakter »in dem Maße, wie er es verdient, belohnt, der Lasterhafte gestraft« wird, in ihrer Vorhersehbarkeit nurmehr Langeweile produziere und so letztlich die Tragödie abschaffe, führt Herder als möglichen Einwand nur an, um diesen sogleich zurückzuweisen.[61] Einfache Entsprechungsverhältnisse von Tugend und Belohnung lassen sich nicht ohne Weiteres für einzelne Charaktere ausmachen, weil Herder, wie in *Das eigene Schicksal* ausgeführt, mit den Bindungen an die Schicksale anderer kalkuliert. Wenn Unschuldige vom Verhängnis anderer mitgerissen werden können – wie er etwa an *Hamlet* vorführt –, sind tragische Strukturen denkbar, ohne dass das grundlegende Gleichgewicht der Ordnung selbst dadurch in Frage gestellt wäre. Ein Anspruch auf vollständige Entsprechung von Verfehlung und Strafe wäre für Herder ohnehin nur Hybris des Theaters selbst. Zwar obliegt es dem Dramatiker, mit seiner »Waage« das »Gegenwicht« in der »Brust des

Rechtschaffenen auch gegen diese hohe Hand« des Schicksals vorzuführen.[62] Gleichzeitig ist die Bühne nicht das »Forum der höchsten und ewigen Gerechtigkeit«, sondern immer nur deren Interpretin: Darzustellen ist das »Verhängnis, wie wirs kennen, wie es hier anspinnt, leitet und entscheidet«.[63]

Mit der Forderung nach Läuterung und Entsühnung, die in Herders Tragödienmodell das Ziel der Fabel bilden, rufen seine Ausführungen unweigerlich die Frage der Katharsis auf. Herder bezieht diese abweichend von den meisten Interpretationen der aristotelischen Poetik nicht nur auf das Publikum, sondern auch auf die Figuren auf der Bühne. Er begründet damit eine Gehaltsästhetik, deren Spuren sich auch bei Schelling oder Hegel wiederfinden lassen.[64] Und wenn es stimmt, dass es ein Gespräch mit Herder war, in dem Goethe zum ersten Mal Näheres über diese grundlegende ästhetische Kategorie hörte, dann mag jene Unterredung nicht ganz unbeteiligt gewesen sein an seiner eigenwilligen Deutung der aristotelischen Katharsis. Goethe fasst diese als eine »Ausgleichung« und »aussöhnende Abrundung«, die ihre Arbeit »auf dem Theater« abschließt und die auf den Inhalt der Tragödie sowie auf die dargestellten Figuren, nicht aber auf Wirkungen beim Publikum abstellt.[65] Herder schätzt dagegen das wirkungsästhetische Vermögen der Gattung extrem hoch ein: Auch wenn mögliche Wirkungen stets an den Sinnzusammenhang der Fabel gebunden bleiben, ist die Erzeugung, vor allem aber die Regulation von Affekten der Zuschauerinnen und Zuschauer zentral – eine Ordnung und Läuterung aller »Leidenschaften, die zu[r] Erhaltung unsrer selbst gehören«.[66]

Auch für die Frage der Affekte empfiehlt Herder die Messkunst des Aristoteles. Denn in dessen Poetik ist zu lernen, wie der Dichter den Charakteren »ihr Verhängnis, uns unser Mitgefühl mit ihnen, unsre Furcht für uns selbst zuzumessen, zuzuwägen habe« und »wie es ohne dies Maß, ohne diese Waage keine Tragödie gebe.«[67] Gelungene Affektkomposition steht im Zentrum der Gattung – ein »Gemetzel von Empfindungen« setzt ihre Grundregeln außer Kraft.[68] Furcht und Mitleid bilden den Kern seiner Überlegungen: Dass Herder die Aristotelesinterpretation der *Hamburgischen Dramaturgie* auch hier zum Ausgangspunkt wird, ist offenkundig. Wie Lessing versucht auch Herder im Rekurs auf die aristotelische *mesotes*-Lehre den angemessenen Grad beider Affekte auf der Mitte zwischen den Extremen eines Zuviels und eines Zuwenigs zu verorten. Die Differenzen der Entwürfe sind jedoch nicht zu übersehen. Während Lessing sich für die vom Bühnengeschehen erzeugte Furcht interessiert und diese als auf uns selbst bezogenes Mitleid vor allem in die Analyse des letzteren Affekts einbindet, bildet die mangelnde Furcht einer Figur auf der Bühne die Grundlage von Herders Überlegungen: der gänzlich furchtlose Tyrann. »Wer die Nemesis nicht fürchtet, wen sollte er fürchten? was dürfte er scheuen und schonen?«[69] Indem die Tragödie Figuren zu Fall bringt, die die Nemesis nicht achten, soll das Publikum vernunftgemäß Fürchten lernen. Gleichzeitig soll die Tragödie die Furcht begrenzen und auch jenseits von stoischem Erleiden und ängstlicher Passivität, durchs »rechte Maß der Furcht«, über »Nüchternheit« und »Mäßigung« der Affektintensität eigene Handlungsfähigkeit im Angesicht des Schicksals ermöglichen.[70]

In seiner Behandlung des Mitleids folgt Herder zunächst Lessings Transfer des *eleos*-Begriffs vom Register des Physiologischen ins Soziale. Von hier aus entwirft er das Theater als Institution, die nicht nur allgemein der Ausbildung des Mitleids als Tugend dient, sondern das Publikum in der Zuteilung, Intensität und Angemessenheit des Affekts schult, um Urteilsfähigkeit in der Knüpfung sozialer Bande auszubilden. Denn neben der Frage, welchen Grad das Mitleid anzunehmen hat, erscheint es für Herder angesichts der überwältigenden Zahl möglicher sozialer Beziehungen dringend, zu klären, wem man diese »höhere Teilnahme« überhaupt zukommen lassen soll.[71] »Bei jeder innigen Teilnahme«, so Herder, wird eine Verbindung mit einem anderen Gegenüber gestiftet, wir »teilen sein Schicksal«.[72] Die »höhere Teilnahme« erhält damit in Herders Modell eine doppelte Funktion: Während sie mit diesem Teilen des Schicksals individuelle Schicksale zum Guten oder Schlechten verknüpft und damit Prozesse sozialer Bindungen initiiert, soll die Erprobung und Schulung des Affekts in die Lage versetzen, diese Bande immer wieder zu überprüfen. Die Darstellung der Vernunftordnung wird in Herders Tragödienmodell mit einer Mäßigung der Affekte und der Einübung sozialer Urteilskraft gekoppelt. Es ist Aufgabe des Dramatikers, die Bahnen eines homöostatischen Gesamtsystems zur Schulung der verinnerlichten Schicksalswaagen auf die Bühne zu bringen; wer sich darauf nicht versteht, der »verrücket uns diese Waagschale«.[73]

»GANG DER TÖNE«

Wenn für Herder Gattungstheorie auch immer Gattungsgeschichte und damit historische Differenz bedeutet, dann besteht ein Privileg der Tragödie darin, den geordneten Verlauf dieser Geschichte zu erkennen und zur Darstellung zu bringen. Herder entwirft die Gattung als Tonkunst, die die gleichbleibenden Leidenschaften des Menschen mal in leiseren, mal lauteren »Tönen« zu hören gibt, ordnet und »Dissonanzen« in »höhere Konsonanz« auflöst.[74] Damit ist die Art des Maßes benannt, auf das Herder rekurriert, um die Gattung selbst in ihrer Entwicklung zu naturalisieren und direkt an das alles umfassende Maß der Nemesis zu binden: Ton und Musik.[75] In der Frage des Musikalischen macht Herder auch die eigentliche Differenz zwischen antiker und moderner Tragödie aus. Die Geburt der Tragödie aus dem Melodram hat er eben deshalb an den Anfang seiner Abhandlung gestellt. Mit dem Verschwinden der Musik aus dem Drama gibt die Moderne nun »Richtmaß« und »Zweck« der antiken Tragödie preis.[76] »Nicht nur haben sich das Drama und Melodrama gänzlich gesondert; nicht nur ist der Chor verstummt; sondern, was daraus folgen mußte, in so vielen Stücken auch die Melodie der Handlung.«[77] Vorbild für die Auflösung des Knotens der Begebenheiten durch menschliche Charaktere und Gesinnungen ist der »Gang der Töne. Wie diese sich verschlingen, damit sie sich froh entwickeln [...], so lösete sich unser Drama, der Seele melodisch«.[78] Herder fasst mit dem Maß der Musik sowohl das Handlungsmodell der Tragödie als auch sein Modell der

Katharsis: eine Entwicklung, die sich auf das Ziel harmonischer Auflösung von Spannung hinbewegt und in der feierlichen Reinigung der Gemüter durch »Sühngesänge« ihren Abschluss findet.[79] Das Schwinden der Musik ist eine Diagnose des zeitgenössischen Theaters, die den Zustand von Fabelökonomie und Affektorganisation beklagt.

Es ist daher nur folgerichtig, dass Herder diese Musik in seinem eigenen Versuch, die Missstände des Theaters zu bessern, wieder aufleben lassen möchte. *Admetus' Haus. Der Tausch des Schicksals. Drama mit Gesängen* ist eine seiner letzten Arbeiten und wurde 1806, drei Jahre nach seinem Tod, veröffentlicht. Herders Version des Alkestis-Stoffs, in dem diese sich den Göttern im Tausch für das Leben ihres todkranken Manns Admetus anbietet, liest sich wie ein Versuch, das in den Überlegungen der *Adrastea* entworfene gattungstheoretische Programm dramatisch umzusetzen: mit der zu Beginn des Stücks vorgetragenen Aufforderung, das Folgende nicht mit »zerstreuter Rührung«, sondern nüchterner Urteilskraft zu betrachten; mit dem Verweis darauf, dass nicht die Götter oder der blinde Zufall regieren, sondern das eigene »Herz« zur »Urn‹« für »des Schicksals Loose« wird; mit der Rhetorik des immer wiederkehrenden Mottos »Für Dich«, über das die Knüpfung sozialer Bande kommentiert und eingefordert wird; schließlich mit der Inszenierung eines Wägeprozesses, in der »des Schicksals Waage« die Zahl und Qualität dieser geknüpften Bande im Steigen und Sinken ihrer Waagschalen bemisst.[80] All dies stellt Herder unter das Maß der Musik: mit der Inszenierung apollinischen Gesangs, der die Arbeit der Waage begleitet, ebenso wie mit Regieanweisungen über das Erklingen himmlischer Töne und den Auftritt des Chors. Wenn es für Herder Aufgabe des Dichters ist, zum Agenten und Übersetzer der Nemesis zu werden, indem er mittels eigener Messkünste in der Darstellung des weltumfassenden Maßes das Maßvermögen seines Publikums schult, dann ist die Musik dafür kein beliebiges Medium: Was sich in ihrem geordneten Maß zu erweisen hat, ist nichts Geringeres als das Maß der Ordnung selbst.

GEGENGEWICHTE

HÖLDERLINS SOPHOKLES-ÜBERSETZUNGEN UND IHR TRAGÖDIENMODELL

Lars Friedrich

ANMERKUNGEN ZUR ÜBERSETZUNG

Spät, sozusagen als letzter Akt vor dem sogenannten geistigen Zusammenbruch, findet Friedrich Hölderlin zum Gleichgewicht. Wenngleich seine poetologischen Überlegungen im Allgemeinen sowie seine Ausführungen zur Tragödie im Besonderen immer wieder um die Vermittlung von Einheit und Differenz kreisen und mit Begriffen wie dem des »Harmonischentgegengesetzten« Figuren einer dynamischen Balance aufrufen, so avanciert das Gleichgewicht erst in einem der letzten von ihm selbst noch veröffentlichten Werkkomplexe zu einer zentralen Grundkategorie seines Denkens. In den Anmerkungen, die Hölderlin seinen Übersetzungen des *Ödipus* wie der *Antigone* des Sophokles nachgestellt hat, steigt das Gleichgewicht zum zentralen Strukturprinzip der Tragödie auf:

> »Das Gesez, der Kalkul, die Art, wie, ein Empfindungssystem, der ganze Mensch, als unter dem Einflusse des Elements sich entwikelt, und Vorstellung und Empfindung und Räsonnement, in verschiedenen Successionen, aber immer nach einer sichern Regel nacheinander hervorgehn, ist im Tragischen mehr Gleichgewicht, als reine Aufeinanderfolge.«[1]

In seiner Reihung von Appositionen und seiner syntaktischen Verschachtelung kann dieser Satz aus den *Anmerkungen zum Ödipus* als repräsentativ gelten für die Schwierigkeiten, denen sich eine Lektüre von Hölderlins Tragödientheorie ausgesetzt sieht. So wird das System der Empfindungen mehr mit Gesetzen beziehungsweise Regeln von Bewegungsparametern als mit Kategorien des Bewusstseins in Verbindung gebracht, und derart kommt das, was im 18. Jahrhundert als Vermögenspsychologie breit diskutiert wird, seltsam unpsychologisch daher.[2] Nicht minder enigmatisch wie der Verweis auf den Einfluss des Elements nimmt sich der Nexus von Tragödie und Gleichgewicht aus, den dieser Satz zu begründen versucht. Aristoteles hatte die Tragödie bekanntlich als ein Ganzes mit Anfang, Mitte und Ende definiert, dessen Struktur mit Größe und Anordnung eines Lebewesens vergleichbar ist, und wenngleich er die Beziehung zwischen poetischer Form und Organismus nur *per analogiam* verstanden wissen wollte, hat das die Forschung nicht davon abgehalten, eher von der Anatomie als von einer Kinetik oder gar Mechanik des Dramas zu sprechen.[3] Damit ist schon angedeutet, dass Hölderlins Versuch, die Form der Tragödie als labiles Gleichgewicht zweier gegenstrebiger Hälften zu denken und dieses Gleichgewichtsverhältnis im *Ödipus* wie der *Antigone* je unterschiedlich zu bestimmen, nicht so sehr mit, sondern gegen Aristoteles gedacht ist. Dass das Verhältnis zur Tradition der Poetik indessen nirgendwo explizit erläutert wird, macht die Auseinandersetzung mit Hölderlins Tragödientheorie nicht einfacher. Die Positionierung des Tragischen innerhalb eines dialektischen Verhältnisses von Natur und Kunst zeigt schon an, wo die Probleme liegen geblieben sind.[4] Während Hölderlin die Kunst, sofern man darunter dichterische Artefakte im engeren Sinn verstehen will, in verschiedenen Entwürfen zur Gattungspoetik wie seiner Lehre vom Wechsel der Töne selbst hinreichend ausdifferenziert hat, lässt sich das vom Begriff der Natur nicht behaupten.[5] Wenn in beiden Tragödien des Sophokles die Figur des Tiresias als »Aufseher über die Naturmacht« (FHA 16, AzÖ, 251) bestimmt wird, so wirkt der Begriff der Natur wie ein erratischer Block, dem der Leser ziemlich ratlos gegenüber steht. Wie eine Art Abdeckung oder Schutz legt er sich über die Phänomene, die unter ihn subsumiert werden; Natur ist zumindest beim späten Hölderlin selber die Macht, welche sie – wie noch näher zu zeigen sein wird – jeglicher Reduktion auf rationale Gesetzmäßigkeiten entreißt.

Der Bruch mit der Tradition der Poetik sowie die Hypostase der Natur als einer bedrohlichen Macht können neben der eigentümlichen Verfremdung des deutschen Sprachgebrauchs als zentrale Gründe angeführt werden, warum Hölderlins Sophokles-Übersetzungen mit ihrem Erscheinen 1804 unisono Unverständnis provoziert haben. So bewertet Solger Hölderlins Erläuterungen als »abenteuerliche Ausschweifungen«, und Schelling schreibt an Hegel: »Seinen verkommenen Zustand drückt die Übersetzung des Sophokles ganz aus.«[6] Wenngleich die Häme längst der Bewunderung für diese Texte gewichen ist, so muss man konstatieren, dass grundlegende Probleme weiterhin ungeklärt sind. Die Unsicherheit beginnt schon bei der Frage, wie das Textgenre der Anmerkung zu verstehen ist. Weder gleichen sie Scholien, die kanonischen Texten antiker Autoren gewidmet wurden und die Hölderlin in seinen Sophokles-Ausgaben zu Rate ziehen konnte, noch hat man es mit einer Poetik zu tun, wie sie beispielsweise Lenz in seinen *Anmerkungen übers Theater* (1774) entworfen hat. Wenngleich Lenz' Werk eher selten im Zusammenhang mit demjenigen Hölderlins diskutiert wird, so zeichnen sich auch seine *Anmerkungen* dadurch aus, dass sie Richtlinien eines nicht-aristotelischen Dramas zu entwerfen suchen und gegen die aristotelische *Poetik* nicht nur inhaltlich, sondern auch formal polemisieren. Doch insofern sie in Abschnitte unterteilt sind, allgemeine Ausführungen mit besonderen Beobachtungen abwechseln lassen und ausgewählte Zitate der Übersetzungen wie Lehrsätze erläuternd kommentieren, gleichen Hölderlins *Anmerkungen* trotz der Hermetik ihrer Ausführungen eher einer Newton'schen oder Kantischen Abhandlung als dem rhapsodischen Stil, der Lenz' Theatertheorie charakterisiert.

Doch ist mit dieser Annäherung ans Genre der Anmerkung noch nichts über die Übersetzung selbst und damit darüber gesagt, wie sich die Prämisse einer generellen Konvertierbarkeit zweier Sprachen mit der Hypostase ihrer Fremdheit oder gar Inkommensurabilität vereinbaren lässt.[7] So ist schon nicht klar, ob es Hölderlins Übersetzungen darum geht, hinter den Aneignungen und Überschreibungen eine verborgene Schicht des griechischen Textes freizulegen und derart zum eigentlichen Sophokles zurückzukehren oder ob wir vom Eigentlichen der griechischen Tragödie ewig abgetrennt sind und es die Übertragung *per definitionem* mit einem modernen beziehungsweise modernisierten Sophokles zu tun hat. Wie grundlegend dieses Problem ist, zeigt sich noch in jüngeren Interpretationsansätzen daran, dass es möglich ist, Hölderlins Tragödientheorie als Auseinandersetzung mit der aristotelischen *Poetik*, aber genauso als Versuch zu lesen, mit kantischen Mitteln über Kant hinauszugehen.[8] Hölderlins Arbeit an der griechischen Tragödie ist ohne seine Geschichtsphilosophie, welche die Differenz von Antike und Moderne auf spezifische Art und Weise markiert, nicht adäquat zu erfassen.

GRIECHISCHE NÜCHTERNHEIT, MODERNES FEUER

Das Unverständnis, mit dem Hölderlins Zeitgenossen auf seine Sophokles-Übersetzungen reagierten, erklärt sich nicht zuletzt aus der Unkenntnis eines erst 1899 publizierten Briefes an den Freund Casimir Ulrich Böhlendorff vom 4. Dezember 1801, der als ein für das Spätwerk grundlegendes geschichtsphilosophisches Konzept in Anspruch genommen werden kann. Die Differenz von Antike und Moderne wird hier als labile Balance von Eigenem und Fremdem gedacht, die sich in keinem Zustand endgültiger Stabilität arretieren lässt:

> »Es klingt paradox. Aber ich behaupt' es noch einmahl, und stelle es Deiner Prüfung und Deinem Gebrauche frei; das eigentlich nationelle wird im Fortschritt der Bildung immer der geringere Vorzug werden. Deswegen sind die Griechen des heiligen Pathos weniger Meister, weil es ihnen angebohren war, hingegen sind sie vorzüglich

in Darstellungsgabe, von Homer an, weil dieser außerordentliche Mensch seelenvoll genug war, um die abendländische *Junonische Nüchternheit* für sein Apollonsreich zu erbeuten, und so wahrhaft das fremde sich anzueignen.«[9]

Sowohl mit seinem Verständnis des Nationellen im Sinne einer angeborenen Natur beziehungsweise einem Kondensat angestammter Temperamente als auch mit der Opposition von griechischer Antike und Moderne scheint Hölderlins Kulturtheorie ganz in der ästhetischen Tradition des 18. Jahrhunderts zu stehen. Während sich das griechische Naturell durch »Feuer vom Himmel«, »schöne Leidenschaft« und »heiliges Pathos« auszeichnet, so die Modernen durch »Klarheit der Darstellung« und »abendländische *Junonische Nüchternheit*«. Doch schon die spezifischen Charakteristika des Griechisch-Nationellen sind so wenig selbstverständlich wie die Identifikation von Moderne und Abendland, deren Spezifikum Hölderlin mit der Bezeichnung des Hesperischen eigens hervorhebt. Mit der »Präzision«, »Darstellungsgabe« und »Nüchternheit«, also der Sublimierung von Affekten, werden der Moderne ursprünglich Attribute zugesprochen, die Winckelmann der griechischen Natur attestiert und in ihren Kunstwerken realisiert gesehen hatte. Sind »Darstellungsgabe« und »Nüchternheit« den Griechen aber nicht ursprünglich eigen, sondern erst Produkt ihrer Kunst, dann wirft dies die Frage nach dem Ursprung der griechischen Natur auf. Hölderlin charakterisiert sie nicht klassizistisch als Ideal harmonischer Mitte, sondern durch die exzentrische Sphäre des »Feuers«, der »Leidenschaft«, des »Pathos« und damit durch Attribute einer orientalischen Archaik, so wie er umgekehrt »Präzision« und »Darstellungsgabe« der griechischen Kunstwerke als das Naturell der hesperischen Moderne bestimmt. Sowohl Antike wie Moderne zeichnen sich also dadurch aus, dass ihnen ihr Naturell aus der Fremde zugewandert ist, also ihre Natur nicht eigentlich natürlich und sie derart uneins mit sich selbst sind.[10] Dies erklärt Hölderlins eigentümliche Positionierung innerhalb der *Querelle* von Antike und Moderne. Wenngleich »uns die Griechen unentbehrlich sind« und Hölderlin damit hinter die Emanzipationsgeschichte moderner Kultur zurückzufallen scheint, so impliziert dieses Urteil keineswegs eine Rückkehr zur Antike im Sinne eines vollendeten und unüberbietbaren Kunstideals. Im Gegenteil; »unentbehrlich« sind die Griechen den Modernen vielmehr hinsichtlich des kulturellen Umgangs mit ihrer »fremden« Natur und ihrem Uneins-Sein.

Da Kulturen, die sich dem »Feuer des Himmels« hingeben, verbrennen; Kulturen, die sich allein der »Nüchternheit« widmen, erstarren, versteht Hölderlin den Bildungsgang nicht wie Herder als Entfaltung eines inneren Selbst, sondern umgekehrt als reflexive Distanzierung vom Eigenen. Antike und Moderne sind in dieser Reflexionsbewegung chiastisch einander entgegengesetzt. Während die Griechen sich von ihrem »Feuer« und ihrem »heiligen Pathos« wegbewegt und sich »Darstellungsgabe« und »Nüchternheit« angeeignet haben, müssen sich die Modernen umgekehrt von ihrem nüchternen und rationalen Naturell emanzipieren und eine Kultur des Pathos und der Leidenschaft anstreben. »Denn das ist das Tragische bei uns«, erklärt Hölderlin dem Freund das moderne Regime der Nüchternheit, »daß wir ganz stille in irgend einem Behälter eingepackt vom Reiche der Lebendigen hinweggehn, nicht daß wir in Flammen verzehrt die Flamme büßen, die wir nicht zu bändigen vermochten.« Wenn diese Stelle die Auseinandersetzung mit den Tragödien des Sophokles schon anzukündigen scheint, so ist sowohl hinsichtlich der geschichtsphilosophischen Frage wie der Übersetzungsarbeit entscheidend, dass Hölderlin weder einer griechischen Wende der Moderne noch einer Rückkehr zum Eigenen das Wort redet. Das Argument enthält sich jedes Sendungsbewusstseins oder eines einseitigen Auftragsgeschehens.[11] Stattdessen heißt es: »Aber das eigene muss so gut gelernt sein, wie das Fremde.« Weder wird damit das Eigene zum Vorbild des Fremden noch das Fremde zum Vorbild des Eigenen erklärt; gesagt wird nur, dass wider Erwarten auch das Eigene erworben und angeeignet werden muss, um Eigenes zu heißen. Und wenn Hölderlin präzisiert, dass »der *freie* Gebrauch des *Eigenen* das schwerste ist«, so ist auch damit kein Primat des Eigenen über das Fremde oder *vice versa* behauptet, sondern nur betont, wie unselbstverständlich die Rede und der Umgang mit dem Eigenen und wie schwer sein Verhältnis zum Fremden auszutarieren ist.

Wenn Hölderlin gesteht, dass er an diesen Zusammenhängen lange »laboriert« hat, so lässt sich dieses Bekenntnis verifizieren durch seine kontinuierliche Auseinandersetzung mit einer Textpassage, die bereits in den Entwürfen zum *Hyperion*, dann wieder in der dritten Fassung des *Empedokles* eingespielt wird und die wie kaum ein anderer Text die Dezentrierung der griechischen Kultur und damit ihre Öffnung für die Moderne vorführt.[12] Bevor Platons *Timaios* nämlich von einem anfänglichen Resümee über die besten Staatsgesetze zur Entstehung und Ordnung des Kosmos und damit zu seinem eigentlichen Thema übergeht, schaltet der Dialog eine über eine komplexe Überlieferungskette tradierte Sage ein, die von einer Reise des griechischen Gesetzgebers Solon in die ägyptische Stadt Sais berichtet.[13] Nach dieser Sage musste sich Solon von den dortigen Priestern belehren lassen, dass Athen zwar einst die besten Staatseinrichtungen vorzuweisen hatte, doch die Griechen selbst ihr Wissen um diesen idealen Zustand nicht zu archivieren vermochten. Wenn der ägyptische Priester Solon daher anklagt: »Ihr Hellenen seid doch immer Kinder, einen hellenischen Greis aber gibt es nicht«, so deswegen, weil periodische Flutkatastrophen vom griechischen Volk stets »nur die der Schrift Unkundigen und Ungebildeten« zurückgelassen haben, »so daß ihr wiederum vom Anbeginn gewissermaßen zum Jugendalter zurückkehrt, ohne von dem etwas zu wissen, was sowohl hier als auch bei euch zu alten Zeiten sich begab.«[14] In einem griechischen Dialog wird damit Ägypten als ein universales Archiv profiliert, das die fremde, griechische Kultur in ihren Tempelaufzeichnungen zu bewahren wusste, die der eigenen wiederum als Vorbild gedient hat. Eine durch die schutzlose Hingabe an die Natur bewirkte Amnesie legt nach dieser Darstellung den im Böhlendorff-Brief entwickelten Gedanken nahe, dass die griechische Kultur nicht in sich selber gründet, sondern im Orient ihren Ursprung hat.

Das spezifische Verhältnis der Griechen zur eigenen Kultur demonstriert der ägyptische Priester an einem Mythos, dessen kosmologisches Register nicht nur die geschichtsphilosophische Differenz von Antike und Moderne grundiert, sondern noch Hölderlins späte Rückkehr zur Tragödie des Sophokles prädeterminiert:

> »Denn das, was auch bei euch erzählt wird, daß einst Phaëton, der Sohn des Helios, der seines Vaters Wagen anschirrte, was auf der Erde war, verbrannte, weil er die Bahn des Vaters nicht einzuhalten vermochte, selbst aber, vom Blitze getroffen, seinen Tod fand, das wird zwar in der Form eines Mythos berichtet, ist aber in Wahrheit eine Abweichung der am Himmel um die Erde kreisenden Sterne und eine in großen zeitlichen Abständen stattfindende Vernichtung der auf der Erde befindlichen Dinge durch mächtiges Feuer.«[15]

Verweist der Gegensatz von Mythos und Logos implizit, so die Wendung vom himmlischen Feuer explizit auf die im Böhlendorff-Brief entwickelte Konzeption. Nach dieser wäre der Phaeton-Mythos Zeugnis nüchterner »Darstellungsgabe«, mit dem die Griechen das kosmische Katastrophenszenario eines Himmelssturzes zu verarbeiten suchten. Sind die Griechen aber hinsichtlich ihrer »Darstellungsgabe« nicht »zu übertreffen«, kann man also nicht mythischer als ihre Mythen sein, so lässt sich die »Wahrheit« der Himmelsabweichung (Parallaxis) in der Moderne nicht zur nüchternen Entdeckung einer »natürlichen« Asymmetrie des Erdkörpers entschärfen.[16] Die Hinwendung der Modernen zu einem eigenen Schicksal müsste vielmehr die tragische Erfahrung reaktualisieren, dass »wir in Flammen verzehrt die Flamme büßen, die wir nicht zu bändigen vermochten«. Der Wechsel vom geozentrischen zum heliozentrischen Weltbild, also von einer Abweichung der um die Erde kreisenden Sterne zu einer um die Sonne kreisenden Erde führt nicht zur Integration einer Asymmetrie in die kosmische Ordnung, sondern macht die Vernichtung der Erde durch ein himmlisches Feuer vielmehr wahrscheinlicher. Während der Böhlendorff-Brief das »heilige Pathos« des griechischen Naturells noch als Telos der hesperischen Kultur affirmiert hatte, so wird ihr »Feuer vom Himmel« mit der Hinwendung zur tragischen Erfahrung für Hölderlin immer mehr zur Bedrohung werden.

KLEINE GESCHICHTE DER MECHANIK

Wenngleich die Anwendung überraschen mag, so fällt es nicht schwer, die im Brief an Böhlendorff entwickelte Geschichtsphilosophie bereits im ersten Satz der *Anmerkungen zum Ödipus* wiederzuerkennen: »Es wird gut seyn, um den Dichtern, auch bei uns, eine bürgerliche Existenz zu sichern, wenn man die Poësie, auch bei uns, den Unterschied der Zeiten und Verfassungen abgerechnet, zur μηχανή der Alten erhebt.« (FHA 16, AzÖ,

249) Differenz wie Kontinuität zwischen Antike und Moderne werden zunächst auf die Poesie im Allgemeinen, diese aber nicht auf kosmologische Zusammenhänge, sondern auf die Mechanik bezogen, die Hölderlin explizit unter ihrem griechischen Namen aufruft und derart zum Maßstab moderner Dichtung macht: »Der modernen Poesie fehlt es aber besonders an der Schule und am Handwerksmäßigen, daß nemlich ihre Verfahrensart berechnet und gelehrt, und wenn sie gelernt ist, in der Ausübung immer zuverlässig wiederholt werden kann.« (FHA 16, AzÖ, 249) Gegen jede Form von Genie- oder Autonomieästhetik wird die moderne Poesie hier auf Verfahren der Berechnung, handwerklicher Technik und automatisierter Anwendungen verpflichtet. So befremdlich diese Applikation auf den ersten Blick wirken mag, lässt sie sich dadurch erklären, dass der Verweis auf die griechische Mechanik zugleich der Vorbereitung des Gleichgewichtsparadigmas dient, an dem Hölderlin das Formprinzip der Tragödie festmachen wird.

Wie aber Mechanik und Mathematik, Technik und Wissenschaft in der griechischen Kultur zusammenhängen und ihr Zusammenhang überdies ein Schlaglicht auf ihren Untergang wirft, lässt sich in kondensiertester Form einer Passage aus der *vita* des römischen Feldherrn Marcellus entnehmen, die Plutarch überliefert hat. Es handelt sich um den Bericht von Marcellus' Belagerung der sizilianischen Stadt Syrakus, die trotz der vermeintlichen Überlegenheit des römischen Heeres dank der Kriegsmaschinen des genialen Mathematikers und Ingenieurs Archimedes lange Zeit gehalten werden konnte.[17] Die Szene ist keineswegs ein beliebiges Gefecht der abendländischen Militärgeschichte, Plutarch inszeniert die Belagerung von Syrakus vielmehr als einen der letzten Kämpfe zwischen griechischem Geist und römischer Macht und verbindet die lebendige Schilderung der besonderen Belagerungssituation mit wissenschaftshistorischen Exkursen, welche die Entwicklung der Mechanik und ihr Verhältnis zur Wissenschaft im Allgemeinen betreffen:

> »Mit dieser hochbeliebten und vielgepriesenen Mechanik und Technik hatten sich nämlich zuerst Eudoxos und Archytas zu beschäftigen begonnen, indem sie die Mathematik interessant zu machen unternahmen und Probleme, die durch theoretische und zeichnerische Beweisführung nicht leicht lösbar waren, durch sinnfällige mechanische Apparaturen unterbauten, wie sie zum Beispiel beide das grundlegende Problem der Findung der zwei mittleren Proportionalen (*mesographous*), das für viele zeichnerische Konstruktionen unerläßlich wichtig ist, durch mechanische Instrumente zur Lösung führten, indem sie, ausgehend von krummen Linien und Schnitten, nach deren Muster gewisse Mittelwertzeichner konstruierten.«[18]

Die Mechanik ist nach dieser Darstellung nicht nur eine praktische An- oder Entwendung wissenschaftlicher Theorie; ihre Konstruktionen liefern vielmehr Beweise für Aufgaben, welche die theoretische Mathematik alleine nicht zu lösen vermag. Zu diesen Aufgaben gehörte für die Griechen die Berechnung mittlerer Proportionen, die Bestimmung eines Mittelgraphems (*mesographous*), das hier schon an Hölderlins für die Tragödienform konstitutive Zäsur denken lässt, das aber in der antiken Geometrie für die Konstruktion von Kegelschnitten und vor allem für die Vergrößerung von Körpervolumina wie beispielsweise der Verdopplung eines Würfels unerlässlich ist und auf dessen zentrale Bedeutung in der modernen Physik noch zurückzukommen sein wird.[19] Plutarch demonstriert sogleich, dass Archimedes nicht nur über dieses Wissen verfügte, sondern in seiner Kriegstechnik auch umzusetzen verstand. Denn zur Überraschung der Römer vermochten die Maschinen des Archimedes ihre Geschosse nicht nur weit zu schleudern, sondern auch in kurzer Distanz wirkungsvoll einzusetzen, was beweist, dass Archimedes die Größe der Apparatur im proportionalen Verhältnis zur Reichweite der Katapulte berechnen konnte.[20]

Doch besteht das Entscheidende in Plutarchs Bericht der Belagerung von Syrakus in dem Umstand, dass Archimedes ein Mechaniker und Konstrukteur wider Willen ist. Der reinen Theorie geometrischer Berechnungen verpflichtet, sah er »die Beschäftigung mit der Mechanik und überhaupt jegliche Wissenschaft, die es mit der praktischen Anwendung zu tun hatte, für niedrig und gemein an«, und so hatte sich Archimedes lediglich nach königlicher Aufforderung auf das Feld politischer Praxis begeben und waren seine Kriegsmaschinen »als Nebenprodukte einer sich spielerisch betätigenden Mathematik entstanden.«[21] Mit diesem Vorbehalt gegenüber den eigenen technischen Erfindungen erweist sich Archimedes als gelehriger Schüler einer unantastbaren griechischen Autorität:

> »Als sich aber Platon darüber entrüstete und sie [die Mechaniker, L.F.] heftig angriff, weil sie den Adel und die Reinheit der Mathematik zerstörten und vernichteten, wenn sie aus der unkörperlichen Sphäre des reinen Denkens ins Sinnliche hinabglitte und sich körperlicher Dinge zu bedienen begönne, die vieler niedrigen, handwerksmäßigen Verrichtungen bedürften, so wurde die Mechanik aus der Mathematik verbannt und von ihr abgetrennt, von der reinen Wissenschaft lange Zeit verschmäht, und war so zu einer bloßen militärischen Hilfswissenschaft geworden.«[22]

Ungeachtet dessen, dass in seinem *Timaios* der Kosmos aus dem Schönsten und Besten zusammengefügt wird und der Demiurg selbst ein Konstrukteur ist, tritt Platon hier als Begründer des topischen Gegensatzes zwischen reiner, intelligibler Wissenschaft und einer ›niedrigen‹ Technik bloßer Anwendungen auf.[23] Während es der Mathematik um den Nachvollzug ewiger und unabänderlicher Naturgesetze geht, ist die Mechanik die Theorie und Praxis künstlicher Bewegungen, welche das reine Denken zum Handwerk erniedrigt und daher aus dem Bereich der Wissenschaft auszuschließen ist. Plutarchs Darstellung schließt sich indessen diesem Verdikt nicht vorbehaltlos an. Verstanden als Kunst, durch Geschick und List Bewegungen gegen die Natur des Bewegten auszuführen, beruht die Mechanik auf der strategischen Manipulation des Ungleichgewichts, deren Wert für technische Erfindungen nicht zu leugnen ist. So bewies Archimedes dem staunenden König Hieron, dass er ein bemanntes Schiff mit der bloßen Hand zu sich heranziehen, nämlich durch Einsatz des Flaschenzuges einen großen Körper durch eine kleine Kraft bewegen könne.[24] Doch nach Plutarch verfällt die Kunst der Mechanik und mit ihr Syrakus als eine der letzten Bastionen griechischer Kultur, weil der größte Mechaniker selber nicht an sie glaubt und in seiner Praxisfeindlichkeit eigentlich Platoniker ist. So soll Archimedes die Eroberung seiner Stadt zunächst gar nicht bemerkt und einem Römer entgegnet haben, er müsse erst noch eine mathematische Aufgabe lösen, bevor er mitkommen könne, woraufhin ihn der wütende Soldat erschlug.[25] Derart spiegelt sich im Tod des Archimedes der Untergang der griechischen Kultur überhaupt: Am Idealismus ihres Primats reiner Theorie über die Praxis ist sie zu Grunde gegangen.[26]

Dem antiken Ausschluss der Mechanik aus der Wissenschaft und ihrer Degradierung zu einer »bloßen« Technik steht indessen ihre Karriere als universales Konstruktionsmodell der Moderne gegenüber. Wird die antike Unterscheidung zwischen natürlichen und gewaltsamen Bewegungen schon im Spätmittelalter hinfällig[27] so gehen im neuzeitlichen Wissenschaftsverständnis mathematische Verfahren, experimentelle Methoden und technische Konstruktionen eine Verbindung ein, in der die Mechanik nicht nur in die Wissenschaften von der Natur integriert wird, sondern mit der Formel eines mechanisierten Weltbildes der Moderne zur *prima philosophia* aufsteigt:[28] Galileis Begründung der Fallgesetze, Keplers Ersetzung der *anima motrix* durch magnetische Kräfte sowie Newtons Entdeckung der Gravitation als universales Gesetz planetarischer Bewegungen sind die Bausteine einer mechanischen Himmelsphysik.[29] Die antike Abwertung der Mechanik gegenüber der Geometrie, schreibt Newton am Anfang seines *opus magnum*, ist nicht auf »die handwerkliche Kunst« selbst, sondern lediglich auf die Nachlässigkeit des Handwerkers zurückzuführen, so dass »der allervollkommenste Mechaniker« zum Prototyp des modernen Naturwissenschaftlers avancieren kann.[30] Entsprechend leitet Kant im Anschluss an Newton die »mechanische Verfassung« des Weltgebäudes aus dem »Gleichgewicht« von Attraktions- beziehungsweise Repulsionskräften ab, versucht sich Schelling an ihrer transzendentalen Deduktion und bemerkt Hölderlin, »daß keine Kraft monarchisch ist im Himmel und auf Erden.«[31] Ist die Arbeit am Gleichgewicht in der antiken Mechanik ein Mittel zur Konstruktion von Hebewerkzeugen und Maschinen, so wird in der modernen Himmelsmechanik die Balance entgegengesetzter Kräfte zum Formprinzip der Welt wie der Politik erklärt – die Welt ist zur Waage geworden.

Doch wenn Schelling hervorhebt, dass das allgemeine Gravitationsgesetz die Störung der Weltkörper nicht nur erlaubt, sondern potenziert, so deswegen, weil das Gleichgewichtsstreben der entgegengesetzten Kräfte niemals erreicht werden darf, sollen die Bewegungen im Universum nicht zum Stillstand kommen.[32] Setzt sich derart aber jede Körperbewegung im Raum aus einer Bewegung zusammen, die zum Schwerezentrum der Sonne hin, und einer entgegengesetzten, die von ihr wegführt, so beruht Keplers Gesetz der exzentrischen Planetenbahn wie Newtons Gravitationsparadigma auf einem »Gesetz des Antagonisms«, in dem Neigung und Abneigung zur Sonne beständig miteinander rivalisieren und daher die Ordnung des Universums mit irreduzibler Instabilität zusammenfällt.[33] Während also die antike Mechanik als künstliche List des Kräfteungleichgewichts zu verstehen ist und sie gerade aufgrund dieser »Unnatürlichkeit« zu einer »militärischen Hilfswissenschaft« degradiert wird, so avanciert die Mechanik in der Moderne zum universalen Konstruktionsmodell einer labilen Balance von Weltkräften, in deren Antagonismus das Prinzip der Naturmacht überlebt hat und der man sich nur unter dem Vorbehalt existentieller Sicherungen aussetzen kann. Hölderlins Forderung, dass die Poesie sich zur *mechané* der Alten »erheben« soll (die Mechanik steckt hier schon in der Formulierung), »ihre Verfahrensart berechnet und gelehrt« und »in der Ausübung immer zuverlässig wiederholt werden kann« (FHA 16, AzÖ, 249), stellt unmissverständlich klar, dass sich die Mechanik aus den Erklärungsmodellen der Natur zurückzuziehen und stattdessen zur Technik des Archimedes zurückzukehren hat, um die Kunst als eine Geschütz- und Schutzapparatur befestigen zu können. Die Mobilisierung der Tragödie als einer Art mechanischer Festungsbau ist daher weniger den Strategien vergleichbar, mit denen Fichte oder Kleist zur selben Zeit Politik gegen die französischen Besatzungstruppen betreiben, sondern wird gegen etwas in Stellung gebracht, was die *Anmerkungen zur Antigonä* »den ewig menschenfeindlichen Naturgang« nennen.[34]

DIE TRAGÖDIE ALS INKOMMENSURABLE GRÖSSE

Wenn Hegel erklärt, dass er die Grundlagen seiner spekulativen Begriffslogik aus einer Auseinandersetzung mit Schellings Naturphilosophie gewonnen hat, so lässt sich dasselbe von Hölderlins Tragödienmodell behaupten.[35] In der Einleitung seiner *Ideen zu einer Philosophie der Natur* versucht Schelling den Nachweis zu führen, dass sich die Grundbegriffe der Mechanik wie Materie, Kraft und Bewegung nicht empirisch ableiten, sondern allein aus der Natur des Geistes begreifen lassen. Im Unterschied zu Kant, der die zeitliche Ordnung sukzessiver Wahrnehmungen mit dem Kausalitätsgesetz verknüpft und dieses lediglich zur »Bedingung der objektiven Gültigkeit unserer empirischen Urteile« macht, verankert Schelling mit der »Vorstellung einer Succession von Ursachen und Wirkungen« auch die Kausalität in der Architektur des Denkens selbst.[36] Diese Verschiebung geht mit einer zweiten, folgenschwereren einher, insofern aus der kantischen Unterscheidung zwischen einem »blinden« Naturmechanismus äußerer Zweckmäßigkeit und der inneren Zweckmäßigkeit organisierter Wesen nicht nur eine regulative Idee der Beurteilung, sondern der Primat des Geistes über die Materie abgeleitet wird.[37] Während Kant von Naturzwecken lediglich hypothetisch redet, so »als ob« die Natur nur durch Vernunft möglich sei, streicht Schellings Identitätsphilosophie diesen fiktionalen Status aus und sieht in der praktischen Idee eines zweckbestimmten Wesens die Lizenz für eine organologische Physik:[38] Nur als freie Selbstproduktion einer Wechselwirkung von Teilen kann der Geist mechanische Naturzusammenhänge auf

Zweckursachen zurückführen und umgekehrt Natur als immer schon geistige erfahren werden. Schelling schließt diese Identität von Materie und Geist explizit mit dem belebenden Prinzip der platonischen Weltseele kurz und sieht derart seine neueste Naturphilosophie zur allerältesten zurückkehren, welche sich allerdings »nur in dichterischen Vorstellungen uns überliefert hat«.[39]

Wenn Hölderlin in dem bereits oben zitierten Satz schreibt, dass »Vorstellung und Empfindung und Räsonnement, in verschiedenen Successionen, aber immer nach einer sichern Regel nacheinander hervorgehn«, so bezieht er sich explizit auf Kants synthetische Einheit der Apperzeption; die Behauptung aber, dass die Konstellation verschiedener Vermögen »im Tragischen mehr Gleichgewicht, als reine Aufeinanderfolge« ist, bricht sowohl mit Kants Verknüpfung von Wahrnehmungssukzession und Kausalitätsgesetz als auch mit denjenigen Konsequenzen, die Schellings spekulative Naturphilosophie aus dieser Verknüpfung ableitet. So wie einerseits der Primat des Gleichgewichts über die Sukzession die Tragödie vom Prinzip kausaler Handlungsfolgen ablöst, so kann andererseits die »mechanische« Verfahrensweise des poetischen Geistes nicht mehr auf ein organologisches Modell von Zweck-Ursachen zurückgeführt werden. Während die Philosophie immer »nur ein Vermögen der Seele behandelt« und »das blose Zusammenhängen der Glieder dieses Einen Vermögens Logik genannt wird; so behandelt die Poesie die verschiedenen Vermögen des Menschen« und unterstellt »das Zusammenhängen *der selbstständigeren Theile* der verschiedenen Vermögen« einem Ordnungsprinzip, das Hölderlin den »Rhythmus« oder das »kalkulable Gesez« nennt (FHA 16, AzA, 411). Wie auch immer die heterogenen Begriffe Poesie und Logik, Rhythmus und Kalkül im Kontext der intellektuellen Vermögen aufeinander zu beziehen sind, so ist zumindest so viel deutlich, dass ihr Zusammenhang nicht als organischer, sondern als artifizieller zu verstehen ist. Insofern aber die Attribute des Systems, des Teils und des Ganzen zu Beschreibungsparametern des Geistes aufrücken und derart das Zusammenspiel sensueller beziehungsweise kognitiver Prozesse mehr einer Apparatur künstlicher Intelligenz als einem lebendigen Zusammenhang gleicht, so heißt das umgekehrt auch, dass die Natur von der Projektion geistiger Konstruktionsprinzipien und holistischer Einheitsvorstellungen zu dispensieren ist. Die Tragödie wird von Hölderlin nicht über den Konflikt sittlicher Instanzen eingeführt; in ihr artikuliert sich vielmehr ein Widerstreit geistiger und natürlicher Organisationsprinzipien, und in diesem Sinne ist sie ein Spielraum der Möglichkeitsbedingungen von Naturerfahrung überhaupt.

Wenn Hölderlin das menschliche Empfindungssystem unter die Bedingung stellt, dass es »unter dem Einflusse des Elements sich entwikelt« (FHA 16, AzÖ, 250), so überblendet sein Argument die kantische Synthese der Apperzeption mit der platonischen Vermögensphysiologie, welche die Möglichkeit von Sinneswahrnehmungen und Empfindungen aus der Elementenlehre ableitet. So befremdlich die platonische Deutung der Empfindungsgenese als stofflicher Vorgang anmuten mag, so räumt dieses Modell der Frage nach den Rezeptionsbedingungen äußerer Sinnesdaten einen ungleich größeren

Spielraum ein, als ihm Kants Transzendentalphilosophie zugestanden hatte, und drängt sich in diesem Kontext nicht zuletzt deswegen auf, da auch für Platon der Rezeptionsprozess kein natürlicher ist, sondern sich nur mittels des technischen Instruments einer Waage plausibilisieren lässt. Um zu zeigen, dass Bewegungsvektoren wie »oben« und »unten« sowie Massekoordinaten wie »schwer« und »leicht« wider allen Anschein keine absoluten Größen sind, die sich als Strukturparameter des Kosmos anwenden ließen, sondern durch das Spiel der Elemente bedingte Empfindungen sind, strengt Platon folgendes Experiment an:

> »Wenn sich jemand an der Stelle des Alls befände, die vorzüglich der Natur des Feuers zugeteilt ist und wo auch das meiste von dem, wonach es hinstrebt, vereinigt wäre, wenn er sich auf dies, mit der Kraft für diese Aufgabe versehen, stellte und er dem Feuer Teile entnähme, sie in Waagschalen legte, abwöge, dann die Waage erhöbe und das Feuer mit Gewalt nach der ihm ungleichartigen Luft zöge, dann ist klar, daß er die geringere Menge leichter bezwingt als die größere. Werden nämlich durch einerlei Kraft zwei Dinge zugleich emporgehoben, so folgt notwendigerweise die geringere Menge eher, die größere aber minder unter dem Zuge der Gewalt nach, und die große Menge heißt schwer und nach unten strebend, die kleine leicht und nach oben strebend.«[40]

Ausgehend von der Prämisse, dass jedem Element ein »natürlicher« Ort zugewiesen werden kann, veranschaulicht dieses Experiment, dass durch Anheben des Waagebalkens das eigentlich nach oben strebende Feuer nach unten zur entgegengesetzten Luft gezogen und der Widerstand des feurigen Elements bei einer kleineren Menge leichter als bei einer größeren überwunden wird, so dass die Gegensätze »oben« und »unten«, beziehungsweise »schwer« und »leicht« im platonischen Kosmos nur relativ, das heißt als momentaner Zustand eines Elements im Verhältnis zu einem anderen bestimmbar sind. Derart können Bewegungs- wie Masseparameter, fern ihres modernen Gebrauchs als absolute Messgrößen, in der Elementenlehre beheimatet werden, weil durch deren Spiel die Sinnesempfindungen allererst entstehen. Während das von der Natur her Leichtbewegliche wie Feuer oder Luft auch bei schwachem Reiz so viele Teilchen in Bewegung setzt, dass Auge und Ohr Eindrücke empfangen können, so setzt das Schwerbewegliche wie Wasser oder Erde »von seiner Umgebung nichts in Bewegung (*akineton*), so daß, indem die einen Teilchen nichts an die anderen weitergeben, der erste Eindruck (*proton páthos*) sich nicht auf das ganze Lebewesen überträgt und das, was den Eindruck empfing, ohne Wahrnehmung blieb.«[41] Wenn Hölderlin daher schreibt, dass der »tragische Transport [...] nemlich eigentlich leer, und der ungebundenste« ist (FHA, AzÖ, 250), dann bestimmt er das kinetische Gesetz der Tragödie über diejenigen Partikel, die keine Bewegung transportieren und bestimmt sie derart als ein Pathos ohne Wahrnehmung. Die Tragödie teilt sich dem Lebewesen als das unterbrochene Übertragungsgeschehen von Eindrücken mit, die in keine klare oder distinkte Wahrnehmung übersetzt oder gebunden werden können.[42] Die Tragödie ist eine Leerfahrt der bewussten Vorstellung und in dem Leiden, das sie an der distinkten Wahrnehmung vorbei transportiert, eine Kunstform der Anästhesie.

Damit sollte man nach diesem längeren Vorlauf ausreichend präpariert sein, um endlich zu derjenigen Passage zu kommen, in der Hölderlin das Gleichgewicht als Strukturprinzip der Tragödie erläutert, den Schwerpunkt im *Ödipus* und der *Antigone* aber je anders verortet und damit beide Tragödien über ein spezifisches Balanceverhältnis bestimmt:

> »Ist nun der Rhythmus der Vorstellungen so beschaffen, daß, in exzentrischer Rapidität, die *ersten* mehr durch die *folgenden* hingerissen sind, so muß die Cäsur oder die gegenrhythmische Unterbrechung *von vorne* liegen, so daß die erste Hälfte gleichsam gegen die zweite geschützt ist, und das Gleichgewicht wird, eben weil die zweite Hälfte ursprünglich rapider ist, und schwerer zu wiegen scheint, der entgegenwirkenden Cäsur wegen, mehr sich von hinten her gegen den Anfang neigen.« (FHA 16, AzÖ, 250 f.)

Dieser Fall, in dem die erste Hälfte durch die zweite »fortgerissen« wird und deswegen durch eine Zäsur die erste Hälfte vor der zweiten, »schwerer« scheinenden, »geschützt« werden muss, ist nach Hölderlin der Fall der *Ödipus*-Tragödie. Umgekehrt verhält es sich in der *Antigone*:

> »Ist der Rhythmus der Vorstellungen so beschaffen, daß die *folgenden* mehr gedrungen sind von den *anfänglichen*, so wird die Cäsur mehr gegen das Ende liegen, weil es das Ende ist, was gegen den Anfang gleichsam geschützt werden muß, und das Gleichgewicht wird folglich sich mehr gegen das Ende neigen, weil die erste Hälfte sich länger dehnt, das Gleichgewicht folglich später vorkommt.« (FHA 16, AzÖ, 251)

Indem zwei ungleiche Hälften gegenrhythmisch so austariert werden, dass sie als »gleichwiegend erscheinen« (FHA 16, AzÖ, 250), ist die Tragödie nach dem Modell einer mechanischen Waage modelliert. Doch drängt sich mit diesem Modell die Frage auf, worin die Ungleichheit auf beiden Seiten eigentlich besteht, und es wird offensichtlich, dass es sich nicht um zwei unterschiedliche Quantitäten ein und derselben Substanz handelt. Vergleichbar dem Streit der Elemente auf Platons Waage hat man es in Hölderlins Tragödienmodell auf beiden Seiten einerseits mit der »exzentrischen Rapidität«, also mit Geschwindigkeitsveränderung, andererseits mit Masse beziehungsweise Schwere, derart aber mit einem Analogieverhältnis entgegengesetzter Kategorien zu tun, das schon oben in Archimedes' Übersetzung von Flächen in Volumina eine Rolle spielte und das in der modernen Physik als Proportionalitätsgesetz inkommensurabler

Größen wiederkehrt.[43] Wenngleich physikalische Entitäten wie Raum, Zeit und Materie eigentlich maßverschieden sind, so bilden Kepler und Newton unsichtbare Kräfte als Ursache sichtbarer Bewegungsänderungen so aufeinander ab, dass sich die wechselseitige Anziehung zweier Körper aus dem proportionalen Verhältnis ihrer Masse wie ihrer Entfernung errechnen lässt.[44] Indem es inkommensurable Größen operationalisiert, beruht das Gravitationsparadigma der modernen Physik auf einer »Maßlosigkeit«, welche Hölderlins Tragödienmodell zu exponieren sucht. Wie der poetische Begriff des Rhythmus zum logischen des Kalküls, so inkommensurabel verhält sich die »Rapidität« der Bewegung zur Schwere des Körpers, und ihre Inkommensurabilität tritt gerade dort hervor, wo sie im Gleichgewicht zweier unterschiedlicher Hälften scheinbar zum Verschwinden gebracht wird. Besteht die Funktion der Zäsur nämlich darin, »dem reißenden Wechsel der Vorstellungen, auf seinem Summum, so zu begegnen, daß alsdann nicht mehr der Wechsel der Vorstellung, sondern die Vorstellung selber erscheint« (FHA 16, AzÖ, 250), so zeigt sich in dem Moment, in dem die Waage austariert zu sein scheint, die Inkommensurabilität von Kraft und Bewegung selbst und damit ein konstitutives Ungleichgewicht derjenigen physikalischen Parameter, welche der Tragödie ihr Strukturgesetz vorschreiben. Wenngleich ihr Gleichgewicht so austariert ist, dass die eine Hälfte vor der anderen »gleichsam geschützt« ist, so ist die Tragödie aufgrund der exponierten Inkommensurabilität der eigenen Strukturparameter die prinzipiell gefährdete oder – wie Hölderlin sagt – »gefährliche Form« (FHA 16, AzA, 417).

Wenn derart das physikalische Gleichgewichtsparadigma in die Verfahrensweise des Intellekts wie in die Bauform der Tragödie implementiert wird, so kann die tragische Kinetik einer Dynamisierung ausgesetzt werden, die weder der Natur abgewonnen ist, noch umstandslos auf sie übertragen werden kann. Kraft ihrer mechanischen Bauform vermag sich in der Tragödie ein universales Umwälzungsgeschehen Bahn zu brechen, das Hölderlin in Bezug auf den *Ödipus* eine »kategorische Umkehr« (FHA 16, AzÖ, 258), in Bezug auf die *Antigone* eine »Umkehr aller Vorstellungsarten und Formen« (FHA 16, AzA, 419) nennt und das er damit als Prozess beschreibt, in dem Inkommensurabilität wie Kontingenz von Verstandesbegriffen überhaupt exponiert wird. Erst mit der Erschütterung elementarer Voraussetzungen, unter denen Natur Eingang in Denkprozesse erhält, kann eine andere Natur als die mechanische, kann Natur gesetzlos erfahrbar werden.

GÖTTER UND NATURAGENTIEN

In einem letzten Schritt soll im Folgenden versucht werden, dieses mechanische Tragödienmodell auf Hölderlins Übersetzung und Deutung der beiden Tragödien wenigstens annäherungsweise zu applizieren. Den entscheidenden Fehltritt des Ödipus sieht Hölderlin darin – und diese Lektüre hat in den Interpretationen von Sophokles' Tragödie seither Epoche gemacht –, dass er »den Orakelspruch *zu unendlich deutet*« (FHA 16, AzÖ, 251), das heißt die allgemeine Aufforderung des Orakels nach Wiederherstellung politischer Ordnung selbst mit der besonderen Frage nach dem Mörder des Lajos und derart mit seinem eigenen Schicksal verknüpft. Die »wunderbare zornige Neugier« eines Wissens, das »seine Schranke durchrissen hat«, das »Allessuchende, Allesdeutende« (FHA 16, AzÖ, 253, 257) des Ödipus ist der Grund, warum die zweite Hälfte der Tragödie »ursprünglich rapider ist, und schwerer zu wiegen scheint« und deswegen der anfängliche Interpretationsspielraum eines allgemeinen Gebots gegen die Konsequenzen einer bestimmten Auslegung »geschützt« werden muss. Im Antagonismus des Geschehens spiegelt sich »das allzukeusche, allzumechanische und factisch endigende Ineinandergreifen« (FHA 16, AzÖ, 257) zwischen dialogischen und chorischen Partien und damit die zerbrechliche Mechanik der Tragödienform. Die Dynamik, welche das tragische Räderwerk derart transportiert, ist für Hölderlin die zeitliche eines Agons der Tempi.[45] Während der Mensch zunächst »ganz im Moment«, der Gott hingegen »nichts als Zeit ist«, werden beide im Augenblick der Begegnung ihrer temporalen Bestimmung untreu; wendet sich die sukzessive Zeit zum Moment und folgt der Mensch umgekehrt ihrer »kategorischen Umkehr« (FHA 16, AzÖ, 258). Dieses Bewegungsprofil der Umkehr lässt sich im Vergleich mit anderen Bestimmungen der Tragödie am ehesten auf die aristotelische *Poetik* und zwar auf das Moment der Peripetie beziehungsweise der *metabolē* zurückführen. Die kategorische Umkehr meint aber hier nicht den Umschlag der Handlung vom Glück ins Unglück, in ihren Sog geraten mit dem Feld der Empfindungsmöglichkeiten vielmehr die Voraussetzungen theoretischer wie praktischer Vernunftbegriffe und damit die transzendentalen Bedingungen, um Affekte wie Glück oder Unglück erfahren oder überhaupt eine Handlung vollziehen zu können.[46] Insofern nämlich an »der äußersten Gränze des Leidens [...] die Bedingungen der Zeit oder des Raumes« (FHA 16, AzÖ, 258) offenbar werden, so exponiert die Tragödie die beiden notwendigen wie hinreichenden Formalbedingungen von Anschauungs- und Erkenntnisprozessen als ihrerseits durch das »Leiden«, das heißt durch die Rezeptionsmöglichkeit bedingte. Die kategorische Umkehr muss kraft ihrer Exponierung passiver Erkenntnisvoraussetzungen eine kategorische Wendung reiner Verstandesbegriffe und damit eine Umkehr der Kategorien selbst sein.[47] Der Streit um die Wahrheit (siehe FHA, AzA, 420), als den Hölderlin den *Ödipus* liest, ist daher nicht nur ein Agon dieser oder jener Wahrheitsansprüche; die Überschreitung der Wissensgrenze öffnet vielmehr das ganze Feld der »Rezeptivität unseres Gemüts« und unterzieht damit die vorgeblich invarianten Formen des Bewusstseins einem kategorischen Umwälzungsprozess.[48]

Während Hölderlin den *Ödipus* als Tragödie des Wissens beziehungsweise der Grenze des Wissbaren liest, werden die kosmologischen wie politischen Implikationen seiner Tragödientheorie erst in der Übersetzung beziehungsweise in den Anmerkungen zur *Antigone* voll entfaltet. So vergleicht er schon am Anfang seiner Erläuterungen die zeitlichen wie räumlichen Bewegungsparameter des Kunstwerks mit denjenigen eines »Taglaufs« (FHA 16, AzA, 412) und stellt damit einmal mehr klar, dass die zyklischen Bewegungsgesetze der Gestirne die Kunstform der Tragödie, nicht aber die göttlich imprägnierte Natur prädeterminieren. Der Konflikt des Dramas entzündet sich an gegensätzlichen Auffassungen des obersten Gottes: »*Mein* Zeus berichtete mirs nicht« entgegnet Antigone auf Kreons Frage, warum sie sein Bestattungsverbot des toten Bruders missachtet hat, und indem derart der Konflikt der Geschwister schon in der ersten Szene des zweiten Akts offen zu Tage tritt, wird verständlich, warum in der *Antigone* im Gegensatz zum *Ödipus* die erste Hälfte »ursprünglich rapider ist und schwerer zu wiegen scheint« als die zweite und daher hier das Ende gegen den Anfang »geschützt werden muß« (FHA 16, AzÖ, 251).[49] Dass der Seher Tiresias, dessen Reden in beiden Tragödien die für die Balance der beiden Hälften entscheidende Zäsur markieren, zugleich als »Aufseher über die Naturmacht« fungiert, wird erst in den *Anmerkungen zur Antigonä* plausibel gemacht. Kreons Schwur, dem Bruder als Feind des Gemeinwesens die Bestattung zu verweigern, entgegnet Tiresias mit der Prophezeiung: »Wiss' aber du, nicht lange Zeit mehr brütest / In eifersücht'ger Sonne du«.[50] Hölderlin ersetzt den Verweis auf die zyklische Wiederkehr des Sonnenwagens, eigentlich die mit sich selbst wetteifernden Umlaufbewegungen des Gestirns, durch das Bild eines eifersüchtigen und daher tendenziell feindseligen Solariums.[51] »Auf der Erde, unter Menschen«, so sein Kommentar dieser Stelle, »kann die Sonne, wie sie relativ physisch wird, auch wirklich relativ im Moralischen werden« (FHA 16, AzA, 414). Als kategoriale Bestimmung der Relation ist die Sonne allgemein durch eine »Wechselwirkung zwischen dem Handelnden und Leidenden«, physisch über »das mechanische Gesetz der Gleichheit der Wirkung und Gegenwirkung« und derart über ein »Gesetz der Gemeinschaft« von Bewegungen bestimmt.[52] Die Verbindung von Kants und Schellings Bestimmung relationaler Verhältnisse erlaubt Hölderlin einen Übergang von der Mitteilung mechanischer Bewegungen zur Gemeinschaft moralischer Wechselwirkungen und bietet ihm Gelegenheit, im Bild der eifersüchtigen Sonne den Streit physikalischer Kräfte in ein Prinzip sozialer Feindseligkeiten zu übersetzen. Diese Amalgamierung von Natürlichem und Sozialem verdankt sich letztlich, da dieser »die vaterländischen Vorstellungen groß ändert« (FHA 16, AzA, 418), einem umfassenden Wandel der griechischen Götter. Die Metamorphose des olympischen Göttervaters zu einem »eigentlicheren Zeus«, der in der Moderne »den ewig menschenfeindlichen Naturgang, auf seinem Wege in die andre Welt, entschiedener zur Erde zwinget« (AzA, 418), bewirkt eine Reterritorialisierung göttlicher Instanzen und blockiert damit die kosmologische Ver- oder Entortung der Erde. Weder dreht sich die Sonne um die Erde noch diese um jene; der Fokus auf die Erde löst sie vielmehr von ihrem Status, ein Planet unter anderen zu sein, so dass die Himmelsmechanik der Bewegungskräfte einer Verhaltenslehre der Himmelskörper weichen kann.

Dieser kategorialen Umdeutung der Sonne stellen die *Anmerkungen* sogleich eine Stelle gegenüber, in der Antigone ihr Schicksal mit demjenigen der Niobe vergleicht und die Hölderlin ebenfalls im naturwissenschaftlichen Kontext refiguriert:

»Ich habe gehört, der Wüste gleich sei worden
Die Lebensreiche, Phrygische,
Von Tantalos im Schoose gezogen, an Sipylos' Gipfel;
Hökricht sei worden die und wie eins Epheuketten
Anthut, in langsamen Fels
Zusammengezogen; und immerhin bei ihr,
Wie Männer sagen, bleibt der Winter;
Und waschet den Hals ihr unter
Schneehellen Thränen der Wimpern.«[53]

Dieser Verweis auf das Schicksal der Niobe, die nach der Ermordung ihrer Kinder zur vereisten Bergspitze des Sipylos versteinert wird und deren tränendes Schmelzwasser traditionell als Allegorie der Trauer firmiert, gilt Hölderlin als »der höchste Zug an der Antigonä« (FHA 16, AzA, 414). Denn ihr Vergleich mit der Göttin ist nicht bloß Hybris, sondern Ausdruck dessen, »daß sie auf dem höchsten Bewußtseyn dem Bewußtseyn ausweicht, und ehe sie wirklich der gegenwärtige Gott ergreift, mit kühnem oft sogar blasphemischem Worte diesem begegnet« (FHA 16, AzA, 414 f.) und derart »in Gottes Sinne, wie *gegen* Gott sich verhält« (FHA 16, AzA, 416). Aus dieser komplexen Bewegung einer Annäherung durch fingierte Abwendung erklären sich die Abänderungen und Umdeutungen, die Hölderlins Antigone am Niobe-Mythos vornimmt. So wird das schmelzende Schneewasser durch den bleibenden Winter ersetzt, um diesem mit der »Wüste« das Resultat einer hyperbolischen Sommerhitze entgegenstellen zu können.[54] Wie der Phaeton-Mythos wird auch die Figur der Niobe damit zur Allegorie einer aus dem Gleichgewicht geratenen Natur erhoben: »In hohem Bewußtseyn vergleicht sie sich [d.i. Antigone; L.F.] dann immer mit Gegenständen, die kein Bewußtseyn haben, aber in ihrem Schiksaal des Bewußtseyns Form annehmen. So einer ist ein wüst gewordenes Land, das in ursprünglicher üppiger Fruchtbarkeit die Wirkungen des Sonnenlichts zu sehr verstärket, und darum dürre wird.« (FHA 16, AzA, 415) Antigones Niobe-Vergleich transponiert Hölderlins Kommentar in eine Art experimentelle Versuchsanordnung, welche dem Zusammenhang zwischen Licht und Wärme und derart einer zentralen Frage der entstehenden Chemie gewidmet ist. So kann die Tötung von Niobes Kindern durch Apollon als exzessive Reaktion auf die Einwirkung der Sonne und damit als Störung des irdischen Vegetationsprozesses gelesen werden, in dem unter normalen Bedingungen Licht in Wärme umgewandelt, Wasser zersetzt, Luft entlassen wird und derart alle vier Elemente beteiligt sind.[55] Wenn Hölderlin daher fordert: »Wir müssen die Mythe nemlich überall beweisbarer darstellen« (FHA 16, AzA, 415), so sollen Niobe oder der Gewittergott Zeus, um die Attribute griechischer Götter »unserer Vorstellungsart mehr zu nähern« (FHA 16, AzA, 415), als Figuren chemischer Reaktionen beziehungsweise meteorologischer Prozesse oder tektonischer Verschiebungen transparent gemacht werden. Entstanden aus einem Sublimierungsprozess von Naturgewalten, werden die Götter derart einem Renaturierungsprogramm unterzogen. Dem Verifizierungsimperativ mythologischer Konstellationen steht eine Mythologisierung der Wissenschaft gegenüber, die es in der Natur mit lebendigen Wirkmächten beziehungsweise »Agentien« zu tun hat.[56]

Doch angesichts der Gefahr, dass die spezifischen »Agentien« wieder in universale Gesetze aufgelöst werden, wiegt Hölderlins Übersetzung schwerer als seine Erläuterung. Denn Antigones Einsatz erschöpft sich nicht in einer bloßen Umdeutung des Niobe-Mythos in dem Sinne, dass sie das Traueremblem des im Sonnenlicht schmelzenden Schnees in seine Extremamplituden totaler Vereisung oder völliger Verbrennung aufspalten würde. Indem sie vielmehr von einer Verwüstung Niobes nur »gehört« hat und sich auf ihren Winter – auch das hat keine Entsprechung in Sophokles' Text – wie auf ein Gerücht bezieht, wie es »Männer« kolportieren, richtet sich ihr »erhabener Spott« (FHA 16, AzA, 414) gegen die Mythisierung überhaupt wie gegen deren wissenschaftliche Verifizierung. Ihre Blasphemie dient und schützt sie vor einer Begegnung mit dem Göttlichen nur so, dass sie mit dem Spott über mythische Vergleichsreden noch den eigenen Vergleich der Wüste auf Distanz halten muss; »den Geist des Höchsten gesezlos« (FA 16, AzA, 416) nur erkennen kann, insofern die Natur von der Naturgesetzlichkeit und derart aus dem Räderwerk einer mechanischen Kinetik befreit ist. In der Konsequenz, dass auch Landschaften ein Fatum haben können, erkennt Hölderlin, dass die Natur im Namen der Götter auf ihre wissenschaftliche Formalisierung reagiert beziehungsweise rückwirkt, und erkennt darin das Schicksal der Modernen.[57]

Da Antigones Widerstand sich also nicht nur gegen die Staatsgewalt, sondern gegen die gesamte männlich codierte Mythen- und Vorstellungswelt richtet, kann Hölderlin in ihrer Tragödie einen Prozess am Werk sehen, der über die kategorische Umkehr des *Ödipus* hinaus zu einer radikalen »Umkehr aller Vorstellungsarten und Formen« (FHA 16, AzA, 419) führt. Kraft ihrer mechanischen Formprinzipien dynamisiert die Tragödie die aristotelische *metabolé* zu einem allumfassenden Revolutionsgeschehen, »wo die ganze Gestalt der Dinge sich ändert«; zu einem Weltbeben der Affektions- und Selbstaffektionsmöglichkeiten, in dem »jedes, als von unendlicher Umkehr ergriffen, und erschüttert, in unendlicher Form sich fühlt, in der es erschüttert ist« (FHA 16, AzA, 419). Die *revolutio* – auch für Hölderlin ursprünglich *terminus technicus* zyklischer Planetenumläufe und als gesetzlicher Bewegungsablauf für jedes politische Umwälzungsgeschehen verbindliche Matrix – bezieht sich in seinem späten Tragödienmodell nur auf die Umwälzung sinnlicher wie intellektueller Vermögen und wird derart als Deutungsschema eines universalen Naturzusammenhangs aufgegeben. Wenn der Dichter »die Welt im verringerten Maßstab darstellt« (FHA 16, AzA, 421), so impliziert diese Differenz von Welt und Darstellung, dass revolutionäre Umwälzungsprozesse aus der Natur abzuziehen sind und lediglich in den Analysebedingungen ihrer poetischen Modellierungen Geltung beanspruchen können. Die Revolution kehrt wieder dahin zurück, wo sie einst entstand – in den Intellekt oder die »Denkungsart«[58] derjenigen, die eine Welt vor- oder darstellen.

Da das Geschehen in der *Antigone* von einem »Aufruhr« (FHA 16, AzA, 419) gegenüber der Staatsgewalt seinen Ausgang nimmt, kann die neue Erkenntnisform, welche die revolutionäre Umwälzung aller sinnlichen und intellektuellen Vermögen generiert, nur eine politische sein. Hölderlin hat ihre Genese in einer letzten, vielleicht akzentuiertesten Formulierung auf die fragile Mechanik der Tragödienform zu applizieren versucht: »Die Vernunftform, die hier tragisch sich bildet, ist politisch und zwar republikanisch, weil zwischen Kreon und Antigonä, förmlichem und gegenförmlichem, das Gleichgewicht zu gleich gehalten ist. Besonders zeigt sich dies am Ende, wo Kreon von seinen Knechten fast gemißhandelt wird.« (FHA 16, AzA, 421) Nur dem Anschein nach zielt diese Überlegung auf eine ideale Balance ausgeglichener Kraft- beziehungsweise Formverhältnisse. Denn anders als Hegel, der Antigone und Kreon mit einem Gesetz der Familie beziehungsweise des Staates identifiziert und im »Gleichgewichte«[59] beider sittlichen Prinzipien ihren Untergang beschlossen sieht, ist es in Hölderlins Deutung allein der Chor, der in seiner Unparteilichkeit den Konflikt der Figuren auf einen Gegensatz von »förmlichem« und »gegenförmlichem« Prinzip zu reduzieren vermag. Indem, wie Hölderlin ergänzt, im ersten Sinne »mehr« Antigone handelt, im zweiten hingegen Kreon, neigen beide Figuren zwar tendenziell zu einem bestimmten Formprinzip, doch entscheidend ist, dass sie diesem nie ganz entsprechen. Wenn daher im Chor (und nur im Chor) die Gegensätze »gleich gegen einander abgewogen« (FHA 16, AzA, 417) werden, fällt der Waage die Ungleichheit von Figur und Formprinzip ins Gewicht. Entsprechend muss in der Behauptung, dass »zwischen Kreon und Antigonä, förmlichem und gegenförmlichem, das Gleichgewicht zu gleich gehalten ist«, dieses »zu gleich« nicht nur temporal, sondern als Komparativ- oder Exzessivprädikation gelesen werden. Die republikanische Idee der Gleichheit entsteht nicht, indem die Gewichte in einem singulären Moment in eine perfekte Balance geraten; sie entsteht vielmehr aus einem Zuviel, einem Überschuss oder Exzess des Gleichgewichts selbst. Sie entsteht nach Hölderlins Beispiel, wo Kreon von seinen Knechten fast misshandelt wird; also approximativ dort, wo der Souverän weniger als ein Knecht und der Knecht souveräner als der Souverän zu sein tendiert und derart das Gleichgewicht immer mehr oder weniger als es selbst ist. Je gleicher die Waage, desto ungleicher die Zusammensetzung desjenigen, das gewogen wird.

RHETORIK UND LOGIK DER KOMPENSATION

Michael Eggers

STIFTERS *KATZENSILBER*

Adalbert Stifters Erzählung *Katzensilber*, erschienen 1853 in der Sammlung *Bunte Steine*, handelt von drei Kindern, die mit ihrer Großmutter häufig Spaziergänge in die Natur unternehmen, von einem fremden Mädchen, dessen Herkunft ungeklärt bleibt und das gegen Ende der Erzählung auch wieder im Ungeklärten verschwindet, daneben handelt der Text aber vor allem von der Natur. Die Passage, in der die Kinder mit der Großmutter von einem plötzlich hereinbrechenden, gewaltigen Hagelsturm überrascht werden, gehört zu den bemerkenswerten Stifter'schen Schilderungen einer übermächtigen, lebensgefährlichen und zugleich erhabenen Natur, die zunächst so gar nicht zum Konzept eines »sanften Gesetzes« passen mögen, das den *Bunten Steinen* in der Vorrede programmatisch vorangestellt wird.[1] Nicht diese außergewöhnlichen Naturereignisse sind aber im vorliegenden Kontext von Interesse, sondern die Entwicklung, die sich nach dem verheerenden Hagel in der verwüsteten Natur einstellt:

> »An den verstümmelten Bäumen wuchsen zahlreiche kleine Zweige hervor, die so schön waren, und so lebhaft wuchsen, als wäre das Abschlagen der Zweige kein Unglük gewesen, sondern als hätte ein weiser Gärtner dieselben beschnitten, daß sie nur desto besser empor trieben. [...] Die Zweige sproßten, als müßten sie eine Versäumniß einbringen, sie drängten sich, und strebten empor. Endlich, da die Erde weithin grün war, da die Zweige sich verlängert hatten, kamen auch Blüthen, sie

kamen später, und waren weniger als in andern Jahren, aber sie waren da, und waren fast noch zutraulicher und lieblicher als in früheren Zeiten.[2]
[...]
Die zerschlagenen Stämme der Haseln der Birken der Eschen der Erlen suchten durch ihren steigenden Saft die verlorenen Äste zu ersezen und trieben Zweige, die schnell wuchsen, dik wurden, und Blätter hatten, deren Größe und dunkle Farbe nie vorher auf dem Nußberge gesehen worden war. Die wenigen Äste, welche von früher übrig geblieben waren, bedekten sich mit Nüssen, die in diken Knöpfen und enge geschaart an den Zweigen saßen, als müßten diese die Pflicht der verloren gegangenen Äste übernehmen, und so viel Nüsse, als sie nur immer könnten, auf die Welt bringen.«[3]

Die heilende Wirkung, als die das nach dem Sturm mit verstärkter Kraft einsetzende Wachstum der Bäume hier in der idiosynkratischen Rechtschreibung Stifters geschildert wird, fügt das Geschehen dann doch ein in dessen poetologisches Programm: Der plötzliche und zerstörerische Ausbruch der Naturgewalt erweist sich nämlich als eine der in der »Vorrede« bereits angesprochenen »Wirkungen viel höherer Gesetze«. Nimmt man diese in den Blick, so nivellieren sich die scheinbar exorbitanten Wettervorfälle zu bloßen Ausnahmen, die die Regel der »sanften« Abläufe nicht zu brechen vermögen. »Nur augenfälliger sind diese Erscheinungen, und reißen den Blick des Unkundigen und Unaufmerksamen mehr an sich, während der Geisteszug des Forschers vorzüglich auf das Ganze und Allgemeine geht, und nur in ihm allein Großartigkeit zu erkennen vermag, weil es allein das Welterhaltende ist.«[4] Wiederhergestellt, geheilt werden die Schäden von der Natur selbst, die aus eigener Kraft für einen Ausgleich sorgt, indem sie der außergewöhnlichen Gewalt des Hagelsturms mit einem entsprechend großen, selbst außergewöhnlichen Wachstum begegnet. Es ist ein gesetzmäßiger Ablauf, den Stifter nicht nur in der Natur erkennt, sondern für das Weltgeschehen insgesamt annimmt.

DAS GESETZ DER KOMPENSATION BEI JOHANN GOTTFRIED HERDER

Was Stifter schildert, ist ein Beispiel für das naturhistorische Gesetz der Kompensation, das schon sehr viel früher wissenschaftlich implementiert wird und dem in Naturkunde bewanderten Lehrer Stifter bekannt gewesen sein dürfte. Im Folgenden möchte ich auf einige wichtige Stationen der Geschichte und diskursiven Konstellation dieses Gesetzes eingehen, um zunächst zu zeigen, dass es seinen Platz im Rahmen einer sich im 18. und 19. Jahrhundert umfassend installierenden Episteme des Vergleichs hat. Es kennzeichnet den Kompensationsgedanken, dass mit ihm meist ein sehr weitreichender und basaler Anspruch verbunden ist und dass er in recht disparaten Diskursen auftaucht, so in der Ökonomie, in Naturgeschichte und Biologie, ebenso in Philosophie, Ästhetik, Anthropologie und Psychologie. Er ist damit ein Baustein in dem wissenshistorischen

Gefüge »von Begriffen wie Zirkulation, Überschuss, Gleichgewicht und Kompensation«, dessen Reichweite »im 18. Jahrhundert keineswegs auf ein definites und abgegrenztes Wissensfeld beschränkt bleibt«.[5] Seine Suggestivkraft behält der Kompensationsbegriff auch im 19. Jahrhundert noch – wo er zu einem Baustein des normalistischen Kontrollregimes wird –, und in der deutschen Philosophie des 20., in dem man ihn für die Verknüpfung der Wissenschaftskulturen in Anspruch nimmt. Diese historisch und thematisch auffallend weite Verbreitung des Begriffs ist im Folgenden näher zu erläutern, um schließlich die Frage zu stellen, was seine Anziehungskraft ausmacht und mit welcher Rhetorik und Logik er operiert.

In die Naturgeschichte eingeführt wird das Kompensationsprinzip schon von Aristoteles. Dass manche Tiere im Oberkiefer keine Vorderzähne haben, erklärt er – in *Über die Teile der Lebewesen/De partibus animalium* – damit, dass die Natur das hierfür zur Verfügung stehende Material teilweise in die Hörner gegeben hat; es besteht also, mit Bezug auf die Wehrhaftigkeit der Tiere, eine funktionale Korrelation und ein Kompensationsverhältnis zwischen Zähnen und Hörnern.[6] Solcherlei Kompensationen sind zwischen den Arten (»Hörner und Geweihe kompensieren die Hauer und umgekehrt«) genauso gegeben wie innerhalb einer Art (wenn etwa »bei den Delphinen die Kiemen durch die Lungen ersetzt werden«).[7] Ist noch das naturgeschichtliche Denken des 18. Jahrhunderts dieser Annahme verpflichtet, so stellt es sie aber nun auf das Fundament einer christlichen Religiosität, was für die Idee der Kompensation bedeutet, dass sie zu einem Teil der von Gott geschaffenen Natur und damit eines vorgegebenen Plans wird. Im Rahmen der spinozistischen Überzeugung Johann Gottfried Herders etwa lässt sich die Interpretation der Natur mit dem Gottesglauben ohne weiteres vereinbaren. Die Instanz Gott vollständig in die Natur zu verlagern, in alle Materie und jeden Organismus, und zugleich als ein System sich ausgleichender Kräfte zu imaginieren, erlaubt es ihm, eine umfassend wirkende Kompensation zu veranschlagen.[8] Bleibt die Erklärung für die sich ausgleichenden Körperfunktionen bei Aristoteles noch diffus, so wird diese Lücke nun geschlossen, denn Herders schillernder Begriff der Kraft garantiert den sich in den Kompensationsvorgängen abspielenden Übersetzungsvorgang:

> »[...] die Gesetze der Natur wurden nie in Unordnung gesetzt: jede Kraft wirkte ihrer Natur getreu, selbst da eine andre sie störte: denn auch diese Störung selbst konnte nichts anders bewirken, als daß die gestörte Kraft auf anderm Wege sich zu kompensieren suchte. [...] Nichts stehet in der Natur allein: nichts ist ohne Ursache, nichts ohne Wirkung; und da alles in Verbindung und alles Mögliche da ist: so ist auch nichts in der Natur ohne Organisation, jede Kraft stehet in Verbindung mit andern ihr dienenden oder über sie herrschenden Kräften.«[9]

Konsequent legt Herder auch an seine Theorie des organischen Lebens das erkenntnistheoretische Deutungsmuster der Analogie, wenn er, bezogen aufs Ganze der Natur, die göttliche Schöpfung und die natürliche Entstehung neuen Lebens, sowie bezogen aufs Individuum und dessen Reizungen, sowohl Empfindungen als auch Gedanken, abgestuft nach dem Maß der Perfektion, auf diese gleiche Kraft zurückführt: Alle Vorgänge, die in der Natur von Vitalität zeugen, werden von dem Grundprinzip der göttlichen Kraft bewirkt und sind deshalb analog. Dieses »Principium des Lebens«, das er, einer zeitgenössisch verbreiteten Terminologie entsprechend, auch »*ätherische[n]* oder *elektrischen[n] Strom*« nennt, entfache, so Herder, »alle die wunderbaren Triebe und Seelenkräfte [...], über deren Wirkung wir bei Tieren und Menschen staunen«.[10]

Das System der Kräfte, das von Gott ausgeht, erstreckt sich in die gesamte Natur und bildet dort überall unterschiedliche Konstellationen. Dieser Konnex bildet insgesamt ein System, dessen Einzelwirkungen jeweils Über- und Ungleichgewichte bilden, sich insgesamt aber regelmäßig ausgleichen – so Herders an Johann Heinrich Lamberts Systemtheorie anschließende, metaphysische Theorie der Natur und Schöpfung.[11] Es handelt sich in diesem Zusammenhang allerdings nicht um den mit einer klassifikatorischen Methode arbeitenden Begriff des Systems der Natur, wie er etwa von Carl von Linné verfolgt wird (*Systema Naturae*), sondern um ein theoretisches Konstrukt, das in seiner naturhistorischen Relevanz noch vom traditionellen Gedanken einer unendlichen Kette der Wesen und einer »Natur ohne Sprünge« gestützt wird. Die metaphysische Grundkonzeption des Begriffs der Kraft sichert in Herders spinozistischer Weltanschauung zudem die Analogie zwischen Physischem und Metaphysischem: Das System des Ganzen ist deshalb auch als Organisationszusammenhang beschreibbar, der integriert wird durch die, zugleich materielle wie immaterielle, göttliche Kraft, und in dem zahllose, einzelne Organe zusammenwirken, »denn auch das Organ selbst ist ein System von Kräften, die in inniger Verbindung Einer herrschenden dienen«.[12] Herder skizziert also eine Theorie von in unterschiedlichem Maß wirksamen körperlichen wie unkörperlichen Kräften, die sich, je nach hierarchischer Position des jeweiligen Wesens auf der Skala von Pflanze bis Mensch und je nach der gattungsspezifisch virulentesten, zu erfüllenden Funktion als vegetatives Wachstum, Muskelreiz, Nervenreiz oder Empfindung, sowie schließlich in der »edelsten« Form des Gedankens äußern. Beherrscht wird die Wirksamkeit dieser Kräfte immer von dem – wiederum in der Annahme einer Perfektion der Schöpfung metaphysisch gegründeten – Prinzip der Kompensation, das gewährleistet, dass die Natur ein geschlossenes Ganzes und die Kräfte insgesamt im Gleichgewicht bleiben.[13] Es ist eine prädarwinistische Anschauung, die ihre Gültigkeit sowohl in der evolutionären Langzeitperspektive behauptet als auch, mittels ihrer so grundsätzlich angesetzten Begrifflichkeit der Kraft, für einen kurzfristigen Kompensationsvorgang wie den, von dem Stifter in *Katzensilber* erzählt (siehe oben).

Dass seine weit reichenden Thesen, die physiologische Belange in eine Weltanschauung einbetten, und seine sich im Stil der herkömmlichen Naturgeschichte meist auf Buchwissen berufende Argumentation angesichts der zu diesem Zeitpunkt immer mehr auf empirische und experimentelle Methoden umstellenden Naturforschung mit belastbaren Daten hätten belegt werden müssen, ist Herder wohl durchaus bewusst, wenn er die Hoffnung auf noch ausstehende, von anderen durchzuführende Arbeiten äußert, die seine analogisierende Naturgeschichte der Schöpfung untermauern könnten: »Wer würde sich nicht freuen, wenn ein philosophischer Zergliederer es übernähme eine vergleichende Physiologie mehrerer, insonderheit dem Menschen naher Tiere, nach diesen durch Erfahrung unterschiednen und festgestellten Kräften im Verhältnis der ganzen Organisation des Geschöpfs zu geben.«[14] Man hat darauf hingewiesen, dass Herders Ausführungen in den *Ideen zur Philosophie der Geschichte der Menschheit* das Programm dessen darstellen, was Carl Friedrich Kielmeyer wenig später in seinen Vorlesungen und seinen wenigen veröffentlichten Schriften tatsächlich ausführt, dass das Werk Kielmeyers auf diese Herder'sche Hoffnung antwortet und von dessen Theorien ein direkter Weg in die Lebenswissenschaften und in die noch junge Disziplin der vergleichenden Anatomie führt.[15]

CARL FRIEDRICH KIELMEYERS VERGLEICHSVERFAHREN

Folgen schon Herders naturhistorische beziehungsweise -philosophische Konzepte dem methodischen Muster des Vergleichs, so stellen die Schriften Kielmeyers die vielleicht elaborierteste Anwendung des Vergleichsverfahrens dar. Er betrachtet den Vergleich nicht nur als einen elementaren Vorgang empirischer Forschungstätigkeit, sondern unterstellt mit Kant die »Möglichkeit der Anwendung der Logik auf die Natur« als »ein Prinzip der Vorstellung der Natur, als eines Systems für unsere Urteilskraft, in welchem das Mannigfaltige, in Gattungen und Arten eingeteilt, es möglich macht, alle vorkommenden Naturformen durch Vergleichung auf Begriffe (von mehrerer oder minderer Allgemeinheit) zu bringen«.[16] Mit anderen Worten: In der Betrachtung der Natur ist dieser eine logische Ordnung als ein *künstliches* System zu unterstellen, so lange das *natürliche*, das heißt in ihr tatsächlich angelegte, nicht zweifelsfrei festgestellt werden kann; diese vergleichend aufzufindende Ordnung bleibt also, in der Kantischen Terminologie, eine regulative.[17] Von dieser Voraussetzung ausgehend, sieht Kielmeyer die Möglichkeit eines umfassenden, um nicht zu sagen: erschöpfenden und systematischen Vergleichens der »organischen Körper mit den unorganischen« im Hinblick auf je wechselnde Kriterien (Abb. 1).[18]

Das aus der Universalisierung des Vergleichens resultierende Bild der Natur ist ein sowohl systematisches als auch, in der Fortführung der Kräftetheorie Herders, dynamisches. Dabei zeigt Kielmeyer, anders als Herder, für eine religiöse Interpretation der Natur wenig Interesse. In seiner mit Abstand wirkungsvollsten Schrift, der 1793 erschienenen Rede *Ueber die Verhältnisse der organischen Kräfte unter einander*, unterscheidet er fünf Kräfte: Empfindungsvermögen, Reizbarkeit, Reproduktionskraft, Sekretionskraft und Propulsionskraft (letztere zur Bewegung von Flüssigkeiten innerhalb des Organismus).

XIV

Kap. XII. Vergleichung der organischen und unorganischen Körper in Absicht auf die Veränderungen, welche sie während des Lebens erfahren S. 222—304

Kap. XIII. Vergleichung der organischen Körper in Absicht auf die sich wiederholenden Veränderungen . . . . - 305—362

Kap. XIV. Vergleichung der organischen Körper in Absicht auf die unregelmässigen Veränderungen - 363—384

Kap. XV. Vergleichung der organischen und unorganischen Körper in Absicht auf die Kräfte, welche Beiden zukommen . . . - 385—417

Zweite Abtheilung.

Vergleichung der organischen Körper unter einander in Beziehung auf die unorganischen und in Absicht auf solche Erscheinungen, welche der Sammlung der organischen und unorganischen Körper zukommen.

Kap. XVI. Vergleichung der organischen und unorganischen Körper in Absicht auf die Anzahl S. 422—429

Kap. XVII. Vergleichung der organischen und unorganischen Körper in Absicht auf ihre Vertheilung auf der Erde: in Absicht auf ihre Geographie - 430—437

Kap. XVIII. Vergleichung der organischen und unorganischen Körper in Absicht auf ihre verhältnissweise Bildung in beiden Reichen . - 438—444

Kap. XIX. Vergleichung der organischen Körper in Absicht auf Veränderungen, welche das organische Reich im Gegensatze des unorganischen erlitten hat . . . . - 445—463

Kap. XX. Vergleichung des organischen und unorganischen Reichs in Absicht auf die in bestimmten Perioden sich wiederholenden Veränderungen oder in Absicht auf das periodische Leben des organischen Reichs . . . - 464—480

Dritte Abtheilung.

Vergleichung der organischen Körper der Thiere und Pflanzen blos unter einander; und Heraushebung der Verschiedenheiten unter ihnen.

Kap. XXI. Vergleichung der organischen Körper in Absicht auf das Materiale ihres Organismus S. 483—542

1 Inhaltsverzeichnis in G. W. Münter [C. F. v. Kielmeyer]: *Allgemeine Zoologie oder Physik der organischen Körper*

Wie bei Herder, so stehen diese Kräfte auch für Kielmeyer in einem wechselseitig sich kompensierenden Verhältnis zueinander, entlang einer Hierarchie der Wesen, von deren »primitivstem« bis zum Menschen mit seinen geistigen, von der Sensibilität bewirkten Fähigkeiten. Ist bei einem Wesen im Vergleich zu einem anderen ein Anstieg einer der Kräfte, etwa der Reizbarkeit, zu beobachten, so sinkt demgegenüber, den in diesem Zusammenhang aufgestellten Naturgesetzen zufolge, die in dieser Skala der »Verfeinerung« benachbarte Kraft, also die Reproduktionskraft. Gemessen wird die jeweilige

Stärke der Kräfte dabei an Faktoren wie Häufigkeit und Permanenz ihrer Äußerungen, Schnelligkeit oder auch Mannigfaltigkeit. Mit seiner im globaleren Kontext des Vitalismus stehenden Kräftetheorie baut Kielmeyer den epigenetischen, die Existenz eines Bildungstriebs in der Natur postulierenden Ansatz Johann Friedrich Blumenbachs aus zu einer vergleichenden Naturwissenschaft, mit der sich die Wesen je nach vorherrschender Kraft nicht nur klassifizieren, sondern in ihrem wechselseitigen Bezug als Teile eines Ganzen verstehen lassen. Sein Unternehmen gerät jedoch wissenschaftsgeschichtlich rasch in den Hintergrund, was nicht nur darauf zurückzuführen ist, dass er wenig bis gar nichts publiziert und sich weitgehend auf praktische Forschungstätigkeiten und Lehre (in Stuttgart und Tübingen) beschränkt, sondern wohl auch auf die ungleich größere Sichtbarkeit und Prominenz derer, die ähnliche, zuweilen gleichlautende Positionen vertreten oder sogar Kielmeyers Thesen übernehmen. So lesen sich die Arbeiten Goethes zur vergleichenden Anatomie etwa als nur wenig abweichende Varianten der Theorien Herders, mit dem er während der Entstehung von dessen *Ideen* ausführlich zusammengearbeitet hat.[19]

GEORGES CUVIERS KORRELATIONSGESETZ

Wenig beachtet bleibt bis heute auch Kielmeyers Einfluss auf den zeitgenössisch wohl populärsten Vertreter der vergleichenden Anatomie, Georges Cuvier. Beginnend mit einer kurzen gemeinsamen Zeit in der Stuttgarter Hohen Karlsschule in den 1780er Jahren halten beide brieflichen Kontakt, und Cuvier, dem Kielmeyer im Studium um einige Jahre voraus ist, lässt sich in den Jahren danach die Mitschriften von dessen Vorlesungen schicken, die Weitergabe der theoretischen Konzepte erfolgt also auf direktem Weg.[20] Das von Herder und Kielmeyer aufgestellte Prinzip eines Ausgleichs der organischen Kräfte bezieht Cuvier auf den Körperbau und die Wechselwirkungen, die zwischen den Organen und ihren Funktionen zu beobachten sind. Das Kompensationsprinzip wird so zu einem Korrelationsgesetz, demzufolge jeder Körperteil mit dem ganzen Organismus in einer funktionalen Verbindung steht, die Aufschluss über den Gesamtmechanismus gibt. »Wirklich«, so Cuvier, »giebt es fast keine Verrichtung, die nicht der Hülfe und des Zusammenwirkens fast aller übrigen bedürftig wäre, und nicht mehr oder weniger den Grad ihrer Energie empfände.«[21] Seine Theorie sieht vor, dass sich aus der Ansicht eines einzigen, signifikanten Körperteils auf die gesamte Anatomie eines Wesens und damit auch auf dessen jeweilige Stelle im System der Gattungen und Arten schließen lässt: »Iedes Leben-Wesen bildet ein Ganzes, ein einziges und geschlossenes System, in welchem alle Theile gegenseitig einander entsprechen und zu derselben endlichen Aktion durch wechselseitige Gegenwirkung beitragen. Keiner dieser Theile kann sich verändern, ohne dass die übrigen auch verändert werden, und folglich bezeichnet und giebt jeder Theil einzeln genommen alle übrigen.«[22] Den Wechselbeziehungen zu Grunde legt Cuvier allerdings nicht mehr, wie seine Vorgänger, eine oder mehrere Lebenskräfte, er richtet sein System stattdessen streng an den überlebenswichtigen *Funktionen* der Organe aus.[23] Auch wenn Cuvier an der Annahme einer Konstanz der Arten festhält, weist diese methodische Akzentuierung der existenziellen Bedeutung einzelner Körperteile bereits voraus auf Darwins Evolutionstheorie, sie stellt darüber hinaus einen weiteren epistemologischen Abstraktionsschritt dar, mit dem sich die korrelativen und kompensatorischen Verhältnisse zwischen den organischen Funktionen aus der äußerlichen Sichtbarkeit zurückziehen und nur im Zusammenspiel des Gesamtkomplexes erkennbar bleiben.[24]

»CASES OF COMPENSATION« BEI CHARLES DARWIN

In der Tat hält auch Charles Darwin am Prinzip der Kompensation fest, obgleich er es dem auch schon von Cuvier entwickelten Kriterium der Lebenswichtigkeit unterordnet. Dabei beruft sich Darwin zunächst explizit auf Goethe und auf Cuviers fachlichen Gegenspieler Geoffroy St. Hilaire, um dann aber seine eigene Auslegung des Prinzips zu erläutern. Darwin muss dafür nicht, wie noch Goethe, einen natürlichen Kräftehaushalt postulieren, der durch ausgleichende Verteilung auf die Lebewesen und deren Organe auch bei der großen Vielfalt der Arten immer gewahrt bleibe.[25] Er interpretiert kompensatorisches Wachstum – »compensation of growth« – vielmehr als nur einen Effekt natürlicher Entwicklungsprozesse, die in letzter Konsequenz unter dem ökonomischen Gebot der Sparsamkeit stehen: Sind tatsächlich Ausgleichsprozesse zu beobachten, bei denen durch die stärkere Ausbildung einzelner Organe im Zuge der natürlichen Selektion andere sich zurückbilden, so geschieht das nicht, um ein vorausgesetztes energetisches Gleichgewicht herzustellen, sondern weil die im Vererbungsprozess langfristig verkümmernden Organe schlicht nicht mehr gebraucht werden.

> »I suspect, also, that some of the cases of compensation which have been advanced, and likewise some other facts, may be merged under a more general principle, namely, that natural selection is continually trying to economise in every part of the organisation. [...] Thus, as I believe, natural selection will always succeed in the long run in reducing and saving every part of the organisation, as soon as it is rendered superfluous, without by any means causing some other part to be largely developed in a corresponding degree. And, conversely, that natural selection may perfectly well succeed in largely developing any organ, without requiring as a necessary compensation the reduction of some adjoining part.«[26]

Darwin beschränkt seine Argumentation allerdings nicht aufs Organische, sondern leistet der anthropologischen Sichtweise Hilfestellung, nach der der Mensch ein Mängelwesen ist, das seine moralischen Fähigkeiten des Zusammenlebens aufgrund seiner unzureichenden instinkthaften Verankerung in der Natur entwickelt habe. Im Zusammenspiel mit dem evolutionstheoretischen Mechanismus der natürlichen Selektion kompensiert der Mensch demnach seine körperlichen Nachteile durch intellektuelle Fähigkeiten, die ihm etwa die Entwicklung von Werkzeugen und den sozialen Zusammenhalt ermöglichen und so das Überleben auch unter widrigen natürlichen Bedingungen sichern.[27] Dieser auf die Menschen beschränkte Vorgang basiert allerdings nicht mehr auf einem organologischen Ausgleich, wie ihn Darwin noch für die evolutionären Wachstumsprozesse annimmt – »Compensation of growth; but of this law I have found no good instances in the case of man« –, vielmehr regiert hier die natürliche Auslese, die dem intellektuell überlegenen Wesen die Existenz sichert.[28] Auch dies gilt aber nur für die Anfänge sozialer Gruppenbildung, während der die Einhaltung moralischer und ethischer Standards eines Stammes einen Vorteil gegenüber benachbarten Stämmen bedeutet haben mag: »There can be no doubt that a tribe including many members who, from possessing in a high degree the spirit of patriotism, fidelity, obedience, courage, and sympathy, were always ready to give aid to each other and to sacrifice themselves for the common good, would be victorious over most other tribes; and this would be natural selection.«[29] In Phasen der Menschheitsgeschichte, die Darwin als höhere kulturelle und zivilisatorische Entwicklungsstufen gelten, greifen dann selbst die evolutionären Auswahlprozesse nicht mehr, sie werden aufgehoben durch ethische Errungenschaften, die sie überflüssig machen: »With civilised nations, as far as an advanced standard of morality, and an increased number of fairly well-endowed men are concerned, natural selection apparently effects but little; though the fundamental social instincts were originally thus gained.«[30] Die Verteilungsprozesse des Wachsens und Perfektionierens, die Darwin ansetzt, werden reguliert durch das Überleben der Spezies. Überflüssige Organe und Funktionen verkümmern und können vollständig verschwinden, ohne ausgleichende Entwicklung an anderer Stelle. Hat sich die am höchsten entwickelte Art, der Mensch, ihr Überleben gesichert, so versiegt Kompensation gänzlich, als Regulationsprinzip wird sie im Konkurrenzkampf der Wesen nicht mehr gebraucht.

Darwin wird in solchen Passagen zu einem historischen Anthropologen, dessen Thesen sich lesen wie eine direkte Fortführung der Theorien Herders, ist diesem doch die Sprachkompetenz des Menschen ein Ausgleich für die konzentriertere Ausstattung der Tiere. Diese perfektionieren jeweils wenige einzelne Fähigkeiten, in denen sie den Menschen übertreffen, der ihnen wiederum in der Vielfalt und Freiheit seiner Möglichkeiten weit überlegen ist. Herders »allgemeine[...] tierische[...] Ökonomie«, an die die *»ganze Einrichtung aller menschlichen Kräfte; die ganze Haushaltung seiner sinnlichen und erkennenden, seiner erkennenden und wollenden Natur«* anschließt, weiß noch nichts von einem »struggle for existence« – die kompensatorische Relation der natürlichen, tierischen Instinkte zu den intellektuellen Freiheiten des Menschen ist aber ganz analog zu dem entsprechenden Verhältnis in Darwins Evolutionstheorie.[31] Der signifikante, Epoche machende Unterschied besteht darin, dass Herders optimistisches Weltbild harmonisierende Ausgleichsprozesse annimmt und zu diesen, ausgehend von welchem

Ungleichgewicht auch immer, stets wieder zurückfindet, während die Evolutionstheorie diese beruhigende Grundlage verabschiedet und das Leben einem unaufhörlichen Kampf ums Dasein überantwortet. Aufgegeben werden kann mit Darwin auch die Vorstellung einer Konstanz der Arten von Anbeginn der Schöpfung –Kompensationsvorgänge sind deshalb nicht mehr als Korrekturen zu verstehen, die das Gleichgewicht im System der Wesen wiederherstellen, sondern sie dienen ausschließlich der Entwicklung der arteigenen Fähigkeiten im Konkurrenzkampf. Auch Darwins Theorie der Evolution ist noch der Methode des Vergleichs, nicht mehr aber dem Ausgleich als Prinzip verpflichtet.

RALPH WALDO EMERSON UND CESARE LOMBROSO ÜBER KOMPENSATION

Die hohe Attraktivität des Kompensationsbegriffs im 19. Jahrhundert wird ausgemacht von dessen großer Reichweite und rhetorischer Überzeugungskraft, die in Naturgeschichte und -philosophie genauso wirkt, wie in den sich etablierenden Naturwissenschaften. Dort profitiert die Begrifflichkeit davon, noch nicht konsequent auf experimentell durchgeführte Nachweise verpflichtet zu werden. Zwei weitere, flankierende Beispiele seien hierfür abschließend kurz angesprochen. Steht schon Herder für ein religiös gestütztes Weltbild, das mit Hilfe von Theoremen wie der analogisch strukturierten Mikro-Makrokosmos-Idee und einer kompensatorischen Regulierung der Kräfte einen ganz grundlegenden Explikationsanspruch erhebt, so findet sich bei Ralph Waldo Emerson eine korrespondierende Position. Ähnlich dem Herder'schen Spinozismus, verlegt Emerson Transzendenz ins Diesseits, wenn er einen Ausgleich für das Leid der Benachteiligten schon auf Erden in Aussicht stellt: Sein Essay *Compensation* (1841) ist ein Weckruf, gerichtet an diejenigen, die von der Amtskirche auf ein Heil im Jenseits vertröstet werden, sowie der Versuch, eine Bewusstseinsänderung zu bewirken. Ausgleich für die irdischen Übel auf lange Sicht zu erkennen und die Überzeugung von gerechter Strafe – einer *Nemesis Divina* – auf der einen, verdienter Belohnung auf der anderen Seite zu gewinnen, gelingt nur denen, die das Bewusstsein einer im Essay postulierten, sich auch auf die menschliche Seele erstreckenden, universellen Kompensation der Natur erreichen.[32] »In the nature of the soul is the compensation for the inequalities of condition.«[33] Auch Emerson redet einem grundlegenden Optimismus das Wort, der aber die Idee der Kompensation braucht, um die offensichtlichen Schieflagen der menschlichen Existenz und Geschichte immerhin in der Theorie korrigieren zu können. Die naturhistorische These eines anatomischen Ausgleichs im Wachstum der Körperteile ist ihm nur ein Argument in seinem homiletischen Höhenflug, die »doctrine of compensation« ist Emerson darüber hinaus eine existenzielle Herzens- und Glaubensangelegenheit.[34] Dass er selbst das Prinzip als Doktrin bezeichnet, legt offen, dass es sich um eine thetische Setzung handelt, die auf eine wissenschaftliche Nachweisbarkeit gar keinen Anspruch erhebt, sondern ihre Gültigkeit in der rhetorischen Überzeugungskraft des Essaytextes selbst bezeugt sieht.

Dass der Begriff der Kompensation aber auch nach der Jahrhundertmitte in den empirisch und induktiv vorgehenden Wissenschaften eine Rolle spielt, zeigt das Beispiel Cesare Lombrosos, mit dem bekanntlich der Begriff des Genies in seine historische Sackgasse gerät, aus der er nicht mehr herausfinden wird. Schon im Titel seines 1864, fünf Jahre nach Darwins *Origin of Species* erschienenen *Genio e follia* sind Genialität und Wahnsinn programmatisch gekoppelt. Diese Koppelung beruht auf dem Bindeglied der Kompensation: Die exorbitant lange, biografische Liste der außergewöhnlich talentierten und leistungsfähigen Personen, die Lombroso in ermüdender Ausführlichkeit im Verlauf seines Buches erstellt, ist ein einziger, Evidenz heischender Beleg für die These, dass Genialität mit Degeneration einhergeht, artistische Höchstbegabung oder größte Intelligenz nur möglich ist um den Preis geistiger, auch körperlicher Krankheit, »daß das Genie in der übermäßigen Entwicklung einer Geistesfähigkeit auf Kosten der anderen besteht«, dass also genial abweichende Menschen, dieser von Lombroso zu einem anthropologischen Gesetz erhobenen Regel gemäß, in Alkoholismus, Psychose und Wahnsinn enden müssen.[35] »Auf Grund dieser Thatsachen wird man die Folgerung nicht für zu dreist halten, dass der Genius für den Ausfall gewisser psychischer Funktionen zu dulden hat, im Bau desjenigen Organes, das seinen Ruhm begründet, auch ungesunden Verhältnissen unterworfen ist.«[36] Die diskursive Nähe, die der Geniebegriff im Werk des physiognomisch und pathognomisch argumentierenden Kriminologen Lombroso mit dem Typus des Verbrechers eingeht, zeugt zugleich unübersehbar vom ideologischen Potenzial der Kompensationsthese.[37] Die mit dieser einhergehende Annahme eines sich von selbst immer wieder einstellenden Mittelmaßes, auf das ausgleichende körperliche, mentale und kulturelle Prozesse ausgerichtet sind, muss eine Normalität konstruieren, die als Richtschnur dient und die Lombroso, anders als noch Adolphe Quetelet, noch nicht einmal statistisch herleitet.[38] Diese Mitte aber ist nicht beleg- oder beweisbar, sie ist die zentrale Leerstelle, die der jeweilige Diskurs, den eigenen Interessen folgend, füllen kann. Emerson gelingt das mit stilistisch brillantem Pathos; Lombrosos Anhäufung von Beispielen genialer, aufgrund ihrer besonderen Fähigkeiten aber in anderen Bereichen verkümmerter beziehungsweise gescheiterter Persönlichkeiten diskreditiert sich dagegen schon im Ansatz selbst.

KOMPENSATIONSLOGIK BEI JOACHIM RITTER UND ODO MARQUARD

Der Vergleich wird im 19. Jahrhundert zu einem der Kriterien moderner Wissenschaftlichkeit; Wissen, das vergleichend gewonnen wird, kann mit einigen Erfolgsaussichten den Anspruch erheben, als wissenschaftlich zu gelten.[39] Wie solches Wissen sich dann aber ordnen oder systematisieren lässt, welche Beziehungen zwischen den gewonnenen Daten herrschen, ist damit noch nicht ausgemacht, und hier kommt ein Begriff wie »Kompensation« ins Spiel. Mit ihm erheben frühe naturwissenschaftliche Ansätze, ausgehend von ihrer noch naturgeschichtlichen Prägung, anthropologische Erklärungsansprüche; das theoretische und rhetorische Bindeglied der Kompensation ist geeignet, Plausibilität zu schaffen. Deutlich wird auch – und das gilt für alle vorgestellten Ansätze –, dass Thesen der Kompensation von einer Mittelnorm ausgehen, die sie ex- oder implizit voraussetzen müssen; sie unterstützen damit das in der zweiten Hälfte des 19. Jahrhunderts machtvoll um sich greifende, diskursive Regime des Normalismus.[40] Der Erfolg Darwins mündet in die historische Phase, in der in Deutschland die so genannten Geisteswissenschaften abgrenzend sich zu konstituieren bemühen – Wilhelm Diltheys *Einleitung in die Geisteswissenschaften* erscheint 1883 –, in der also im Wissenschaftssystem eine Gegensätzlichkeit wahrgenommen wird, die das 20. Jahrhundert bestimmen wird. Von dieser in der zweiten Jahrhunderthälfte verschärft sich darstellenden Situation ausgehend, erheben Joachim Ritter und Odo Marquard den Begriff zu einer eigenständigen philosophischen Theorie und lösen damit eine wissenschaftstheoretische Debatte aus; namentlich Marquard, wie Ritter auch einer der Herausgeber des *Historischen Wörterbuchs der Philosophie*, schreibt im selben Zug auch die Geschichte des Konzepts.[41] Er tut dies allerdings von einer dezidiert geisteswissenschaftlichen Position aus: Marquard versteht die modernen Geisteswissenschaften selbst als eine dringend notwendige Kompensation der seit der Aufklärung vorherrschenden technisch-naturwissenschaftlichen Ideologeme, in deren Zeichen sich die Gesellschaft einem praktisch orientierten, zielgerichteten, historischen Fortschrittsglauben verschrieben hat. »Das notwendige und fruchtbare Defizit der exakten Wissenschaften – ihre Geschichtslosigkeit – erzwingt spezifisch modern seine Kompensation durch ein Organ für die Geschichten: eben die Geisteswissenschaften.«[42] In die Lücke, die nach dem Geltungsverlust der Leibniz'schen Theodizee geblieben ist, stoße die philosophische Anthropologie, die dem »Mängelwesen Mensch« einen »Sinn für Pluralität und Individualität«, für »die Ausbildung des historischen« und »des ästhetischen Sinns« anbiete.[43]

Das aus den Positionen Marquards und Ritters sich ergebende Bild der Wissenschaften ist das eines voneinander getrennter Gebiete, die im Sinne einer Aufgabenteilung aufeinander angewiesen sind, sich gleichwohl aber kategorisch unterscheiden. Die These einer Kompensation der mathematisch-logischen und empirischen durch die historischen und ästhetischen Wissenschaften setzt diese Trennung voraus, denn in der hier vorgeschlagenen Logik entstehen die Geisteswissenschaften als Folge der Notwendigkeit eines Ausgleichs, nachdem die exakten Wissenschaften die Mängelverfassung des modernen Menschen eigenständig bewirkt haben.[44] »So kann man sagen, daß die Gesellschaft selbst die Geisteswissenschaft als das Organ hervorbringt, das ihre Abstraktheit und Geschichtslosigkeit ausgleichen kann.«[45] Es ginge zu weit, hierin ein darwinistisches Denken erkennen zu wollen, stattdessen sind aber Zweifel an einer solchen anthropologischen und wissenschaftstheoretischen Kompensationslogik überhaupt anzumelden. Diese muss ohne die selbstregulative Dynamik einer postulierten Ausgeglichenheit in der Mitte scheitern – einer Mitte, die aber diffus bleibt, bei Marquard ebenso wie bei Stifter und allen anderen genannten Autoren. Sie wird mit einer gewissen, nirgends nachgewiesenen oder begründeten Selbstverständlichkeit vorausgesetzt. Diese Schwäche der Kompensationsthese ist das Einfallstor für weitreichende Schlüsse und für die Neigung so mancher mit dem Begriff arbeitender Theorie, sich auf die Kraft der Rhetorik zu verlassen – damit zugleich aber eine nicht zu unterschätzende diskursive Macht auszuüben. Als eine kritische Schwelle ist der Grenzbereich zwischen Biologie und Anthropologie anzusehen: Während die evolutionstheoretische Biologie innerhalb der von ihr in den Blick genommenen großen Zeiträume Ausgleichsvorgänge bei der Entwicklung der Organismen plausibel belegen kann, begibt sich das Kompensationsargument auf ein unsicheres, ideologieanfälliges Gebiet, sobald es den Bereich der menschlichen, individuellen oder kollektiven Lebensführung berührt. Dies bestätigt sich, wenn der Begriff bei Darwin, dessen Theorie genau in diesem Grenzbereich angesiedelt ist, seine Geltungskraft nur noch sehr eingeschränkt entfalten kann, während ein Autor wie Marquard es nicht unterlässt, ihn nach Belieben auszudehnen.

ÄQUILIBRIUM IM (P)FLUG

PFLUG UND BALLON ALS REFLEXIONSFIGUREN HORIZONTALER UND VERTIKALER ARBEIT AM AUSGLEICH

Julia Kerscher

LITERARISCHE ARBEIT AM AUSGLEICH

Auf der Suche nach Figuren beziehungsweise Bildern für Konzepte des Ausgleichens und Aufwiegens, Balancierens und Kompensierens rücken etwa Bogen, Pendel und Waage in den Blick. Ihr symbolischer Gehalt erwächst direkt aus ihrer Eigenschaft, Apparaturen zu sein, konkrete, mehr oder weniger technische Instrumente zur Herstellung von Ausgleichszuständen. An zwei Beispielen aus der deutschsprachigen Literatur des 19. Jahrhunderts soll nun gezeigt werden, dass auch der Pflug und der Ballon als Modelle zur Inszenierung und Reflexion von – durchaus prekären – Ausgleichsvorgängen figurieren.

Das Medium Literatur kann auf unterschiedliche Art und Weise Arbeit am Gleichgewicht leisten: Literatur kann erstens konkrete Instrumente des Äquilibriums beziehungsweise seiner Herstellung als Motive wählen, anhand deren sich wiederum abstraktere, auf anderen Ebenen situierte Ausgleichsvorgänge ins Bild setzen lassen. Das heißt: Im Modus der Fiktion können zweitens genuin literarische Modelle des Äquilibriums generiert werden. Drittens kann Gleichgewicht als poetologische Kategorie wirksam werden, beispielsweise bei narrativen Entscheidungen, etwa das Verhältnis von Erzählzeit und erzählter Zeit betreffend, oder auch ganz grundsätzlich bezogen auf das sprachliche Zeichen und dessen strategische Überdeterminierung im Sinne eines semiotischen Überschusses. Die anhand von literarischen Motiven beziehungsweise Modellen vollzogene kulturelle Selbstverständigung über Auffassungen des Äquilibriums geht also potentiell immer auch mit einem besonderen poetologischen Stellenwert der Kategorie »Gleichgewicht« einher.

Zwei Prosatexte des 19. Jahrhunderts, die eine so verstandene literarische Arbeit am Ausgleich leisten, sind Gottfried Kellers *Romeo und Julia auf dem Dorfe* von 1856 und Adalbert Stifters *Der Condor* von 1840.[1] Die Zusammenstellung dieser beiden Texte und ihrer Figuren des Äquilibriums – Pflug und Ballon – reiht sich ein in die Tradition der bildkünstlerischen Auseinandersetzung mit dem Gleichgewicht beziehungsweise seines Scheiterns: Die berühmte, Pieter Bruegel dem Älteren zugeschriebene *Landschaft mit dem Sturz des Ikarus* fokussiert von den titelgebenden Elementen weniger den gescheiterten Flug des Ikarus, als vielmehr die Landschaft und dort prominent einen pflügenden Bauern. Das Meer, in welches Ikarus gestürzt ist, wird von einem Schiff befahren, die gesamte Szenerie ist von der Sonne beleuchtet (Tafel 16).

Gottfried Keller und Adalbert Stifter bedienen sich bei ihrer literarischen Arbeit am Gleichgewicht genau dieses Bildinventars: In *Romeo und Julia auf dem Dorfe* ist der Pflug der Angelpunkt für die Erörterung juristischer, ökonomischer, theologischer und ästhetischer Fragen des Ausgleichs. In *Der Condor* wird der Flug – nun den technischen Bedingungen des 19. Jahrhunderts gemäß in einem Ballon – zum Reflexionsmodell der Unausgeglichenheit der zeitgenössischen Geschlechterordnung.[2] Cornelias Streben in die Höhe wird wie der Flugversuch des Ikarus als im Wortsinne de-platzierter Hoch- und Übermut eingestuft – wobei der Verstoß gegen die antike, mythisch-göttliche Ordnung nun zu einem Verstoß gegen die moderne, wissenschaftlich-männliche Ordnung umgeschrieben worden ist.[3] Ein Schiff und die Gestirne prägen dabei atmosphärisch beide Texte.

DER PFLUG ALS (REFLEXIONS-)FIGUR HORIZONTALER ARBEIT AM AUSGLEICH: GOTTFRIED KELLER, *ROMEO UND JULIA AUF DEM DORFE* (1856)

Die Handlung von *Romeo und Julia auf dem Dorfe* wird eröffnet von einer idyllisch anmutenden Szenerie, die markant über Ähnlichkeit und Komplementarität strukturiert ist.[4] Zwei Bauern, Marti und Manz, pflügen, parallel, aber in gegenläufiger Richtung, jeweils ihren Acker.[5] Sie vollziehen komplementäre Bewegungsabläufe und sind als Minimalpaar konzipiert, das heißt sie sind bezüglich Beruf, sozialer Stellung, Alter, Familienstand und Aussehen homolog gestaltet.[6] Sie »glichen [...] einander vollkommen in einiger Entfernung; [...] und man hätte sie auf den ersten Blick nur daran unterscheiden können, daß der eine den Zipfel seiner weißen Kappe nach vorn trug, der andere aber hinten im Nacken hängen hatte.«[7] Den »mittleren Augenblick, wo die schimmernden Mützen aufrecht in der Luft schwankten und wie zwei weiße Flammen gen Himmel züngelten«, hat Alexander Honold unter Rekurs auf die Terminologie der Physik als »labilen Gleichgewichtszustand« bezeichnet.[8] Dieser »instabile [...] Balanceakt [...]«, welchen die Mützen im Wind vollführen, korrespondiere der Verortung der Handlung »im jahreszeitlichen Zyklus in der Phase des Übergangs zwischen Vegetationsperiode und Brachzeit und zugleich am astronomischen Gleichstand von Tages- und Nachtlänge«.[9]

Das Pflügen steht offensichtlich markant im Zeichen des Gleichgewichts: des physikalischen, des agrikulturellen sowie des astronomischen. Und es wird überdies in das Bild kosmischer Harmonie gekleidet: Die Bauern gehen mit ihren Pflügen »wie zwei untergehende Gestirne hinter die Wölbung des Hügels hinab [...] und verschwanden, um eine gute Weile darauf wieder zu erscheinen«.[10] Die friedliche Idylle und die kosmische Harmonie bilden jedoch, so zeigt sich bald, in erster Linie deshalb den Horizont der Szenerie, um desto deutlicher auf die Fragilität der Gleichgewichtszustände hinweisen und deren Umschlagspunkte umso nachdrücklicher thematisieren zu können. Der Pflug steht nämlich nicht weniger markant im Zeichen des Ungleichgewichts sowie des verfehlten Ausgleichs, und zwar bezogen auf Ökonomie, Recht und Theologie beziehungsweise Ethik: Die Bauern Marti und Manz pflügen sich in einer Spirale des Aufwiegens wechselseitig in den finanziellen Ruin, wenn sie jeweils wiederholt »eine tüchtige Furche in den [zwischen ihren Äckern gelegenen] mittleren herrenlosen Acker« schlagen.[11] Die juristischen Konsequenzen folgen auf dem Fuße: »[V]on diesem Tage an lagen die zwei Bauern im Proceß mit einander und ruhten nicht, ehe sie beide zu Grunde gerichtet waren.«[12] Die prekäre, instabile ökonomische Lage der beiden wird entsprechend in der Bildlichkeit des verlorenen Gleichgewichts illustriert: »So ging es gewaltig rückwärts mit ihnen und ehe zehn Jahre vorüber, steckten sie beide von Grund aus in Schulden und standen wie die Störche auf einem Beine auf der Schwelle ihrer Besitztümer, von der jeder Lufthauch sie herunterwehte.«[13] Umgekehrt erfährt der betrogene Geiger, dessen Ansprüche auf den mittleren Acker nicht berücksichtigt werden, weder eine ökonomische noch eine rechtliche Kompensation.[14] Verschuldung und Vergeltung sind außerdem Parameter des biblisch-theologischen Ausgleichsdenkens, und auch diese Dimension eröffnet der Text durch das Vehikel Pflug: Die Abfallprodukte des Pflügens, »jener ungerechte Steinhaufen« und nicht zuletzt der fatale Steinwurf, mit welchem Sali Vrenchens Vater »um den Verstand« bringt, nachdem dieser seine Tochter angegriffen hatte, evozieren zum einen das alttestamentliche *Ius talionis*, den Gedanken, Gleiches mit Gleichem zu vergelten.[15] Zum anderen stellen sie die neutestamentarische Maßgabe, »Wer unter euch ohne Sünde ist, der werfe den ersten Stein«, zur Diskussion.[16] Wenn Sali außerdem fragt: »Sind wir Schuld an dem, was sie gethan und geworden sind?«, und die Überlegung anstellt: »[V]ielleicht können wir das Elend nur gut machen, wenn wir zwei zusammenhalten und uns recht lieb sind!«, wird die Kompensation transgenerationeller Schuldhaftigkeit direkt verknüpft mit der theologisch virulenten Frage nach der Erbsünde und dem unverbrüchlichen Rest, der sich allen Ausgleichsbemühungen entzieht.[17]

Vrenchen und Sali halten zusammen und sind einander lieb – dies, genauso wie die Tatsache, dass sie dadurch Schuld und Elend jedoch *nicht* kompensieren können, versinnbildlicht – nun in seiner symbolischen Bedeutung – erneut der Pflug. Dieser ist neben einem Symbol des Friedens auch ein Symbol der Ehe: Gemeinsam einen Pflug zu ziehen, gilt – zumindest noch im Grimm'schen Wörterbuch von 1889 – als Anschauungsform für das Führen einer Ehe.[18] Das gemeinsame, gleichgestimmte Führen des Ehepflugs ist im Falle Vrenchens und Salis jedoch durch das aufwiegende und vergeltende Pflügen ihrer Väter verunmöglicht worden. Der Text illustriert dies, indem er die eingangs dem Pflug beigeordnete astrale Metaphorik konsequent weiterentwickelt: Sali und Vrenchen »legten zwei oder drei Mal den Hin- und Herweg zurück, still, glückselig und ruhig, so daß dieses einige Paar nun auch einem Sternbilde glich, welches über die sonnige Rundung der Anhöhe und hinter derselben niederging, wie einst die sichergehenden Pflugzüge ihrer Väter.«[19] Dem Niedergang des Sternbilds, welches seinerzeit den Niedergang der Väter präfiguriert hatte, ist nun der künftige Niedergang des jungen Paars eingeschrieben.[20]

Als Zwischenfazit kann also festgehalten werden: In *Romeo und Julia auf dem Dorfe* figuriert das Pflügen als Kulturtechnik eines vermeintlichen Äquilibriums, das auf dem Prinzip der Vergeltung beruht und das Eheglück der nächsten Generation buchstäblich unter-gräbt.

Der Gehalt des Pflugs als Figur des Äquilibriums ist hiermit jedoch noch nicht erschöpft. Dass der Begriff »Kultur« sich von lateinisch *colere* ableitet und sich ursprünglich auf den Ackerbau, mithin also auf das Pflügen, bezog, ist hinlänglich bekannt.[21] Weniger bekannt ist die Metaphorisierung der Schreibfeder als »Pflug aus Vogelfedern«.[22] Das Schreiben in Zeilen wird hier mit dem Ziehen von Furchen parallel gesetzt. Im Besonderen gilt diese Parallelsetzung des Schreibens mit dem Pflügen im Falle des in frühen Kulturen praktizierten zeilenweisen Wechsels der Schreibrichtung nach Art des Ochsenpflugs, der Bustrophedon-Schreibung.[23] Franz Passows *Handwörterbuch der griechischen Sprache* von 1841 erklärt das griechische Adverb *bustrophedon* folgendermaßen: »[W]ie der Ackerstier sich beim Pflügen dreht, nur von einer sehr alten Art zu schreiben bei den Griechen gebraucht, die die erste Zeile von der Rechten zur Linken, die zweite von der Linken zur Rechten schrieben, oder umgekehrt, und so wie Ackerfurchen fort.«[24]

Und auch das Schreiben in Versen, das durchgängig in *einer* Schreibrichtung erfolgt, wird auf das Pflügen zurückgeführt: Abgeleitet von lateinisch *vertere* (kehren, wenden, drehen) ist der *versus* »also das Umgewandte, zunächst die gepflügte Furche und erst davon abgeleitet eine Reihe, eine Zeile oder ein Vers. Wie die Furche für das Umwenden des Pfluges am Ende des Ackers kennzeichnend ist, so für den Vers die Wendung vom Ende der einen zum Anfang der folgenden Zeile.«[25]

Für Kellers Prosatext sind diese Ausführungen zur Herleitung des lyrischen Schreibens aus der agrikulturellen Praxis des Pflügens zentral, weil der Novelle *Romeo und Julia auf dem Dorfe* ein »epische[s] Gedicht« vorausgeht.[26] Das heißt: Ein lyrisches Fragment zum selben Stoff bildet die Keimzelle des späteren Prosatextes, die Verse bilden das Skript für die Prosafassung:

»[...]
Drei Äcker, eine wahre Augenweide
Für jeden, der geführt schon einen Pflug,
Die laufen neben einander über die Haide
In grader Flucht vor unsers Auges Flug.

Auf zweien dieser Äcker, die den dritten
In ihre Mitte schließen, war die Frucht,
Die unschätzbare, eben angeschnitten,
Geführt schon in der Scheunen sichre Bucht.
[...]«[27]

Die gewendete Rede des Lyrischen im Zeichen des Pflügens wird in Kellers epischem Gedicht zur Allegorie des Textes: Die Ackerszene bildet das Skript für die Novelle und findet dort ihr formal-stilistisches Gegenstück in einer Poetologie des Pflugs. Zum einen ist der novellenkonstitutive »Wendepunkt« zu nennen, nämlich der im Zeichen eines prekären Gleichgewichts stehende Höhe- und zugleich Tiefpunkt im Leben der Protagonisten, an dem der Umschlag von Leben in Tod erfolgt.[28] Aber auch die in der Forschung bereits viel diskutierte Organisation des Diskurses, die durch Symmetrien, Parallelismen, Spiegelszenen, Wiederholungen *et cetera* charakterisiert ist, erscheint in diesem Verständnis in einem neuen Licht.[29] Begreift man den Pflug als literarische Reflexionsfigur nicht nur für Kulturtechniken des Äquilibriums im agrikulturellen, sondern auch im poetologischen Sinne, ist insbesondere Manzens »wunderbarer Sinn für Symmetrie und parallele Linien« beim Pflügen von Interesse.[30] Manz, der auf seinem neu ersteigerten Acker eine »ungehörige Einkrümmung nicht brauchen noch dulden kann«, führt mit Marti einen erbitterten Streit um den »lächerlichen und unvernünftigen Schnörkel«, den letzterer in den mittleren Acker hineingepflügt hat.[31] Dem juristischen Streit um den Besitz des mittleren Ackers korrespondiert ein ästhetischer Richtungsstreit. Poetologisch betrachtet, ist dieser Streit lesbar als eine Auseinandersetzung zwischen ästhetischen Prinzipien wie Geometrie und Schönheitslinie, gerader Linie und Ornament.[32] Geht man nun davon aus, dass anhand der Frage nach dem rechten Pflügen zugleich die Frage nach dem rechten Schreiben verhandelt wird, erweist sich der Pflug als Reflexionsfigur, mit Hilfe deren der realistische Text die literarischen Programme der klassizistischen und der romantischen Ästhetik sowie die Möglichkeit befragt, die poetologischen Ansprüche seiner Vorgängerepochen sinnvoll auszubalancieren.[33] Marti und Manz gehen unversöhnt sowie beide als Verlierer vom Feld; auf der inhaltlichen Ebene wird der ästhetische Streit also nicht entschieden. Die Organisation des literarischen Diskurses durch Symmetrien, Parallelismen, Spiegelszenen und Wiederholungen ist von der Forschung sowohl als Ausdruck mythisch-schicksalhafter Wiederkehr als auch als literarische Einhegung von Kontingenz und Zufall im naturwissenschaftlichen Zeitalter oder auch als Resultat der ästhetischen Motivierung aller textuellen Mittel eingeordnet worden.[34] Nimmt man den Gedanken einer Poetologie des Pflugs und des Pflugs als einer Figur des Äquilibriums ernst, muss auch das eingangs thematisierte Verhältnis von Darstellung und Dargestelltem unter dem Aspekt der diskursiven Gewichtung der inhaltlichen Elemente berücksichtigt werden.

Den Wendepunkt der Novelle markiert Salis und Vrenchens erster und letzter Ehetag, welcher zugleich ihr letzter Leb-, das heißt ihr Todestag ist: »[D]ie armen Leutchen mußten an diesem einen Tage, der ihnen vergönnt war, alle Manieren und Stimmungen der Liebe durchleben und sowohl die verlorenen Tage der zarteren Zeit nachholen als das leidenschaftliche Ende vorausnehmen mit der Hingabe ihres Lebens.«[35]

Die Darstellung dieses einen Tages nimmt mehr als ein Drittel des Textes ein, sie besitzt diskursiv im Vergleich zu den bis dahin erzählten 13 Jahren ein deutliches Übergewicht.[36] Und ausgerechnet am Wendepunkt der Novelle tritt eine weitere Figur des Äquilibriums auf den Plan: der Tanz. Sali und Vrenchen verbringen nahezu ihren gesamten letzten Abend mit Tanzen: Sie tanzen im improvisierten »Tanzsaal« des »Paradiesgärtlein[s]«, der Enklave der sozialen Außenseiter, ihren Hochzeitstanz.[37] Und ihr Weg in den Tod führt sie tanzend über die verlorenen Äcker ihrer verlorenen Väter.[38] Mit dem Tanz, zumal auf dem Acker, setzen die Kinder dem erdenschweren Pflügen der Väter und deren storchenhafter Einbeinigkeit kurzfristig die Leichtigkeit und paarförmige Balance des Tanzes entgegen.[39] Der väterlichen Spirale des jahrelangen wechselseitigen Aufwiegens begegnen die Kinder zumindest für einen Tag mit dem Kreis eines gemeinsam gehaltenen Gleichgewichts. Der Tanz ist bekannt als eine Figur des Äquilibriums, die ein »labiles Gleichgewicht« im Sinne eines vorübergehenden Transitzustands vorstellt. Kulturgeschichtlich betrachtet, begleitet der Tanz traditionell die *rites de passage*.[40] Bei Keller begleitet er die Hochzeit und läutet den Tod ein. Im nunmehr verzweifelten Tanz innehaltend, schlägt Sali vor: »Es giebt eines für uns, Vrenchen, wir halten Hochzeit zu dieser Stunde und gehen dann aus der Welt – dort ist das tiefe Wasser – dort scheidet uns niemand mehr und wir sind zusammen gewesen – ob kurz oder lang, das kann uns dann gleich sein.«[41] Der Tanz, die dem Leben zugeordnete Figur des Äquilibriums wird durch eine tödliche Ethik der Äquivalenz, der Gleich-Gültigkeit ersetzt: »ob kurz oder lang, das kann uns dann gleich sein.« Man kann sicher darüber streiten, ob es den beiden wirklich »gleich« sein kann, wie lange ihre gemeinsame Zeit währt; wem diese Zeit offensichtlich nicht »gleich« ist, ist die Instanz, die den literarischen Diskurs organisiert und Erzählzeit und erzählte Zeit stark auseinanderklaffen lässt. Die narrative Entscheidung, dem Höhe- und zugleich Tiefpunkt im Leben der jungen Protagonisten ein signifikantes diskursives Übergewicht im Vergleich zu den gerafft erzählten Jahren zuvor einzuräumen, folgt einer Poetologie des Pflugs. Sie folgt einer Poetologie des Pflugs, die am novellistischen Wendepunkt ein Gleichgewicht von Inhalt und Form nach Maßgabe der Gewichtigkeit des Dargestellten anstrebt und *histoire* und *discours* demgemäß symmetrisch aneinander ausrichtet, parallel setzt und spiegelt.

Der Tanz als Figur des Äquilibriums ist am Ende des Textes suspendiert, das Vehikel in den gemeinsamen Tod ist – an den antiken Topos vom Totenfluss erinnernd und an Pieter Bruegels Gemälde gemahnend – ein Schiff auf einem Fluss. »Der untergehende Mond, rot wie Gold, legte eine glänzende Bahn den Strom hinauf und auf dieser kam das Schiff langsam querüber gefahren. Als es sich der Stadt näherte, glitten im Froste des Herbstmorgens zwei bleiche Gestalten, die sich fest umwanden, von der dunklen Masse herunter in die kalten Fluten.«[42]

DER BALLON ALS (REFLEXIONS-)FIGUR VERTIKALER ARBEIT AM AUSGLEICH: ADALBERT STIFTER, *DER CONDOR* (1840)

Mit Kellers späterem Text (und auch mit Bruegels früherem Gemälde) verbindet Stifters literarisches Debüt von 1840 zunächst die Motivik des Kosmischen und Astralen: *Romeo und Julia auf dem Dorfe* endet mit einer Mondnacht, *Der Condor* beginnt mit einer, in beiden Texten sind Sternbilder zentral gestellt.[43] Die beiden Novellen lassen sich außerdem über das Scharnier »Ball« aufeinander beziehen, wobei das Homonym bei Keller den Tanzball, bei Stifter den Luftball, den Ballon, signifiziert.[44] Die beiden Texte verbindet weiterhin das Scharnier »Schiff«, das bei Keller als »Weberschiffchen des Geschickes« die Unvorhersehbarkeit des Lebens und Sterbens symbolisiert sowie als konkretes Schiff das Vehikel in den Tod abgibt.[45] Bei Stifter bezeichnet das Wort »Schiffchen« ein Luft-Schiff, genauer: den Korb, der am Ballon hängt.[46] In beiden Fällen ist das Schiff natürlich zudem als mögliches poetologisches Ordnungsprinzip lesbar, da »*die buchdrucker [...] das viereckige längliche brett, auf das der setzer die gesetzten columnen aufsetzt und ordnet,* schiff« nennen.[47]

Für eine gemeinsame Lektüre der beiden Texte – vor dem Hintergrund des Bruegel'schen Gemäldes – spricht außerdem die sprachgeschichtlich bezeugte Verbindung von »pflug *mit sanskr.* plava *schiff*«, die nach Jacob Grimms *Geschichte der deutschen Sprache* in Wortverbindungen wie »*einem das meer durchpflügenden schiff*« oder »*einem über die felder hinsegelnden pflug*« und schließlich darin zum Ausdruck komme, »*dasz derselbe name beiden werkzeugen beigelegt wurde*«.[48] In *Der Condor* ist die nautische Metaphorik um Meer und Schiff dann auf den Kosmos übertragen: Dort führt der »Ballon [...] sein Schiffchen, und die kühnen Menschen darinnen in dem wesenlosen Oceane mit einem sanften Luftstrome westwärts«.[49]

Vor allem aber steht auch *Der Condor* im Zeichen des Äquilibriums und der Arbeit am Ausgleich. Das zentrale Thema der Novelle ist die gemeinsame Luftfahrt einer Frau und zweier Männer mit einem Ballon – von der Forschung wurde er als Montgolfière bestimmt – und damit verbunden das prekäre Gleichgewicht, mithin dessen Verlust, welches dieses Unternehmen in physikalischer und vor allem in geschlechtsspezifischer Hinsicht bedeutet.[50] Die »dunkle Kugel«, der Ballon, und das »Schiffchen«, das

»an unsichtbaren Fäden« an diesem hängt, sind in *Der Condor* die Figuren des Äquilibriums.[51] Dessen Herstellung und Erhalt vollziehen sich in Kulturtechniken wie dem Abwerfen von Ballast, definiert als: »das Gleichgewicht von Schiffen sicherndes Gewicht (in Form von Sandsäcken)«.[52] Die männlichen Insassen des Luftschiffs stabilisieren ihr Gleichgewicht, indem sie ihre Wahrnehmung mit Hilfe technischer Geräte regulieren. Sowohl der Ballon als auch die Techniken des Ausgleichens sind männlich konnotiert und dominiert: Die grundsätzliche Konnotation des Ballons mit Männlichkeit ist etymologisch begründet, da das Wort »Ballon« – begriffsgeschichtlich ein »großer Ball«, dessen Bedeutung »Luftfahrgerät« seit 1783 bezeugt ist – genauso wie griech. *phallós* auf die Wurzel **bhel-* »aufblasen, anschwellen, prall sein« zurückgeht.[53] Die Grundbedeutung von »Ballon« ist demnach »aufgeblasener, aufgeschwollener Körper«.[54] Bei der Beschreibung des Ballons in *Der Condor* wird analog zur Etymologie des Begriffs die enge Verschränkung von Männlichkeit und Luftfahrt ausgestellt: »[A]ls der unscheinbare Taffet zur einer riesenhaften Kugel anschwoll und die mächtigen Taue straff spannte, [...] schoß er endlich pfeilschnell, senkrecht in den Morgenstrom des Lichts empor«.[55]

Auf der Figurenebene ist in geschlechtsspezifischer Hinsicht zum einen das Ungleichgewicht von zwei Männern und einer Frau im Schiff zu konstatieren sowie vor allem die Tatsache, dass der Flug nur im Falle der Männer mit Wissenschaftlichkeit und Fortschritt korreliert ist. Für Coloman und Richard »ist der Ballon primär ein schwebendes Laboratorium«, in dem sie chemische und physikalische Messungen vornehmen.[56] Von diesen ist Cornelia aufgrund ihres Geschlechts genauso ausgeschlossen wie von den Techniken und Instrumenten der Wahrnehmungsregulierung, die dem Verlust der Orientierung und des Gleichgewichts vorbeugen.[57] Während Gustav seinen Blick nach oben mit einem »Fernrohr« rahmen kann und Richard sich beim Blick nach unten eines »Teleskop[s]« bedient, ist Cornelia der Zugriff auf derartige Sehhilfen versagt, das heißt sie ist den ungefilterten Sinneseindrücken ausgesetzt.[58] Als der Ballon samt Schiff in eine Schieflage gerät, verliert entsprechend auch Cornelia das Gleichgewicht: »Der Ballon kam [...] in den obern umgekehrten Passatstrom, und mußte mit fürchterlicher Schnelligkeit dahingehen, was das ungemeine Schiefhängen des Schiffes bewies, und das gewaltige Rütteln an dem Taffet«.[59] Die Überforderung ihres Wahrnehmungsapparats äußert sich bei Cornelia in Schwindel. Sie sagt »leise: ›Mir schwindelt.‹ Man hörte sie aber nicht.«[60] Der Hinweis auf Cornelias Gleichgewichtsverlust bleibt zunächst unerhört. Sie verliert schließlich das Bewusstsein, woraufhin die Luftfahrt abgebrochen werden muss.[61] Die Engführung von Schwindel und Hörsinn, welche die Novelle hier vornimmt, korreliert mit dem medizinischen Wissen des späten 19. Jahrhunderts: Seitdem ist bekannt, dass der Gleichgewichtssinn seinen Sitz im Ohr hat.[62] Die Engführung von Schwindel und Unerhörtem ist überdies zentral für die Poetologie der Novelle, die sich als eine Poetologie des Flugs erweist. Die unerhörte Begebenheit, von der die Novelle *Der Condor* erzählt, ist der vertikal ausgerichtete Aufstieg einer Frau, die

»erhaben sein wollte über ihr Geschlecht, und gleich den heldenmüthigen Söhnen derselben den Versuch wagen, ob man nicht die Bande der Unterdrückten sprengen möge, und die an sich wenigstens ein Beispiel aufstellen wollte, daß auch ein Weib sich frei erklären könne von den willkürlichen Grenzen, die der harte Mann seit Jahrtausenden um sie gezogen hatte [...].«[63]

Coloman quittiert Cornelias Emanzipationsversuch aufgrund des (vermeintlichen) Scheiterns mit den berühmt gewordenen Worten: »Ich habe es Dir gesagt, Richard, das Weib erträgt den Himmel nicht –«.[64] In dieser modernen Fortschreibung des Ikarus-Mythos verstößt eine Frau mit einem als Hochmut rezipierten Höhenflug gegen die männlich-wissenschaftliche Weltordnung und vermag sich nur durch Demut auf der Erde zu rehabilitieren.[65] Gleichwohl ist Colomans Position nicht die des Textes. Im Gegenteil: *Der Condor* leistet literarische Arbeit am Ausgleich der zeitgenössischen Geschlechterordnung. Stifter wirft seine Novelle gewissermaßen in die Waagschale der unausgeglichenen Geschlechterverhältnisse seiner Zeit. An Cornelias Aufstieg und Niedergang führt er vor, dass die Kulturtechniken des Äquilibriums – im naturwissenschaftlichen Jahrhundert in ihrer szientifisch-instrumentellen Ausprägung – ausschließlich Männern vorbehalten sind und die Errungenschaften des wissenschaftlichen Fortschritts nicht zuletzt zum Zweck der Erhaltung des Ungleichgewichts in der Geschlechterordnung instrumentalisiert werden.

Der modellbildende Gehalt, den *Der Condor* im Hinblick auf das Geschlechterverhältnis besitzt, verdankt sich dabei der Poetologie des Flugs. Eine Novelle erzählt für gewöhnlich eine unerhörte Begebenheit (hier Cornelias unerhörter Ballonflug und dessen ungehörte Folgen), den Wendepunkt einer Novelle markiert seit Giovanni Boccaccio traditionell ein Falke. So ist es auch in *Der Condor*: Cornelias Ohnmacht erfordert die Umkehr, der senkrechte Aufstieg des Ballons wendet sich in seinen senkrechten Niedergang: »wie ein Riesenfalke stieß der Condor hundert Klafter senkrecht nieder in der Luft«.[66] Das Vehikel der Wendung ist ein Falke, ein »Riesenfalke« sogar, das heißt die Novelle wendet ihre gattungsgeschichtlichen Vorgaben reflexiv auf sich selbst an. Wenn dabei der Falke ein Condor und der Condor ein Ballon ist, ist von einer Poetologie des Flugs zu reden, die ihre technisch-männlichen Voraussetzungen und Implikationen zur Diskussion stellt. Die Poetologie des Flugs in *Der Condor* konzipiert den Flug als literarisches Modell kultureller Selbstverständigung über das Ungleichgewicht der Geschlechterordnung und den Ballon als weiblich zu besetzende Figur des Äquilibriums. Die Ausgewogenheit des Geschlechterverhältnisses ist dabei die Zielstellung, welcher sich der Text in seinem Wesen als literarisches Experiment annähert. Der literarische Diskurs nimmt bei der Beschreibung der Luftfahrt durch den beständigen Wechsel der Fokalisierung, also durch die Darstellung des Geschehens auch aus der weiblichen Perspektive beziehungsweise Wahrnehmung, eine ausgewogene Geschlechterordnung zumindest stilistisch vorweg.[67]

LITERATUR- UND KULTURWISSENSCHAFTLICHE ARBEIT AM AUSGLEICH ALS MODELL

Schließen soll dieser Beitrag mit einem kurzen Ausblick auf weitere Aspekte der beiden vorgestellten Texte, die für eine literatur- und kulturwissenschaftliche Arbeit am Äquilibrium von systematischer Relevanz sein könnten. Zu nennen sind zum Beispiel die Fußnoten in *Der Condor*, die als naturwissenschaftliche Erläuterungen den poetischen Diskurs flankieren. Die Fußnoten justieren drucktechnisch sichtbar das Verhältnis von Faktum und Fiktion und balancieren den poetischen Code mit einem wissenschaftlichen Code aus und umgekehrt.[68] In der *Studien*-Fassung von 1844 sind die Fußnoten dann erstens gekürzt und zweitens an das Ende der Novelle verschoben (man könnte auch sagen: in Endnoten verwandelt) worden. Ein vergleichbares Phänomen stellt die Kürzung des abschließenden Erzählerkommentars in der zweiten Fassung von *Romeo und Julia auf dem Dorfe* dar. In beiden Fällen ist das Verhältnis von Text und Rahmen innerhalb der Novelle verschoben worden, wodurch ihre Elemente neu gewichtet worden sind. Ähnliches gilt für die Umplatzierung von *Romeo und Julia auf dem Dorfe* im Novellenzyklus *Die Leute von Seldwyla*: In der Ausgabe von 1874 verliert die Novelle ihre Mittelstellung und damit bezogen auf ihre Nachbartexte ihre Position als (potentieller) textueller Waagbalken.[69]

Phänomene des literarischen Äquilibriums können, so viel sollte trotz der Kürze dieser abschließenden Bemerkungen deutlich geworden sein, auch auf das Druckbild ausgreifen sowie publizistische Entscheidungen steuern beziehungsweise umgekehrt von diesen beeinflusst oder generiert werden.

Die Tatsache, dass sowohl bei Kellers als auch Stifters Text eine klar markierte Intertextualität vorliegt, wirft außerdem die poetologisch relevante Frage auf, was es für das semiotische Gleichgewicht eines literarischen Textes bedeutet, sein Gravitationszentrum nicht ausschließlich in sich selbst zu haben. Was den speziellen Fall von *Romeo und Julia auf dem Dorfe* und *Der Condor* angeht, genügt – selbst wenn man einen engen Intertextualitätsbegriff anlegt – eine nur grobe Skizze der Gemengelage, um die Dimension dieses Aspekts zu verdeutlichen. Keller greift auf William Shakespeare, Stifter greift auf Jean Paul zurück. Shakespeare griff seinerseits Stofftraditionen auf, die von Arthur Brookes Verserzählung *The Tragicall Historye of Romeus and Juliet* (1562) bis zu Ovids *Metamorphosen* (Pyramus und Thisbe) und weiter zurückreichen.[70] Einen Höhepunkt erlebt der Romeo und Julia-Stoff in der italienischen Renaissance*novelle*, beispielsweise 1476 in Masuccio Salernitanos *Il Novellino* oder in Giovanni Boccaccios *Il Decamerone*.[71] *Der Condor* wiederum nimmt Anleihen an Jean Pauls *Siebenkäs* und *Des Luftschiffers Gianozzo Seebuch*. Und im *Siebenkäs* ist zu lesen:

» [A]ls ich gen Himmel sah, kam mir die gebogne Milchstraße wie der eiserne Waagbalken des bedeckten Schicksals vor, in dessen Schalen, aus Welten ausgewölbt, die zertrümmerten blutigen Völker liegen und der Ewigkeit vorgewogen werden. aber [sic] die Waage des Schicksals schwankt bloß darum auf und nieder, weil die Gewichte erst seit einigen Jahrtausenden in sie geworfen werden.«[72]

BEWEGUNG AUS DEM STAND

DAS ÄQUILIBRIUM IN DER ZEICHENKUNST

Pirkko Rathgeber

ÄQUILIBRIUM DER STRICHFIGUR

Der Faszination figürlicher Lebendigkeit im Bild nähern sich Studien von verschiedenen Seiten her an. Eine entscheidende Rolle spielt die Wahrnehmung von Bewegung im doch eigentlich unbewegten Bild. Dieser Wahrnehmung von Bewegung nähert sich die vorliegende Untersuchung von dem auch im Bild unbewegten Moment her an, und zwar bezogen auf die Darstellung des Menschen in der einfachsten, abstraktesten Form: der Strichfigur. Dabei wird es um Konzepte des Ausgleichens und des Balancierens gehen, die sowohl in den Methoden und Verfahren der Künstler als auch in den bildwissenschaftlichen Erklärungsmodellen genutzt werden. Denn beobachtet man die praktische und theoretische Herangehensweise anthropometrischer Studien der Proportions- und Bewegungslehre seit der Renaissance, so fällt auf, dass Künstler figürliche Bewegung aus dem ruhenden, ausgeglichenen Stand der abstrakten Figur heraus entwickeln.

Die Gestalt des Menschen wird in jenen Studien seit der Renaissance mit Strichen und Punkten abstrahiert und reduziert dargestellt, um die figürliche Proportion zu bestimmen und ihre Bewegung zu entwickeln. Das Äquilibrium stellt darin, so ließe sich sagen, den ausschlaggebenden Dreh- und Angelpunkt dar. Die Strichfigur, die Künstler wie Leonardo da Vinci, Albrecht Dürer und ihre künstlerischen Nachfolger für die proportionale Entwicklung und Konstruktion menschlicher Bewegung im Bild einsetzten, wird noch heute für die Entwicklung des Zeichentrickfilms bis hin zur Animation wirksam genutzt. Und es ist immer wieder erstaunlich, wie viel Bewegung in dieser so abstrakten Figur sichtbar wird. Die leitende These der folgenden Überlegungen ist, dass die Bewegung der Figur zumeist aus dem balancierten Stand der Figur heraus entwickelt wird. Das Äquilibrium der Figur stellt dabei einen Zustand dar, der nicht einfach nur unbewegt ist, sondern in dem sich die einwirkenden Kräfte der proportionalen Stabilitätsvorgabe und einer geahnten oder, wie zu zeigen sein wird: latenten Bewegung ausgleichen; einen Zustand der gleichzeitigen Gegenwart von stabilen und flüchtigen Elementen im Bild, die sich gegenseitig ausbalancieren. Darüber hinaus ist Äquilibrium ein Zustand, der in verschiedenen Seins- und Bewegungsmodalitäten der menschlichen Figur virulent wird: im stabilen Stand und in mobiler Bewegung. Die diesen Überlegungen zugrundeliegende These lautet deshalb, erstens, dass Künstler das Äquilibrium, das Gleichgewicht und die Balance als Ausgangspunkt für die Entwicklung proportionaler figürlicher Bewegung konstruieren, um von hier aus mittels präziser Konstruktion, künstlerischer Tricks und optischer Ausgleichsmittel zu versuchen, die Figur aus der Perspektive der Bildkonstruktion aus dem Gleichgewicht zu bringen, um lebendige Bewegung zu konstruieren. Zweitens scheint es notwendig, das Äquilibrium, Gleichgewicht und die Balance als Zustand zwischen einzelnen Bewegungsphasen neu zu entwickeln. Das heißt, es scheint sich hier um eine figürliche (Eigen-)Spannung zu handeln, die nicht aufgehoben wird, sondern die Figur in latenter Bewegung hält.

Diese Ausführungen konzentrieren sich nicht auf ein Kunstwerk oder einen Künstler allein, sondern sie nehmen die Konstruktion des Äquilibriums der Strichfigur in der Zeichenpraxis in einen breiteren Fokus und untersuchen, woran der Eindruck einer lebendigen, im nächsten Moment wieder bewegten Figur im Unterschied zur leblosen Figur geknüpft ist. Anhand dreier Fallbeispiele – dem Begriff und Konzept der Waage im Werk Albrecht Dürers, dem konstruktiven und künstlerischen Mittel des Bogenschlags bei Oskar Schlemmer und dem Prinzip des Uhrpendels oder dem Bild der Welle in dem Archetypus des Gehens bei George Edwin Lutz – unternehmen es die vorliegenden Untersuchungen, unterschiedliche Konstruktionsweisen zu diskutieren, die zur Modellierung von Ausgleichsvorgängen in der figürlichen Bewegungsdarstellung entwickelt werden.

ALBRECHT DÜRER UND DAS MODELL DER WAAGE

Die Schönheit der figürlichen Darstellung, die sich aus der Harmonie eines ponderierten Gleichgewichtes ergebe, und die dafür notwendige Arbeit des Künstlers ist ein Thema, mit dem sich Albrecht Dürer in seinen Schriften zur Bewegungslehre intensiv auseinandergesetzt hat. Das Äquilibrium in der dargestellten Figur, das voraussetzt, dass sich der Künstler bewusst davor hütet, beispielsweise in die Maßlosigkeit abzugleiten, ist für Dürer eng mit dem Modell der Waage verbunden. Um diese Konstruktion zu verstehen, ist es notwendig, sich Dürers Vorgehensweise zu vergegenwärtigen: Anders nämlich als etwa Leonardo entwickelt Dürer seine Figuren nicht aus der Beobachtung, sondern von der Messkunst her. Das heißt, er entwickelt seine Figuren zunächst in ihren Proportionen, bevor er sich der Konstruktion ihrer Bewegung zuwendet. Anhand seiner Mittel für die mechanische Konstruktion der senkrechten und waagerechten im Verhältnis zur diagonalen (Konstruktions-)Linie und dem spezifischen Problem des Wirkungszusammenhangs der (Schwer-)Kraft in der figürlich (expliziten) Darstellung und (impliziten) Wirkung des Bewegungseindrucks soll nun ein Einblick in die Bewegungskonstruktion Dürers mit dem Modell der Waage entwickelt werden.

Mit Albrecht Dürers umfangreichem Schriftwerk setzt nördlich der Alpen an der Wende des 15. zum 16. Jahrhundert die Kunstliteratur ein. Kennzeichnend für Dürers Abhandlungen ist die Verbindung von Kunst und Theorie mit der Praxis, die sich in seinen Lehrschriften für die breite Künstler- und Handwerkerschaft ausdrückt. Einerseits wurzelt sein Proportionswerk noch in der mittelalterlichen, aus der Bibel abgeleiteten Überzeugung, dass der Weltschöpfer alles mit Maß, Zahl und Gewicht geordnet habe. Daneben tritt die Vorstellung, dass der verständige Künstler vom Geiste Gottes erfüllt sei und somit eine Gleichheit zum Weltenschöpfer gegeben sei.[1] So fasst Rupprich für Dürers Hauptwerk zusammen: »Die Kunst der Messung, das heißt eine Gestalt mit Zirkel und Richtscheit im richtigen Zahlenverhältnis sinnreich zu konstruieren, ist daher auch ›der recht grund‹ aller Malerei.«[2] Kennzeichnend für Dürer war die Messungskunst als eine Lehre des Suchens und Erkennens der richtigen Maß- und Zahlproportionalitäten, die anhand der menschlichen Gestalt erprobt wurden.

Die Bilder wurden aus der Reduktion und Konstruktion, aber wesentlich durch Abstraktion erreicht, sie sind nach streng geometrischen Regeln gewonnene Darstellungen menschlicher Proportion und (mechanischer) Bewegung. Dürer brachte in seiner Proportions- und Bewegungslehre die geometrische Figur nicht als Resultat empirischer Vermessung des Körpers am lebenden Menschen hervor – wie dies für Leonardo gilt –, sondern er entwickelte Verfahren, die das Zuweisen von Maßen an ein Körpermodell oder das nachträgliche Abmessen der zeichnerisch entwickelten Modelle thematisieren.[3] Mit Dürer setzt so auch nördlich der Alpen, aber auf andere Weise das Interesse an den Proportionen des Menschen und seiner bildlichen Konstruktion ein, die ihn zur Bewegungskonstruktion führt.[4] Sein Buch *Vnderweysung der Messung* war als Einleitung zu seiner Proportionslehre gedacht.[5] Diese Aufteilung geht auf Dürers für die Zeit übliche Überzeugung zurück, das Problem der objektiven Schönheit in einer konstruktiven, nachvollziehbaren Darstellungsweise zu lösen. Sein grundlegendes kunsttheoretisches Werk *Vier Bücher von menschlicher Proportion* von 1528 beinhaltet am Schluss die *Lehre zur Darstellung menschlicher Bewegungen*, die tatsächlich eine Anleitung zur Konstruktion von figürlicher Bewegung ist (Tafel 17a, b, c).[6]

Nachdem Dürer in den ersten drei Büchern die Figurenkonstruktion und ihre Veränderungen entwickelt, schildert er in diesem Buch, »wie und wo man die zuvor beschriebenen Figuren biegen« und »wo man sie in ihren Gelenken biegen und drehen soll«.[7] Hierfür definiert er sechs verschiedene Arten der Körperbiegung, die alle »mehr oder minder zum Zuge [kommen, P.R.], wenn sich ein Mensch bewegt«.[8] Die sechs Unterschiede der Körperbiegung, das *Biegen, Krümmen, Wenden, Winden, Strecken/Stauchen* und *Schieben* illustriert Dürer auf zwei Blättern mit je drei Darstellungen. Zur besseren Verständlichkeit und Einsicht in den Ort, an dem Bewegung stattfinden soll, isoliert Dürer die Biegungslinien (aus der figuralen Darstellung) und zeigt die Linie als abstrakteste Form (menschlicher) Bewegung. So zeichnet er beispielsweise die Linie der ersten Art des Biegens (»Gebogen«) gerade, die Linie des Krümmens (»Gekrümbt«) ist durch den Zirkel oder mit der Hand in Form eines Kreissegments gebogen angelegt. Für sein Vorgehen kann hier festgehalten werden, dass Dürer auf einer bildlichen Ebene wechselnde Biegungen des Strukturgerüsts ohne figürliche Kontur unterscheidet und damit die Erzeugung von Bewegung visuell nachvollziehbar macht; er reduziert die menschliche Darstellung auf die Strichfigur, um seine Überlegungen zu illustrieren. So gibt er beispielsweise auf diesem Blatt ganz oben die Anweisung für die erste Art des »biegens«: Eine gerade Linie a b (»gestrackte lini«) hat zwei Punkte (»puncten«) oder zwei Glieder (»glider«).[9] An diesen Gelenkpunkten sollen die Linienabschnitte hin und her bewegt werden, die, wie er betont, gerade (»gestrackt«) bleiben müssen.[10] Zum besseren Verständnis fügt Dürer Vorher-nachher-Beispiele an, um den Effekt der Bewegung, der von der gebogenen Linie ausgeht, gegenüber der geraden Linie visuell zu verdeutlichen. So zeigt die Linienzeichnung auf der rechten Seite, wie diese während des Vorgangs selbst gerade bleibt und die Bewegung durch das Biegen entlang der (Gelenk-)Punkte erzeugt wird. Vergleichbar arbeitet Dürer auch die anderen Biegungsarten heraus, so wird das »krümmen« anhand dreier Beispiele mit dem Zirkel gerissen oder mit der Hand bei Bedarf kurvig (»krumm«) gezogen.[11] Diese Mechanik der Bewegungskonstruktion erklärt Dürer auf den folgenden Seiten anhand seiner in dem Buch der Proportionen entwickelten Figuren und greift zusätzlich auf bildnerische Konstruktionsmittel wie die Vertikale und die Diagonale zur Ermittlung der figürlichen Bewegung zurück.

Anhand der seitlich dargestellten Frau, deren Strukturgerüst Dürer bereits in seiner Proportionslehre entwickelt, werden nun Dürers Vorstellungen von der »Waage« betrachtet. Das Blatt demonstriert den Gebrauch der ersten oben beschriebenen Biegungsart, indem Dürer die weibliche Figur von der Taille aufwärts nach hinten von Endpunkt zu Endpunkt bis in den Nacken biegt und den rechten Arm ebenfalls nach hinten abspreizt. Dann biegt er das Gesäß von der Taille bis zum Ende der Hüfte auswärts, um danach auf der gleichen Hüftebene den rechten Oberschenkel mit dem Knie vor die senkrechte Standlinie der Figur zu rücken und unter dem Knie den Unterschenkel nach hinten zu ziehen, damit die Figur im Gleichgewicht steht. Dürer benutzt hier das Wort beziehungsweise die Metapher der »Waage«.[12] Schon diese Beschreibung mit der Wahl der technischen Begriffe vermittelt dem Leser einen Eindruck von der Mechanik der komplizierten Konstruktion, die im Gegensatz zu dem Eindruck einer natürlich fließenden menschlichen Bewegung steht. Doch zumindest etwas fließend wirkt auch die in der Zeichnung dargestellte Bewegung, die doch eigentlich aus den komplexen Zusammenhängen des konstruierten Mechanismus der Figur entsteht. Wenn auch die organische Komplexität des menschlichen Körpers bei dieser Darstellungsart auf der Strecke bleibt, ist für den Betrachter doch deutlich die Mechanik des Körpers in der ausgeglichenen Bewegung nachzuvollziehen. So wird diese mechanische Biegung unter anderem durch die Abweichung der nunmehr diagonalen Achse des Oberkörpers im Vergleich zur stehenden Vertikalen spürbar. Auf der im Buch gegenüberliegenden Seite, dem Folio X1r, umfängt Dürer die Figuren aus Umrisslinien mit schraffiertem Hintergrund und verzichtet auf die Struktur und Hilfslinien, was ihnen Plastizität verleiht. Der Bewegungseffekt, der sich hier einstellt, entsteht aufgrund der Verlagerung der aufrechten Vertikalen des menschlichen Körpers in die dynamischere Diagonale. Diese Konstruktionsweise lässt anschaulich werden, wie die Figur aus der Balance des Stillstands in die fingierte und ponderierte Bewegung gebracht wird.

Bereits in den einführenden Zeilen seiner *Vier Bücher menschlicher Proportion* beschreibt Dürer für seine Schüler sein Vorgehen für die Konstruktion der mechanischen/äußeren Figurengestalt und die Umsetzung der Schönheit der Darstellung, das er von einer differenzierteren Darstellung – und hier meint er sicherlich die Anatomie und die Muskeln – abgrenzt: »Auch will ich mit dieser meiner Unterrichtung allein von den äußeren Linien der Form und Figuren und wie sie von Punkt zu Punkt zu ziehen sind, schreiben, nicht jedoch von den Dingen im Inneren.«[13] Dürer hatte – entgegen dem Vorwurf der Steifheit seiner Bilder – durchaus ein Bewusstsein für die im Bild notwendige Abänderung seiner Figuren zugunsten einer natürlichen Bewegungsdarstellung. Im Hinblick auf das Äquilibrium in der Figurenbewegung ist es interessant, solche Textpassagen Dürers zu betrachten, in denen er an seine Schülerleserschaft appelliert, die Abänderung seiner Figuren in der Zeichnungsumsetzung zu bedenken. Denn für den Zielwert einer glaubwürdigen Bewegungsdarstellung hält Dürer seine Schüler an, die geometrischen Figuren aufmerksam zu studieren und sie in der Zeichnung der realen Bewegung und der sich dabei verändernden Maßstäblichkeit anzupassen. So schreibt er im Hinblick auf das Eingreifen des Künstlers an der Figurenkonstruktion zugunsten eines glaubwürdigen Bewegungseindruckes:

> »Man muß wissen, daß alle meine vorn beschriebenen Figuren, wenn sie hin und her gebogen werden, nicht in allen ihren Teilen [unverändert] bei den vorgegebenen Tiefen- und Breitenmaßen bleiben; denn die Beweglichkeit nimmt gegebenenfalls dem einen Teil und gibt dem anderen zu. Darum verändern sich die Erscheinungen (›ding‹). Dieses deutlich zu erkennen, geschieht am allerbesten, indem man viele lebende Menschen abzeichnet, denn da sieht man, wie sich alles verhält. Darum achte ein jeder darauf, daß er sein Werk nicht verzeichne.«[14]

Dürers Anweisung, die beschriebenen Figuren durch das Biegen dem Bewegungsthema anzupassen, verdeutlicht den von ihm empfohlenen Umgang mit dem geometrischen Figurenschema. Er scheint dies als eine Grundstruktur zu denken, die der Zeichnende so verinnerlicht hat, dass er sie als Ausgangskonstruktion verwenden kann, um darauf die Zeichnung nach der konkreten Beobachtung aufzubauen. Um die Bedeutung des Schemas in seiner praktischen Handhabung von heute aus zu verstehen, ist es wichtig festzustellen, dass Dürer im Original nicht von einem Bewegungseindruck oder von Erscheinungen schreibt, auch wenn man dies heute so übertragen kann, sondern er spricht vom »Sehen, wie sich die Dinge zeigen«. Und er bleibt bei einer mechanischen Beschreibung des Zeichnens, wenn er festhält, dass es nötig sein kann, dem einen Element etwas abzunehmen und dem anderen etwas hinzuzugeben.[15] Dürer beschreibt hier den praktischen Umgang mit der Konstruktion und der künstlerischen Abwägung des Zu- und Wegnehmens, um, so könnte zugespitzt werden, die Figur zeichnerisch in der Waage zu halten. Die eigentliche Bedeutung des Äquilibriums bei Dürer könnte also sein, dass die Figur für die Betrachtung stimmig bleibt. Als Übung weist er den Schüler an, das Zeichnen auch am lebendigen Menschen zu schulen, um die für die Bewegung notwendige optische Verkürzung im Blick zu halten und damit die Abänderung des gelernten und konstruierten geometrischen Figurenschemas zugunsten einer überzeugenden Bewegung der Figur zu üben. Diese Verwendung von schematischer Figur und Abänderung – dem künstlerischen Ausgleichsmittel oder Trick der Verkürzung – ist eine »Folge der Erkenntnis [...], dass jegliche *Massstäblichkeit* im Moment der Bewegung verschwindet und nur durch die hier angebotene Technik gerettet werden könne«.[16] Ergänzend kann hier die Qualität der Linie herausgestellt werden, die nicht mehr ausschließlich in einer strengen Kontur die Figur umreißt, sondern diese mit zarten Binnengliederungen verlebendigt.

In der künstlerischen Nachfolge Dürers entsteht Heinrich Lautensacks Buch *Deß Circkelß vnd Richtscheyts*, in dem es darum geht, die komplizierten Darlegungen Dürers vereinfachend wiederzugeben. Lautensacks Darstellungen sind im Grunde genommen bildliche Übersetzungen von Dürers komplexer Konstruktion der Figurbiegung anhand einer einzigen Strichfigur, die hier das Spiel mit dem Gleichgewicht illustriert (Tafel 18a, b).

OSKAR SCHLEMMER UND DER BOGENSCHLAG

Die Figuren Oskar Schlemmers veranschaulichen das Verhältnis von gerader zu gebogener, gewundener oder wellenförmiger Linie. Anhand des Spannungsbogens oder des Zirkelschlags sollen nun Darstellungen energiegeladener Bewegungen der Figur vorgestellt werden, deren Ausrichtungen ein besonderes Maß an Äquilibrium benötigen.

Ende der 1920er Jahre arbeitet der Künstler, Tänzer und Choreograf Oskar Schlemmer am Bauhaus an der Vorbereitung seines Kurses *Der Mensch*, den er in seinem gleichnamigen Buch in der Reihe der Bauhausbücher weiterzuführen gedachte. Diese Studien umfassen umfangreiche Untersuchungen zur Proportion und zur Bewegungsdarstellung des Menschen anhand der Strichfigur.[17] Das Herzstück von Schlemmers Studien bildet das figürliche Zeichnen, das von verschiedenen konstruktiven Linienarten wie der äußeren Kontur, dem basalen Körpergerüst und den ausrichtenden Achsen geprägt ist, aber auch die Ästhetik der Linien betrifft, die als gerade, gebogene, gekrümmte und geschwungene mit ihrer jeweiligen Ausdruckskraft spezifische Bewegungen vermitteln. Der Linie werden so in der Deskription der Figur unterschiedliche Funktionen zuteil, von der umreißenden Linie, die die Kontur der Figur beschreibt, zur tragenden Linie als Gerüst, welches die innere Struktur widerspiegelt, bis hin zur Achse als Hauptlinie der Ausrichtung. Über die spezifische Artikulation dieser Linien transportiert Schlemmer in seinen Figuren auch unterschiedliche Bewegungsarten und -weisen. Aus der Analyse und Reduktion natürlicher Gestalten sowie unterschiedlicher Bewegungen entwickelt Schlemmer mit der Linie geometrische Strichfiguren, um einfache Ordnungsschemata zu erhalten, die die Eigengesetzlichkeit und Gesetzlichkeit des Zusammenbaus offenlegen, und damit einen Beitrag zur pädagogischen Anleitung der Anwendung zu leisten (Tafel 19a, b).[18]

Zwei Entwürfe aus dieser Zeit geben Einblick in sein methodisches Verfahren, die Figur mit geraden und geschwungenen Linien auszubilden, und zeigen, wie die Figuren über die »Modulationsfähigkeit der Linie« unterschiedlichen Ausdruck in der Bewegung erhalten.[19] Das eine Blatt verwendet für die »Lebens- und Aktionsfähigkeit« der Figuren gerade Linien und entwirft diese mit angewinkelten Armen und Beinen als »Grundlagen für eine Tanzschrift«, einerseits die Struktur des Rasters aufnehmend, andererseits sich in die Diagonale erstreckend.[20] Die Spannung der Aktionsdarstellung entfaltet sich hier in der relationalen Struktur funktionaler Glieder, die im Verhältnis gerader und diagonaler Linien zueinander in der Wahrnehmung eine Dynamik der Bewegung entfalten.

Deutlicher wird dies noch an einem anderen, aber ähnlichen Blatt, auf dem Schlemmer die Figuren unter »Zuhilfenahme der gebogenen Linie« mit konvexen und konkaven Linienbögen entwirft.[21] Dabei entspinnt sich ein Zusammenspiel gekrümmter und gebogener Linien, das die unterschiedlich wirkenden Kräfte in einer bewegten und zugleich ausbalancierten Figur veranschaulicht. In diesen Bewegungsfiguren werden die anatomischen Gesetzmäßigkeiten des Körpers zugunsten des Bildeindrucks mittels gebogener, gebeugter und verkürzter Linien ausgeglichen. Schlemmer konzipiert die Strichfiguren aus geraden Strichen und geschwungenen Bögen, die sich von der Struktur der gleichmäßigen Quadrate des Karopapiers freischwingen. Dieses karierte Papier bildet quasi in Form eines Koordinatensystems von x- und y-Achse ein Quadratnetz aus, das als die Grundlage für die Maßeinheit sowie als Proportions- und Bewegungsvorgabe der Figuren dient.[22] Er verwendet die Horizontale und die Vertikale für die einzelnen Gliedmaßen beider Figurentypen, die imaginierte Diagonale bringt nicht nur die perspektivische Verkürzung ins Spiel, sondern auch die Bewegung. Wie schon in der Figurenkonstruktion bei Dürer löst die Diagonale in der Abweichung zur stehenden Vertikalen oder liegenden Horizontalen die Wahrnehmung von Bewegung aus. Das Ausbilden einer Bewegung ist für Schlemmer hier nicht nur bildliches Ziel seiner Darstellung und »Grundlage für [...] eine Tanzschrift«, sondern er appelliert an den Betrachter, »das Assoziationsvermögen; die bildende Sehkraft!« einzusetzen.[23] Durch die der Kategorie des Rhythmus entlehnten Prinzipien des Wechsels und der Wiederkehr von gegensätzlichen und gleichlaufenden Bewegungsrichtungen einer Figur formt Schlemmer das Bewegungsmotiv einer bestimmten Aktion und lässt den Betrachter Bewegung sehen, einmal mehr, einmal weniger (Tafel 19c).[24]

Eine weitere Parallele zwischen Schlemmers Praxis und derjenigen Dürers liegt darin, dass er die Bewegung ausgehend von der Proportion des stehenden Menschen ohne Bewegung erarbeitet, bevor er die Bewegung konstruiert – also ebenfalls eine Konstruktionsweise der Bewegung aus dem Stand heraus. Ein anschauliches Beispiel hierfür ist die stehende menschliche Figur als Vertikale, die einen Ausgangspunkt der Studien Schlemmers in den 1920er Jahren bildet. Sie ist die radikale Form der Darstellung des Menschen als aufrechte Linie, welche Schlemmer in der Folge mit einer bestimmten Bewegungsartikulation, begleitet von stichpunktartigen Beschreibungen, versieht.[25] Auch hier wendet er das oben schon beschriebene Prinzip an, von der weitestgehenden Abstraktion auszugehen. »Die einfachste lineare Form einer menschlichen Figur« ist, so legt Schlemmer in einem Blatt dar, a) »gegenüber der Umwelt eine senkrechte Linie«, b) »der Buchstabe i«, c) »Aktion durch Schwung«, d) »Illusionsfähigkeit der leicht bewegten Geraden«, wobei c) und d) die »magische Kraft der einfachen Linie« zugeordnet wird.[26] Schlemmer bezeichnet die »Abspaltung der Beinschrägen« wie die »Neigung der Kopflinie« als entscheidenden Schritt zu seinen geradlinigen Figuren.[27] Wird die aufrechte Figur von einer einfachen Senkrechten verkörpert und drückt sich ihre Aktion durch eine geschwungene Linie aus, so gibt die leicht bewegte Gerade einen Impuls an den Betrachter weiter, für den in der Differenz der sichtbaren Modulation und der imaginierten Vertikalen im Sehen sich Bewegung entfaltet. Bezogen auf das Geschehen zwischen Bild und Betrachter verdeutlicht dies die Leistung der Zeichnung, die Imagination in Gang zu setzen. Für die zeichnerische Konstruktion beschreibt dieses Verhältnis von Sichtbarkeit der Linie und Unsichtbarkeit der Bezugslinie das dem Linienschema der Figur innewohnende Spannungsverhältnis.

GEORGE EDWIN LUTZ UND DAS BILD DES EIN- UND AUSSCHWINGENDEN UHRPENDELS

Der aufrechte menschliche Gang als Archetypus von Bewegung ist eine stetige Balancierungsleistung. Besonders prägnant beschreibt Arthur Schopenhauer jeden Schritt des aufrecht gehenden Menschen als einen aufgeschobenen Fall [28]. Die Praktiker des Animationsfilms hingegen vergleichen den Gang mit dem komplementären und alternierenden Verhältnis von Aufrichten und Fallen, dem »rise and fall«, das in seiner Chronologie grafisch als Bild der Wellenbewegung dargestellt wird. Auch die Rhythmizität der Mechanik des (Uhr-)Pendels – das Bild des ein- und ausschwingenden Pendels – wird für die grafische Darstellung des Schwingens der menschlichen Extremitäten herangezogen. Das Bild dient seit Jahrhunderten als Erklärungsmodell für die Wahrnehmung von Bewegung im doch eigentlich unbewegten Bild und wird erneut für die Arbeit der Künstler an der Zeichnung für das Laufbild des Zeichentrickfilms zentral.

Das erste Handbuch des frühen Zeichentrickfilms, das Buch *Animated Cartoon. How they are made. Their Origin and Development* des Künstlers, Illustrators und Autors Edwin George Lutz widmet sich ausschließlich der historischen und praktischen Entwicklung und Herstellung des gezeichneten Films.[29] Lutz zeichnete Illustrationen für Zeitungen und Magazine und verfasste zahlreiche Handbücher zur Zeichnung für junge Leser und im Besonderen für angehende Künstler und Animatoren, die er alle selbst bebilderte.[30] Das 1920 geschriebene Buch richtet sich gleichermaßen an den Zeichner und Zeichentrickfilmkünstler wie auch an die breite Öffentlichkeit und bietet zum ersten Mal Einblick in den Aufbau der einzelnen figürlichen Bewegung wie von spezifischen Bewegungsphasen für die Herstellung des gezeichneten Films. Im Folgenden soll anhand eines kurzen Ausschnitts vorgestellt werden, wie Lutz die Darstellung des figürlichen Bewegungsablaufs im Zeichentrickfilm konstruiert (Tafel 20a).

In dem Kapitel »On Movement In The Human Figure« untersucht Lutz den Gegenstand der Bewegung, und er stellt, wie viele Autoren solcher Handbücher in der Folge, für den Anfänger das Erlernen des Bewegungsablaufs anhand des einfachen Gangs an den Beginn der Zeichentrickfilmentwicklung. Damit wird auch die komplexe Organisation des kontinuierlich bewegten Zeichentrickfilms, der aus einzelnen, apparativ in Bewegung versetzten Figurenzeichnungen besteht, eingehend betrachtet. In der Kunst des Zeichentrickfilms ist es für den Zeichner unerlässlich, ein Verständnis für die zugrunde liegenden Prinzipen der Fortbewegung des Menschen zu entwickeln.[31] Zunächst erklärt Lutz die wirkenden Zusammenhänge des menschlichen Körpers, die in der Bewegung des Laufens stattfinden, am Beispiel der unteren Gliedmaßen, die einen unmittelbaren Effekt auf die oberen Gliedmaßen haben, die sie im Gegenzug auch aktivieren. Entscheidend ist, dass sie sich im Gegengewicht verhalten, um das Gleichgewicht des sich bewegenden Körpers zu sichern. Diese simultane Aktivität der Arme, die von einer harmonischen Anspannung des Oberkörpers begleitet wird, zeigt die Notwendigkeit, das Äquilibrium für jeden Bewegungszustand neu herzustellen – ein Zustand, der zwischen den einzelnen Bewegungsphasen immer wieder neu entsteht (Tafel 20b).

Lutz wendet sich jedoch zunächst nur der Darstellung des menschlichen Gehens zu und konzentriert sich dabei ausschließlich auf die Aktionsphasen der gehenden Beine. Die folgende Illustration »Successive Phases of Movements of the Legs in Walking, Above: Diagram to indicate the length of a stride and to show how the head describes a ›wave‹« zeigt, wie die Aktion des normalen Gehens des Menschen in den sukzessiven Phasen als Basis für die kontinuierliche Bewegung in der Zeichnung konstruiert werden soll.[32] Mit diesem Bildbeispiel gibt Lutz anhand einer abstrahierten Skelettfigur ohne Arme die sukzessiven Bewegungsphasen der Beine im Gang an. Die Strichfigur ist aus Umrisslinien dargestellt, welche durch Kreise für die Gelenke verbunden sind. Kopf und Füße sind schematisch umrissen. Die in Seitenansicht gezeigte abstrahierte Skelettfigur beschreibt, wie die Gliedmaßen alternierend überhängend schwingen und abwechselnd den Oberkörper in seiner Position über dem Grund stützen.[33] Mit diesem Bildbeispiel führt Lutz dem Schüler vor Augen, worauf er bei der Entwicklung des *Walkcycle* achten solle:

> »It is this: to have the trunk rise as it is in turn supported upon one rigid leg and then upon the other, and to show that it falls slightly when the two limbs are outstretched at their extreme positions. In this alternating rise and fall of the trunk in walking, the head can be observed as describing a wave. The highest point of the wave is when the trunk is supported on the rigid leg and the lowest point when both limbs are stretched out as if flying from the vertical of the body.«[34]

Das obere Diagramm hat die Aufgabe, die Schrittlänge der Figur und eine (Bewegungs-)Welle des Kopfes als *Wave Line* anzuzeigen, und auch das untere Schaubild stellt über die schematische Markierung der Gelenke als Kreise und der Gliedmaßen als Striche die Abstände der sukzessiven Bewegungsphasen heraus.[35] An der Relation beider Kreise zueinander und ihrer jeweiligen Beziehung zur nächsten Phase innerhalb eines Bewegungszyklus kann ein für den normalen Gang unverwechselbarer Rhythmus abgelesen werden. Prägend hierfür ist das zwischen den Bewegungsphasen jeweils neu austarierte Äquilibrium als ein Zustand zwischen den Bewegungsphasen eines Ausgangs- und Zielpunktes der Bewegung.

SCHLUSSBETRACHTUNG

Die vorgestellten Herangehensweisen sind gängige Verfahren seit der Proportions- und Bewegungslehre der Renaissance, die die menschliche Figur in einem ausgeglichenen Zustand, in ausgefeilter Ponderation ins Bild rücken, um sie im Folgenden konstruktiv und mittels künstlerischer Tricks und optischer Ausgleichsmittel bildlich aus dem Gleichgewicht zu bringen – was in der Wahrnehmung des Betrachters den Effekt der Verlebendigung schafft. Es scheint also so, als ob das Äquilibrium für die Darstellung menschlicher Bewegung als Ausgangspunkt für den Zielwert der Lebendigkeit der Darstellung stehen kann.

Die verschiedenen Bilder der unterschiedlichen Künstler haben gezeigt, dass die Strichfigur als Schematisierung der Gestalt des Menschen genutzt wird, um mit ihr unterschiedliche Eindrücke einer lebendigen Figur im Unterschied zur leblosen Figur zu erarbeiten. So untersuchte der Aufsatz das Phänomen der Strichfigur, wie sie von Künstlern für die proportionale Entwicklung und Konstruktion menschlicher Bewegung im Bild eingesetzt wird. Es ist die Strichfigur, die die Verbindung von Abstraktion und Bewegung ermöglicht, und das Äquilibrium ist dabei ein zentraler Aspekt der Zeichentechnik. In der Praxis der Zeichenkunst kommen unterschiedlichste Mittel und Verfahren wie verschiedene Linienarten und Konstruktionsweisen zum Einsatz, und in der Theorie und Lehre werden verschiedene Erklärungsmodelle wie das Modell der Waage im Werk Albrecht Dürers, das konstruktive und künstlerische Mittel des Bogenschlags bei Oskar Schlemmer und das vergleichende Bild des Uhrpendels wie das Prinzip der Wellenbewegung in dem Archetypus des Gehens bei George Edwin Lutz vorgestellt. Damit unternahmen es diese Überlegungen, Bilder zu diskutieren, die für die Bewegungsentwicklung mit Ausgleichsvorgängen operieren. Von hier aus konnte das Äquilibrium als ein grundlegender Aspekt der Figur beschrieben werden, der Bewegung der Figur entstehen lässt.

EIN GLEICHGEWICHT POSITIVER UND NEGATIVER KRÄFTE?

HENRY VAN DE VELDES PHYSIOLOGISCHE LINIENTHEORIE

Ole W. Fischer

AUSGLEICH DER POSITIVEN UND NEGATIVEN FORM

Der flämische Künstler, Designer und Architekt Henry van de Velde gilt als Mitbegründer des *Art Nouveau* und einer auf geschwungenen Linien und auf dynamischem Gleichgewicht beruhenden Ästhetik. Seine Abkehr von der neo-impressionistischen Malerei hin zu den angewandten Künsten ab dem Jahr 1892 war begleitet von theoretischen Reflexionen, welche sich weniger auf eine Exegese seiner eigenen Arbeiten bezogen, sondern eher grundsätzliche Fragen einer neuen Kunst behandelten, wie zum Beispiel seine Auseinandersetzung mit dem Ornament oder der Synthese der Künste.

Nach seinem Bekanntwerden im Deutschen Reich in Folge der Kunstgewerbeausstellung Dresden 1896 wendet sich van de Velde 1898 im Berliner Kunstmagazin *Pan* an das deutsche Publikum, um seine Prinzipien für den Möbelbau anlässlich der Wohnungseinrichtung für Harry Graf Kessler in Berlin darzulegen.[1] Heftig kritisiert er den zeitgenössischen historischen Eklektizismus, um ihm sein Credo der *conception rationnelle* (vernunftgemäßen Gestaltung) entgegenzusetzen, worunter er Zweckform, Materialgerechtigkeit und Konstruktionsehrlichkeit im Sinne der Englischen *Arts & Crafts* von John Ruskin und William Morris versteht, doch im Unterschied zu diesen befürwortet er die maschinelle Fabrikation ebenso wie einen zeitgenössisch »modernen« Ausdruck. Bezeichnend vor dem Hintergrund der Äquilibriumsthematik bedient sich van de Velde dabei einer vitalistischen Metaphorik von den »Organen« eines Zimmers sowie dessen »Skelett«, das es (neu) zu entdecken gelte, um zu einer einheitlichen Gestaltung zu gelangen, von der er sich eine beruhigende, ausgleichende und harmonische Wirkung auf den Betrachter beziehungsweise Bewohner verspricht:

»Was nun das Mobiliar anbelangt, so wird der Unterschied in folgendem bestehen: man wird ein einheitliches Stück einem komplizierten, ein einheitliches Zimmer einem ungeordneten und zusammenhanglosen vorziehen und erkennen, daß jedes Zimmer einen Haupt- und Knotenpunkt hat, von dem sein Leben ausstrahlt und dem sich alle anderen Gegenstände darinnen angliedern und unterordnen müssen. Diesem neuentdeckten Skelett des Zimmers gemäß wird man die verschiedenen Einrichtungsstücke anordnen, die man fortan als lebendige Organe des Zimmers und der Wohnung empfinden wird.«[2]

Der Wunsch nach einer einheitlichen Gestaltung aller Elemente eines Interieurs, von den Oberflächen der Wände, Decke und Böden über funktional-technische Gegenstände wie Leuchtkörper oder Heizungsverkleidungen, von Einbauten bis hin zu den Möbeln, von den Gemälden, Skulpturen und angewandter Kunst der Bucheinbände, Geschirr und Besteck bis hin zu den Kleidern der Bewohnerin verweisen auf das Konzept des »Gesamtkunstwerkes« der »Stilkunst« der Jahrhundertwende. Doch die organische Metapher geht darüber hinaus, indem sie einen biologisch-funktionellen Zusammenhang der spezialisierten Einzelteile in einem größeren Ganzen – dem Körper – andeutet. Zudem verweisen die Begriffe des »Organs« und des »Skeletts« auch auf eine Abkehr von der orthogonalen Disposition des Interieurs, ebenso wie von axialen, symmetrischen Ordnungssystemen, welche in der Geschichte der westlichen Architektur vorherrschend sind, zu Gunsten eines biologisch-vitalistischen oder dynamischen Gleichgewichts. Wie genau dieses zu verstehen ist, zeigt van de Veldes Fortsetzung des Gedankens:

»Wird nun auch dieses Bestreben ohne weiteres sichtbar werden, so wird doch der Höhepunkt an Ebenmaß und geistiger Klarheit erst möglich werden durch die Entdeckung des ästhetischen Wertes, der neben den positiven auch den negativen Umrissen der Gegenstände zukommt, vielleicht die wertvollste von unseren Entdeckungen; ich meine die Erkenntnis, daß ein Möbel, daß jeder Gegenstand, außer seiner Silhouette, die er auf die Wand, in die Luft, kurz auf jeden Hintergrund zeichnet, zugleich auch in diesem Hintergrund eine der seinigen sich genau anschmiegende, umgekehrte Form ausschneidet und daß diese negative Form ebenso wichtig ist, wie die des Gegenstandes selbst und ein sicheres Urteil über die Schönheit des Dinges ermöglicht.«[3]

Aufbauend auf seine Erfahrung als Maler und Graphiker formuliert van de Velde mit dem Phänomen der Positiv/Negativ-Form – heute würden man sagen Figur/Grund –

eine Variante der Gestaltpsychologie, wie sie sich parallel beziehungsweise in Folge entwickelt. »Ebenmaß und Klarheit« als positive Qualitäten der Stilkunst sollen also nicht nur durch die Einfachheit der Zweckform erreicht werden, sondern durch eine Betrachtung von positiver und negativer Linie beziehungsweise Form, und das nicht nur in Grundriss oder Aufriss (Wandabwicklung), sondern in der Dreidimensionalität des Raumes, wie van de Velde mit den Begriffen der »körperlichen« und »unkörperlichen Form« verdeutlicht. Ins Zentrum der Betrachtung tritt die Grenzlinie zwischen Gegenstand und Raum, zwischen Masse und Leere, oder zwischen Vordergrund und Hintergrund. Die Umfassungslinie oder Silhouette wird in ihrer Bedeutung gegenüber anderen Eigenschaften (Material, Farbe) aufgewertet. Van de Velde überlegt gar, dass es analog zur Farbtheorie auch »Komplementärformen« im (Negativ-)Raum geben müsse: »Ein geübtes und empfindliches Auge genießt beide, die körperliche und unkörperliche Form, gleich intensiv und summiert sie zu etwas, an dem es ganz neue Empfindungen erlebt. Diese Empfindungen gleichen der Begleitung beim Gesange und steigern den Genuß des Auges ebensosehr wie die Polyphonie den Genuß des Ohres.«[4]

Wichtig für van de Veldes weitere Entwicklung als Gestalter und Architekt ist der Übergang von einer graphisch-linearen Betrachtung, die Möbel, Innenraum oder Architektur als Erweiterung seiner Flachornamentik behandelt, hin zur dreidimensionalen Körperlichkeit und Masse, wie sie in seinem Werk an Bedeutung gewinnt und den Weg zu einer sachlich-plastischeren Formensprache ebnet. Vielmehr lässt sich nun das umgekehrte Phänomen beobachten, dass die räumliche Vorstellung von Organizität und vom Gleichgewicht von Positiv/Negativ auf seine Ornamenttheorie zurückzuwirken beginnt, wie beispielsweise im Text *Das neue Ornament* von 1901:

> »Das Ornament wird ein Organ und weigert sich, nur etwas Aufgeklebtes zu sein. [...] Die Einflüsse, die Richtungen dieser Linien haben zur Folge, dass das Ornament herausspringt oder nur furchtsam an einer Seite herauskommt, dass es sich an einer anderen oben oder unten im Raum entwickelt und entfaltet. Inzwischen wird es jeden Zwang erfahren haben, von allen Lücken angezogen worden sein und sein endgültiges Aussehen erst dann erlangt haben, wenn eine völlige Harmonie eingetreten ist und ein vollkommenes Gleichgewicht zwischen seinen positiven und negativen Organen, zwischen Lichtern und Schatten sich hergestellt hat. Die Ornamentik ist keinen anderen Gesetzen unterworfen, als denen, welche ihr Harmonie und Gleichgewicht anstrebendes Ziel ihr auferlegt. Sie strebt nicht danach, irgend etwas darzustellen.«[5]

Der Verweis auf die Musik ist bedeutsam, denn wie an anderer Stelle dargelegt, bildet die symphonische Musik und die Musiktheorie um 1900 eine Projektionsfläche für die Suche nach einer abstrakten (und allgemeingültigen) vor-begrifflichen Ausdrucksweise, wie sie sich beispielsweise in den »Farbklängen« und »Kompositionen« von Wassily

Kandinsky ebenso zeigt wie in van de Veldes Überlegungen zu einer abstrakten, modernen Ornamentik:[6]

»[...] es war der Gedanke, dass die Linien unter einander dieselben logischen und konsequenten Beziehungen haben wie die Zahlen und in der Musik die Töne, der mich dazu brachte, nach einer rein abstrakten Ornamentik zu forschen, welche ihre Schönheit aus sich selbst und aus der Harmonie der Konstruktionen und der Regelmässigkeit und dem Gleichgewicht der Formen, die ein Ornament zusammensetzen, schöpft.«[7]

Zudem tauchen immer wieder musikalische Begriffe – Harmonie, Komposition, Polyphonie – in den Texten van de Veldes auf, um die Vorstellungen einer dynamischen Balance zu umschreiben (im Gegensatz zum traditionellen, symmetrischen Gleichgewichtsbegriff in der Architektur). Der Begriff der »Symphonie« hilft zudem, das Problem der Fügung zu theoretisieren: Analog zum Orchester kann auch ein Innenraum als Zusammenklang relativ verschiedenartiger Komponenten unter einem einheitlichen Plan verstanden werden, selbst wenn sie unterschiedliche Funktionen erfüllen und aus unterschiedlichen Materialien gefertigt sind, wie van de Velde am Beispiel der Schraube mit Möbelbau erläutert, die er zum Ausgangspunkt für Form und Ornament der Verbindungsteile bestimmt.

GLEICHGEWICHT DER KRÄFTE

In der Weiterentwicklung seiner Gedanken ergänzt van de Velde das Konzept der positiven und negativen Elemente um den Begriff der »Kraft«. Oder vielmehr deren Plural – Kräfte –, denn es geht ihm um die Suche nach »Gesetzen« der Linie, die er in Analogie zu den Gesetzen der Farbmischung und Farbwahrnehmung, wie sie für den »wissenschaftlichen« Ansatz des Pointillismus von Bedeutung waren, sieht:

»Auf vereinigten Oberflächen trägt sie alle ihre Einflüsse in sich, und das Ornament wird mit Notwendigkeit aus zwei, drei Linien geboren, die wir, von einer unbewussten Macht wie von einem Schrei getrieben, ohne jedes weitere Nachdenken aufs Papier werfen. Liegen diese Richtung gebenden Linien einmal fest, so braucht man nur noch abzuleiten, sich über die, welche die Anlage verlangt, über die, welche sich verbieten und die, welche als Ergänzung notwendig sind, klar zu werden. Denn dies ist eine Empfindung, die mich nicht verlässt: ganz ebenso wie die Farben haben auch die Linien ihre ergänzenden Werte. [...] Drei Regeln leiten mich augenblicklich: [...] Die Ergänzungen, Abstossung und Anziehung, Der Wille, welcher verlangt, dass den negativen Formen eine ebenso grosse Bedeutung zufalle, wie den positiven. Denn es giebt Formen, welche wir wirklich schaffen und solche, welche zu schaffen wir hier nicht verhindern können, das hängt notwendig zusammen. Man verändere einmal, sehe weiss an Stelle von schwarz und taste in die Leere anstatt die Materie zu berühren; man mag es thun, aber welche Absicht man dabei auch immer habe, notwendig ist, dass das Weisse ebenso schön wie das Schwarze, das Ungreifbare so schön wie das Materielle sei.«[8]

Wiederum ist das Bemühen um eine dynamische Balance im Raum beziehungsweise bei jedem Element (Organ) spürbar, jedoch im Unterschied zu den früheren Betrachtungen über die Rationalität von Zweckform, Material, Prozess und des Positiv/Negativ-Phänomens ergänzt van de Velde seine Erklärung um ein irrationales Element: Die primären Linien entspringen dem Entwerfer »unbewusst« wie ein »Schrei«. Das Element des Schreis steht am Anfang des menschlichen Lebens, ein erstes Luftholen des Neugeborenen, eine extreme stimmliche Äußerung weit vor der Sprache, damit ein überindividuelles, überzeitliches Ereignis jenseits von Konventionen und kultureller Prägung. Für die Künstler der Jahrhundertwende war das Interesse am »Primitiven« ebenso wie am »Frühkindlichen« und am direkt Emotionalen vom Wunsch getrieben, eine unmittelbare, abstrakte Kunst jenseits kultureller Codes zu begründen. In der Nachfolge von Schopenhauer und Nietzsche galt auch die Musik als eine Metasprache der Emotionen, die sprachliche, kulturelle und soziale Grenzen überschreiten könne. Aber das gilt nicht nur für den Entwerfer, sondern auch für den Betrachter beziehungsweise Bewohner dieser Stil-Interieurs. So fährt van de Velde im selben Text *Das neue Ornament* von 1901 fort:

> »Dereinst werden wir uns weigern, in einem Raum zu leben, wenn alle daselbst befindliche Gegenstände nicht das gemeinsame Streben bekunden, eine einzige seelische Wirkung hervorzurufen, aus deren Einheitlichkeit wir unbewusst nervöse Kräfte schöpfen, ebenso wie wir solche heute unbewusst verlieren, wenn wir uns innerhalb einer Ausschmückung befinden, wo kein Zusammenhang waltet, wo tausend Elemente sich stossen und widersprechen und die Zerfahrenheit und Widerspruchsfülle derer bekunden, deren Geschmack bei der Einrichtung massgebend gewesen ist.«[9]

Die Bewohner unterliegen der psychologischen Wirkung der sie umgebenden baulichen Umwelt, im Fall der Einrichtung des »neuen Stils« van de Veldes angeblich einer beruhigenden, harmonischen, natürlichen, stärkenden. Die Figur des Gleichgewichtes hat sich damit von einer Überlegung von Figur/Grund zu einem individuell therapeutischen Instrument erweitert, indem ganz direkt nicht nur physikalische Kräfte, sondern auch psychische und physiologische walten. Im Gegensatz dazu steht van de Veldes Charakterisierung einer gründerzeitlichen Einrichtung im historistischen Stilmix als »Kakophonie«, als ein »Parlament der Verrücktheiten«, wenn allen im Raum befindlichen Objekten eine Stimme verliehen würde, als ein Vergeuden und Verlust an »Kräften« – psychischen wie auch physischen.[10] Diesem bürgerlichen Sammelsurium und Durcheinander gegenüber verweist van de Velde nicht nur auf das Vorbild der Natur, sondern signifikanter Weise auch auf die moderne Industrie, die nur auf den ersten Blick für den Uneingeweihten chaotisch, laut und dreckig wirke, aber bei der alles unter einer »einheitlichen Leitung« und alle Kräfte auf ein Ziel ausgerichtet seien.

»GRIECHISCHE HEITERKEIT«

In einem Schlüsseltext *Prinzipielle Erklärungen* von 1901 verkündet van de Velde als Ziel der Gestaltung eine »moralische Kunst«, jedoch nicht im Sinne Friedrich Schillers, sondern Moral verstanden als »Einklang mit der Natur« und Streben nach dem »Höhepunkt der Kraft, des Wohlbefindens und des Glückes«.[11] Dieses Verständnis von der Schönheit als Intensität des Lebens, als Gesundheit, als Stärkung der Kräfte, zeigt Parallelen zur physiologischen Kunstauffassung des späten Nietzsche, mit dessen Texten van de Velde sich im Zusammenhang mit der Gestaltung des Nietzsche-Archivs in Weimar 1902–04 und der Nietzsche-Prachtausgaben für den Insel-Verlag (*Zarathustra* 1899–08; *Ecce Homo*, 1906–08; und *Dionysos Dithyramben*, 1914) erneut befasst.

Übertragen auf die Einrichtung verkündet van de Velde, dass der »Sinn eines Hauses« im »regelmässigen, leichten und beständigen Zusammenwirken seiner verschiedenen Organe« liege, weshalb es die vordringlichste Aufgabe des Gestalters sei, die »wesentlichen organischen Bestandteile« eines Entwurfes zu kennen, um dann mittels »Urteilskraft« diesen den »richtigen Platz« zuzuweisen.[12] Doch zu der bisher aufgestellten notwendigen Bedingung der *conception rationnelle* tritt ab 1902 die Forderung nach »Augenscheinlichkeit«: die logische Wahl von Zweckform, Konstruktion, Material und Herstellungsprozess allein genügt nicht mehr, hinzu kommen muss deren visuelle Ablesbarkeit am fertigen Objekt (Konstruktionserscheinung), was einer an den Betrachter adressierten kommunikativen Zutat zur Verdeutlichung oder Erklärung des Objektes oder Interieurs gleichkommt, von der van de Velde sich eine neue »Offenheit« zwischen Mensch und Dingwelt erhofft, gar eine offene, transparente, harmonische Gesellschaft als Antwort auf die soziale Frage der Jahrhundertwende – und damit sich denkbar weit von seinen früheren sozialistischen Forderungen nach Revolution und einer post-revolutionären Kunst entfernt. In Übertragung kann man auch hier von einer Sehnsucht nach dem Äquilibrium sprechen, einem sozialen Ausgleich, nicht im Sinne einer Akzeptanz der gesellschaftlichen Verhältnisse des spät-feudalen und bürgerlich-kapitalistischen Kaiserreiches, sondern weiterhin im Sinne einer radikalen Veränderung – bei der die ästhetische Revolution der politischen vorangehen und den Weg ebnen soll. Doch damit tritt van de Velde in eine typische Falle der künstlerischen Avantgarden, die in ihrem Versuch, Kunst und Leben zu vereinen, oftmals Ästhetik mit Ethik verwechselt haben.[13]

Mit dieser politischen Verschiebung von der revolutionären Massenbewegung hin zu einem radikalen Individualismus – um nicht zu sagen zur »radikalen Geistesaristokratie« Nietzsches – verbindet sich auch eine ästhetische Neuausrichtung hin zum »Klassischen«:

»Nur die Werke, einerlei aus welchem Gebiet, deren sämtliche Teile im Einklang stehen, rufen den Eindruck hervor, dass sie unabänderlich sind, und verursachen eine unvergleichliche Erschütterung derer, die dafür empfänglich sind. Durch sie allein ist es uns vergönnt, die Ewigkeit zu spüren und die Weihe alles Unwandelbaren und Heiteren zu geniessen.«[14]

Die Mittel der Wahl sind logische Zweckform und visuelle Harmonie als Schlüssel zu Ewigkeit und griechischer Heiterkeit, jedoch keinesfalls als Permanenz des Monumentalen verstanden, sondern als dynamischer Kräftefluss, wie van de Velde ihn am Beispiel des abstrakten Ornamentes entwickelt, das eben nichts darstellt, weder naturalistisch noch stilisiert oder symbolisch, sondern einzig rhythmisch und belebend wirkt.[15] Und während in den frühen Schriften eine romantisch-frühsozialistische Begeisterung für die Gotik als Ausdruck einer freien mittelalterlichen Gilde-Gesellschaft vorherrschte, sucht van de Velde nun nach Referenzen in der griechischen Klassik, wenn auch in einer durch Nietzsche »umgewertheten« Antike:

»Die Griechen verfuhren ornamentalisch, um Leben in ihre Werke zu bringen. Sie empfanden die Notwendigkeit, es da anzubringen, wo ein Vorsprung ohne Wirkung leblos blieb, da, wo eine tiefbeschattete Fläche sich befand, bei deren Anblick man ohne Ornament die schreckliche Ahnung des Nichts gespürt hätte. Bei den Griechen ist das Ornament Leben, es hat das Leben in sich, gerade wie der Dionysos-Kultus selbst.«[16]

Van de Velde verschiebt somit das Ziel der Stilkunst vom Ausgleich der Kräfte und einer psychisch beruhigenden Wirkung auf den Betrachter hin zu einer animierenden, vitalistischen Wirkung, um nicht zu sagen, zu einer berauschend-expressiven und dionysischen (im Sinne von Nietzsches Theorie der Kunstkräfte). In diesem Zusammenhang wendet sich van de Velde nochmals der Frage der Erzeugung zu: Woher stammen diese im Raum aktiven Kräfte? Natürlich vom Autor-Künstler, wenn man ihm Glauben schenken darf:

»Eine Linie ist eine Kraft, die ähnlich wie alle elementaren Kräfte tätig ist; mehrere in Verbindung gebrachte, sich aber widerstrebende Linien bewirken dasselbe, wie mehrere gegeneinander wirkende Kräfte. [...] [S]ie entlehnt ihre Kraft der Energie dessen, der sie gezogen hat. Diese Kraft und Energie wirken auf den Mechanismus des Auges in der Weise, dass sie ihm – dem Auge – Richtungen aufzwingt. Diese Richtungen ergänzen sich, verschmelzen miteinander und bilden schliesslich bestimmte Formen.«[17]

Der Raum selbst, so van de Velde weiter, ist bereits eine Komposition solcher Kräfte und Linien, ein Energie- und Kraftfeld, dessen Vektoren vom Gestalter erkannt werden müssen, um die richtigen Ergänzungen (Möbel, Details) als wirksame Kräfte zu entwerfen. Wiederum bemüht van de Velde hierbei die musikalische Metapher des Komponierens ebenso wie die der Gesetze der Harmonie. Dabei folgt Linie auf Linie:

> »Der, welcher von diesen Gesetzen und dem Einfluss der Linien aufeinander durchdrungen ist, kann sich nicht unbefangen fühlen. Sobald er eine Curve gezogen hat, kann diejenige, die er ihr gegenüberstellt, sich nicht mehr von dem Begriff lösen, der in jedem Teil der ersteren eingeschlossen liegt; die zweite wirkt ihrerseits auf diese, welche sich nun ändert, sich ummodelt im Verhältnis zur dritten und aller anderen, die noch folgen werden. Man muss nun alle Linien, aus denen später Formen entstehen, in solche Harmonie bringen, dass alle Wirkungen berechnet und neutralisiert werden.«[18]

Damit stellt van de Velde klar, dass die vom Entwerfer geborgte Kraft und Energie der Linien gerade nicht auf einen autonomen Künstler-Expressionismus hinausläuft, entweder als Projektion innerlicher Gemütszustände auf die Außenwelt oder als eine Überformung dieser ausschließlich nach den Vorstellungen des Künstlers. Sondern gerade umgekehrt, van de Velde fordert, dass der Entwerfer seine Umwelt genau studieren muss, um die wirkenden Kräfte zu erkennen, und durch Intervention berechnend zu verbessern. Als Vorbild steht ihm die naturwissenschaftliche Methode der Ingenieure vor Augen: »[...] ich kann ihnen heute Abend nur raten, sie »natürlich« zu nennen. In ihr betätigen sich wirklich Kräfte, wie in der Natur, mögen es Wind, Feuer oder Wasser sein.«[19] Aber gerade mit dem Begriff der »Natürlichkeit« vermischt van de Velde mehrere Ebenen: zum einen das direkte Vorbild der Wirkung von Kräften in der Natur, die selbst unsichtbar nur anhand ihrer Wirkungen – Strudel, Strömung, Verformung – erkannt werden können. Hier spricht der sensible Blick des ehemaligen Landschaftsmalers. Auf zweiter Ebene dann die Parallele zur Methode der »Berechnungen der Ingenieure«, bei der van de Velde seinen »neuen Stil« in Analogie zu den Eisenbauten der *Tour Eiffel* oder der *Galerie des Machines* der Pariser Weltausstellung 1889 sieht. Zwar behauptet van de Velde, dass sein Ornament sich direkt aus der auf Zweck und Konstruktion gerichteten logischen Problemlösung entwickle (bezeichnenderweise übergeht er die ökonomische Perspektive des Ingenieurswesens) und rein auf Naturgesetzen und Logik basiere – allein es bleibt bei der Behauptung. Verständlicher ist seine Beobachtung, dass die neuen Ingenieursstrukturen mit neuen Bauaufgaben korrespondieren (Bahnhof, Brücke, Halle), während die akademische Architektur auf eine überlieferte Monumentalarchitektur rekurriere (Tempel und Kathedrale, somit auf ein längst anachronistisch gewordenes symbolisch-religiöses Vokabular), woraus er schließt, dass der Ingenieurbau in Zukunft alle Bauaufgaben der Moderne, auch die traditionellen, wie Monument und Eigenheim, übernehmen werde. Die dritte Ebene des »Natürlichen« verweist schließlich auf die innere Natur des Menschen, auf die des Künstlers ebenso wie die Wirkungen auf die Psyche des Betrachters. »Natürlich« bezieht sich hier weder auf Naturphänomene, noch die Naturgesetze der Ingenieure, sondern auf eine affektive Architektur, die sich allein ihrer eigenen Mittel bediene, um psychisch-physiologische Kräfte zwischen Entwerfer und Betrachter mittels des Kunstwerkes zu übertragen, um eine Stimmung des »Gleichgewichts«, der »Harmonie« und der »Heiterkeit« in Analogie zur griechischen Antike zu finden, gar um einen »neuen Fatalismus« zu begründen.[20]

DIE BELEBUNG DES STOFFES

Die Vorstellung einer vitalistischen Kraft, die sich vom Künstler über das Werk auf den Zustand des Betrachters übertrage, fasst van de Velde unter dem Begriff des »Rhythmus«. Der Bezug zur griechische Antike – Belebung des Stoffes als Überwindung des *horror vacui* – wird über Harry Graf Kesslers im *Pan* erschienenen Aufsatz *Kunst und Religion* explizit gemacht, implizit handelt es sich um eine Bezugnahme sowohl auf Nietzsches *Geburt der Tragödie* als auch auf die Psychologie Wilhelm Wundts, den Kessler in Leipzig gehört hatte.[21] Doch an Stelle des Künstlers als Ausgangspunkt der Kraft tritt nun der Stoff selbst, der zu einem Speicher des Lebens (und des lebendigen Momentes) wird, wie van de Velde im Aufsatz *Die verstandesmäßigen und folgerechten Konstruktions-Prinzipien* von 1902 schreibt:

> »Jedes Stückchen Zeit, jede Minute strebt danach, ihr Innerstes einem Werke einzuhauchen, das es verewigt, und das ihre Seele der Ewigkeit bewahrt. Alle diese Gefühle und alle diese Werke bereichern und vermehren die Kraft des Lebens. Sie sind die Schätze, seien es Monumente, Lieder, Verse, Skulpturen, oder Gemälde, mit denen jede Minute des Lebens anbricht; sie sind die Mitgift dieser Prinzessinnen; jeder dieser Schätze ist ewig, nicht dadurch, dass er durch seine Anwendung und seinen Ausdruck für alle Jahrhunderte passend wäre, sondern weil die Seele des Augenblicks in ihm schlägt; das Leben selbst schlägt in ihm, das Leben, welches ein Lichtstrahl, welcher über eine in Ornamenten geschnitzte Fläche hingleitet und wieder abprallt, erweckt und wiedererweckt, und welches keine andere Absicht als dies wunderbare Spiel hat; das Leben, welches das Erwachen der Worte und der Musik erregt, welche der Rhythmus vereint hat, und welchem seine geheimnisvolle Macht eine Existenz bereitet, die weit über derjenigen der Gedanken steht, die sie enthalten, das Leben,

das der Einklang der Farben hervorruft, deren Wahrnehmung unsere Augen jedes Mal in Erregung setzt, wenn diese Harmonieen [sic] oder Kontraste auf sie wirken. In allen diesen Fällen können die Werke nicht durch das auf uns wirken, was sie vorstellen, sondern nur durch das Leben, das sie enthalten, das sie zurückbehalten haben, und das sie dauernd erhalten werden.«[22]

Und in einem Text des Folgejahres 1903, der ganz diesem Phänomen der Belebung des Stoffes als Schönheitsprinzip gewidmet ist, fährt van de Velde mit diesem Gedanken fort:

»Aber die Schönheit eines Kunstwerkes besteht in einem Leben und einer Seele, die ihm eigen sind, nicht in Leben und Seele seiner Modelle. Die Farben und Linien empfangen ihr Leben von ihrer Wechselwirkung aufeinander; Steine und Metall von den Möglichkeiten, die sie darbieten, Licht und Schatten zu schaffen und zu halten; Worte und Töne von ihrer Fähigkeit, sich zu Harmonien zu verbinden und die fruchtbaren Launen des Rhythmus einzugehen.«[23]

Für van de Velde ist die Kunst – im weitesten Sinne verstanden als menschliche Artefakte – nun weniger eine materielle Notwendigkeit (Zweckform), als eine menschliche psychische Konstante. Entsprechend rückt er auch vom materiellen Äquilibrium ab zu Gunsten einer psychisch-physiologischen Schönheit als Stärke und Feier des Lebens, als ein Gegenmittel gegen die Langeweile und den »Geist der Schwere«, womit er Nietzsches *Zarathustra* anklingen lässt, in dem der »Geist der Schwere« auf Nihilismus und Pessimismus à la Schopenhauer (und somit auf Nietzsches Frühwerk) verweist: »Aus dem Leben der Materialien, die uns umgeben, schöpfen wir wörtlich die nötige Kraft, um gegen die drohende Schwäche-Stimmung anzukämpfen. In ihrem Leben haben wir die Schönheit entdeckt, in ihrer Schönheit das Leben.«[24] An sich ist jedes Material gleich wertvoll oder wertlos, so van de Velde, erst mit der Belebung, das heißt, mit der künstlerischen Überformung, die sowohl handwerklich als auch mechanisch-industriell sein kann, wird der Stoff animiert und kann selbst belebend und lebenssteigernd wirken. Dabei geht van de Velde von einer historisch-kulturellen Entwicklungslinie aus, die den Stoff von den prähistorischen Anfängen einer massenreichen Schwere hin zu größerer Leichtigkeit und Belebung des Materials bis hin zur Entmaterialisierung als Ziel aller Kunst führe.

Diese verschiedenen Aspekte bringt van de Velde erst spät – 1908 – in seinem Aufsatz *Die Linie* in eine zusammenhängende Darstellung.[25] So versetzt er den Leser in einen gedachten Urzustand der Menschheit, um zu schließen, dass erstens die Linie aus dem rein zufälligen Kontakt menschlicher Gliedmaße mit rezeptivem Material herrühre (physiologisch), und zweitens, dass die Linie analog zu den Gebärden einem vorbewussten oder unbewussten Zustand entspreche, der erst durch Wiederholung ins Bewusstsein trete und kontrollierbar werde – aus dem urzeitlichen oder neugeborenen Schrei wird melodisch-rhythmischer Gesang, aus dem unabsichtlichen Abdruck das lineare Ornament: »Linien – übertragene Gebärden – offenbare psychische Äußerungen, deren Primitivität die Nuancen beschränkte. So erkennen wir in den ersten Linien ausschließlich Zustände äußerer Lebenskraft und Erregung, Zustände kindischer Freude, rückhaltloser Lust. [...] Die Kraft ist das Geheimnis des Ursprungs aller Kreaturen und aller Schöpfungen.«[26] Dabei besteht für van de Velde keinerlei Unterschied zwischen inneren Kräften und Kräften der Natur, die (primitiven) psychischen und physiologischen Kräfte stehen für ihn in direkter Parallele zu den Figuren des Windes, der Wellen oder des Steinschlages als Ausdrucksformen von Rhythmus, Energie und Kraft. Diese animistische Einheit von inneren und äußeren Kräften, einer vor-kartesianischen Einheit von Geist, Körper und Umwelt sieht van de Velde auch darin bestätigt, dass sich der »primitive Mensch« gegenüber diesen Kräften – natürlichen wie psychischen – in einem Zustand des Ausgeliefertseins befinde: Erst im Nachhinein eröffne sich eine Betrachtung voller Faszination, ein Genuss der Wirkungen, und eine fortgesetzte Wiederholung und Einübung (wobei die sexuellen Untertöne des Eindringens, Ritzens, in Besitz Nehmens in van de Veldes Beschreibung kaum verhehlt bleiben). Hier liegt der Kern seiner Hypothese: Die Linie entstehe aus körperlich-gestischem Kontakt, erst im zweiten Schritt komme das Auge hinzu – und genieße. Damit wendet sich van de Velde explizit gegen das vorherrschende Modell vom Ursprung der menschlichen Zeichnung in der Mimesis, ebenso wie gegen die semiotische Hypothese, welche prähistorische Zeichnungen als primitive Zeichensprache oder Symbolik lesen will. Stattdessen erklärt er die Geburt der Linien – als Plural – wie auch der Künste allgemein als Folgen von vor-bewussten und vor-sprachlichen körperlichen Affekten und Trieben, inklusive des physiologischen Rausches, des Exzesses und der Sexualität:

> »Denn unsere Natur hat nun einmal den unwiderstehlichen Drang, sich einem beglückenden Rausch hinzugeben, jene Zustände auszukosten, in denen sich die höchste Lebenskraft offenbart, die uns schwindelnd in lichte Sphären tragen, in selige Regionen, in das goldschimmernde wesenlose All! Seit seinem elementarsten Dasein berauschte sich der Mensch unbewusst an der Wollust seiner Bewegungen, seiner Gebärden und seiner Laute und je weiter er sich kulturell entwickelte, erlangte er die Wollust des Tanzes, des Gesanges, der Poesie! So sind die Künste nichts weiter, als erhöhte Zustände physiologischer Fähigkeiten.«[27]

Wiederum steht Nietzsches Vorstellung einer dionysischen »Wollust der Linie« Pate, und van de Velde vergleicht sie mit der »Wollust des Tanzes, des Kampfes, der Liebkosung«.[28] Und wie Nietzsche (und auf seinen Spuren Sigmund Freud) setzt van de Velde eine prähistorische Menschheit mit der Psyche des modernen Menschen gleich: »Urzustand« benutzt er synonym mit »Unbewusst« und »Kindheit«, die vorsprachliche

Ausdrucksweise der Gebärde ebenso wie der Linie versteht er als elementare Kräfte – »primitiv«, »ursprünglich« ebenso wie »rein« und »natürlich«.

Van de Veldes Betonung des Rhythmischen kann man wörtlich im Sinne der Linienfolge verstehen, wie auch übertragen als Ausdruck des »seelischen Zustandes«, selbst als kaum verhüllte Sexualität (»Wollust«, »ungezügelte bacchantische Leidenschaften«).[29] Doch die von van de Velde zur ursprünglichen und damit primären Form erklärte abstrakte, autonome Linie sei von der sekundären, abbildenden Linie überwuchert worden. Mit dem Begriffspaar »Gemütslinie« (psychischer Ausdruck) versus »Mitteilende Linie« (Darstellung, Abbildung) setzt van de Velde sich in direkten Bezug zu Wilhelm Wundts Vermutung über die ursprüngliche Kunst als Gebärde, aber in direkten Widerspruch zu dessen These von der Priorität des mitteilenden Zeichens.[30] In einer eigenwilligen Kurzgeschichte der Kunst skizziert van de Velde eine »Symphonie der Linie« als Kette kultureller Höhepunkte, welche mit der Dominanz der abstrakten »Gemütslinie« einhergehen, in der die Linie ihre »freie dionysische Natur« offenbare, wie er sie in der prähistorischen, in der mykenischen und griechischen Linie (und deren »Verfall« ins Mimetische mit der »Erfindung« des korinthischen Kapitells), in der Gotik, Arabeske, japanischen Linie erkennt, die schließlich in der modernen Linie des Ingenieurs wieder erstehe. Wiederum behauptet er eine direkte Beziehung zwischen Eisenkonstruktion und abstrakter Ornamentik, womit er eine Analogie zur griechischen Archaik eröffnet, da er (Gottfried Semper folgend) die Entwicklung des Steintempels aus dem hölzernen *Megaron* herleitet.[31] Van de Veldes Kurzgeschichte der Linie als Gemütslinie endet mit der Parallele von Moderne und griechischer Antike, wobei die Moderne nicht die antiken Formen imitiere (Historismus), sondern eigenständig Formen nach ähnlichen Prinzipien wie die Griechen schaffe und so der Antike auf Augenhöhe begegne: »Sie [die Vollendung] setzt eine Konzeption der Formen und Dinge voraus, deren Silhouetten und Umrisse das ausdrücken, was jede Form, jeder Gegenstand Bestimmtes und Reales über seine Tätigkeit und seine Daseinsberechtigung zu sagen hat [...].«[32] Mit der modernen Kunst und Gestaltung kehre die Menschheit zu griechischer »Klarheit, Ebenmaß, Vernunft« zurück, zu einem ästhetischen Gleichgewicht, womit van de Velde zugleich die Idee einer »klassischen Moderne« formuliert.

Zusammenfassend kann man feststellen, dass van de Veldes Nachdenken über Gleichgewichtszustände einer neuen Stilkunst, einer Kurve von der »Entdeckung« positiver und negativer Formen (und der Suche nach deren Gesetzmäßigkeit) über körperlich-organische Vorstellungen (Skelett) und Ingenieursformen (Anlehnung an Kräfteflüsse beziehungsweise Konstruktionserscheinung) folgt, bis hin zur gestischen Natur der Linie (als Schrei) und zu einer psychologisch-physiologischen Affektkunst, um letztlich eine Belebung beziehungsweise Entmaterialisierung des Stoffes zu proklamieren – in einem Zeitraum von gerade einmal zehn Jahren. Parallel dazu verläuft der Aufstieg und Fall des von ihm mitbegründeten *Art Nouveau* – Jugendstils –, dessen offensichtliches Ende bei der Kunstgewerbeausstellung 1906 in Dresden van de Velde in eine Krise stürzt: Auf die Rückkehr zu neo-klassischen und neo-biedermeierlichen Formen, wie sie von seinen frühen Stilreform-Kollegen Peter Behrens, Josef Hoffmann oder Hermann Muthesius gepflegt werden, reagiert er mit »Neurasthenie« – und beweist so indirekt seine Hypothese von der physiologisch-psychologischen Wirkung der Kunstkräfte. Neben der Behandlung dieses Ungleichgewichts in verschiedenen Sanatorien seiner Zeit beginnt er eine neue Phase der Suche nach dem modernen Ausdruck in Architektur, Interieur und Alltagsgegenständen. Aber das ist eine andere Geschichte …

ÄQUILIBRISTIK UND INFORMATIONSVERHALTEN

ÜBER W. ROSS ASHBYS HOMÖOSTATEN

Bernhard J. Dotzler

... sie aber blieb die Beute einer unaussprechlichen Angst. Sie fühlte instinktiv, dass sie das bisschen Gleichgewicht, welches ihr geblieben, einbüßen würde ...

Émile Zola, *La Curée*

Beispiel: Unter dem Einfluß der Prohibition reagierte das amerikanische Sozialsystem homöostatisch, um die Konstanz der Alkoholversorgung aufrechtzuerhalten. Es entstand ein neuer Beruf, nämlich der des Alkoholschmugglers. Zur Kontrolle dieses Berufs ergaben sich Veränderungen im Polizeisystem. Als die Frage der Aufhebung ins Gespräch kam, war zu erwarten, daß mit Sicherheit die Alkoholschmuggler und vielleicht auch die Polizei für die Beibehaltung der Prohibition sein würden.

Gregory Bateson, *Ökologie des Geistes*

DER HOMÖOSTAT ALS GRUNDMODELL

Ausgeglichenheit, Gleichgewicht, Harmonie – all die Figuren des Äquilibriums, nach denen die hier versammelten Beiträge fragen, sind grundsätzlich eher positiv konnotiert, so wie umgekehrt das Mißlingen etwa ausgleichender Gerechtigkeit eben als Mißlingen, Disharmonie als gestörter Wohlklang, gestörtes Wohlsein oder der Verlust des Gleichgewichts eben als Verlust empfunden wird. Daß nichts im Gleichgewicht ist, mag als der Normalfall hingenommen werden; als der wünschenswertere Zustand gilt doch die Ausgeglichenheit, Paßfähigkeit, Stabilität (und sei's im Modus des Fließgleichgewichts, der flexibel-dynamischen Stabilisierung instabiler Gleichgewichte).

Solchem Wunschdenken verdankt sich wohl auch die ganze Nachrichten- und Regelungstheorie, die einmal unter dem Namen Kybernetik *en vogue* war. *Feedback* geriet unter deren Ägide nachgerade zur Universalformel. Einem Gregory Bateson, zum Beispiel, galt der *Homöostat* W. Ross Ashbys, um den es im folgenden gehen soll, geradezu als Grundmodell für »das Gleichgewicht zwischen dem Menschen, seiner Gesellschaft und seinem Ökosystem«, also für schlechterdings »jedes biologische System (zum Beispiel die ökologische Umwelt, die menschliche Zivilisation und das System, welches die Kombination aus diesen beiden sein muß)«.[1] Für Bateson »society was a homeostat« wie dieser für Ashby eine Erklärung, »how animals and plants maintain the balance of life«.[2]

Gleichzeitig ist besagte Kybernetik – und ist der Homöostat – aber auch ein Fall, in welchem das Moment der Äquilibristik umschlägt in eine die Eitelkeit des Menschen düpierende – »gefühlt« also eher »negative« – Einsicht. Der Frage nach einem zu findenden und zu erhaltenden Gleichgewicht alias Homöostase begegnete nämlich der britische Chef-Kybernetiker William Ross Ashby mit einer lustigen Eselei.

AI UND IA

Warum Eselei? – Weil ein *IA* auf das seinerzeit gerade entstehende Gebiet der *AI* respondierte: *AI* für *Artificial Intelligence* wie *IA* für *Intelligence-Amplifier*. Bereits 1948 hatte Ashby in einem *paper* ein *Design for a Brain* vorgestellt, dem 1952 ein ganzes Buch gleichen Titels folgte. 1956 dann legte er sein *Design for an Intelligence-Amplifier* vor, und, um direkt zur Sache zu kommen, die darin vorgeschlagene Intelligenz-Verstärkung sollte nach diesem *Entwurf* – Jahrzehnte vor der Heraufkunft der »Google-Gesellschaft« – schlicht und einfach deshalb machbar sein, weil alle Antworten auf alle Fragen aller Welt buchstäblich in der Luft liegen. Gesucht sei beispielsweise die Formel $cos^2x+sin^2x = 1$. In binärer Codierung, so Ashbys Argument, könnte dieselbe Formel durch 73 Symbole oder eben Binärzeichen ausgedrückt werden. Sie wäre also eine von 2^{73} möglichen Zeichenkombinationen gleicher Länge. »Betrachten wir nun«, fährt Ashby fort:

> »Betrachten wir nun einen Kubikzentimeter Luft als ein Durcheinander kollidierender Moleküle. Die Bewegungen eines einzelnen Moleküls nach der Kollision, manchmal nach links und manchmal nach rechts, werden Reihen von Binärzeichen ergeben, von denen je 73 nach einem bestimmten gegebenen Code die Gleichung entweder darstellen werden oder nicht. Eine einfache, von bekannten Fakten ausgehende Rechnung zeigt, daß die Moleküle in jedem Kubikzentimeter Luft diese Sequenz über hunderttausendmal pro Sekunde *korrekt* aussenden.«[3]

Das Problem verschiebt sich damit auf den Empfang der virtuell permanent gegebenen Antwort auf die aktuell gestellte Frage. Im Prinzip, heißt aber erst einmal die gute

Nachricht, sind alle Antworten da. Man muß sie nur gleichsam herauspicken. Wie das blinde Huhn, das bekanntlich auch einmal ein Korn findet. Oder wie heute die *user* im WWW, die mit ebendieser Erwartung ihre Suchmaschinen betätigen: daß irgendwo in den scheinbar unendlichen Weiten des Web das Gesuchte da ist und nur abgerufen werden muß, um prompt auf dem Bildschirm zu erscheinen.

Seine späteren Schriften, durchaus vergleichbaren Inhalts, verfasste Ashby als Professor an den *Departments* für *Biophysics* und für *Electrical Engineering* der University of Illinois. Zuvor aber arbeitete er an psychiatrischen Kliniken, wo er sich in eine Gummizelle zurückzog, um »privat« seine Ideen niederzuschreiben.[4] So, wie erwähnt, *Design for a Brain* (1952), so *An Introduction to Cybernetics* (1956) und im selben Jahr den Intelligenz-Verstärker-Entwurf. Aber nicht deswegen – als die Ausgeburt einer Gummizelle – ist dieser als eine Eselei zu bezeichnen, sondern eben als das *IA*, das er aller *AI* entgegensetzt, und zwar als ein durch Ashbys Kybernetik sich durchhaltendes Moment, das er einmal in den zahlreichen seiner Aphorismen, die er auf Karteikarten notierte, um die Ergebnisse seines Denkens zu pointieren, mit der notorischen Anspielung auf Molières *Bourgeois gentilhomme* wie folgt in Worte faßte (Tafel 21): »Poor M. Jourdain! He now has to understand that he has been behaving homeostatically all his life, when he thought he was merely minding his business.«[5]

Daß der Mensch wähnt, seine eigenen, durchdachten Ziele zu verfolgen, während in Wahrheit ihm kaum oder gar nicht bewußte, ihm insofern unverfügbare, irrationale Kräfte sein vermeintlich rationales Handeln steuern, ist freilich ein Verdacht oder eine Einsicht, der oder die nicht erst Ashby in seiner Gummizelle kam. Als die Vermutung höherer Mächte treibt er schon den antiken Mythos der Irrfahrt um, ob Argonautensage oder dann die *Odyssee*, seine Spuren über den Barockroman hinterlassend bis hin zu Bertolt Brechts schulmeisterlich-müßiger Korrektur des Volksmunds, daß es ja nur der Mensch sei, der denke, daß Gott lenke. Aber das sind dann eben der Gott oder die Götter, die da lenken und leiten und dabei gerne auch einmal das menschliche Sinnen und Trachten durchkreuzen. Ashbys Behauptung eines schlicht homöostatischen Verhaltens der Leute verlagert demgegenüber die Steuerung ins Innere ihrer Subjekte und verwandelt sie damit in Eigen- und Fremdgesteuertheit zugleich. Auch dies stellt und stellte jedoch keine Neuheit dar. Spätestens seit Nietzsche (wenn nicht seit Goethes *Wilhelm Meister*) gehört diese Subjekt-Figuration zu den fundamentalen Überzeugungen besserer Kulturphilosophie.[6]

NARZISSMUS DER GADGETS

Deren Anfänge oder Herkunftslinien genauer zu bestimmen, wäre ein kompliziertes und daher eigenes Unterfangen. Auch geht es hier nicht darum, wie man dieses Unterfangen bei Ernst Kapps Technikphilosophie und ihrem Begriff der »Organprojektion«

beginnen lassen könnte, um von hier aus die bekannten Stationen über Sigmund Freud und André Leroi-Gourhan bis zu Marshall McLuhans »extensions of man«-Formel abzuschreiten. Nur soviel ist in Erinnerung zu rufen: Bei aller Übereinstimmung mit Kapp artikulieren die jüngeren Reflexionen auf die Technikgenese durch Organprojektion zugleich, und darin von Kapp sich unterscheidend, ein Unbehagen, wie Freud es ja sogar zum Titel seines Traktats erhob: *Das Unbehagen in der Kultur*. Es klinge »nicht nur wie ein Märchen«, schreibt Freud, es sei vielmehr die reinste Märchenwunscherfüllung, »was der Mensch durch seine Wissenschaft und Technik auf dieser Erde hergestellt hat, in der er zuerst als schwaches Tierwesen auftrat«, um sich mit jedem »Kulturerwerb«, jedem seiner technischen »Fortschritte« mehr und mehr zum Gott zu erheben, freilich »eine Art Prothesengott«, weshalb man »nicht daran vergessen [dürfe], daß der heutige Mensch sich in seiner Gottähnlichkeit nicht glücklich fühlt«.[7] Nicht ohne Skepsis beurteilt auch Leroi-Gourhan die Lage:

> »Eine sehr alte Tradition unterstellt dem Gehirn den Erfolg der menschlichen Art, und es hat die Menschheit nicht überrascht, die Fähigkeiten der Beine, Arme und Augen überflügelt zu sehen, denn für all das gab es ja einen höhergestellten Verantwortlichen.
> Seit einigen Jahren nun ist auch der Schädelkasten von solcher Überflügelung betroffen, und hält man sich an die Fakten, so kann man sich fragen, was vom Menschen überhaupt noch bleiben wird, wenn er alles besser nachgebaut haben wird.«[8]

Und McLuhan schließlich formulierte als eines seiner *Laws of Media*, daß jedem Gewinn ein Verlust gegenübersteht, jeder Steigerung eine Schwächung, jeder Ergänzung ein Verschwinden: »Enhancement and obsolescence are obviously complementary actions.«[9] Wie bei Kapp der Mensch in seiner Technik »Sich selbst« gegenübertritt, so begreift auch McLuhan das Verhältnis der Leute zu all ihren *gadgets* nach dem Modell des Narzißmus. Nur aus diesem erhelle der »Umstand, daß Menschen sofort von jeder Ausweitung ihrer selbst in einem anderen Stoff als dem menschlichen fasziniert sind«. Diese Faszination jedoch ist nach McLuhan förmlich das Gegenteil von Selbsterkenntnis. Zwar habe Narziß sich durchaus in sein eigenes Spiegelbild verliebt, doch durchschaute er es dabei eben gerade nicht als solches:

> »Der Jüngling Narziß faßte sein eigenes Spiegelbild im Wasser als eine andere Person auf. Diese Ausweitung seiner selbst im Spiegel betäubte seine Sinne, bis er zum Servomechanismus seines eigenen erweiterten und wiederholten Abbilds wurde. Die Nymphe Echo warb um seine Liebe mit Bruchstücken seiner eigenen Worte, doch vergebens. Er war betäubt. Er hatte sich der Ausweitung seiner selbst angepaßt und war zum geschlossenen System geworden.«[10]

Poor Narcissus! könnte man im Stil Ashbys resümieren, was soweit das Ergebnis ist. Auf Kapp folgte eine völlige Umkehrung der anfänglichen These. Mit der Inbetriebnahme technischer Medien tritt, frei nach Walter Benjamin, »an die Stelle eines vom Menschen mit Bewußtsein durchwirkten Raums ein unbewußt durchwirkter«.[11]

Die so beobachtete gegenstrebige Fügung geplanter und ungeplanter Momente der Medienbewirtschaftung läßt sich als verhaltenstheoretisches Thema bis in die aktuellen Bemühungen um ein Verständnis des Internet, Web und Web 2.0 identifizieren. Das Internet und all seine Dienste, auch seine geheimen, sind »mathematische Technologie«, »die Angst vor ihrer Allmacht ist unbegründet«, sagt etwa der Mathematiker:

> »Die Amazon-Kaufvorschläge illustrieren das. Amazon schlägt mir mein eigenes Buch zum Kauf vor, und dann eines von einem Autor, der von mir abgeschrieben hat. Schlägt mir weitere Bücher vor mit dem Wort Mathematik im Titel – wie originell. Und das beruhigt mich: Nicht ich bin berechenbar in meinen Interessen und Vorlieben, sondern die Algorithmen von Amazon sind sehr voraussagbar.«[12]

Das ist ja auch ein niedlich, allzu niedlich gewähltes Beispiel, wäre dagegen zu halten. Eine Nebenerscheinung der lediglich lästigen Art. Dagegen die Summe der Operationen am und im »Welthirn Internet«? Hier gerät die »Kontrolle außer Kontrolle«, und diesem Prozeß gegenüber mag es zwar wenig originell, aber doch nicht trivial sein, wenn man an George Orwell erinnert, der »bereits vor sechzig Jahren [mahnte], dass Unrechtstotalität eine Frage der Informationsverhältnisse ist. Sein ›Televisor‹ klingt freilich antiquiert neben dem ›iPhone‹. Seine Späher waren immerhin Personen.«[13]

Die Kluft zwischen dieser Antiquiertheit einerseits und der posthumanen Smartness moderner, vernetzter IT andererseits gebietet indes eine weitere Erinnerung. Nicht erst *Apple* und *Amazon*, nicht erst die Trojaner der Geheimdienste haben das Internet zur Stätte der Unheimlichkeit gemacht. Vielmehr ist erstens die Überwachung der Technologie des Internet inhärent. Und zweitens steht schon in seinen Gründungsdokumenten geschrieben, wie dieses Medium sich zu seinen Nutzern beziehungsweise seine Nutzer zu sich verhält – siehe nur J. C. R. Lickliders *The Computer As a Communication Device*:

> »For the society, the impact will be good or bad, depending mainly on the question: Will ›to be on line‹ be a privilege or a right? If only a favored segment of the population gets a chance to enjoy the advantage of ›intelligence amplification‹, the network may exaggerate the discontinuity in the spectrum of intellectual opportunity.
> On the other hand, if the network idea should prove to do for education what a few have envisioned in hope, if not in concrete detailed plan, and if all minds should prove to be responsive, surely the boon to humankind would be beyond measure.
> Unemployment would disappear from the face of the earth forever, for consider the magnitude of the task of adapting the network's software to all the new generations

of computer, coming closer and closer upon the heels of their predecessors until the entire population of the world is caught up in an infinite crescendo of on-line interactive debugging.«[14]

Poor world population! möchte man wiederum im Stile Ashbys sagen. Aber welche Rolle spielt denn nun eigentlich William Ross Ashby in dieser Geschichte? Was hat all das mit seinem »Intelligenz-Verstärker« oder was hat der »Intelligenz-Verstärker« mit all dem bisher Gesagten zu tun?

DER »INTELLIGENZ-VERSTÄRKER«

Der IA (um ihn fortan mit dem Akronym seines englischen Namens zu bezeichnen) entspricht dem Abc-Schützen- oder Einmaleins-Schüler-Witz: »Was ergibt sieben mal Sieben? Antwort: Feinen Sand.« Tatsächlich schreibt Ashby, Beispiele für das, was der IA leisten soll, seien »alltäglich, sobald man weiß wonach man sucht. So selektiert ein Gartensieb Steine von Erde; hat ein Gärtner also verschiedenmaschige Siebe, so bedeutet seine Handlung, ein Sieb zu selektieren, daß er nicht Steine von Erde selektiert, sondern dasjenige, was die Selektion ausführen wird.«[15] Nicht anders soll der IA die richtigen oder passenden Antworten aus der Gesamtheit aller möglichen Antworten auf welche Fragen und Probleme auch immer schlicht aussondern. Die Grundidee besteht also darin, »irgendeinen Zufallsgenerator zur Erzeugung aller Möglichkeiten zu benützen und dessen Output irgendeine Anlage passieren zu lassen, welche die Antwort auswählt«. Ebendiese »Anlage« wäre der IA. Man könnte ihn somit auch mit seinem deutschen Akronym benennen: »IV« wie »in Vertretung«, wäre da nicht zugleich das Interesse der Amplifikation. Daher doch »IA« wie »im Auftrag«. Es geht bei dieser Phantasie nicht um die maliziöse Perspektive der Menschenersetzung. Es geht, einmal mehr, nur darum, dem Menschen in seiner Schwachheit beizuspringen. Der IA soll die Selektionen vornehmen, die sonst von menschlicher Intelligenz geleistet werden müßten. Zusätzlich soll er die erreichbare Selektionsleistung aber auch steigern, sonst bräuchte man ihn ja gar nicht erst. Der »Intelligenz-Verstärker« ist in Wahrheit ein »Selektions-Verstärker«. Freimütig genug räumt Ashby ein, dass über »die ›wahre‹ Natur der Intelligenz« auf diesem Wege nichts herauszufinden sei. Sie interessiere aber auch nicht. Der Punkt sei »einfach: Wir haben Probleme und wir wollen Antworten. Wir gehen dann so vor, daß wir fragen, wo die Antworten gefunden werden können.«[16]

Dieses durch Ashbys gesamten Entwurf sich durchhaltende Moment der Selektion erklärt sich textimmanent aus der eingangs skizzierten Prämisse, daß sämtliche Antworten auf sämtliche Fragen im Prinzip – oder: virtuell – immer schon gegeben – also: *data* – sind. Als diese Immanenz aufsprengenden Kontexte wären auch die Informations- und die Evolutionstheorie zu nennen. Ashby erwähnt sie denn auch als Bekräftigungen seiner Argumentation, doch davon später. Das Argument selber besagt jedenfalls, daß man die Lösung welchen Problems auch immer gar nicht groß selbst erfinden, sondern lediglich herauszufinden oder, pathetischer, zu erschauen wissen müßte. Das ist, wenn man so will, Ashbys Platonismus innerhalb seiner ansonsten eher aristotelischen Ontologie der Intelligenz.

Der Gang der Argumentation geht dann in etwa wie folgt: Ziel ist die »Konstruktion eines mechanistischen Systems zur Lösung von Problemen, die über den menschlichen Verstand hinausgehen«. An solchen Problemen herrscht keinerlei Mangel, insbesondere »die gesellschaftliche und ökonomische Welt« ist nicht nur voll davon, sondern im Ganzen und an sich selbst ein Problem dieser Art. »Wir haben eine Zivilisation entwickelt«, schreibt Ashby, »die über unser Verständnis hinausgeht und wir sehen, daß sie uns über den Kopf wächst. Was sollen wir tun, angesichts solcher Probleme?«[17]

Spontan, so Ashby weiter, würde man auf ein Genie hoffen wollen und deshalb beginnen, »nach jemandem mit entsprechenden intellektuellen Fähigkeiten zu suchen«. Das Problem im Rahmen der gegebenen Probleme ist nur: Genie wird erstens überschätzt und ist zweitens auch noch selten. Nach einem *Measurement of Adult Intelligence*, wie es damals Stand der Dinge war, verteilt sich der I. Q. der »normalen Erwachsenenbevölkerung« mehr oder minder auf die Werte zwischen 50 und 150, referiert Ashby, fügt diese Grafik bei – (Abb. 1):

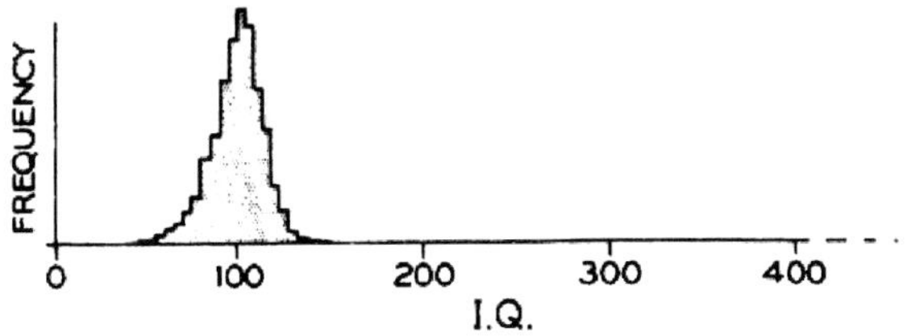

Verteilung des menschlichen Intelligenz-Quotienten bei Erwachsenen (nach Wechsler [1]).

1 Ausschnitt aus *Entwurf für einen Intelligenz-Verstärker*

– und kommentiert:

»Was für uns jetzt wichtig ist, ist nicht die Gestalt auf der linken Seite, sondern die vollkommene Leere auf der rechten. Verschiedene Tests von anderen Autoren haben immer ungefähr das gleiche Ergebnis gebracht: Ein Mangel an Leuten mit I. Q.s über 150 und das vollständige Fehlen von I. Q.s über 200. Geben wir offen zu, daß die intellektuellen Kräfte des Menschen genauso begrenzt sind wie jene seiner Muskeln.«[18]

Genau in dieser Einsicht liegt aber nach Ashby dann auch die Lösung. Immerhin hatte sich die Beschränkung der Muskelkraft überwinden lassen. Warum sollte das nicht auch für die intellektuellen Kräfte möglich sein?

»Heute stehen einem Arbeiter bei seiner Arbeit tausend Pferdestärken zur Verfügung, obwohl seine eigenen Muskeln nur ein Zehntel einer Pferdestärke liefern. Diese zusätzliche Kraft gewinnt er dadurch, daß er einen ›Kraftverstärker‹ verwendet. Hätte der Intellektuelle von heute einen ›Intelligenzverstärker‹ im gleichen Verhältnis, dann könnte er an seine Probleme mit einem I. Q. von einer Million herangehen. Soll intellektuelle Kraft in solcher Weise entwickelt werden, dann müssen wir irgendwie Verstärker für Intelligenz bauen – Anlagen, die mit wenig Intelligenz versorgt, viel von sich geben werden.«[19]

Auch wenn die Übersetzung im letzten Satz unfreiwillig nach Kalauer (oder Verona-Feldbusch-Witz) klingt, die Analogie, um die es Ashby geht, ist doch unmißverständlich. Der IA steht darüber hinaus in analoger Beziehung zu erstens der Informations- wie zweitens der Evolutionstheorie. »Man sieht jetzt«, resümiert Ashby zu jener:

»Man sieht jetzt, daß Problemlösung als Selektionsvorgang dem Vorgang des Nachrichtenempfangs[,] wie er in der Informationstheorie behandelt wird, verwandt ist. Den Zusammenhang sieht man am besten, wenn man sich vorstellt, daß die Selektionen eines Gegenstandes aus N von einem Agenten A durchgeführt werden sollen, der entsprechend von B erhaltenen Anweisungen handelt. Sowie die Elemente nacheinander erscheinen, sendet B Signale aus wie ›..., ablehnen, ablehnen, ..., annehmen‹, wodurch A Information in berechenbarer Größe gegeben wird.«[20]

Durch diese Analogie beweist sich der IA in seiner technologischen Zeitgenossenschaft und damit – prinzipiellen – technischen Machbarkeit. Sodann plausibilisiert er sich aber auch als »naturgemäß«, wenn Ashby expliziert:

»In diesem Aufsatz habe ich die Analogie des Problemlösungsvorganges mit dem der Verstärkung physischer Kraft betont; ich hätte genausogut seine tiefe Analogie mit den Evolutionsvorgängen betonen können, denn hier besteht die engste formale Ähnlichkeit zwischen dem Prozeß, durch den Anpassung automatisch durch Darwin'sche Selektion erzeugt wird[,] und dem Prozeß, durch welchen eine Lösung automatisch durch mechanische Selektion [...] hervorgebracht wird. Jeder Viehzüchter weiß [...].«[21]

Wenn selbst der Cowboy versteht, kann die Sache so falsch nicht sein. Aber Ashby selber betont im Verweis auf die alternative Möglichkeit der Analogisierung die stattdessen ins Zentrum gestellte Analogie. Wie Kraftmaschinen die Kraft, verstärkt die Intelligenzmaschine die Intelligenz. Es ist, langer Rede kurzer Sinn, einmal mehr die Projektions-, Prothesen-, *extensions of man*-Perspektive, der sich der IA damit subsumiert.

MACHINA SOPORA – SCHLAFMASCHINE

Aber wie eigentlich – um endlich das Geheimnis zu lüften – sollte der IA funktionieren? »[W]ie kann Selektion auf automatischem Wege verwirklicht werden?«[22] Eine Möglichkeit ist »Selektion durch Gleichgewicht«, so Ashby zunächst noch einmal prinzipiell und abstrakt, um im Anschluß konkret den legendären Homöostaten ins Spiel zu bringen, den er vor seinem IA-Entwurf bereits für sein *Design For a Brain* entwickelt hatte. Hier das Prinzip:

> »Wir können uns die Tatsache zunutze machen, daß, wenn zwei bestimmte Systeme (X und S in Abbildung 2) durch die Kanäle G und U gekoppelt werden, so daß jedes das andere beeinflußt, jeder Ruhezustand des Ganzen (d.h. jeder Zustand, in dem es dauernd bleiben kann) ein Ruhezustand in jedem einzelnen der beiden Teile sein muß, wobei sich jedes in dem vom anderen festgesetzten Zustand befindet. Um es anschaulicher darzustellen: jeder Teil hat ein Vetorecht gegen die vom anderen vorgeschlagenen Ruhezustände.«[23]

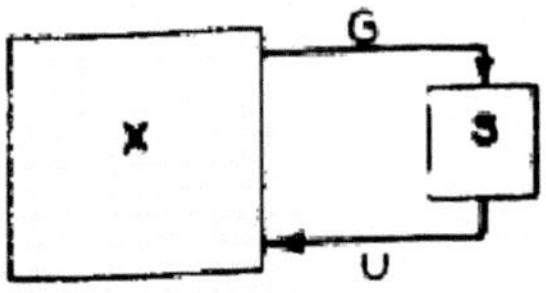

2 Ausschnitt aus *Entwurf für einen Intelligenz-Verstärker*

»Die Anwendung dieser Methode zur Lösung [beispielsweise ökonomischer Probleme] ist im Prinzip einfach. Wir setzen die wirkliche ökonomische Welt mit X gleich und die Bedingungen, die wir in ihr erreichen wollen, mit η. Die Selektion von η in X geht über unsere Kräfte, daher bauen wir und koppeln damit ein System S, das so konstruiert ist, daß es einen Ruhezustand genau dann hat, wenn seine Information durch G besagt, daß η in einem Ruhezustand von X aufgetreten ist. Im Verlauf der Zeit ist der Grenzzustand des ganzen Systems X und S die dauernde Beibehaltung von η in X. Der Konstrukteur muß S und G entwerfen und mit X koppeln. Dann läuft der Prozeß, so lange er noch eine Rolle spielt, automatisch ab.«[24]

Dem Konstrukteur ist nichts zu schwör, möchte man sich da vielleicht erneut in den Kalauer flüchten. Denn es ist klar, daß auf diese Weise Probleme nicht gelöst, sondern nur verschoben werden: hin zum Entwurf von S und G. Um deshalb zu zeigen, daß sein Prinzip wiederum im Prinzip dennoch realisierbar ist, führt Ashby an dieser Stelle den besagten Homöostaten an, den er nicht nur zu entwerfen, sondern auch zu bauen sich hatte einfallen lassen. Im gegebenen Kontext beschreibt er diesen Apparat und verwendet ihn argumentativ wie folgt (Abb. 3):

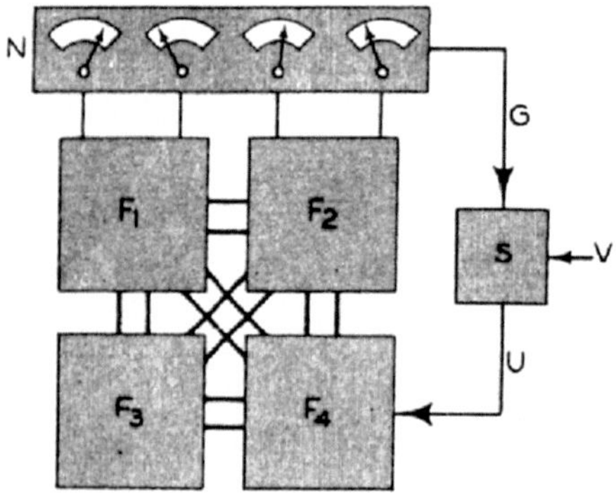

3 Ausschnitt aus *Entwurf für einen Intelligenz-Verstärker*

»Er besteht aus 4 Aggregaten (F) [...], die ausreichend mit Energie versorgt werden und durch ein komplexes Rückkopplungsmuster aufeinander einwirken, wodurch sich anfangs ein ziemlich chaotisches System ergibt, das Eigenschaften aufweist, die den in unserer Gesellschaft manchmal sichtbaren nicht unähnlich sind. In dieser Maschine wurde S so konstruiert und G so eingerichtet, daß S genau dann einen Ruhezustand hat, wenn die vier Zeiger N in der mittleren Stellung stabilisiert sind. Diese sind die Bedingungen η. N und die F's entsprechen dem X in Abbildung 2.«[25]

Man muß nun über die Details des Homöostaten gar nicht mehr wissen außer noch dies, daß seine Funktion nur und ausschließlich darin besteht, aus einem wie auch immer verursachten instabilen Zustand in einen stabilen Zustand oder (wie es im Zitat heißt) »Ruhezustand« zurückzukehren. Das und nur das ist homöostatisches Verhalten, auf dessen technische Einzelheiten es, wie gesagt, nicht ankommt. Entscheidend ist vielmehr: Wie sich das Rätsel des »Intelligenz-Verstärkers« im ersten Schritt durch dessen Funktion als »Selektions-Verstärker« löste, entpuppt er sich jetzt im konkretisierenden zweiten Schritt als der Homöostat. Der IA und der Homöostat sind im apparativen Kern dasselbe.

Damit aber ergibt sich auch hier der zwangsläufige Schluß –: *Poor intelligence!* Wie Narziß in der Lesart McLuhans und wie M. Jourdain nach Ashby erweist sich auch die um ihre Ausweitung bemühte Intelligenz als das geschlossene System einer sich verkennenden Subjektivität. Im Kern der in so hehrer zweckrationaler Weise angelegten Problemlösungsmaschine regiert der Automatismus eines homöostatischen Geschehens, dessen Inkorporation in der Konstruktion Ashbys die Kybernetik-Gefährten Norbert Wiener und W. Grey Walter einerseits als »one of the great philosophical contributions of the present day« gewürdigt und andererseits als *Machina sopora* bezeichnet haben.[26] Denn der Homöostat in seiner einzigen Bestimmung, stets seine Ruhe wiederzufinden, »ist wie eine Katze oder ein Hund, die sich an ihrem Kaminplatz nur regen, wenn sie aufgestört werden, und dann systematisch eine neue bequeme Stellung suchen und weiterschlafen«.[27] Mit einer solchen »Schlafmaschine« als operativ zentralem Modul ist der IA zweifelsohne ein nicht allein vom Unbewußten durchwirkter, sondern regelrecht dieses verkörpernder Apparat.[28]

Dabei ging es für Ashby damals, als er seinen IA präsentierte, um eine Positionierung gegenüber dem sich herausbildenden Feld der AI (wie zu Beginn erwähnt). Deren Agenda wurde gesetzt durch das dadurch berühmt gewordene *Dartmouth Summer Research Project on Artificial Intelligence*, 1956, neben der IBM-Größe Nathaniel Rochester und dem Harvard-Mathematiker Marvin Minsky organisiert von John McCarthy und Claude E. Shannon.[29] Die beiden letzteren firmierten auch als die Herausgeber der *Automata Studies*, zu denen Ashby seinen *Entwurf für einen Intelligenz-Verstärker* beitrug. McCarthy und Shannon jedoch entwickelten im Verlauf dieser Herausgabe und jener Arbeitskonferenz am Dartmouth College eine entscheidende Kontrahage. Shannon optierte für ein Verständnis von Intelligenz »im performativen Idiom« – also für die älteren »Pfade der Physiologie und der formalen Logik«, für »einfaches Feedback« als die Intelligenz, die tatsächlich im Maschinellen haust – und dominierte damit über die gemeinsame Buchpublikation.[30] McCarthy dagegen bevorzugte »eine im Repräsentationsidiom verstandene Intelligenz« und gewann die Oberhand über die Konferenz.[31] Als paradigmatisch für die AI galten fortan Programme wie *Logic Theorist*, das Theoreme der *Principia Mathematica* bewies, oder dessen Weiterentwicklung zum *GPS*, als diese Abkürzung noch nicht für die heutige Satellitenmedienwelt eines *Global Positioning System* stand, sondern für *General Problem Solver* oder die Verkennung einer AI, die sich »mehr um Konzepte« drehte, im Rückblick auch »symbolische KI« (KI = deutsch für AI) genannt.[32] Wie Shannon opponierte *dieser* AI auch Ashbys IA, der gewiß keine im emphatischen Sinn *denkende*, gar mit Bewußtsein begabte Maschine, um so mehr aber eine *Denkmaschine* abgeben sollte: eine, wie Ashby am Ende seiner *Introduction to Cybernetics* schreibt, »talking Black Box [...] showing the *behavioral* equivalent of ›high intelligence‹«.[33]

Der IA, so darf oder muß vielleicht heute schon wieder erinnert werden, stellt also eine Maschine jenes Typs dar, angesichts dessen ein gewisser Jacques Lacan sich einmal veranlaßt sah zu kommentieren, »daß wir es nicht aufgrund eines Mangels seiner Eigenschaft, die die des menschlichen Bewußtseins wäre, ablehnen, jene Maschine als Denkmaschine zu bezeichnen, der wir derart bewunderungswürdige Leistungen zugestehen würden, sondern einzig und allein deshalb, weil sie nicht mehr dächte als der Mensch das in seinem gewöhnlichen Status tut [...].«[34] Der IA oder eben einfach auch Homöostat verkörpert mit anderen Worten eine radikale Infragestellung des »großen« rationalen Akteurs, für den sich der Mensch gerne hält, auf der Basis einer »kleinen«, weniger post-, als vielmehr a-humanen rationalen Agentenschaft. Darum ging es, als Ashby notierte: *Poor M. Jourdain! He now has to understand that he has been behaving homeostatically all his life, when he thought he was merely minding his business.*

VON RISIKO, SCHWINDEL UND BALANCE

CIRCENSISCHE ÄQUILIBRISTIK

Margarete Fuchs

ALCÁNTARAS PERFORMANCE

Der katalanische Artist Manolo Alcántara hat mit seiner gleichnamigen Compagnie im Jahr 2014 eine Zirkus-Performance unter dem Titel *Rudo* einstudiert. Dabei sitzen die Zuschauer/innen in einem kleinen, improvisiert wirkenden Zirkusambiente, vor einfachen Leinwänden, teilweise bedrohlich nah an der Performance. Zwei Musikerinnen, die immer wieder in das Geschehen in der Manege involviert sind, begleiten mit Cello und Geige die ganze Performance, in der ein etwas rau wirkender Mann in schmutziger Arbeitskleidung aus derben Holzkisten fragile Gebilde baut, über die er schließlich eine Metallstange legt und darauf balanciert. Der Gegensatz von Schwere und Leichtigkeit, von Grobheit und Fragilität, von Hinken auf dem Manegenboden und Tanzen auf der Stange, von schwebender Musik und sichtbarem Schweiß sowie deutlich hörbaren Geräuschen der Anstrengung, die der Mann von sich gibt, durchzieht die ganze Show, die einen großen Teil dessen gerade nicht bietet, was traditionellerweise von einem Zirkusspektakel erwartet wird: laute Musik, blitzende Pailletten, stickige Luft, lächelnde Performer, Gestank von Tieren, Sägemehl und Popcorn, nervende Clowns, ein in schrillen Farben leuchtendes Zelt, lautes Kindergeschrei ... Die ganze Show negiert diese Bezüge und spielt doch damit. (Tafel 22)

Im Folgenden soll mit Hilfe der Verschränkung von literarischen Texten und circensischer Performance den Fragen nachgegangen werden, inwiefern Zirkus die Figur der Balance erläutern und ins Bild setzen und dabei womöglich das ästhetische Potential des Balancierens reflektieren kann.

ZIRKUSKÜNSTE

Was überhaupt ist Zirkus? Kulturhistorisch ist der Zirkus ein bedeutendes Phänomen, weil er sowohl einen Mikrokosmos und Spiegel der gesellschaftlich-historischen Gegenwart darstellt als auch eine perfekt inszenierte Gegenwelt voller Versprechen und Gefahr bietet – ein internationales Phänomen zwischen Kunst, Sport, Kitsch und Kommerz. Einen Ausgangspunkt für die Auseinandersetzung mit der Kulturraumverdichtung Zirkus bildet die Tatsache, dass er als Heterotopie im Sinne Michel Foucaults eine ideale Projektionsfläche darstellt und zugleich verschiedene Modi von Transgressionsverfahren sichtbar macht.[1]

So bewegt sich etwa das »fahrende Volk«, das aufgrund seiner Nicht-Sesshaftigkeit nicht »dazu« gehört – so das traditionelle Klischee –, an den Rändern der Kultur und der Wahrnehmung, in Grenzbereichen der Moral, des Rechts, der Kunst und des Wissens; es handelt es sich um einen »Zustand auf Dauer gestellter Liminalität«.[2] Mithin werden Transgressionen evoziert, kulturell, politisch und anthropologisch festgeschriebene Räume, Grenzen und Ordnungen überschritten. Auf einer anderen Ebene gilt das auch für die artistischen Körperkünste, die scheinbar mühelos die Grenzen der Gravitation und des Menschenmöglichen überwinden und bedeutungsfreie Körpertechniken zur Schau stellen, ohne Kulissen, Wände oder Vorhänge, hinter denen etwas verborgen werden könnte, und ohne Nachvollzug fremden Sinns.

Im Zirkus werden die kulturellen Codes, mit denen wir unsere Welt normalerweise organisieren, aufgegriffen, manipuliert, virtualisiert, bis sie zu oszillieren beginnen zwischen Repräsentation und Präsenz, zwischen Übersemantisierung und der Verweigerung von Sinn- und Bedeutungszuschreibung, da die präsentierten Körper von den Regeln und Zwängen der Kultur befreit zu sein scheinen, wodurch Inkompatibles scheinbar kompatibel und vermeintlich stabile Sinnbezüge fragwürdig werden. In der Manege leisten die Performer/innen »runde Arbeit«, so nennen sie es selbst. Sie kommen in die Manege und bleiben, was sie sind: Artist/innen, sie zeigen eine Arbeit, die nicht über sich selbst hinausweist. Sie repräsentieren nichts anderes, und das, was sie vorführen, ist kein Spiel, es kann nicht souffliert werden, es »ist kein Nachvollzug fremden Sinns und hat auch keinen eigenen.«[3]

Die Zuschauer/innen dieser Vorführungen wiederum sehen nicht nur die Zurschaustellung von menschlichen oder tierischen Körpern, sondern aufgrund der spezifischen Form der Zirkusmanege immer zugleich auch die anderen Zuschauer/innen, sie sind Subjekt und Objekt des zuschauenden Blicks gleichermaßen.

RISIKO

Was jedoch die Aufmerksamkeit besonders steuert und als ein zentrales Moment von Zirkusperformances betrachtet werden kann, ist das Risiko. Es ist in unterschiedlichen Formen Teil vieler Zirkusperformances, ist dabei jedoch nicht nur inszeniert, sondern es ist real, die Performances *sind* wirklich riskant (wobei natürlich auch eine gewisse übertriebene Inszenierung des riskanten Aspekts einer Darbietung mit zur Show gehört). Denn die Artist/innen und Tierperformer sind immer in der Gefahr, sich körperlich zu verletzen, abzustürzen, Keulen, Bälle, Reifen zu verlieren, so dass eine Performance misslingt, die Performer/innen womöglich körperlich Schaden nehmen. In den meisten Fällen ist dieses Risiko in Form der Gefährdung der Balance gegeben oder in der (scheinbaren) Überwindung der Schwerkraft: etwa beim Seiltanz oder der Trapezkunst, bei menschlichen Pyramiden, Stelzenlauf, Rola Bola oder dem russischen Barren.

Aus kulturhistorischer Perspektive ist das Risiko, das in die meisten Zirkusperformances eingeschrieben ist, einer der Gründe, warum diese Künste es bis heute nicht in den Kanon der »hohen Künste«, der bürgerlich etablierten Kunstformen gebracht haben.[4] Denn für Aristokraten sind Bewegungskünste – besonders der Tanz, aber auch Theater – vor allem Strategien der Selbstinszenierung, sie dienen zur Machtsicherung, sind also Körperpolitik, da jegliche »Aktion und Interaktion in öffentlichen Räumen choreographischen Mustern folgt«.[5] Diese haben zum Ziel, »den Ausdruck des Körpers vollkommen berechnen zu können.«[6] Riskante Zirkuskünste widersetzen sich aber der Berechenbarkeit, der Steuerung und politischen Verwertbarkeit, sind also bedrohlich für politische Ordnungen.[7]

Zudem rufen riskante Performances bei den Zuschauer/innen spezifische, nicht kontrollierbare Reaktionen hervor, sie lösen – trotz der räumlichen Distanz – vorübergehende Modifikationen auf physiologischer, affektiver, energetischer und motorischer Ebene aus und lassen eine Mischung aus Faszination, Nervosität und Ablehnung empfinden. Michael Balint hat dies mit dem Begriff des Philobatismus zu beschreiben versucht.[8] Dieses bei den Zuschauer/innen vorherrschende Empfinden der Angstlust ist eine auf Risiko und Gefahr bezogene Mischung aus Begehren und Furcht, die zugleich Vergnügen bereitet. Sie verschreibt »sich der Gefahr und dem Risiko [...], die vor allem mit dem Jahrmarkt und Zirkus assoziiert ist.«[9] Akrobatische Artistik ist also, so Balint, ein »Schwindel erzeugende[s] Vergnügen«.[10] Sie führt – das sieht er gar als ihre eigentliche Aufgabe an – »Urszenen des Gefährlichen« vor, »an denen selbst Zuschauer noch durch Faszination und Identifikation partizipieren können«, und ähnelt dabei in ihrer Funktion dem Karneval bei Bachtin.[11] Es mag an diesem Reiz und der Funktion der Gefährdung liegen, warum diese existentielle Erfahrung, die Gefahr des Umfallens und des Absturzes in Zirkusperformances immer wieder beschworen wird. Doch wenn auch diese Inszenierungen des Risikos bei den Zuschauer/innen starke Gefühle evozieren, so bieten sie allerdings kaum Anleitungen oder Hilfe zur deren Verarbeitung.

Zwar gibt es zahlreiche einschlägige Theoriebildungen zu einer Ästhetik des Nicht-Kommensurablen, zumeist gespeist aus den vielfältigen Ästhetiken des Erhabenen des 18. Jahrhunderts. Diese beziehen sich größtenteils auf die Betrachtung des Bedrohlichen und Erschreckenden – unter Ausschluss der Option von dessen performativer Hervorbringung – und beinhalten deshalb immer das Moment der Distanz, des, wie Burke sagt, »deligthful horror«, da keine reale Vernichtung droht. Die Ästhetiken des Inkommensurablen, also etwa des Schreckens (Bacon beziehungsweise Bohrer) oder der Grausamkeit (Artaud), zielen fast grundsätzlich auf inszenierte Risiken und Schrecken, die oftmals eine Auflehnung gegen etablierte ästhetische und gesellschaftliche Ordnungen darstellen.

In der anfangs erwähnten Performance wird das Riskante im Akt der Balance performativ verhandelt und zur Schau gestellt. So stapelt Alcántara mehrere Holzkisten aufeinander, und zwar derart, dass sie mit den Kanten aufeinander stehen. Da das ganz ohne Hilfestellung nicht funktioniert, stützt er die Kisten mit Sand ab, wodurch die eigentlich unmögliche Balance auf Dauer gestellt wird. Ohne diese Ausgleichsleistung würde man letztlich nur das Aus-dem-Gleichgewicht-Geraten sehen, das Fallen und Stürzen der Kisten. Der Ausgleich als Form der Stabilisierung und zugleich Stillstellung wird im weiteren Verlauf dann aber dazu genutzt – so soll gezeigt werden –, die Labilität der Balance zu potenzieren, um so zu markieren, was eine der Leistungen dieser Performance ist: die Ausstellung und Zurschaustellung des gefährdeten Moments und damit dessen performatives Potential. (Tafel 23)

Dieser Moment ist jedoch grundsätzlich auf einer schmalen Grenze situiert: »Die Arbeit an der Grenze gelingt oder man stürzt ab.«[12] Es ist übrigens auch die einzige Möglichkeit, über Balanceakte, über performative Akte überhaupt zu urteilen. Wie John Austin zeigt, können derartige Akte nicht dem Urteil von richtig oder falsch unterzogen werden, denn es gibt keine richtigen oder falschen Akte des Gleichgewichthaltens, sie können nur im Hinblick auf das Glücken oder Misslingen beurteilt werden.[13]

Aber eine solche Situation auf der Grenze gewährt zugleich auch eine Chance von Erkenntnis. Denn die »Möglichkeit des Misslingens lässt die unmittelbare Gegenwart auf eine Art und Weise erfahren und einsehen«, wie sie im Modus des Bewusstseins ansonsten nicht erfahren werden kann.[14] Bourdieu bezeichnet dies als eine Art der »körperlichen Erkenntnis«, da körperliche Handlungen das Potential für einen spezifisch körperlichen, nicht kognitivistisch überformten Modus von Erkenntnis bieten.[15] Damit wird das körperlich erlebte Risiko beziehungsweise die Balance lesbar als ein Modell für die grundlegend körperliche Konstruiertheit des Wissens und der Wissensformen, ein Wissen des Körpers, das sich dem bewussten Wollen entzieht und als Gewissheit in den Körper eingeschrieben ist.

Was aber ist überhaupt das Riskante am Akt des Seiltanzes, an dieser Art der Bewegung? Die topologische Struktur des Zirkus und seiner Künste kann dazu einen ersten Anhaltspunkt bieten. Denn während beispielsweise im Theater vor allem die horizontale Bewegung im Raum von Bedeutung ist, das Hier-Dort beziehungsweise das Fern-Nah, finden die Zirkuskünste größtenteils zwischen oben und unten statt. Diese vertikalen Bewegungen sind immer eine Auseinandersetzung mit der Schwerkraft und reichen von Sprüngen, Ball-, Ring- oder Keulenwürfen über Performances mit Seilen, Trapezen, Schleuderbrettern.

Grund für diese räumliche Orientierung ist nicht zuletzt die Kreisform der Manege, die keinen Horizont vorgibt, und ohne Horizont gibt es keine Raumtiefe, die Bewegungen in der Horizontalen ermöglichen würde. Jede horizontale Bewegung in der Manege ist entweder kreisförmig (wie bei der Pferdedressur) oder endet üblicherweise nach circa 13 m (das ist seit Philipp Astley die international »richtige« Größe des Manegendurchmessers – eine Größe, die sich an der Möglichkeit des Longierens orientiert und deshalb nicht kleiner als 12 m sein sollte).[16]

Beim Seiltanz ist diese eingeschränkte horizontale Bewegungsmöglichkeit noch weiter reduziert: auf eine Linie. Doch die »Kunst« des Seiltanzes ist nicht einfach nur in der zielstrebigen horizontalen Bewegung auf dieser Linie von A nach B zu suchen, vielmehr scheint die Leistung und das Risiko des Seiltanzes zu sein, sich überhaupt auf dieser Linie halten zu können, dass also Balance gehalten und die vertikal wirkenden Kräfte ausgeglichen werden. Gelingt dies nicht, so droht der Absturz, dem wiederum der Schwindel vorausgeht.[17]

SCHWINDEL

Schwindel ist ambivalent, in ihm begegnen sich Angst und Lust sowie Taumel und Täuschung. Das Wort »Schwindel« ist doppeldeutig, wobei dies lexikalisch eher zufällig bedingt ist.[18] So bezeichnet das Wort ›Schwindel‹, wie Janz/Stoermer/Hiepko bemerken, »sowohl einen Zustand der Benommenheit und der gestörten Bewegungskoordination als auch eine Art der Täuschung und des Betrugs.«[19] Doch es lässt sich auch ein sachlicher Zusammenhang konstatieren, da die reale Schwindelerfahrung im Sinne eines medizinischen Syndroms systematisch mit dem Aspekt der Täuschung, also der Hervorbringung von Scheinwahrnehmungen verknüpft ist. Ersteres macht sich etwa beim Dreh- oder Höhenschwindel bemerkbar, bei dem die elementaren Ordnungen der Wahrnehmungswirklichkeit durcheinander geraten.

Ähnlich verhält es sich aber auch bei der für den Schwindel im übertragenen Sinne charakteristischen Relativierung der Gegensätze von Wahrheit und Lüge, von Realität und Schein, einer Art Virtualisierung der Welt, die einerseits von Zwängen befreien kann, Denk- und Handlungsspielräume erweitert, andererseits aber auch beunruhigend wirken kann, da »die Koordinaten der sozialen Wirklichkeit« ins Wanken geraten.[20]

So gehen Psychisches und Physisches im Schwindel ineinander über. Ebenso wird die metaphorische Beziehung zwischen Schwindel und Trug unmittelbar erfahrbar, da es auch hier um irritierende Herausforderungen für das Orientierungsvermögen geht. Diese transitorische Qualität des Schwindels ist auch unmittelbar körperlich zu erfahren, denn »wer vom Schwindel erfasst wird, der steht nicht mehr, aber er fällt auch noch nicht.«[21] Und letztlich beweist der Schwindel auch im Hinblick auf den Status des Subjekts seine transitorische Kraft. Denn während die Auflösung der Subjektivität oder zumindest vorübergehende Zustände des Übergangs ekstatischen, rauschhaften oder mystischen Erlebnissen zu eigen sind oder durch sie angestrebt werden, ist für den Schwindel die Suche nach einem Halt und der Zusammenhang mit der Gravitation wesentlich: Gerade weil der Schwindel einen erfasst, versucht man sich selbst »zu fassen«. Der Schwindel setzt in Zuständen der Trance oder beim Gehen auf dem Seil genau in dem Moment ein, wenn die Gefahr des Absturzes oder das Gefühl einer nahenden Ohnmacht bewusst wird. Der Irritation und Überforderung von Gleichgewicht und Orientierungsvermögen wird in solchen Fällen mit einem verstärkten Bemühen begegnet, Halt und Orientierung wieder zu erlangen, sich »zu fassen« – und dies gilt für beide Arten des Schwindels, den »echten« und den metaphorischen. Schwindel ist also, wie Janz/Stoerner/Hiepko konstatieren, ein transitorisches Phänomen, das sich beim Verlust von Gleichgewicht, Orientierung und Normalität einstellt.[22]

Die Gefahr des Fallens und Stürzens ist im Schwindel gegeben, womöglich wird sie erst durch diesen erfahrbar. Denn eigentlich ist das »Fallen [...] dem Stehen und Gehen als spezifisch menschlichem Vermögen immer schon einbeschrieben«, wird aber erst in Momenten der Bedrohung bewusst.[23] In den anthropologischen Überlegungen *Mutmaßlicher Anfang der Menschengeschichte* (1786) hat Immanuel Kant das Gehen und das Sprechen als jene kulturellen Errungenschaften beschrieben, »die den Menschen – sozusagen *nach* der Vertreibung aus dem Paradies – auszeichnen.«[24] Jedoch sei das Gehen ein Vermögen, das von Beginn an schon vom Absturz bedroht ist; Kant nennt es »am Rande eines Abgrundes«.[25] »Denn der Mensch ist ein Wesen, das durch seinen aufrechten Gang anfällig ist für Gleichgewichtsstörungen. Und so ist das ›Gehen‹ und ›Stehen‹ wohl ein Fortschritt – es ist zugleich, so argumentiert Kant, auch der erste Schritt in den Stand des Wissens.«[26] Von der »sittlichen Seite« aus jedoch erscheint dieser Schritt als »ein Fall«.[27]

SCHWERPUNKT

Mit diesem »Fall« beschäftigt sich auch Kleist in einem Text, in dem viel von Gleichgewicht die Rede ist. Ein Text, der forschungstechnisch äußerst umstellt ist und zu dem hier nur einige wenige, für die Frage relevante Beobachtungen gewagt werden sollen.

Kleist kreuzt ja bekanntermaßen im *Marionettentheater* (1810) zwei widersprüchliche Kunsttraditionen, um davon ausgehend den Verlust der menschlichen Grazie anzuzeigen. Auf der einen Seite steht die Auseinandersetzung mit Schillers *Über Anmut und Würde* (1793) und einem bis in antike Traditionen zurückreichenden Begriffspaar, um dessen Balance im Zeichen des Ästhetischen Schiller bemüht ist.[28] Auf der anderen Seite finden sich die Künste des fahrenden Volkes, die die Massen auf Messen und Märkten, sowie den Adel an seinen Höfen unterhalten und belustigen. Für den fiktiven Herrn C. in Kleists Kurzprosa ist klar, dass die »Gliedermänner« und Bären des Jahrmarkts noch über Grazie verfügen, während Menschen diese zwar anstreben, doch es bei ihnen nur in »Ziererei« mündet, da sie versuchen, Grazie reflexiv und rational »herzustellen«. Dies kann aber nicht gelingen, weil nur »in dem Maße, als [...] die Reflexion dunkler und schwächer wird, die Grazie darin immer strahlender und herrschender hervortritt.«[29] Während Schiller noch einen Ausgleich zwischen begrifflichen Oppositionen anstrebt, gibt es in Kleists Text keine Vermittlung zwischen Anmut und Reflexion. Dies ist auch der Grund, warum Herr C. sich den performativen Künsten des fahrenden Volkes und der Wanderbühnen zuwendet, die sich als »antigrav« in Szene setzen. Denn diese scheinen »zumindest für Augenblicke das Gravitätische der Schwerkraft außer Kraft zu setzen [...] und auf diese Weise zumindest eine Ahnung der verlorenen Grazie zu vermitteln.«[30] Vor der Folie der Grazie werden so ausschließlich Kombinationen von Organischem und Unorganischem oder Mensch und Lebewesen beziehungsweise Ding verhandelt: Maschinist und Marionette; Jüngling und Dorn; Bär, Mensch und Rapier.

Wie dies in Bezug auf die Marionette auszusehen hat, beschreibt Herr C. folgendermaßen: Man müsse sich

> »nicht vorstellen [...], als ob jedes Glied [der Marionette] einzeln, während der verschiedenen Momente des Tanzes, von dem Maschinisten gestellt und gezogen würde. Jede Bewegung, sagte er, hätte einen Schwerpunkt; es wäre genug, diesen, in dem Innern der Figur, zu regieren; die Glieder, welche nichts als Pendel wären, folgten, ohne irgend ein Zutun, auf eine mechanische Weise von selbst. [...]
> Die Linie, die der Schwerpunkt zu beschreiben hat, wäre zwar sehr einfach, und, wie er glaube, in den meisten Fällen, gerad. [...] Dagegen wäre diese Linie wieder, von einer andern Seite, etwas sehr Geheimnisvolles. Denn sie wäre nichts anders, als *der Weg der Seele des Tänzers*; und er zweifle, daß sie anders gefunden werden könnte, als dadurch, daß sich der Maschinist in den Schwerpunkt der Marionette versetzt, d.h. mit andern Worten, *tanzt*.«[31]

Der Vorteil der Marionette sei, so sagt Herr C. weiter, dass sie »antigrav« sei, im Gegensatz zum menschlichen Körper. Sie sei schwerelos, »weil die Kraft, die sie in die Lüfte erhebt, größer ist als jene, die sie an die Erde fesselt«.[32] Dieses Marionetten-Ideal des Antigraven, das an die Stelle von (paradiesischer, vorbewusster, natürlich-graziöser) Ganzheit und Vollkommenheit rückt, zeigt eine künstlich erzeugte, eine durch den Maschinisten hervorgebrachte Anmut. Im Zentrum dieser so formulierten »Theorie des Equilibre«, des äußerst fragilen Zusammenhangs von Glücken und Misslingen der Balance, letztlich auch einer Theorie der Labilität, steht damit ein Bewegungskonzept, das die Körper-Technik und die virtuose Beherrschung eines labilen Gleichgewichts (den »Schein« des Antigraven) zum Beweggrund der Grazie erklärt.[33] Doch die Paradoxien der Narration des Essays zeigen deutlich, wie schon oft bemerkt wurde, dass der »Schein« solcher »Naturbeherrschung« im Zeichen der Kunst nicht zu wahren ist; dass der *Fall* die Grenzen des Menschlichen zum Vorschein bringt. Und nicht nur das, denn durch die im Laufe des Essays zahlreich vorgenommenen Ver- und Ersetzungsfiguren gerät »der Vorteil der Puppe gegenüber dem lebendigen Tänzer, die ›naturgemäße Anordnung der Schwerpunkte‹, die die Seele im Mittelpunkt der Bewegung situiert, seinerseits ins Taumeln«, gerät die Konstruktion des Textes, seine ästhetische Balance aus dem Gleichgewicht.[34]

Das Modell des Marionettentheaters, das als Ausgangspunkt für Kleists Überlegungen und als Titel für seinen Text dient, wird auch in der Performance *Rudo* bemüht. Denn hier führt Manolo Alcántara mit Hilfe eines Gestells, das er auf seine Balancierstange montiert und sich zusätzlich vor den Körper gehängt hat, eine Marionette über die Stange, über die er auch selbst balanciert. Diese Marionette stellt wiederum einen Seiltänzer dar, inklusive Balancierstange. Dadurch erhöht sich die Gefahr, die Balance zu verlieren. Denn Alcántara muss bei diesem Teil der Performance nicht nur sich selbst im Gleichgewicht halten, sondern zusätzlich auch noch Ausgleichsbewegungen für die Marionette durchführen. Dabei folgt die Marionette relativ genau den Bewegungen, die Alcántara ausführt, sein »Tanz« auf der Stange überträgt sich auf die Bewegungen der Marionette. (Tafel 24)

In Kleists Text liest sich das folgendermaßen: Laut Herrn C. soll sich der Maschinist – um den »Weg der Seele des Tänzers« zu finden – »in den Schwerpunkt der Marionette« *ver*setzen, also eine Art empathischer Leistung vollziehen, und dann könnten die Bewegungen der Marionette anmutig genannt werden. Diese »Versetzung« kann jedoch wiederum *er*setzt werden – nämlich »mit andern Worten« – durch eine körperliche Handlung, genauer: einen Tanz.[35] Dies heißt aber, dass die Ersetzung der Versetzung eben gerade nicht sprachlich-semantisch vollzogen wird, sondern performativ.

Es scheint fast so, als ob genau dies in der Performance *Rudo* vollzogen wird, die Ersetzung beziehungsweise Transformation des literarischen in den circensischen Balanceakt. Doch wird dabei der in Kleists Textexperiment behauptete Effekt, nämlich die anmutigen Bewegungen des »Gliedermannes« erzielt? Tatsächlich balanciert beziehungsweise tanzt Alcántara, während er die Marionette führt. Doch die Bewegungen der Marionette sind dabei mitnichten tänzerisch und graziös, sondern in ihrer technisch-maschinellen Abhängigkeit eher nur rührend oder hilflos (sofern »hilflos« überhaupt ein für eine Puppe anwendbarer Begriff ist). Es sieht so aus, als ob die Puppe stärker noch vom Absturz bedroht ist als Alcántara selbst. Grund hierfür scheint zu sein, dass durch den Seiltanz des Tänzer-Maschinisten Alcántara nicht nur der Schwerpunkt der Marionette in Bewegung und instabil ist, sondern auch sein eigener. Durch diese Potenzierung der Labilität jedenfalls wird auf Seiten der Marionette keine graziöse Bewegung hervorgebracht. Und auch Alcántara selbst verweigert schon in seinem Gestus und seinem Kostüm, nicht zuletzt auch mit dem Titel der ganzen Performance: *Rudo* (spanisch für rau, grob) den Verweis auf irgendwelche Konzepte der Grazie.

STÜTZPUNKT

Doch trotzdem beurteilen wir die Balanceakte, die in der Manege geboten werden, als kunstvoll. Woran liegt das? Hilfreich ist hier womöglich, zunächst diese Balanceleistung genauer zu bestimmen. Dazu soll ein Text herangezogen werden, der beinahe 80 Jahre nach Kleists *Marionettentheater* entstanden ist und der zwar viel mit dem Zirkus, dafür aber scheinbar recht wenig mit der Kleist'schen Frage nach einem anthropologischen Modell des Anfangs und der Spaltung des Menschen in Bewusstsein und Körper zu tun hat. Es geht um Frank Wedekinds Essay *Zirkusgedanken* (1887), der sich in die allgemeine Zirkusbegeisterung seiner Zeit einreiht.[36] In diesem erläutert ein »Mann vom Fach«, gar ein »Dr. phil. II. Klasse« sowohl dem Ich-Erzähler des Textes als auch den Leser/innen den Unterschied zwischen einer Trapezkünstlerin und einer Seiltänzerin.[37] Denn, so erklärt er, die Trapezkünstlerin »erfreut sich eines stabilen, die Seiltänzerin dagegen schwebt in labilem Gleichgewicht. Mit anderen Worten, erstere hat ihren Stützpunkt (Sie bemerken den Haken, an dem die Stricke des Trapez befestigt sind) über sich, letztere hingegen hat ihn unter sich in dem kaum zollbreiten Band, das sich außerdem ihr selber gegenüber wieder in labilem Gleichgewicht befindet.«[38]

Dieser Essay bringt etwas ins Spiel, was bei Kleist nicht thematisiert wird. Denn zusätzlich zu dem bei Kleist benutzten Begriff des Schwerpunkts taucht hier der des Stützpunktes auf.[39] Als physikalische Größe ist der Schwerpunkt der Massenmittelpunkt, während der Stützpunkt derjenige Punkt ist, auf den die Kraftübertragung stattfindet. Die gegenseitige Lage von Stützpunkt und Schwerpunkt ist für die Stabilität eines Körpers oder Systems maßgeblich. Liegt der Stützpunkt über dem Schwerpunkt, wie etwa bei einer Trapezkünstlerin, deren Trapez an der Zirkuskuppel hängt, so stabilisiert sich das System von selbst: Die Schwerkraft wirkt als rückstellende Kraft, die den Körper bei einer Auslenkung wieder zurück in die Gleichgewichtslage bringt. Liegt der Stützpunkt jedoch unter dem Schwerpunkt, wie etwa bei einer Seiltänzerin, ist das System instabil: Eine kleine Auslenkung aus dem Ruhezustand bewirkt, dass der Körper immer weiter aus der Gleichgewichtslage gebracht wird und abzustürzen droht.

Mit dieser zusätzlichen Größe lässt sich nun ziemlich genau die doppelte Balanceleistung von Mensch und Marionette in der Performance *Rudo* beschreiben: Der Performer hat den Schwerpunkt unter sich, ist also in labilem Gleichgewicht und muss daher immerfort Ausgleichsbewegungen ausführen. Die Marionette dagegen hat ihren Schwerpunkt in dem Spielkreuz über sich. Sie befindet sich damit in relativ stabilem Gleichgewicht, beziehungsweise in einem sich selbst immer wieder stabilisierenden

System. Wäre da nicht die instabile Position, in der sich wiederum ihr Stützpunkt, also das Spielkreuz befindet: Dieses ist an der Balancierstange und am Körper des Äquilibristen befestigt und daher wieder Teil eines instabilen Systems. So entpuppt sich die ganze Szene als ein potenzierter Balance-Akt, eine Balance zwischen zwei unterschiedlichen Gleichgewichtssystemen. Allerdings nur ein vermeintlicher, denn das Gleichgewichtssystem der Marionette ist ja im wahrsten Sinne des Wortes abhängig vom System des Seiltänzers. Es ist kein selbständiges System, das mit dem anderen konkurriert. Eher sind es Gleichgewichtssysteme erster und zweiter Ordnung, die – je länger man drauf schaut – desto schwindliger machen in ihrem Bezug, in ihrer Verschränkung miteinander.

KUNST DER BALANCE

Die ganze Performance *Rudo* spielt also virtuos mit verschiedenen Formen der Balance und damit auch mit dem Risiko und dem Schwindel, das Balancieren fungiert hier als labile Ordnungsstruktur der Performance selbst. Balance ist hier also nicht als bloßes »Kunsthandwerk« des Artisten ausgewiesen, sondern sie ist selbst Kunst.

Dies wird auch in Wedekinds Text deutlich: der Ich-Erzähler stellt in *Zirkusgedanken* fest, dass »[i]n den Augen des Aesthetikers« die »einfachen Exerzitien« der Seiltänzerin »Señorita Emma« durchaus nicht nur Artistenhandwerk sind, sondern man es durchaus mit Kunst zu tun habe, ganz im Gegensatz zur Trapezkünstlerin:[40]

> »Daraus ergibt sich nun bei Jener [d.i. der Trapezkünstlerin; M.F.] die Innehaltung des Gleichgewichts als etwas selbstverständliches, während Diese, die Seiltänzerin, sich dasselbe jeden Augenblick von Neuem erkämpfen muß. Sie werden nun selber begreifen, daß bei der Trapezkünstlerin der Aufenthalt hoch in der Luft Nebensache, d.h. Vorbedingung, demnach nicht ein Theil ihrer Kunstleistung ist, sondern daß die zierlichen Gaukeleien und Kraftübungen das Wesen ihrer Kunst ausmachen; wogegen die Dame auf dem Stahlband in ihrem gemessenen Tanz und dem anmuthigen Spiel der Arme durchaus nur ornamentales Beiwerk zu ihrem überaus geschickten Balanciren liefert. Während die Trapezkünstlerin das Gleichgewicht nur dann verliert, wenn die Stricke reißen, stürzt die Seiltänzerin mit unerbittlicher Nothwendigkeit in der ersten Sekunde, in der sie sich selbst vergißt.«[41]

Die Kunst des Seiltanzes gründet also nicht in Anmut oder in tänzerischen Bewegungen, der »Mann vom Fach« bewertet diese gar als bloßes Ornament, als schmückendes Beiwerk.[42] Vielmehr ist es das Balancehalten an sich, das die Kunstleistung selbst ausmacht. In einem zeitgenössischen Konversationslexikon heißt es entsprechend: »Die eigentliche Kunst des Seiltanzes besteht bei der Schmalheit der Bahn und dem stetigen

Schwanken des Seils in der geschicktesten Wahrnehmung des Gleichgewichts.«[43] Die Seiltanzkunst ist folglich nicht Kunst in dem Sinne, dass man glücklich und unbeschadet, womöglich mit »ornamentalem Beiwerk« die gegenüberliegende Seite des Seils erreicht, sondern, wie Mergenthaler beschreibt, grundlegend ist vielmehr das »Transitorische, das ›Auf-dem-Weg-Sein‹, das ›Zwischen‹.«[44] Dieses kann sich jedoch verschieden gestalten. Denn wie Wedekind in einem anderen Zirkus-Essay, *Im Zirkus* (1888), ausführt, verhält es sich mit der Kunst des Balancierens unterschiedlich, je nachdem, ob sich die Tänzerin auf einem straffen oder einem Schlappseil bewegt: »Die Steigerung der technischen Schwierigkeiten, die der Übergang vom straff gespannten zum schlaff herabhängenden Drahtseil bedingt, [...] beschränkt [...] sich darauf, daß die Künstlerin durchaus keinen gegebenen festen Stützpunkt mehr besitzt, infolgedessen sie denselben in sich selber zu suchen hat.«[45] Wedekinds Texte liefern die Theorie einer Kunst der Balance und rufen dazu zwei Prinzipien auf, die sehr ähnlich zu sein scheinen: einerseits das eher physikalisch ausgerichtete Prinzip des »Stützpunkt-in-sich-selber-Suchens«, andererseits das psychologisch anmutende, sich nicht »selbst zu vergessen«.[46]

Letzteres Prinzip soll ja genau in dem Moment sichtbar werden, in welchem die Seiltänzerin »das Gleichgewicht [...] verliert« und »mit unerbittlicher Nothwendigkeit« stürzt.[47] Das »Sich-selbst-Vergessen« meint hier zunächst nur ganz pragmatisch, dass die Seiltänzerin in voller Konzentration balancieren und sich nicht ablenken lassen soll. Doch aus dieser pragmatischen Maxime heraus entwickelt sich – poetologisch durchaus kunstfertig und selbstreflexiv – in Verhältnis zum oben genannten »Stützpunkt-in-sich-selbst-Suchen« großes kunsttheoretisches Potential.

Denn die Ablenkung von sich selbst, die Ausrichtung der Aufmerksamkeit auf die Umgebung, bedeutet im Zirkus mit den rund um die Manege sitzenden Zuschauerreihen – bei einem Blick von oben vom Seil – vor allem natürlich die Ausrichtung auf das Publikum. Aber während beispielsweise im Theater als einer Welt der Repräsentation die theatralen Zeichen auf der Bühne auf das Publikum hin gerichtet sind, darauf, von diesem gelesen und gedeutet zu werden, wird mit dem Seiltanz gar nicht versucht, eine fiktive Welt vorzustellen. Dies heißt wiederum für die Seiltänzerin, dass sie also gar nicht erst versuchen darf, auf das Publikum ausgerichtet zu sein, da sie diese Bezugnahme in größte Gefahr bringen würde. Doch ganz ohne Publikum ist ihre Vorstellung auch nicht möglich, denn dann wäre der Seiltanz wiederum kein Kunstakt, da Zuschauer/innen konstitutiver Teil performativer Vorstellungen sind.[48] Die Gleichzeitigkeit von Vollzug und Rezeption der Darbietung ist notwendig, um überhaupt von einer Kunstdarbietung sprechen zu können.

Die Seiltänzerin muss sich also in geeigneter Weise zum Publikum verhalten. Gefährlich wird es – um es nochmals zu wiederholen – für sie dann, wenn sie ihre Aufmerksamkeit nicht mehr auf sich richtet, sondern sie die »schaudernd[en] [...] Blicke« der Zuschauer/innen wahrnimmt.[49] Genau in diesem Moment muss sie sich nämlich als Objekt des Blicks begreifen, angeschaut vom und gespannt auf das Subjekt des Blicks, das Publikum. Damit sie die Balance nicht verliert, ist es also notwendig, dass sie diese Unterscheidung zwischen Subjekt und Objekt des Blicks, letztlich die Differenz in der symbolischen Ordnung negiert und in der Ordnung des Imaginären verbleibt. Erst dann hat sie den »festen Stützpunkt [...] in sich selber« – und dann kann ihre Vorführung auch das Prädikat »kunstvoll« zugesprochen bekommen.

Diese Theorie der Kunst entspricht damit sehr genau Kleists Konzept der Grazie, wie er sie an der Figur des Jünglings im *Marionettentheater* entwickelt. Und damit ist das Balancieren auf dem Seil beziehungsweise der Stange kunstvoll zu nennen.

STABILITÄT

Doch Alcántara belässt es nicht bei dieser Form der Balancierkunst. Er zeigt am Ende der Performance noch eine weitere Variante, nämlich ein kleines architektonisches Meisterwerk, *das* Bild stabiler Balance. Denn wieder stapelt Alcántara Kisten und diesmal auch Keile aufeinander, so dass sich allmählich in der Manege ein großer Torbogen erhebt. (Tafel 25)

Bei einem architektonischen Bogen wird durch die Setzung des Schlusssteins eine Struktur geschaffen, die zuvor nur mittels eines Lehrgerüstes gehalten werden kann, also dauernd vom Einsturz, vom Fall bedroht ist. Der Schlussstein – in diesem Fall: die Schlusskiste – stabilisiert, erst durch sie wird die Konstruktion selbsttragend. Sie verteilt und gleicht die Schub- und Druckkräfte derart aus, dass eine Konstruktion entsteht, die aus sich selbst heraus stabil und im Gleichgewicht ist und keine ausgleichenden Kräfte mehr benötigt. Dieser Bogen, entstanden aus einem Prozess des Balancierens, in dem immerfort auf die Fragilität des Bauwerks verwiesen wird, entpuppt sich damit als das stillgestellte, stabilisierte Bild der Balance und des Ausgleichs. Zugleich ist es jedoch auch eine Öffnung, sogar ein Ausgang, denn durch ihn verlässt Alcántara die Manege.

Nicht nur im Rahmen dieser Performance, ganz grundsätzlich erweist sich damit Zirkus als paradigmatisch für die Figur der Balance: Zirkus erläutert Balance, setzt sie ins Bild und weist ihr ästhetisches Potential zu. Balance wird – in ihren unterschiedlichen Ausprägungen – als performative Leistung sichtbar, als ästhetischer Akt, der in seiner Labilität einerseits physikalische Gesetze sichtbar werden lässt, andererseits auch als anthropologische Reflexionsfigur fungiert, die Passagen des Durchgangs, aber auch Öffnungen hin auf Grenzen und Möglichkeiten gestattet.

GLEICHGEWICHT AM ERWARTUNGSHORIZONT

DER URBANISTISCHE ERFAHRUNGSRAUM DER ACHSE

Ernst Seidl

DIE STÄDTEBAULICHE ACHSE

Die menschliche Orientierung im Raum ist ein seit langem diskutiertes Thema in zahlreichen Disziplinen. Was bisher jedoch mit Blick auf die Raumwahrnehmung der Architektur und der Stadt diskutiert wurde, betraf zum weit überwiegenden Teil nur zwei der drei Achsen im dreidimensionalen Koordinatensystem: das Oben und Unten – nicht zuletzt und oft verkürzt als Ausdruck menschlicher Hierarchien und Ordnungssysteme – einerseits sowie das Hier und Dort als basale Wahrnehmungskonstellation und individuelle Rezeptionssituation. Was jedoch die Bedeutung für die Konzentration auf den Horizont der etwa 180 Grad unseres Gesichtsfeldes von links nach rechts oder umgekehrt in der Stadt oder als Instrument der Orientierung betrifft, so wurden hier bisher, so die erste Prämisse, keine angemessenen Überlegungen angestellt oder Positionen bezogen.[1] Noch weniger geschah dies mit Blick auf die Rolle der städtebaulichen Achse als Ausgleichsmotiv und ihre Relevanz für den Erhalt des Äquilibriums des Menschen in dieser Perspektive. Die zweite hier vorangestellte Annahme besteht darin, dass wir gerade mit der Sichtachse das wirkungsmächtigste und daher auch einprägsamste Anschauungsmoment in der artefaktischen Umgebung des urbanen Raums erleben. Dieser eindrückliche Raum der Stadtlandschaft steht im perspektivischen Fokus dieses Beitrags, die städtebauliche Achse.[2]

Einerseits dürfte unbestritten sein, dass visuelle Anschauung auf Grundstrukturen – hier auf gebaute – angewiesen ist, um das Verstehen und Wissen – hier das Orientieren im städtischen Raum – zu erleichtern, wenn nicht gar erst zu ermöglichen. Damit wird andererseits auch der kunst- und architekturtheoretische Problemkomplex der Typusfrage aufgerufen.[3] Drittens weist die Reflexion über das Sehen vielfältiger Bauten darauf hin, dass nicht zuletzt die Stadtlandschaft zu den dichtesten visuellen Informationsträgern aller komplexen menschlichen Artefakte gehört, welchen sich der Mensch ausgesetzt sieht. Italo Calvino hebt dazu den Rang der Stadt als eines primären kulturgeschichtlichen Gedächtnisspeichers hervor. Er schreibt: »La memoria è ridondante: ripete i segni perché la città cominci a esistere.«[4] Als dritte und zentrale Prämisse liegt hier nun die These zugrunde, dass die visuelle Orientierung nicht allein durch den Blick auf einzelne Objekte in der Stadt geprägt ist, sondern dass sich Bedeutungen auch durch ganz unterschiedliche Räume innerhalb der Stadt vermitteln; Räume, die schon in ihrer Ausformung auf historische Bedingungen und Epochen hindeuten; Räume also, die trotz des Fehlens genauerer Informationen dem Betrachter dennoch die Orientierung ermöglichen und sogar grundsätzliche Aussagen über politische, wirtschaftliche, soziale und nicht zuletzt kulturelle Prozesse erlauben können.

DIE ACHSE ALS HORIZONTALES AUSGLEICHSMOTIV

Die axiale Anlage prägte sich im Laufe der Kultur- und Architekturgeschichte der Frühen Neuzeit bis in die Moderne in ebenso vielfältigen Varianten wie eindrücklichen Städtebildern aus. Eine ganze Reihe von Eigenschaften hebt diese Form des Stadtbildes in ihrer visuellen und monumentalen Suggestionskraft über andere urbane Strukturen hinaus: seien dies die reine Größe des umschriebenen Raums, seine meist symmetrische Komposition, die schwer absehbare Tiefe der räumlichen Perspektive oder die Distanzierung des Betrachters bei gleichzeitiger Überblickbarkeit zentraler visueller Magistralen. Kein Wunder also, dass sich auf diesen Achsen seit jeher politische Ereignisse hervorragend inszenieren ließen und auf ihnen bevorzugt auch die offiziellen Monumente des kulturellen Gedächtnisses erscheinen, dauerhaft oder ephemer.

Axiale urbane Strukturen liegen im Schnittpunkt ausgesprochen heterogener Forschungsgebiete; dies sicherlich deshalb, da fast alle Bereiche des menschlichen Lebens sich in den städtischen Raum einschreiben. Zudem handelt es sich bei den zu betrachtenden Artefakten um sehr große urbane Ensembles oder sogar darüber hinausgehend um ganze Stadtteile, wenn nicht gar neugegründete Stadtanlagen. Schließlich liegen zu urbanistischen, architektonischen, skulpturalen oder gartenkünstlerischen Einzelobjekten unter ihnen fast unüberschaubar viele Studien vor. Deren je eigener Diskussionshorizont vereinfacht nicht eben die Verfolgung der hier gestellten übergeordneten Fragen.

In dieser kurzen Analyse überschneiden sich die großen Fragebereiche der Urbanistik und Stadtforschung, der kulturwissenschaftlichen Forschungsgeschichte zum Themenkomplex des Raumes und zur Kunst- und Kulturgeschichte der Zentralperspektive oder des städtebaulichen Achsenmotivs. Der vor wenigen Jahren stark beachtete Forschungszweig der Gedächtniskultur, ebenso wie die Symbolforschung, Ikonologie oder Semiotik und Typusproblematik seien hier nur erwähnt. Dass die verschiedenen Referenzobjekte für sich selbst eigenständige Problemkomplexe darstellen, die auf individuelle Forschungsgeschichten zurückblicken, muss nicht weiter erläutert werden.

Hier soll nun kurz auf die Wirkungskonstanten und Bedeutung der Achse, gefragt mit Blick auf den Erhalt des räumlichen Äquilibriums und der Orientierung, hingewiesen werden. Dies geschieht deshalb, weil dieses Ordnungsprinzip des öffentlichen Raumes über Beeindruckungs- und Nobilitierungspotentiale verfügt, die das betrachtende Individuum einerseits sowie die »Masse« andererseits kaum unberührt lassen. Diese Kompositionsstruktur des Raumes verband sich in der Geschichte seit jeher mit hohen Ansprüchen des Politischen, Sozialen und Künstlerischen. Aus diesen Gründen finden wir auf der urbanen Magistrale oder an ihren Rändern kunst- und architekturhistorisch herausragende Monumente der – wie auch immer gearteten – Herrschaft, aber auch des Sturzes von Herrschaft. Und wir nehmen Zeichen der gesellschaftlichen Situation und Verbildlichungen gesellschaftlicher Werte wahr oder aber ihrer abstrakten Konstruktionen: Kultur und Kunst, Recht und öffentliche Ordnung, ebenso wie deren Gegenteil. Die axialen Perspektiven sind deshalb immer herausragende Zeugnisse historischer Zustände, kollektiver Ideen und der Geschichte ihrer Konstruktionen sowie der »*Geschichte des Sehens*« schlechthin gewesen.[5] Als solche wurden sie jedoch selten erkannt. Da sich Wahrnehmung zudem selektiv verhält, von individuellen Interessen und zeitbedingten Einflüssen mitbestimmt wird, soll hier nur die eindrücklichste und wirkungsmächtigste Form von Raumerfahrung in der Stadt im Zentrum stehen.

Aus den Beobachtungen der strukturellen und historischen Vergleiche axialer Systeme im Raum vom Beginn des 16. und 17. Jahrhunderts über ihre Blütezeit im 18. und 19. Jahrhundert bis zur zweiten Hälfte des 20. Jahrhunderts kann die allgemeine Bedeutung der eingesetzten Binnenstrukturen erschlossen werden. Schließlich führen diese Erkenntnisse auf die Grundfragen zurück, inwieweit bestimmte Raumformen Hinweise geben auf Bedeutungszusammenhänge des kollektiven Gedächtnisraums.[6] Festzustellen ist, dass die Zentralperspektive, nachdem sie erst als zweidimensionales, bildimmanentes Konstruktionsprinzip in der Florentiner Frührenaissance erfunden oder wiedererfunden und eingeführt war und nachdem sie einmal auch als raumgreifendes Strukturprinzip entdeckt und eingesetzt wurde, über Jahrhunderte das mit Abstand wichtigste räumliche Gestaltungsmittel war. Es ist plausibel, dass sie immer dort Anwendung fand, wo es darum ging, die entsprechend zentralen politischen, religiösen oder kulturellen Inhalte öffentlich adäquat zu positionieren und gesellschaftlich zu repräsentieren. Denn dafür waren die übergeordneten Bildprinzipien ihrer Konzeption besonders gut geeignet. Ferner lassen sich große Achsen nicht allein durch ihre Form, Funktion und Geschichte erklären, sondern sie sind selbst Ergebnis einer Wechselwirkung. Gemeint ist damit, dass sie in ihrer Entstehung selbst schon Bild ihrer kollektiven Bedeutungskonstruktion sind. In diesem Zusammenhang verwundert, dass bisher noch keine Analyse städtebaulicher Raumstrukturen existiert, die sich ausdrücklich mit ihren kulturhistorischen Bedeutungsschichten auseinandersetzt. Der Erkenntnisbereich einer möglichen »Ikonologie der städtebaulichen Achse« erstreckt sich demnach von der Erhellung spezifischer Bedeutungen konkreter axialer urbaner Räume über die Ableitung von ähnlichen Bedeutungen vergleichbarer Raumstrukturen bis hin zur Feststellung von kulturhistorischen Bedeutungskonstanten gleicher, zumindest aber vergleichbarer, öffentlicher Raumtypen. All das kann hier nicht geleistet werden.[7]

Deutlich wird schon jetzt zweierlei: Das Thema der räumlichen Perspektive und Axialität ist ein ebenso essentielles wie breit angelegtes der Forschungsgeschichte.

ZUR BEDEUTUNG AXIALER RÄUME

In den vergangenen fünf- bis sechshundert Jahren präsentiert sich die neuzeitliche bildnerische Anwendung der Perspektive als ein deutlicher, nahezu kontinuierlich sich entwickelnder historischer Prozess.[8] Er nimmt seinen Verlauf von der mimetisch darstellenden Bildform bis hin zur gebauten Kulturform, die tief in den Stadtraum eindringt. Diese perspektivische Evolution beschreibt damit als kontinuierliches Fortschreiten von bildhaft begrenzter zu räumlich ausgreifender Anwendung den Sprung von der zweiten zur dritten Dimension. Als Erzähl- oder Bewegungsraum des zeitlichen Nacheinander konstituiert der Raum sogar den Schritt in die vierte Dimension. An die wichtigsten Etappen dieser Entwicklung soll hier kurz zusammenfassend erinnert werden:

Giotto nutzte zwar die durch gemalte Architektur hergestellte Bildräumlichkeit auf neuartige Weise, um damit die Abfolge der Bilderzählung zu strukturieren sowie ihre Plausibilität und Bedeutung zu unterstreichen, wenn nicht gar erst zu generieren.[9] Jedoch entbehrte er der exakten zentralperspektivischen Konstruktion, die der menschlichen Wahrnehmung architektonischer Räume im *Quattrocento* so neuartig nahe kommen sollte und den Realitätsgrad bildlicher Wahrnehmung in bisher ungekannter Weise steigerte.[10] Es waren erst Brunelleschis Experimente, ihre wissenschaftliche Dokumentation durch Alberti sowie ihre Weiterentwicklung durch Piero della Francesca, die die exakte Anwendung und jederzeit korrekte Wiederholung der Zentralperspektive möglich machten.[11] Sie erlaubten damit deren zunehmende künstlerische Virtuosität und Verbreitung in der zweiten Hälfte des *Quattrocento*. Diese Neuerung stellt den kaum zu überschätzenden bild-, ja kulturgeschichtlichen Einschnitt zu Beginn der Neuzeit dar, wie es Jean Gebser, Alexandre Koyré, Manfredo Tafuri oder auch Daniel Arasse unter verschiedenen Gesichtspunkten ausführten.[12]

Dass besonders in Bühnenbildern bevorzugt die neuen und so realitätsnah konstruierbaren Raumdarstellungen Verwendung fanden, ist nur verständlich.[13] Denn die Bühnen bedurften des täuschend gestalteten Raumes, da vor und insbesondere zwischen den Bühnenbildern Menschen in einer Realitätssphäre – wenn auch in anderem, fiktivem Erzählrahmen – agierten.[14]

Ebenso konsequent erscheint deshalb die anschließende perspektivische Weiterentwicklung des Bühnen*bildes* zum Bühnenbild*bau*, das heißt, zur sich in die Dreidimensionalität hin zur Raumkonstruktion ausdehnenden axialen Raumdarstellung.[15] Als ein beispielhaftes Bindeglied steht dafür etwa die Bühnendekoration einer tragischen Szene von Bramante aus den Jahren um 1490: Die beiden flankierenden *telarii*, auf welche die in die Tiefe fluchtenden seitlichen Palastdarstellungen gemalt werden sollten, ließen noch einen tatsächlichen, perspektivisch ansteigenden Stadtraum für die Bühnenakteure zwischen sich frei. Nach diesem Entwurf würde die eigentliche Bildebene erst mit dem zentralen Triumphbogen im Mittelgrund beginnen. Diese Gedanken entwickelten bekanntermaßen Baldassare Peruzzi, Sebastiano Serlio, Andrea Palladio und Vicenzo Scamozzi im Laufe des 16. Jahrhunderts immer komplexer und virtuoser fort, woran hier – etwa mit Blick auf das *Teatro Olimpico* aus den Jahren 1580–84 in Vicenza – nur erinnert werden kann.[16]

Zwar führt die Evolution des Bühnenbildes ganz exemplarisch dieses Ausgreifen der Zentralperspektive aus dem Bild in den Raum vor, jedoch kann die Bühne nicht als das einzige Feld dieser Entwicklung angesehen werden.[17] Denn auch die Orte des liturgischen Schauspiels waren immer bevorzugte Innovationsfelder axialperspektivisch-räumlicher Inszenierung. Das zeigt der Schritt von Masaccios Trinitätsfresko, das im Jahr 1427 so früh und perfekt eine linearperspektivisch konstruierte Kapelle erstmals im Bild wiedergibt, über alle folgenden perspektivisch konstruierten Altartafeln des mittleren *Quattrocento* hin zu Bramantes 1479 gebauter flacher Scheinkapelle des Chores von *Sta Maria presso San Satiro* in Mailand. Während es Masaccio auf die Perspektive als revolutionäre bildnerische Innovation ankam und damit auf die Perspektive als neuartigen Bedeutungsträger des Heiligen, wird in Mailand ein dreidimensionaler Kapellenraum, dessen räumliche Errichtung aufgrund topographischer Enge nicht möglich war, durch die architektonische Anwendung zentralperspektivischer Regeln und der gebauten Formen einer flachen Nische in täuschender Räumlichkeit simuliert.[18] Damit ist auch architektonisch ein erster Schritt getan von einer flachen Wand zu einem dreidimensionalen und zentralperspektivisch vorgetäuschten Einzelraum, wie er im Barock häufig auftritt. Bramante war dabei nicht nur einer der Erfinder dieser gebauten räumlichen Verzerrung, er war gleichzeitig einer der frühesten Entwerfer zentralperspektivischer Bühnenräume. Dass sich die theoretische wie praktische Konstruierbarkeit von solcherart axialsymmetrischen Räumen der Kapellen und Bühnen auf ganze Räume der Stadt ausdehnen musste, erscheint evident.

DIE PERSPEKTIVE IN DIE STADT

Mit den bildnerischen perspektivischen Idealräumen und Bühnenbild- wie Kapellenräumen unmittelbar einhergehend stellten sich Versuche und Pläne ein, diese idealen Räume von der seit der Antike bekannten Begrenzung auf konkrete einzelne Gebäude oder Anlagen auch architektonisch in öffentlichen Stadträumen umzusetzen.[19] Für das 16. Jahrhundert spielt neben den bildkünstlerischen Veränderungen auf Bühne und Altar auch die zunehmende szenische Ausgestaltung von zeremoniellen Festen im Stadtraum eine vermittelnde Rolle zwischen den Dimensionen Bild und Straße.[20] Diese Zeremonien wie besonders königliche Einzüge, die sich oft kulissenartiger Darstellungen von Baumotiven, insbesondere von Triumphtoren, bedienten, werden beispielsweise anhand der Motive der Einzüge Heinrichs II. in Paris zur Mitte des 16. Jahrhunderts deutlich. In diesem Zusammenhang sollten dabei die Prozessionen der päpstlichen Kurie in Rom sowie ihre zeremonielle Ausgestaltung und zunehmende axiale Ausrichtung betrachtet werden.

Durch die Tatsache, dass Machtstrukturen als unabdingbare Voraussetzung solcherart Eingriffe in den Stadtraum zugrunde liegen mussten, konnten axiale Ordnungsmuster der Stadt ihrerseits umgekehrt zu Raumbildern von politischer, sozialer und materieller Potenz werden. Damit entstand der »Stadtraum als Bühne« als eine axialräumlich gestaltete Zentralperspektive auf den herauszustellenden, allgemein bedeutenden *point de vue*, wen oder was auch immer er repräsentierte.[21]

Die hier nur kursorisch erwähnten Beispiele aus der Malerei, Architektur und Bühnenbildnerei waren die Grundlage für den weiteren Prozess hin zu den ersten künstlerisch intendierten urbanistischen Achsen-Projekten. Sie traten nach einem ersten vorsichtigen Versuch in Pienza dann mehrfach im Laufe des *Cinquecento* in Rom auf. Dabei überschritten sie die Grenze vom einzelnen Ensemble oder Baukomplex in den öffentlichen Stadtraum hinein; so etwa in Rom vom *Palazzo Farnese* zur *Via Papale*, an der *Porta Pia* und am Kapitol. Dass Bramantes ideale *scena tragica* als ganz konkretes Vorbild für den realen Stadtraum des römischen Kapitols diente, nahm auch Irving Lavin an, nachdem Fritz Saxl bereits die Vermutung der grundlegenden Verbindung des Kapitolsentwurfs zu Bühnenbildern formuliert und Heydenreich dies assoziativ bemerkt hatte.[22]

Mit dem Projekt Sixtus' V., das die gesamte Stadt erfassen sollte, wurde seit dem Ende des 16. Jahrhunderts schließlich ein weit über einzelne Achsenanlagen hinausgehendes neuartiges System eines axialen »Verbundnetzes« entwickelt. Und schon etwa um die Mitte des 17. Jahrhunderts zeigte sich auch umgekehrt, dass sich der nunmehr in den realen Stadtraum eingeschnittene perspektivische Blick seinerseits auf Bühnenentwürfe auswirkte. So etwa bei dem Berninis Umkreis zugeschriebenen Bühnenentwurf, der die Perspektive der *Piazza del Popolo* mit dem charakteristischen *trivium* Sixtus' als Bühnenprospekt aufgreift.[23] Dass die mehrfachen, radial auf einen einzigen Punkt zulaufenden axialen Perspektiven, wie es auch auf dieser *Piazza* das Motiv des *triviums* oder in der französischen Gartenkunst die *patte d'oie* oder der Dreiweg vorführten, in ihrer zentrierenden Wirkung eine einzelne Achse noch übertreffen konnten, indem sie sie multiplizierten, dürfte einer der Gründe für den Erfolg dieses Motivs auf Bühnen wie im Städtebau der Frühen Neuzeit sein.[24]

Über die Grenzen der Stadt hinaus schritt im dritten Viertel des 17. Jahrhunderts die große Westachse von Paris als bewusste künstlerisch-axiale Gestaltung. Sie bezog damit die Landschaft erstmals in stadtbaukünstlerische Vorhaben ein. Das Berliner Beispiel einer repräsentativen Westachse dagegen, wiewohl etwas früher begonnen, entwickelte sich erst allmählich durch seine verspätete Nutzung und vielfachen Umgestaltungen zu einem vor diesem Hintergrund bewusst urbanistisch ausgestalteten, axialen Zeremonialraum. Der nächste Schritt war die Verbreitung dieses wirkungsvollen Raummusters, seine Ausdifferenzierung, seine vergrößerten Dimensionen sowie Einbindung in komplexere Achsensysteme, die auf Landschaften und Landstriche ausgriffen. Als Beispiele dafür können die visuellen und strukturellen Achsen Turins, sowie jene die Landschaft erst unterstreichenden oder thematisierenden von Kassel und Caserta gelten. Schließlich zeigt sich an den demokratisch motivierten Beispielen von Washington, Canberra oder Brasilia, dass mit den politischen, sozialen und kulturellen Brüchen der Moderne das Raummuster Achse keineswegs an Einfluss und Wirkungsmacht verlor. Und selbst im klassisch modernen, dezidiert asymmetrischen Städtebau Le Corbusiers oder Louis Kahns wurde noch an den zentralen, wichtigen Orten nicht auf Axialität als entscheidendem urbanistischem Inszenierungsmodus verzichtet. Letztendlich erstaunt, dass neben axialen Motivreihen von Renaissance bis Moderne auch biographisch-individuelle Verbindungen von Achsen-Planern über Epochenschwellen hinweg existieren. Zu erinnern wäre an die biographischen Verbindungen von Versailles nach Washington durch Pierre-Charles L'Enfant, jene Washingtons nach Chicago durch Daniel Burnham, die von Chicago nach Canberra durch Walter Burley Griffin, von Canberra wiederum nach New Delhi und Pretoria durch Herbert Baker.

Das Pariser Beispiel der »Königsachse« zeigt dabei eine erstaunliche Kontinuität, was seine ständig erweiterte Gestaltung und Vergrößerung, monumentale Ergänzungen und ungebrochene kollektive Rezeption betrifft. Hier wurde nicht etwa ein einmaliges Ensemble einer bestimmten einzelnen Epoche als historisches Monument für repräsentative Zwecke erhalten und genutzt, sondern die Pariser Ost-West-Achse erfuhr bis heute eine ununterbrochene politische, soziale und kulturelle Wertschätzung sowie gestalterische Ergänzung und räumliche Erweiterung. So kann gerade auf dieser axialen Perspektive der historische Bogen nicht nur von königlichen Einzügen zur axialen Überschreitung der Stadtgrenze geschlagen werden, sondern auch über die absolutistische, bürgerlich-nachrevolutionäre Nutzung bis hin zu moderner Funktionstrennung in *La Défense*, wie sie sich in Canberra bemerkbar machte und in Brasilia verstärkt zum Ausdruck kam.[25]

Dass heute das Thema urbanistischer Achsen Aktualität bewahrt hat, zeigen über die jüngsten, die Pariser Ost-West-Achse im Westen wie im Osten neu thematisierenden

Monumente hinaus kurz folgende Beispiele: Die Debatte um die Wiedererrichtung des Berliner Stadtschlosses pendelt zwischen den Polen der Wiedererrichtung des längst vergangenen historischen Blickpunkts und der neu sich bietenden Chance, die Perspektive durch einen nun im Gegensatz zum ungünstigen historischen auch wirklich axialen *point de vue* zu optimieren. In beiden Fällen geht es also um die angemessene Konstruktion des Stadtzentrums am Ende des zentralperspektivisch angelegten öffentlichen Repräsentationsraums. Das unterstreicht die Aktualität des axialen Blickes in der Stadt für zukünftige Planungen. Ein anderes politisch bedeutendes Berliner Beispiel dürfte die im Gegensatz zum Bonner Vorläufer nun wieder axialsymmetrische Gestaltung des neuen Kanzleramtes sowie ihre axiale Orientierung auf das Paul-Löbe-Haus des Bundestages darstellen.

Ganz anders gelagertes Interesse an einer erneuten Installation großer städtebaulicher Achsen findet sich beispielsweise auch in Bagdad nach der US-amerikanischen Invasion des Jahres 2003. Hier wird etwa für die alten axialen städtebaulichen Projekte Frank Lloyd Wrights geworben. Ihrer öffentlichen Wiederentdeckung scheinen die Kriegszerstörungen der irakischen Hauptstadt entgegenzukommen.[26] Wright entwarf im Jahr 1957 statt des Auftrags für ein einzelnes Opernhaus durch König Faisal II. ein Gesamtkonzept für eine ganze Hauptstadt. Nur damit konnte er sich wohl in seinen Augen mit Le Corbusier messen, der zu diesem Zeitpunkt bereits seit einigen Jahren in Chandigarh tätig war. Dabei spricht Wrights Charakterisierung seines Gesamtprojekts für sich und für den ungebrochenen Bedarf an Axialität, denn er wollte ein »*greater (not just bigger) Baghdad*«.[27] Die erneute Diskussion dieser Pläne zeigt ihrerseits, dass axiale städtebauliche Formen der *Beaux-arts*-Tradition, wie sie in den unabhängig gewordenen Kolonien Anwendung fanden, auch heute noch nicht veraltet zu sein scheinen. Ein Blick auf die in den vergangenen 20 Jahren neu überformte, wenn nicht gar neu errichtete und sich so explizit auf städtebauliche Achsen stützende neue Hauptstadt Kasachstans, ehemals Astana, seit 2019 Nur-Sultan, unter seinem Dauerpräsidenten Nursultan Nasarbajew soll dabei als Beispiel genügen.

In diesem skizzierten evolutionären Zusammenhang vom 15. bis zum 21. Jahrhundert erscheint dabei immer als zentrales Leitmotiv der perspektivische Blick.[28] Er verbindet die subjektive Wahrnehmung des Menschen, die konstruierte bildimmanente Zentralperspektive sowie den axial-symmetrischen Stadtraum als drei Kategorien einer einzigen kulturhistorischen Konstante.[29] Damit wird auch noch einmal klar: Die szenische Gestaltung von axialperspektivischem Raum stammt nicht aus dem Bereich der Gartenkunst, wie oft gemutmaßt.[30] Darauf verweisen nicht nur die frühen urbanistischen Beispiele Roms aus dem 16. Jahrhundert, sondern bereits die Bühnenbildräume des 15. und 16. Jahrhunderts, die den axialen Stadtraum idealtypisch entwarfen. Sie waren die Folge von zentralperspektivischen Bildräumen des 15. Jahrhunderts. Gleichzeitig lieferten sie Vorlagen für real gestaltete Räume. Dass nach bedeutsamen realisierten urbanistischen Beispielen sich dieses Raummotiv auf Gartenanlagen ausdehnte und in diesem Bereich Verwendung fand, hat den plausiblen Grund, dass der meist private oder dem Hof und dem Fürsten vorbehaltene Gartenraum wesentlich leichter in dieser neuen Weise umzuformen war als bereits existierende Städte, deren dichte Bürger- und Adelshäuser sowie Sakralbauten einen problematischeren Gestaltungsbereich – selbst für den absoluten Herrscher – darstellten.[31] Dies zeigte auch das Pariser Beispiel, dessen axiale Neuordnung im Zentrum der Stadt um den Louvre und darüber hinaus nach zahlreichen Versuchen seit dem 17. erst in der zweiten Hälfte des 19. Jahrhunderts erfolgen konnte.

DIE MACHT DES AXIALEN GLEICHGEWICHTS

Neben der pointierten Entwicklung der perspektivischen Form als einem entscheidenden Parameter für ein kulturhistorisches Kontinuum von Bild- und Raumachse existiert noch ein zweites, sozialpolitisches Faktum axialer Magistralen, das deren epochenübergreifendes Fortschreiten verdeutlicht. Es ist die Beobachtung, dass alle Beispiele städtebaulicher Achsen in fürstlichen Residenzen, politischen Hauptstädten und Regierungssitzen oder in kirchlichen und religiösen Zentren auftraten.

Zwar verweist die Konstanz des Phänomens auf den Ausdruck von politischer Macht als notwendiger – aber keineswegs hinreichender – Bedingung zur Installation dieser in den Raum eingeschriebenen Ordnungsstrukturen. Jedoch muss der Aspekt von Herrschaft, wie er sich in Architektur niederschlägt, unter ganz verschiedenen Gesichtspunkten betrachtet werden.[32] Hierzu gehört erstens das nicht weiter zu diskutierende, technisch und instrumentell notwendige Potential von Einzelnen oder Gruppen, um überhaupt als Auftraggeber in den öffentlichen Stadtraum verändernd eingreifen zu können. Zweitens kommt auch die auf Menschen ausgeübte Macht zum Ausdruck, sobald dem urbanen Raum Ordnungsmuster eingeschrieben werden. Dadurch werden dem Einzelnen die Möglichkeiten seines Blickes vorgegeben, die Richtungen seiner Bewegung auferlegt, aber auch andererseits erst seine Orientierung und damit, wenn man so will, sein Äquilibrium im komplexen Stadtgefüge ermöglicht. Drittens besteht die politische Bedeutung der städtebaulichen Achsen darüber hinaus darin, dass gesellschaftliche, kulturelle oder auch ideologische Verhältnisse immer wieder in den installierten axialen Strukturen, Bauten und Monumenten durch die Geschichte hindurch direkt oder indirekt repräsentiert wurden. Die entscheidenden Kategorien von Macht bei der Betrachtung der politischen Bedeutung städtebaulicher Achsen sind somit erstens Orientierung, zweitens Ordnung sowie drittens staatliche Repräsentation.

Die dominante Vorgabe von Orientierung im axial angelegten Stadtraum impliziert zwar per se Autorität, gleichzeitig kann aber nur in der Unterscheidung von Richtungen auch die Bezugnahme auf ein Orientierungssystem erfolgen.[33] Auf den relativen Raum der Stadt angewendet, ist anzunehmen, dass die große Achse das zentrale Orientierungssystem schlechthin des »*orientierten Raums*« im urbanen Netz darstellt.[34] Dies hilft, die essentielle Notwendigkeit zu erklären, dem Wahrnehmungs-, dem Bewegungs- und dem Handlungsraum der Stadt ein Orientierungssystem vorzugeben, wie es auch die Sozialpsychologie konstatiert.[35]

Wenn unter dem Begriff der »Ordnung« ganz allgemein ein sinnvoller oder, besser, rationaler Zusammenhang einer Vielheit von selbständigen Elementen oder die diese Elemente verbindenden Prinzipien verstanden werden, dann leuchtet damit sofort der Bedeutungskonnex zur sozialen Ordnung menschlicher Gemeinwesen ein. Insbesondere hinter neuzeitlichen Ordnungsstrukturen städtischer Räume verbirgt sich daher die politische Idee des geordneten Staatswesens.[36] So ist es denn auch nur noch ein kurzer Weg dahin, in den Ordnungsstrukturen den Ausdruck sozialer Zustände, gesellschaftlicher Regeln oder ideeller Vorstellungen davon sehen zu wollen. Schon Georg Simmel beschrieb diese Zusammenhänge mehrfach seit 1896 – mit Folgen für die sozial orientierte Kunstwissenschaft.[37] Dass mit dem Ordnungsbegriff auch ästhetische Kriterien begründet werden, scheint dabei nicht immer mitbedacht zu werden. Diese Überlegung fand besonders mit der französischen Kunsttheorie der Aufklärung sprichwörtlich flächendeckend in der Stadt- wie Gartenbaukunst Anwendung, was Nicolas Malebranche für das Zeitalter Ludwigs XIV. überspitzt, aber ganz exemplarisch in seiner Ansicht zum Ausdruck brachte, wonach die sichtbare Welt vollkommener wäre, wenn Meere und Kontinente eine regelmäßige Form hätten.[38] An anderer Stelle schrieb Malebranche: »[...] pourquoy penses tu que tous les hommes aiment naturellement la beauté? C'est que toute beauté, du moins celle qui est l'objet de l'esprit, est visiblement une imitation de l'ordre.«[39] Schließlich kann auch Marc-Antoine Laugier als ein »*Mann der Ordnung*« bezeichnet werden, der größten Einfluss auf die Garten- und Stadtbautheorie des späten 18. Jahrhunderts ausübte.[40] Und so findet sich seine durchaus aufklärerische Forderung nach geordneten, also geplanten, Straßen in Paris in Laugiers »Essay sur l'architecture«:[41]

> »Nos villes sont toujours ce qu'elles étoient, un amas de maisons entassées pêle-mêle sans systême, sans œconomie, sans dessein. Nulle part ce désordre n'est plus sensible & plus choquant que dans Paris. [...] Paris a donc très-grand besoin d'embellissement, & il en est infiniment susceptible. [...] La beauté & la magnificence d'une Ville dépend principalement de trois choses, de ses entrées, de ses rues, de ses bâtiments.«[42]

Es darf also angenommen werden, dass gerade Vorgaben von Ordnungsstrukturen und Orientierung explizit neuzeitliche Parameter und damit eine weitere Bestätigung für das beobachtete Kontinuum städtebaulicher Achsen darstellen – wie es auch Le Corbusier mit seinem architekturtheoretischen Gedicht »Poème de l'angle droit« für die moderne Architektur formulierte.[43] Schließlich stützte auch für die Philosophie des 20. Jahrhunderts Ernst Cassirer seine Raumvorstellung auf die zentrale Kategorie der Ordnung.[44]

Dagegen kann nicht ausgeblendet werden und wird auch verständlich, dass die zentrale räumliche Ordnungskategorie im 20. Jahrhundert – besonders in der Form von Axialiät oder Zentralperspektive – als Negativum betrachtet wird. Immerhin waren die antiindividualistisch motivierte soziale »Einordnung«, die ideologische, meist gruppenspezifische »Unterordnung« ebenso wie die demonstrative räumliche »Anordnung« von Menschen ganz entscheidende Paradigmen aller totalitären Systeme des Jahrhunderts. So dürfte sich daher auch Rudolf Arnheims pejorative Sicht auf das »*Diktat der Zentralperspektive*« erklären, obgleich er ja an anderen Stellen mehrfach die essentielle Kategorie der Ordnung hervorhob.[45]

In seiner neuen, einen umfassenden Anspruch vertretenden Kunstgeschichte »Real Spaces« schreibt David Summers noch: »As part of their justification, rulers also appropriate the centre, the point from which the world is defined, with its values of collective generation, and the combination of notional »cosmic« order and vital centrality provides the basis for the construction of social order at its most inclusive definition as political order.«[46] Diese oder ähnliche Beobachtungen führten häufig zu dem Schluss, dass hierarchisierende Ordnungsstruktur, Zentrierung oder aber die Größe von Bauten direkt Ausdruck undemokratischer Macht, wenn nicht gar Gewalt bedeuten.[47]

Gegen diese Zuordnung wurde nun hier beobachtet, dass zwar die Strukturen vergleichbar, wenn nicht gar ähnlich blieben, ihre politische Aussagekraft und Wertigkeit sich aber im Laufe der Epochen durchaus extrem verändern konnte. Und auch Fritz Saxl notiert zur Veränderbarkeit symbolischer Repräsentation ganz grundsätzlich: »Entstehung, Wachstum und Absterben von Symbolen, ihre Wiederbelebung und Kombination mit modernen Ideen bilden die Geschichte Europas.«[48]

Hinzuzufügen wäre dem, dass diese Beobachtung für das Feld kulturgeschichtlicher Grundformen wie etwa der räumlichen Axialität auf die menschliche Kultur schlechthin auszudehnen sein dürfte. Denn über die betrachteten Beispiele weiter räumlicher oder städtebaulicher Achsen hinaus – die durchgehend kulturgeschichtlich und politisch europäisch geprägt waren – zeigen auch verschiedenste Beispiele von axialen Anlagen die Wirkungsmacht dieses Raummusters: Zu denken wäre an die zentrale Achse der verbotenen Stadt Pekings, an die axialen Etappen einschließlich ihrer zeremonialen Tore bei der Annäherung an japanische Shinto-Heiligtümer, an die Pyramidenanlagen Südamerikas etwa in Teotihuacán, die Tempelanlage von Angkor in Kambodscha, Bruno Tauts und Martin Wagners Siedlung in Berlin-Britz, das an Michelangelos Kapitolsplan erinnernde Lincoln Center in New York oder aber Ceaucescus große Achse in Bukarest auf das kolossale »Haus des Volkes«.[49]

Für Bauten oder den architektonischen Raum der Spätantike und die »prozessionshafte Rezeption des Stadtbilds« stellt Franz Alto Bauer die Bedeutung der zielgerichteten Bewegung, genauer die »Wechselwirkung zwischen der spezifisch zeremoniellen Nutzung und der Gestaltung eines Bauwerks« fest.[50] Von hier ist es dann nur noch ein kurzer Weg, die Architekturdisposition anhand der Prozessionsstationen auf die wirkungssteigernde Raumdisposition der spätantiken Residenzstadt zu erweitern, um dann zu resümieren: »Die Stadt, ihre Bauten und ihre Ausstattung, bildeten den [räumlichen, E.S.] Rahmen einer Autosuggestion, der alle erlagen, vom Kaiser bis zum Geringsten.«[51]

Notwendige Strukturen der Orientierung im Raum führen somit zu grundlegenden Ordnungsmustern. Diese Ordnung gibt dem betrachtenden und im schwer zu überblickenden Stadtraum irrenden Menschen neben Orientierung auch Sicherheit, da damit das »Verstehen« des Ortes gewährleistet wird. Dies ist ein bekannter Topos.[52]

Wenn nun das Wissen um oder die Allgemeinverbindlichkeit der konkreten historischen Bedeutung von einzelnen Werken des öffentlichen Raums abnimmt – oder sich zumindest verändert, dann verändert sich auch die »Zuordnungsebene«, also die symbolische, allegorische, historische, ästhetische Bedeutungsebene.[53] Letztlich verändert sich sogar die Bedeutung selbst. Da jedoch das Objekt durch den Betrachter immer in Relation zum eigenen Wissen und somit zur subjektiven »Welt« gesetzt wird, kann das veränderte Wissen oder das verlorene kulturelle Wissen um ein Objekt schließlich zur Steigerung der räumlich-orientierenden Bedeutung des Artefakts führen. Entscheidend sind die reproduzierten und sich reproduzierenden Gedächtnisbilder von Räumen und Raumstrukturen, denn »Gedächtnisbilder identifizieren, erläutern und ergänzen die Wahrnehmung«.[54]

Dies vor allem, wenn es sich um gebaute Strukturen im öffentlichen Raum handelt, die immer schon das soziale Gefüge abbilden, strukturieren und ordnen. Deshalb ist die erste Bedeutungsebene für das Individuum auch immer jene der Orientierung im realen Raum – neben der Verortung im individuellen »Wissensraum«. Und daher ist die *Form* des Raumes auf ganz unterschiedlichen Ebenen von Bedeutung. Dem Hier des Betrachters und Dort des urbanen *point de vue* müssen in der Horizontalen dann die Linke und die Rechte als Ausgleichspole entsprechen. Erst durch diese Wahrnehmungsbalance des Horizonts wird das Äquilibrium des Betrachters möglich.

REST IN PEACE

FLOATING TANKS ALS MEDIENTECHNIK ZWISCHEN BALANCE UND EXZESS

Philipp Hauss und Sebastian Vehlken

LOOKING FORWARD TO A WHOLE LOT MORE NOTHING

»How did I end up naked in a stranger's apartment – floating in a saltwater tub, surrounded by darkness and silence – realizing that for the first time in my life I had achieved total mindfulness?«[1]

Floating ist hip, jedenfalls wenn man den zugegeben empirisch nicht hinreichend abzusichernden Befund zulässt, dass sich Hipster-Magazine unlängst gehäuft dem Thema zugewandt haben. Nur drei Beispiele: Anfang 2013 taucht Seth Stevenson, ein Redakteur des Online-Magazins *Slate*, nicht nur in einigen der sich auch in New York rasant vermehrenden Floating-Tank-Centers, sondern auch in deren Geschichte ab: Inmitten eines aktuellen *Brand New Age* rund um Begriffe wie Mindfulness, Achtsamkeit und verschiedenste Wellness-Strategien, und angeregt von einem Artikel im *Wall Street Journal* mit dem Titel »Float Centers Gaining Steam« erprobt er im Selbstversuch den darin beschriebenen und besonders durch »stressed out, chillaxation-hungry Bay Area techies« popularisierten Trend, sich für typischerweise eine Stunde in einen etwa sarggroßen, schallisolierten, mit körperwarmem Salzwasser gefüllten Tank zu begeben. Kein Wunder also, dass sich auch das Bay-Area-Online-Aktivitätsportal *The Six Fifty* – übrigens ebenfalls mit dem Aufhänger eigener Nacktheit im Selbstversuch – diesem Thema zuwendet.[2] Erwähnt sei auch, dass eine Episode der *Vice Video*-Serie *Hamilton's Pharmacopeia* die aktuelle Floating-Euphorie mit Zeitzeugen-Exkursionen in die wilde Zeit halluzinogener Experimente in *Sensory Deprivation*-Tanks in den 1970er Jahren garniert.[3] Und dies in einem Kontext, in dem die drei Gründer des Floating-Centers *Float One* in Portland, Oregon mit der *Float Conference* seit 2012 die größte jährliche Veranstaltung rund um das Thema Floating-Tanks organisieren – die 2018 im Übrigen mit dem diese Einleitung überschriebenen Motto an einen neuen Ausrichter übergeben wurde.[4]

Der heutige Trend zum Floaten führe jedoch, so Stevenson, gleich einem Wurmloch dreißig Jahre in der Zeit zurück zu einer scheinbar identischen Situation, in der die *New York Times* bereits im November 1981 eine ganz ähnliche Trend-Story unter der Überschrift »Relaxation Tanks: A Market develops« veröffentlichte.[5] Diese berichtete von neueröffneten Floating-Zentren quer durch die USA und listete prominente Tank-Nutzer wie Robin Williams, Yoko Ono oder das Football-Team der Dallas Cowboys auf. »One happy ›tanker‹ the *Times* spoke to described the practice as ›a self-development kind of thing that allows you to get in tune with yourself.‹«[6] Der damalige Boom, der um das Jahr 1980 herum vor allem durch die vielgelesenen Publikationen von John C. Lilly und Michael Hutchison sowie den erfolgreichen Film *Altered States* (Ken Russell, USA 1980) befeuert wurde, transformierte eine seit den 1950er Jahren verfolgte Forschungsrichtung rund um die psychologischen Effekte von *Sensory Deprivation* zu einer weiteren unter vielen Methoden der Stresstherapie.[7] Diese wiederholt sich heute insofern als Farce, als dass neben einem erneuten Floating-Tank-Boom die vom *Deutschen Wellness Verband* ebenfalls empfohlene Technik des »Open Float« die Erforschung von Techniken und Effekten der *Sensory Deprivation* vollends in den Hintergrund rückt, beziehungsweise die Selbsterforschung innerer Welten mittlerweile in vielen Thermalbädern in dekorative äußere Themenwelten wie den Weltraum, unter das Meer oder ins Mediterrane verlagert wird (Tafel 26).

Damals wie heute stehen in solchen popularisierten Anwendungsbereichen des Floatings dessen Ausgleichspotenziale im Vordergrund: Man steigt in den Tank, um den eigenen ›Tank wiederaufzufüllen.‹ Imaginiert wird dabei ein Verhältnis von Körper und Psyche, das in einem Geflecht stresserzeugender Einflüsse durch Wellnesstechnologien auf ein Äquilibrium eingestellt und dort gehalten werden kann. Dieses verspricht der jeweiligen Person vordergründig und pragmatisch zum Beispiel ein gesteigertes Wohlbefinden und größere Belastbarkeit – gegebenenfalls angereichert durch das aufregende Erlebnis des Environments eines Floating Tanks, das dieses ›Tuning‹ begleitet.

Dieser Beitrag exploriert im Folgenden in medien- und wissenschaftshistorischer Perspektive einige grundlegende konzeptuelle und technische Möglichkeitsbedingungen der Wellness-Technologie *Floating*, die dieses Bild etwas verkomplizieren. Geleitet wird diese Perspektive von der Frage, auf welche verschiedenen Weisen sich ein Forschungsfeld und ein Diskurs rund um *Sensory Deprivation* und Floating zwischen ungefähr 1955 und 1985 mit Fragen der Herstellung physiologischer Äquilibrien beschäftigen, die zudem auf ganz differente Weise auf psychische Ebenen durchschlagen. In therapeutischer Perspektive etwa entwickeln Verhaltenspsychologen wie Peter Suedfeld und Roderick Borrie in den 1970er Jahren an der Universität von British Columbia die »Restricted Environmental Stimulation Therapy« (REST) – ein Ansatz, der einige Erfolge zum Beispiel in der Schmerztherapie erzielt und bei dem mit verschiedenen Verfahren der sensorischen Isolation des menschlichen Körpers experimentiert wird.[8] Dabei geht es – wie in ähnlicher Form auch im popularisierten Wellness-Anwendungsmodus – um die *Kopplung* mentaler und körperlicher Äquilibrien: Psychische Dysfunktionen sollen durch *entstörte* Körper und ihre Sinneswahrnehmungen ebenfalls *entstört* werden. Daneben jedoch führt jener Strang, der wahrscheinlich am nachhaltigsten das öffentliche Bild von *Floating* geprägt hat, historisch zurück in alternative Ansätze der Hirnforschung der 1950er Jahre, welche die Herstellung physiologischer Äquilibrien gerade zur *Abkopplung* mentaler von körperlichen Prozessen nutzen wollten: Durch die sensorische Isolation sollte das Gehirn, sozusagen »befreit vom Körper«, neue kognitive Potenziale (Hutchison) oder gar höhere Bewusstseinsebenen (Lilly) erreichen. Anhand dieser mediengeschichtlichen Aufarbeitung lässt sich zeigen, dass ein gegenwärtiges Streben nach Balance durch die Wellness-Technologie des Floatings erst aus einer mehrfachen Überkreuzung von Konzepten, Prozessen und Praktiken der Störung und Entstörung resultiert.

Unser Text orientiert sich dabei an drei Beobachtungen respektive Thesen: *Erstens* spielen Floating Tanks eine zentrale Rolle bei der Umwertung von lange Zeit durchweg negativ besetzten Situationen der physischen Isolation in Techniken und Praktiken mit positiven Wirkungen. Was in gegenwärtigen Wellness-Anwendungen als ausgleichender Effekt psycho-physiologischer Balance wahrgenommen und ausgestellt wird, unterscheidet sich dabei diametral von der Frühphase diesbezüglicher Forschungen.[9] Erst eine fortgesetzte experimentelle Entwicklung therapeutischer Verfahren in der Medizin und Umweltpsychologie befreit *Sensory Deprivation* von pathologischen Konnotationen. *Zweitens* müssen Floating Tanks, um menschliche Körper in ausgeglichene Zustände versetzen zu können, als dynamische Systeme gedacht und konstruiert werden. Um die Wahrnehmungskapazitäten des Körpers zu nivellieren, braucht es verschiedene Dynamiken, benötigt man technische Kreislauf- oder Flusssysteme, welche die »physical isolation« des menschlichen Körpers erst ermöglichen. Im Anschluss an Michel Serres' medientheoretische Figur des Parasiten müssen hier mithin auch Tanks als jene Kanäle verstanden werden, deren Störungspotenziale im Sinne eines ungehinderten Prozessierens eingeschlossen werden müssen.[10] Und *drittens* entspringen Floating Tanks einem kybernetischen und informationstheoretischen Denken in »Systemen«, »Programmen« und Rückkopplungsschleifen, das die menschliche Physis und Psyche je schon als integrative Teile einer umfassenden Informationsmaschinerie behandelt. Es ist daher keineswegs paradox, den Urgrund aller Mindfulness und Achtsamkeit nirgendwo anders als im Computer zu suchen.

Unter diesen drei Prämissen entwickeln sich Floating Tanks schließlich zur idealen Antwort auf eine ab den frühen 1960er Jahren aufkommende, sich ein Jahrzehnt später durchsetzende und im Kontext ubiquitärer Digitalität und ihrer Kommunikationsformen neu belebte Figur der Reizüberflutung, die von Walter B. Cannon und Hans Selye im Konzept der überlastbaren körperlichen Homöostase gefasst wurde.[11] Als Quelle der Überlastung, besonders in kumulativen Stressmodellen, wird schon ab den 1970er Jahren die steigende Geschwindigkeit und die Informations- und Bilderflut des Computerzeitalters gesehen. Körper, die zunehmend mit elektrischen, feedbackorientierten, informationsverarbeitenden Maschinen-Metaphern beschrieben werden, lassen sich in dieser Denkweise bei Überhitzung wie ein Rechner durch das kurzzeitige Beenden aller laufenden Vorgänge und das Ausbleiben von Output herunterfahren und danach neu starten. Damit wird der Tank dann auch kompatibel mit den Anforderungen einer auf Performanz schauenden Post-New-Age-Generation – *looking forward to a whole lot more of nothing.*[12]

PATHOLOGIE DER LANGEWEILE

Der Beginn der wissenschaftlichen Erforschung von *Sensory Deprivation* und ihren Effekten datiert in der zweiten Hälfte der 1950er Jahre und kann als einer der ersten systematischen Ansätze im Bereich der Umweltpsychologie angesehen werden.[13] Die Formierung dieses Forschungsfeldes wurde nicht nur von einer rasanten und facettenreichen Publikationstätigkeit getragen – ein Überblickswerk listet 1969 bereits über 1300 Referenzen und 20 Forschungsabteilungen allein in Nordamerika auf –, sondern seinen Experimenten eilte von Anfang an auch ein gewisser Ruf voraus:[14]

> »Even before the publication of the first findings on the ›effects of decreased variation in the sensory environment‹ (Bexton, Heron and Scott 1954), word had spread far and wide about the experiments at McGill in which normal college-student subjects, kept isolated and deprived of perceptual experiences, experienced vivid hallucinations, body-image disturbances, and thought disorders. Rumor exaggerated both the conditions of the experiment and the ›psychotic manifestations‹, but the first published report [...] easily captured the imaginations of serious investigators who quickly put together their own experimental setups [...].«[15]

Zu solchen Pionieren gehörten neben der Gruppe an der McGill University der sich in den Folgejahren vor allem als Delphinforscher und Timothy-Leary-artiger New-Age-Guru einen Namen machende John C. Lilly, der am *Naval Institute* und später am *National Institute for Mental Health* (NIMH) tätig war, sowie Jack Vernon an der *Princeton University* und Philip Solomon am *Boston City Hospital.* Sie gingen daran, die Reichweite und die Grenzen des neuen Experimentalverfahrens auszutesten.[16] Auf die Forschungsagenda geriet *Sensory Deprivation* dabei aus verschiedenen, militärischen Motivationen

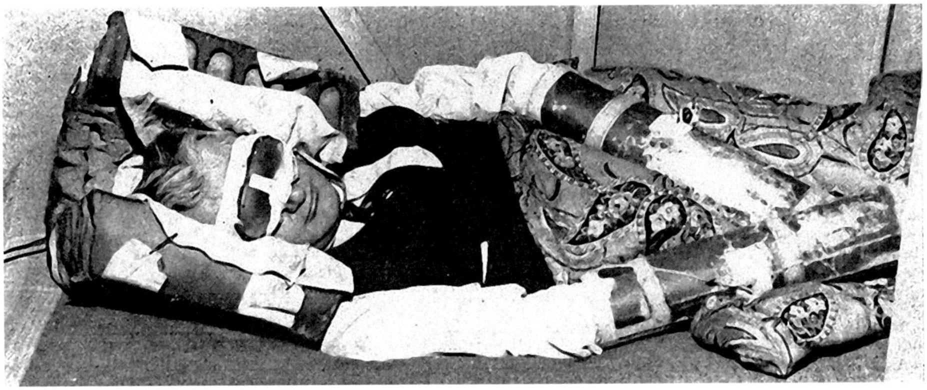

1 Proband im Isolationsexperiment der McGill-Universität, 1954

zunächst sehr nahen Gründen: Man erhoffte sich einerseits Aufschluss über angebliche Verfahren der Gehirnwäsche und Folter jenseits des Eisernen Vorhangs, bei denen Menschen derartigen Situationen zum Zwecke erhöhter Suggestibilität ausgesetzt würden. Andererseits aber ging es auch darum, die psychologischen Auswirkungen in neuartigen strategischen Schlüsselpositionen mit stark reduzierten oder monotonen Sinneseindrücken zu beleuchten, etwa im Bereich der Raumfahrt oder im Kontext der Luftraum-Radarüberwachung.[17] Die entsprechenden Experimentalumgebungen waren also zunächst dazu gedacht, hochgradig irreguläre und extreme Situationen mit monotonen oder deprivierten Umwelteinflüssen zu simulieren, in denen menschliche Körper und Sinne komplett aus dem Gleichgewicht gebracht schienen, um anschließend die »psycho-physiological, motoric, perceptual, cognitive, emotional, attitudinal and other measures« der Probanden zu untersuchen.[18] Solomon und einige Co-Autoren notierten 1957 in einem Überblicksartikel:

> »[I]t is clear that the stability of man's mental state is dependent on adequate perceptual contact with the outside world. Observations have shown the following common features in cases of sensory deprivation: intense desire for extrinsic sensory stimuli and bodily motion, increased suggestibility, impairment of organized thinking, oppression and depression, and, in extreme cases, hallucinations, delusions, and confusion.«[19]

In der Tat führten zum Beispiel die Forschungen der McGill-Gruppe zu durchweg dramatischen pathologischen Ergebnissen. Deren Probanden wurden wie auch jene in Princeton auf einem Bett in einer schallgeschützten Box fixiert, wo sie eine möglichst lange Zeit liegen bleiben sollten, während sie von einem Experimentator mit Testfragen konfrontiert wurden (Abb. 1).

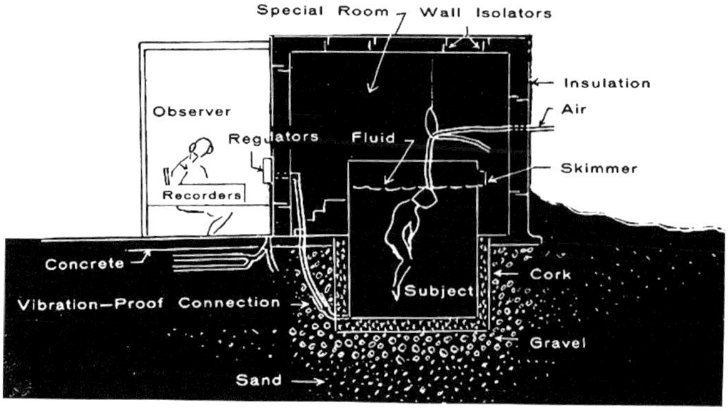

2 Maximale Isolation im Latexkostüm.

Nach einigen Stunden fiel den Testpersonen geordnetes Denken schwer, während sich die Suggestibilität tatsächlich stark erhöhte. Ein extremer Wunsch nach Stimulation und Bewegung baute sich auf und führte zum Beispiel zu Phasen wilden Herumwälzens. Mit weiter zunehmender Zeitspanne wurde auch die Grenze zwischen Wachen und Schlafen diffus, und besonders jene Personen, die es länger als 48 Stunden aushielten, entwickelten Halluzinationen und Wahnvorstellungen, die laut der beteiligten Forscher vergleichbar gewesen seien mit denen eines Meskalin-Trips.[20] Dennoch entwickeln sich modifizierte Isolationsräume schnell zur Standard-Experimentalumgebung für psychologische Studien, besonders weil vielen Forschern die von Lilly schon seit 1956 proklamierte Methode des Einsatzes von Floating Tanks noch weit weniger praktikabel erschien. Peter Suedfeld, der als Student sowohl an ›trockenen‹ Versuchsreihen in Princeton teilnahm als auch von Lilly in frühe Tank-Experimente eingeführt wurde, weist in einem Rückblick auf die Frühphase der *Sensory Deprivation*-Forschung darauf hin, dass die Methode der Immersion in Wasser – die in den ersten Tank-Designs das komplette Untertauchen der Probanden implizierte (Abb. 2) – eine noch stressreichere Prozedur sei als die Nutzung isolierter Ruheräume. Er nennt vergleichende Studien, die das Auftreten von »altered states of consciousness, hallucinations, interference with thinking and concentration, sexual and aggressive fantasies, and severe ›stimulus-action-hunger‹« unterstrichen.[21] Die Konsequenz: »Because of the negative image of the technique and because of the elaborate equipment required, the total number of [tank] experiments remained well under 20.«[22] (Abb. 3).

Vertraut mit beiden Methoden und überzeugt von der These, dass die negativen Auswirkungen der ersten Experimente eher eine »inseparable mixture of influences, of which the change in the perceptual environment was only one« gewesen seien und *Sensory Deprivation* unter bestimmten Voraussetzungen auch positive Effekte haben könne, machten sich Suedfeld, Roderick Borrie, Jay T. Shurley (Lillys erster Assistent bei

TABLE I

Water REST experiments: design and procedure

	Reference	Sample	*N*	Projected duration	Control/comparison environment
(a)	*Immersion*				
(i)	Barnard *et al.*, 1962	Male USAF pilots	10	10 h	None
(ii)	Cambareri, 1959	Psychology graduate students	20	Indefinite	None
(iii)	Forgays and McClure, 1974	University students	10	Indefinite	Quiet room (own controls)
(iv)	Francis, 1964	Unpaid volunteers	24	Indefinite *or* 3 h	None
(v)	Goldberg, 1961	University students	8	2 hr	Normal room
(vi)	Levin, 1974	Male university students	24	6 h	Chamber REST (own controls)
(vii)	Lilly, 1956	Male experimenters	2	Repeated, each up to 3 h	None
(viii)	Lilly and Shurley, 1961	Professionals	Not reported	Indefinite	None
(ix)	Marum, 1968	Males	12	Not reported	None
(x)	McClure and Forgays, 1975	University students	24	24 h	None
(xi)	Schaefer, 1964	Medical and university students	19	Repeated, indefinite	None
(xii)	Shurley, 1962*b*	Professionals	11	As long as possible	None
(xiii)	Shurley, 1966	Professionals	17	As long as possible	Flotation
(b)	*Flotation*				
(xiv)	Belden and Jacobs (Reference note 1)	Hospital outpatients	40–45	M = 3 sessions at 30 min	None
(xv)	Bliss and Clark, 1962	Psychologists and psychiatrists	20	Indefinite	None
(xvi)	Fine and Turner, 1982	Male hypertensive patients	3	20 at 1 h	None
(xvii)	Hunt, 1980	Self-exploration volunteers	39	Up to 12 at up to 3 h	None
(xviii)	Jacobs *et al.* (Reference note 2)	University students and staff	14	10 at 45 min	Bedroom
(xix)	Kammerman, 1977	Social network contacts	20	30 min, then 2 at 90 min	None
(xx)	Lilly, 1977	Personal growth workshop	77 (reported)	Variable	None
(xxi)	Pishkin and Shurley, 1969	Male medical students	108	30, 60 or 120 min	Lab. room or tank area
(xxii)	Serafetinides *et al.*, 1973	Female nursing students	16	4 h	Bed rest (own controls)
(xxiii)	Shurley, 1966*				
(xxiv)	Stern (Reference note 3)	Not specified	27	60 min	Expecting to float
(xxv)	Taylor (Reference note 4)	Female undergraduates	40	9 at 70 min	Quiet, dim room
(xxvi)	Turner (Reference note 5)	Not specified	35	Up to 40 min	None
(xxvii)	Turner and Fine (Reference note 6)	Male medical students	6	4 at 40 min	Quiet, dim room
(xxviii)	Walters *et al.*, 1962	Medical students	16	Indefinite	None
(xxix)	Walters *et al.*, 1964	Medical Centre staff and acquaintances	20	3 h	None

*See Table 1(a), no. xiii.

3 Überblick über Sensory Deprivation-Experimente. Peter Suedfeld, Elizabeth J. Ballard u. Margaux Murphy: Water immersion and flotation.

dessen Floating-Experimenten und späterer Kritiker) und andere Forscher daran, die therapeutischen Potenziale derartiger Experimentalanordnungen gemäß in der Psychologie üblichen empirischen Methoden und Verfahren weiterzuentwickeln. Allein schon durch einfache Änderungen – etwa klar vorgegebene Experimentzeiten statt »möglichst langem Aushalten«, die Installation von Notfall-Knöpfen, um Unwohlsein kommunizieren zu können, oder den Verzicht auf Kartons, Betten, Fixierungsgurte *et cetera* – ließen sich viele Symptome der Anfangszeit entschärfen.[23]

Dennoch kam der Forschungszweig im Zuge der politischen Umstände um 1968 in den 1970er Jahren fast komplett zum Erliegen – die imaginierte Nähe zu Isolationshaft und Folter-Situationen und der persistente Bezug auf die problematischen Anfangsexperimente statt auf die »entschärften« späteren Verfahren führte zu öffentlichen und medialen Anfeindungen vieler beteiligter Institutionen und Personen, so dass sich 1975 die Zahl der Forschungsstandorte von zwanzig auf drei reduziert hatte.[24] Um die scheinbar irreduziblen Beiklänge von *Sensory Deprivation* auszugleichen, sprach Suedfeld ab Ende der 1970er Jahre nur mehr vom Akronym *REST*, als zwei Entwicklungen *Sensory Deprivation* auf die Agenda zurückbrachten:[25] Zum einen zeigte sich deren Eignung für Verfahren der Verhaltensmodifikation. *REST* wurde als ein »powerful and flexible therapeutic tool« des »cognitive restructuring« eingesetzt: Dabei schreibt Suedfeld ganz gemäß den Konzepten der mathematischen Informationstheorie von Claude Shannon und Warren Weaver zum Beispiel darüber, dass erst der Ausschluss externer Informationsflüsse im Vergleich zu monotonen Inputs wie zum Beispiel weißem Rauschen oder gedimmtem Licht, mit denen zum Beispiel bei den McGill-Studien experimentiert wurde, zu gewünschten Effekten führe: Input sei schließlich Input, egal ob mit Bedeutung aufgeladen, das heißt *strukturiert*, oder nicht: »[I]t is quite possible that the relatively high levels of input, even if that input is meaningless, homogeneous, and unpatterned, provide enough of a load on the processing system to prevent any significant shifting of attentional focus toward internal productions.«[26] Würden diese herausgefiltert, hätten die Probanden indes die Möglichkeit, sich auf interne Informationsflüsse und deren Konflikte zu konzentrieren – etwa auf Gedanken, die sonst durch ablenkende Stimuli oder durch ein festgefügtes »belief system« verdrängt oder verdeckt würden: »Facts that were previously known but whose implications were never drawn in relation to the individual's own life become central in awareness, strong resolutions are made (and, as it turned out, maintained) concerning self-protective changes in habits and lifestyles [...].«[27] Mit einigem Erfolg zeigte sich dieser auf »information-processing capacities and intrinsic motivation« basierende Ansatz insbesondere in Versuchsreihen mit dem Ziel der Rauch-Entwöhnung oder der Gewichtsreduktion.[28]

Zum anderen – und zugleich weit über die Grenzen des Interessensbereichs wissenschaftlicher klinischer Studien hinaus – sei die erneute Zuwendung zu *Sensory Deprivation* den durch Lilly initiierten und spätestens mit seiner 1977 erscheinenden Publikation *The Deep Self* einem breiten Publikum bekanntgemachten Weiterentwicklungen der Floating-Technologie zuzuschreiben – genauer gesagt der Transformation in eine Form von »floating in a warm solution of Epsom salts. This technique is generally found to induce deep relaxation and enjoyment, providing a complete turn-around of the image of water immersion and stimulus reduction generally as extremely stressful.«[29]

ALTERED STATES IN ALTERED SPACES

Es ist wenig verwunderlich, dass sich die Einordnung der oben genannten »altered states« und die Beschreibung des »altered space« seiner komplementären *Sensory Deprivation*-Technik beim Floating-Apologeten Lilly selbst von Beginn an ganz gegenteilig liest. Schon seine erste Publikation diagnostiziert jenen interessanten Antagonismus, der später auch bei Suedfelds *REST*-Therapien eine Rolle spielen sollte, und den Lilly mittels einer Zusammenschau von literarischen und biographischen Berichten über die negativen und stresserzeugenden Effekte verschiedener Robinsonaden auf hoher See oder im tiefen Eis feststellt: Zwar wiesen fast alle diese Personen während der Isolation

»symptoms of the mentally ill« auf. Was andere Forscher jedoch außer Acht ließen sei, dass »most survivors report, after several weeks exposure to isolation, a new inner security and a new integration of themselves on a deep and basic level.«[30]

Lilly interessierte, was geschah, wenn das menschliche Gehirn komplett von äußeren Einflüssen abgekoppelt würde. Denn er stand der damals gängigen Lehrmeinung skeptisch gegenüber, dass die Aktivität des Gehirns von externen Stimuli abhängen müsse – eine Position, die von Koryphäen der Gehirn- und Schlafforschung wie etwa Horace Magoun oder Frederic Bremer vertreten wurde.[31] Lilly wollte durch seine Deprivations-Experimente ergründen, ob das Gehirn anstelle dessen einen internen »pacemaker« besaß, der es ganz autonom in einem aktiven Zustand hielt. In einer Zusammenfassung seiner Experimente in einem Vortrag am *CalTech* im April 1975 formulierte er dies wie folgt:

> »I wanted to know what principles were governing the human mind. If we consider the human mind as a kind of computer, I was looking for the basic programs which were built into the computer and the meta-programs which we impose upon the mind by conscious choice or unconscious compulsion. I wanted to discover how many of the meta-programs could be raised to the conscious level and be changed, or reprogrammed. That became the thesis of my most important book, *Programming and Meta-Programming of The Human Bio-Computer.*«[32]

Zu diesem Zweck gelte es, *alle* physikalischen Stimuli körperlicher Sinnesorgane »including light, sound, odor, taste, light pressure, deep pressure, and other gravity-opposition forces, vibration, heat, cold, etc.« gleichermaßen auf den kleinstmöglichen Level zurückzufahren, was mit der Kombination eines Immersionstanks mit einem umgebenden schalldichten Raum am besten möglich sei.[33]

> »Jay and I both had decided that we were going to remove all noxious stimulation because when you are isolated, floating in the darkness and silence, the last remaining stimulus is the one that does the programming. [...] In reviewing other people's work, we found that they were having people lie on a bed for example, or in a polio-myelitis respirator, or just sit in a chair in a black room for many hours. Or they were putting cuffs on the subject's arms and a white mask over their face with a bright light shining on it and adding white noise to the room. Well I don't blame these people for freaking out and not coming back.«[34]

Und ebenso sollten Störungen durch die Vorgänge im Körperinneren und in seinen Organen minimiert werden. Hierzu zählten zum Beispiel:

> »low-level pain and discomfort because of an unsatisfactory position in the tank; muscle stretch; slow motions of limbs moving through the water; internal sources

such as hunger; full bladder; full rectum; gas in the GI tract; unusually active cardiovascular system; local pressure ischemia leading to pain; irregular changes in respiratory rhythm, rate, or depth; accumulating carbon dioxide; reduction in oxygen.«[35]

Lillys und Shurleys experimentelle Settings lagen vordergründig auf der später von Suedfeld und anderen verfolgten Linie einer Umwertung von *Sensory Deprivation* auf ihre inhärenten positiven Effekte hin, und stellten zudem zum Beispiel in Aussicht, auf die Effekte von sensorischen Bedingungen im Weltall umgelegt werden zu können – jedenfalls wurden ihre Forschungspapiere in entsprechenden Kontexten veröffentlicht. Lillys Anliegen jedoch ging gewissermaßen tiefer: Es zielte darauf ab, die »Meta-Programme des Bewusstseins« durch die Abkopplung des Gehirns von allen »alltäglichen« Aufgaben freizusetzen:

»When you are not working under gravity holding the body upright, all of the receptor organs and the central nervous system parts which are calculating constantly the direction of gravity have ceased their activity and can be used for other purposes. As soon as you start floating you're freed of all the gravity computations you've been doing all the time, so you find you have a vast piece of machinery that was being used for something else and you can now use it for your own purposes.«[36]

Der Weg ist das Ziel: Jeder *Star Trek* wäre damit nicht mehr primär ein zu bearbeitendes Problem, sondern entfaltete zuvorderst ungeahnte Potenziale für eine Reise ins innerste Selbst, ähnlich vielleicht jener, die Stanley Kubrick in der Schlusssequenz von *2001: A Space Odyssey* (GB 1968) inszenierte.

Dementgegen jedoch waren Lillys und Shurleys erste Designs von Tanks am NIMH in Bethesda, Maryland kaum dazu angetan, entspannte Situationen zu erzeugen: Eine Komplettausstattung mit Gummimasken samt Atemluftzufuhr und Neoprenanzug, die komplett untergetauchte Lage der Körper in der Flüssigkeit sowie die sie dabei umgebende Dunkelheit waren schon rein psychologisch nicht gerade ein entspannendes Umfeld für »the intact, healthy person«.[37] Und hinzu kamen die situativen Störungen durch die Einwirkung der Apparate: Maske und Anzug waren Quellen unangenehmer Druckgefühle am Körper.[38] Und die Atemluftzufuhr produzierte allerart Geräusche, hervorgerufen etwa durch beim Ausatmen entstehende Luftblasen oder durch Ventile und deren rhythmische Zischgeräusche, bis hin zu regelmäßigem Ausfall der Beatmungsanlage.[39]

Erst im Zuge substanzieller Modifikationen entwickelten sich Floating Tanks zu jenen halbwegs komfortablen Forschungsumgebungen, die auch für Langzeitexperimente geeignet waren und die sich ins kollektive Gedächtnis eingeprägt haben. In späteren Experimenten schwebten Lilly und seine Versuchspersonen nackt und ausgestreckt an der Oberfläche einer 34,2 Grad Celsius warmen Magnesiumsulfatlösung innerhalb eines licht- und geräuschdichten Behälters, befreit von Masken und Neoprenanzügen. Die Temperatur entsprach exakt der Außentemperatur des menschlichen Körpers und wurde daher weder als kalt noch als warm wahrgenommen. Dies trug zu dem wünschenswerten Eindruck der Auflösung der gefühlten Körpergrenzen der Experimentteilnehmer bei. Und die Salzlösung sorgte für einen genügend starken Auftrieb, um die Körper der Probanden in der Schwebe zu halten. Glenn Perry, ein früherer Computerprogrammierer (sic!), der 1972 an einem von Lillys Floating-Seminaren teilnahm, kommerzialisierte bald den Bau von Floating Tanks und gründete die Firma *Samadhi Tanks* – ganz passend benannt nach dem »Sanskrit word meaning the state in which a meditator becomes one with the object of meditation.«[40]

Doch auch die Konstruktion von *Samadhi*-Tanks bedurfte eingehender Überlegungen zu den involvierten Dynamiken: Minimalmaße von 202 mal 108 cm wurden empfohlen, um ungewollte Ping-Pong-Effekte zu vermeiden, das heißt das wiederholte Anstoßen an den Wänden des Tanks. Auch abgerundete Tanks oder winzige Einstrahldüsen fanden Verwendung (Tafel 27).[41] Des Weiteren wurde der Körperhygiene große Aufmerksamkeit gewidmet. Nicht nur sollte eine Dusche in unmittelbarer Nähe des Tanks installiert sein, damit Schwefelsalze nicht unnötig Bodenfliesen und andere Umweltbestandteile beeinträchtigten und vor dem Floaten die Haare gewaschen werden konnten, um einer Verstopfung des Filtersystems des Tanks vorzubeugen. Auch der vorherige Besuch sanitärer Einrichtungen wurde wiederholt und »highly recommended«, denn schließlich wurden Floating Tanks bald schon als Kreislaufsysteme konstruiert, um eine konstante Konzentration der Salzlösung zu gewährleisten.[42] Beim sich entspannenden und teils stundenlang in »altered states« floatenden Körper sei jedoch die Kontrolle der Schließmuskeln nicht permanent gewährleistet, was naturgemäß zu unschönen Nebeneffekten führen könne. Beim Einsatz von Floating Tanks überlagern sich somit verschiedene Leer- und Kreislaufprozesse psychischer, physischer und technischer Art. Floating Tanks als technische Environments filtern und dämpfen nicht nur Umweltstimuli und Körperfassungen durch ein spezifisches Kreislauf- und Flusssystem. Auch der Körper selbst wird als Kreislaufsystem gefasst, das zunächst gastro-enteritisch leerlaufen sollte, bevor an eine physikalische Isolation und ein Leerlaufen des Gehirns oder Bewusstseins gedacht werden kann. Und erst ein solchermaßen geklärtes Bewusstsein sei dann wiederum imstande, eine ungeahnte zerebrale Imaginationsmaschinerie in Gang zu setzen.

Anders als zum Beispiel in den Experimenten an der McGill-Universität wurden Lillys Experiment-Teilnehmer auch nicht von Forschungsfragen durch den Experimentator penetriert. Dieser wies sie nur eingangs kurz an, sich möglichst wenig zu bewegen, um nicht an die Wände des Tanks zu stoßen. Und die entstehenden Empfindungen notierten die Probanden – darunter so illustre Probanden wie Gregory Bateson, Richard Feynman, Eleanor Hoover oder Robert Wilson – erst nach der Sitzung in ein persönliches Forschungstagebuch. Lilly beschreibt sieben allgemeine Phasen, durch die seine Probanden während ihrer Sitzungen gegangen seien. In Phase eins, das heißt während der ersten 45 Minuten, dominierten die Ereignisse des Tages die Gedanken, auch die ungewohnte Umwelt ziehe die Aufmerksamkeit auf sich. Nach und nach stellen sich als zweite Phase Entspannung und Genuss des Floatens ein. Im Laufe der nächsten Stunde folgt als dritte Phase plötzlich der auch aus der genannten kanadischen Studie bekannte Bewegungsdrang, der – Phase vier – den Impuls zum Verlassen des Tanks geben kann. In der anschließenden fünften Phase fokussiert sich die Aufmerksamkeit auf Reststimuli wie den Auftrieb oder Wassergeräusche, die das gesamte Bewusstsein der Probanden zu füllen beginnen – ebenfalls, so Lilly, ein schwer erträgliches Stadium. Doch, und dies sei charakteristisch für die folgende sechste Phase, »if this stage is passed without leaving the tank, one notices that one's thoughts have shifted from a direct type of thinking about problems to reveries and fantasies of a highly personal and emotionally charged nature. These are too personal to relate publicly and probably vary greatly from subject to subject.«[43] Nun geschehen die für Lillys Ausgangsfragestellung interessanten Dinge. Er stellt fest, dass in einer Isolation ausreichender Länge das Gehirn nicht nur aktiv bleibt, sondern sogar übermäßige Energien in extremen Ausmaßen produziert: »The mind turns inwards and projects outwards its own contents and processes.« In der letzten und siebten Phase schließlich, die etwa nach zwei Stunden Floating einsetze, könnten »projection[s] of visual imagery« erreicht werden.[44]

Für Lilly ist die größtmögliche Subjektivierung der Floating-Erfahrungen nicht nur unvermeidbar, sondern im Gegenteil anzustrebendes Prinzip seines Verfahrens. Dies bedingte zugleich auch die Partizipation der Experimentatoren an den eigenen Versuchsreihen. Auf einer später als *Sensory Deprivation Symposium* bekannt gewordenen Tagung an der *Harvard University* im Jahr 1958 verstanden sich Lilly und Shurley denn auch als »Stachel im Fleisch« der etablierten Forscher: »[W]e asked them just two questions: Number one, did the investigators themselves go through the procedure? Number two, did any of the subjects ask for a second run? These are the key questions. The answer to the first one in all [...] cases was no, none of the researchers had been through it. [...] Then the answer to the next question was also no.«[45] Die Vorgehensweise indizierte jedoch bereits eine zunehmende Abkopplung von Lillys Versuchsreihen von ernstzunehmenden wissenschaftlichen Studien. So notiert ein um Contenance bemühter Suedfeld:

> »Systematic work on floating is still low in quantity and plagued by methodological shortcomings. The most famous report (Lilly 1977) reproduces parts of 77 statements from participants in a consciousness and awareness workshop of which the tank was a crucial part. At least a third of these people were clearly familiar with various forms of self-exploration (meditation, yoga, Tai Chi, etc.). Given the problems of expectancy, a non-representative sample, lack of statistically testable data, and double selectivity (first by the floater in choosing what to report, and then by the author in choosing what parts of which reports to reproduce), the credibility of this material depends on how willing the reader is to suspend the usual criteria of rigor.«[46]

Einerseits bringt also die Vorkenntnis von Äquilibriums-Techniken seitens der Probanden die wissenschaftliche Belastbarkeit der Studien aus der Balance. Und andererseits startet Lilly immer extravagantere Floating Tank-Experimente, etwa indem er sich darin dem Einfluss verschiedener halluzinogener Drogen aussetzt – was schließlich Shurley dazu veranlasst, sich von Lilly zu distanzieren, und was zudem die zentrale Vorlage für den Film *Altered States* liefert. Suedfeld gibt zu Protokoll:

> »He started out as a straight scientist. But he got into taking drugs and thought he'd made contact with some sphere of consciousness beyond the normal. Thought he'd had conversations with Shakespeare and such. We didn't see eye to eye on how the tanks should be used. I always ran standard experiments with control groups and data and objective tests.«[47]

Der Ort des Ausschlusses von allen störenden Sinnenreizen ist dabei keineswegs ein neuer, sondern im Gegenteil ein *locus classicus* der abendländischen Philosophie. So lässt sich der Tank gewissermaßen als die Vergegenständlichung einer erkenntnisgeleiteten Kulturpraktik lesen. Indem er Rückzug ermöglicht von allem, was die Sinne stimuliert, blendet oder überreizt, wird er zu jenem transzendentalen Ort (neo)-platonisch-christlicher Prägung. Die Suche nach der Wahrheit beginnt in dieser Tradition bei einem körperlosen Ich – exemplarisch ausgedrückt in Augustinus' Leitspruch »Geh nicht nach draußen, kehr in Dich selbst zurück. Im inneren Menschen wohnt die Wahrheit«, und setzt sich über Descartes bis zu Rousseau fort.[48]

So gibt es augenscheinliche Parallelen zwischen Lillys Bericht über die Floating Sessions auf den Virgin Islands in den Jahren 1964–66 und den Cartesischen *Meditationen* von 1641, einer der Urszenen der westlichen Philosophie. Bevor die Untersuchung beginnen kann, führt laut Descartes der Weg erstens in die Isolation und zweitens in den Sinnesentzug.[49] Denn was die Sinne wahrnehmen, ist potenziell eine Täuschung.[50] Zu Beginn der dritten Meditation radikalisiert sich diese Mediationstechnik nochmals explizit und drückt sich in einem Tank *avant la lettre* aus: »Ich will nun die Augen schließen, die Ohren zustopfen, alle Sinne abschalten und auch alle Bilder körperlicher Dinge entweder aus meinem Denken löschen, oder, weil dies kaum möglich sein wird, sie zumindest als bedeutungslos und falsch erachten.«[51]

Es lassen sich zahlreiche weitere Zeugnisse für den sinnlich deprivierten Rückzug als Ausgangspunkt des Denkens finden, etwa Jean-Jacques Rousseaus *Rêveries du Promeneur solitaire* (1776/77). Dort »floatet« der einsame Spaziergänger gewissermaßen schon, wenn er sich im fünften Spaziergang rücklings auf den Boden des Ruderbootes legt. Lillys Experimentalsystem rekurriert also auf eine klassische ontologische Methode. Die dysfunktionalen Zustände der Isolation und Deprivation werden zur Reduktion auf das innere Wesentliche umgewidmet, werden somit wiederum zu einem funktionalen Zustand. Und von diesem Zustand versprechen sich sowohl Descartes als auch Lilly nicht weniger, als das Fundament des Seins zu erkennen.

Natürlich fügt sich Lilly nicht nahtlos in diese Tradition ein. Der Modus in dieser optimierten (weil ausgeblendeten) Umgebung war für Descartes das wache klare Denken. Schon Rousseau lässt dieses Denken nicht unangetastet, kämpft im Gewirr zwischen rationaler Vernunft und Unmittelbarkeit. Für Lilly und seine Zeitgenossen scheint jedoch evident zu sein, dass der Weg der Erkenntnis nicht über eine pure Ratio führen kann. Scharf umrissenes logisches Denken hatte Konkurrenz bekommen.[52] Und spätestens die Erfahrungen von LSD-Trips forderten Worte und Sprache als Medien des Denkens heraus. Das Sprechen, die bisherige *via regia* des therapeutischen Diskurses, erschien zu begrenzt:[53] »Words were useless, speech was a waste of time.«[54] An die Stelle der Ratio rückte das Erlebnis des Trips im Tank. Im Dschungel der alternativen Heilverfahren und Therapiekonzepte, der sich seit den 1950er Jahren von Kalifornien aus über die USA ausbreitete, wurden gerade solche zum Teil furchterregenden und psychisch herausfordernden Grenzerfahrungen zum kathartischen Element in Therapie und Selbsterfahrung aufgewertet. Der Zustand, von Sinnen zu sein, wird zu einer Stufe auf dem Weg zur Selbsterkenntnis. Trotz der Abkehr von der Ratio bleibt mithin die Funktionalität gewahrt. Es geht beim Floaten im Tank nach wie vor um Erkenntnis. Doch nun zielt der äußere Leerlauf vor allem darauf, den inneren Amoklauf zu provozieren, welcher erst die »Meta-Programme des Denkens« freilegt. Denn in den *Samadhi*-Tanks geht es keineswegs friedlich zu. Lillys Tank ist voll von Dämonen: Seine Erfahrungsberichte zeugen von Treffen mit Urwesen, er fühlt sich wahlweise als Gott oder Krüppel, er kehrt zurück zu Stillerfahrungen in der frühesten Kindheit, oder die Wetware des Tanks wird ihm gleich zum Computer – und er selbst zu Software:

> »I traveled through the computer as a program that floated through other programs. I moved to its extreme outer limits. Everywhere I found entities like myself who were slave programs in this huge cosmic conspiracy, this cosmic dance of energy and matter which had absolutely no meaning, no love, no human value. The computer was absolutely dispassionate, objective, and terrifying. The layer of ultimate programmers on the outside of it were personifications of the devil himself and yet they too were merely programs. There was no hope or chance or choice of ever leaving this hell. I was in fantastic pain and terror, imbedded in this computer for approximately three hours planetside time, but eternally in trip time.«[55]

Doch gemäß einer sufischen Weisheit gilt es eben durch die Hölle zu gehen, um den Himmel zu sehen. Und aus diesem Kampf geht – bestenfalls – das Subjekt hervor, mitsamt einer »new inner security and a new integration of themselves on a deep and basic level.«[56]

WELLNESS IM TANK: VOM ERLEUCHTUNGSTRAINING ZUR APPLIKATION

Was die Tanknutzung durch Lilly und deren spätere Adaption in Wellness-Praktiken bis zur gegenwärtigen Nutzung als Kurzzeit-Kur in den Floating-Oasen der Innenstädte kulturgeschichtlich betrachtenswert macht, ist, wie in der Nutzbarmachung des Tankerlebnisses die jeweiligen historischen Kontexte und gesellschaftlichen Notwendigkeiten ein Echo finden. Dabei stechen zwei Verschiebungen besonders hervor: zum einen die Umwidmung der *Sensory Deprivation*, also eines defizitären, wenn nicht gar an Folterpraktiken gemahnenden Zustands, in einen Ort der Erkenntnis und weiter des heilsamen Rückzugs auf das Wesentliche, zum anderen die Auslagerung einer mentalen Praktik der Balance in einen Apparat, der für den Klienten Balance gewissermaßen automatisch generiert. Damit steht der analoge, real gebaute Tank am Beginn einer Anwendung von Praktiken der körperlichen Erfahrung durch Vermittlungsmedien, die sich bis in die Gegenwart fortentwickeln und jeden Winkel des Alltags durchdringen. Auch der Ortswechsel vom Labor in den Innenstadt-Spa offenbart bereits eine vollkommene Durchmischung von Laborsituation und Alltag, die der Medizinhistoriker Cornelius Borck als Charakteristikum der Gegenwart veranschlagt.[57] Und wenn man Peter Sloterdijk darin folgt, Religionen als Übungssysteme aufzufassen, die auf einen vertikalen Aufstieg in Stufen der Erleuchtung ausgerichtet sind, so kann man von Lillys Tanknutzung durchaus schon als von einem Training sprechen.[58] Dies ist ein Aspekt, der in den körperlich-mentalen Selbsttechniken ab den 1950er Jahren einen immer größeren Raum einnimmt. Doch es ist tatsächlich spiritueller Aufstieg, den die LSD-gestützte Tanknutzung generieren soll. Die Stufenlogik der Erleuchtung lässt sich sogar tabellarisch ausdrücken und transkulturell in verschiedenen spirituellen und mystischen Systemen verorten (Abb.4a, b). In den 1960er und 1970er Jahren und unter Einsatz des EEGs wird diese Tabelle noch um die Frequenzen der Gehirnwellen erweitert, »to go alpha« wurde eine stehende Redewendung: Sie beschreibt einen Zustand der verstärkten Alpha-Wellen im EEG, der als Entspannungs-, Inspirations- und Kreativitäts-Modus zum Ideal der »Mind-Body-Medicine« avancierte.[59]

Die Anschlussstelle für eine solche Tanknutzung bildet ein zunehmend kybernetisch geprägtes Körperverständnis, das den menschlichen Organismus inklusive seiner mentalen Kapazitäten als Zusammenspiel sich organisierender Äquilibrien auffasst. Daraus leiten sich zwei Figuren ab, die für ein Funktionieren des menschlichen Körpers und im Einklang mit einem funktionierenden mentalen Innenleben in den Heilungsversuchen einer zunehmend »am modernen Leben« zerbrechenden westlichen Gesellschaft unabdingbar werden:[60] das Streben zum Gleichgewicht und die Fähigkeit von Systemen, durch Intervention (das heißt durch ein Reset, eine Auszeit) vom Irrlauf in den Selbstlauf zurückzukehren.

TABELLE 1: Ebenen des Bewußtseins

Gurdjieffsche Schwingungs-Ebene	*Bewußt-seins-Stadien*	*Samadhis**	*Beschreibung*
3	+ 3	Dharma-Megha Samadhi	Läßt den Ma'hdi entstehen. Klassisches Satori. Verschmelzen mit dem universalen Geist, Vereinigung mit Gott; einer der Schöpfer der Energie der Leere sein, im spirituellen Zentrum Ma'h über dem Kopf.
6	+ 6	Sasmita-nir bija	Läßt den Buddha entstehen. Eine punktartige Quelle des Bewußtseins, der Energie, des Lichts und der Liebe. Punkt des Bewußtseins, astrale Reise, wanderndes Hellhören, wanderndes Hellsehen, Verschmelzen mit anderen Wesenhei-in der Zeit. In dem mentalen Zentrum Path im Kopf.
12	+12	Sananda	Seliger Zustand, läßt den Christus entstehen, den grünen Qutub, die Realisation des Baraka, der Empfang göttlicher Gnade, kosmischer Energie, erhöhtes körperliches Gewahrsein, höchste Funktion des körperlichen und irdischen Bewußtseins, in Liebe sein, in einem positiven LSD-Energie-Stadium sein. In dem emotionalen Zentrum Oth in der Brust.
24	+24	Vicara	Die Ebene des Berufs-Satori oder grundlegenden Satori. Alle nötigen Programme sind im Unbewußten des Biocomputers vorhanden, arbeiten reibungslos, das Selbst entäußert sich in angenehmen Aktivitäten, die man beherrscht und gerne ausführt. Im Bewegungszentrum Kath im Oberbauch.
48	±48	Vitarka	Das neutrale Stadium des Biocomputers, der Zustand des Aufnehmens und Wiedergebens neuer Ideen; des Aufnehmens und Wiedergebens neuer Daten und neuer Programme; Lehren und Lernen mit höchster Leichtigkeit; weder in einem positiven noch in einem negativen Zustand, neutral. Auf der Erde.

* Diese entstammen dem Buch *Science of Yoga*, a. a. O., S. 38 u. 61.

4a, b Tabelle 1: Ebenen des Bewußtseins.

96	—24*	Negatives Stadium; Schmerz, Schuldgefühl, Angst; tun, was man tun muß, aber in einem Zustand von Schmerz, Schuldgefühl oder Angst; das Stadium von etwas zuviel Alkohol; einer kleinen Dosis von Opium; der ersten Stufe der Schlaflosigkeit.
192	—12	Extrem negatives Körper-Stadium, in dem man noch im Körper ist, wie bei einem intensiven Migräne-Anfall, bei dem das Bewußtsein geschrumpft und gehemmt ist und die Wahrnehmung sich nur auf die Anwesenheit des Schmerzes bezieht. Der Schmerz ist solcherart, daß man nicht arbeiten oder die gewöhnlichen Pflichten erfüllen kann. Man ist in Begrenzungen eingeschlossen, ist isoliert, ein übler innerer Zustand.
384	— 6	Vergleichbar mit +6, nur, daß er extrem negativ ist. Eine Fegefeuer-artige Situation, in der man nur eine punktartige Quelle des Bewußtseins und der Energie ist; Angst, Schmerz, Schuldgefühl im Extrem; überwiegend Sinnlosigkeit.
768	— 3	Wie in +3, wo man mit anderen Wesenheiten im Universum verschmolzen ist, aber hier sind alle schlecht und man selbst ist schlecht und sinnlos. Das ist die Quintessenz des Bösen, die tiefste Hölle, die man sich vorstellen kann. Das kann ein extrem hohes Energie-Stadium sein, das ewig dauert, obwohl man nach irdischer Zeit nur ein paar Minuten dort ist. Keine Hoffnung, zu entfliehen. Man ist dort für immer (siehe Kapitel 5).

* Negative Räume haben keine reale Lokalisierbarkeit; jeder wird sowohl imaginiert als auch lokalisiert in der gleichen Region wie der entsprechende positive Raum.

Das Erlebnis im Tank steht dabei in buchstäblicher Ausformung für Gleichgewicht – der Körper ›floatet‹ im Wasser, die Schwerkraft und der Auftrieb durch das Salz heben sich gegenseitig auf, die Temperatur des Körpers und die Temperatur des Tanks gleichen sich – so dass auch für einen thermodynamischen Ausgleich keine Energien aufgewendet werden –, und es müssen keine Reize verarbeitet werden: Ein System in Balance, ein Leitbild, das nicht nur in alle Bereiche der Wellness-Bewegung ausgreift, sondern (wieder) zu einem scheinbaren Grundprinzip menschlichen Lebens avanciert ist. Mit Balance ist dabei jedoch keineswegs ein endgültiges thermodynamisches Gleichgewicht gemeint, in dem alle möglichen Vorgänge vollzogen sind und das in Stasis übergeht, sondern das homöostatische Prinzip des immer wieder durchlaufenen mittleren Idealzustands. Anwendungen wie eine Auszeit im Tank zielen darauf ab, dieses System in die Lage zu versetzen, sich immer wieder in Richtung der Balance zu bewegen. Indem die Überforderung durch äußere Reize auf ein Minimum heruntergefahren wird, kann sich das System von einem fehlerhaften »Groove« erholen.[61]

Auch in den meisten Verfahren der holistischen Gesundheitsbewegungen finden sich ausgeklügelte Übungssysteme und kanonisierte Praktiken. Doch diese haben weniger Erleuchtung im Visier, sondern vor allem Entspannung und Ausgleich. Der Tank wandert vom Labor in die Wellness-Einrichtungen. Seit den 1960er Jahren formierten sich verschiedene lose Bewegungen, die den Begriff *Wellness* im Namen führten. Halbert L. Dunn hatte in seinen Aufsätzen in den Jahren 1957–1959 den Terminus »Positive Health« durch eben dieses altenglische Wort ersetzt, um einen Zustand zu bezeichnen, der über eine nominelle Gesundheit, über die reine Abwesenheit von Krankheit hinausweisen sollte.[62] Im Zentrum dieser Konzeption stand Balance – als »the moving axis of equilibrium between the interrelated and interacting energy fields of body, mind, spirit and environment.«[63] Fehlende Balance sei nicht unmittelbar ein pathologischer Zustand im Sinne einer manifesten Erkrankung. Deswegen sei dieser Zustand medizinisch auch nicht erforscht und behandelbar, doch beispielsweise die Selbstmedikation mit Schlafmitteln, Alkohol und Beruhigungsmitteln lege in solchen Fällen ein tiefempfundenes Bedürfnis nach Justierung der Imbalance offen. 1975 wurde unter der Führung von John W. Travis das erste Wellness-Zentrum im kalifornischen Mill Valley eröffnet. Dort befand sich zwar kein Tank, stattdessen ein Hot Tub und zahlreiche Biofeedback-Apparaturen. Doch in *Wellness for Helping Professionals* wurde das Floaten in den Katalog der auf Wellness zielenden Praktiken aufgenommen. Und anders als die Biofeedback-Technologien hielt sich das Floaten als Wellness-Erfahrung hartnäckiger und bis heute.

Der Tank wird zu einem Medium des Ausgleichs. Im Gegensatz zu Lillys herausfordernden Psycho-Trips geht es im Wellness-Tank um den reinen Leerlauf, denn die Dämonen befinden sich nun außerhalb des Tanks. Gemäß der kybernetisch geprägten Körpervorstellungen gilt hier eine enge Analogie von Maschine und Mensch: was tun beim »system error« durch »overload«? Den gestörten Teil komplett abschalten, ein Reset durchführen oder keinen neuen Input zuführen.[64] Was sind diese Dämonen außerhalb des Tanks? Was stand dem Selbstlauf des Systems so vehement im Weg, dass es nun ein besseres Informationsmanagement brauchte, um die Funktionen aufrechtzuerhalten und darüber hinaus Lebensqualität zu empfinden?

Die gewaltigste Störung, die dem offenen System Mensch in den 1950er Jahren als Input zugemutet wird, scheint eine neuartige Ausprägung des Stresses gewesen zu sein. Stress war, anders als Wellness, in den 1950er Jahren kein exotischer Terminus mehr, im

Gegenteil: Schon seit den 1940er Jahren wurde in US-amerikanischen und europäischen Zeitungen und Wochenzeitschriften der Einfluss des Stresses auf die Entstehung psychischer und physischer Krankheiten diskutiert.[65] Doch bis in die 1930er und 1940er war die Stressforschung fokussiert auf den akuten Schock und akute Alarmreaktionen. Der Erste Weltkrieg hatte den »shell-shock« und das Kriegszittern zu einem Massenphänomen werden lassen und große gesellschaftliche und wissenschaftliche Aufmerksamkeit generiert. In der Zwischenkriegszeit war die These, emotionaler Stress könne die Selbstregulation des Körpers stören und zeitige sowohl körperliche als auch psychische Erkrankungen, ein anerkannter, wenn auch umstrittener Bestandteil des westlichen Medizindiskurses.[66] In den 1930/40er Jahren erfolgte ein Umschwung vom Interesse an den Manifestationen der akuten Schock- und Alarm-Reaktionen hin zu der Beschäftigung mit chronischem Stress und dessen physiologischer Prozessierung durch adreno-kortikale Hormone.[67] Die ängstlichen Soldaten, die besorgten Hausfrauen, die überarbeiteten Chefs, die suizidgefährdeten Studenten und die vernachlässigten Kinder – allen gemeinsam war ein offenkundiges Scheitern, sich an das moderne Leben anzupassen, und so wurden ihre physische und psychische Gesundheit in Mitleidenschaft gezogen.[68] Der englisch-amerikanische Schriftsteller W. H. Auden rief 1947 das viel zitierte »Age of Anxiety« aus.[69] Zwar lag der Krieg hinter ihnen, doch mischten sich dessen Traumata mit den Herausforderungen einer sich rapide wandelnden Welt und generierten so Ängste, nicht Todesängste, sondern eine alltägliche Ängstlichkeit und Besorgtheit.

Anstelle der akuten Schockreaktion, die einen Großteil der Stressforschung ausgemacht hatte, stand ab Mitte der 1950er Jahre der kumulative Stress im Vordergrund, kumulativ entweder bezogen auf die sich addierende Belastung oder auf die Gleichzeitigkeit. Alles konnte Stress verursachen, wenn es nur in ungünstiger Weise mit anderen Reizen zusammenträfe oder lange anhalte. Damit war das Panorama von möglichen Stressoren auf die gesamte Lebenswelt angewachsen. Die Notwendigkeit, den »Stress of Life« zu bewältigen, wuchs ebenso ins Unermessliche: »The cybernetic mechanism (one might almost be tempted to say ›thermostat‹) has to be set at a higher level to maintain equilibrium in the face of such very excessive demands«, wie der »Erfinder des Stresses« Hans Selye formulierte.[70] Das Schöne ist dabei – und dies konzipiert Selye anders als Walter B. Cannon, denn letzterer hatte vor allem Stressreaktionen beschrieben, die sich unterhalb der Steuerbarkeit abspielten –: Stress lässt sich bewältigen. Die Optionen dazu sind: noch mehr Stress, mehr Ruhe, oder die Anwendung von Techniken der Stressbewältigung. Was Ruhe angeht, so reicht die normale Liegekur nicht mehr aus, befindet Selye. Die Ruhe müsse durch Techniken – »Transcendental Meditation [i. e.], Yoga, Zen, Subud, Nichiren Sho Shu, Hare Krishna, Scientology, Black Moslemism, self-hypnosis, the ›relaxation response‹ (Benson)«- oder medikamentös moderiert werden – Selye schlägt Barbiturate vor.[71] Oder eben durch Floating im Tank.

Schlussendlich geht es bei diesem Tank-Erlebnis wie in den von Selye aufgezählten Techniken der Rückkehr zum inneren Gleichgewicht nicht um eine gesteigerte Konzentration oder eine intensiver erlebte Reise in das Innere der eigenen Psyche, sondern um einen gesteigerten Leerlauf. Jedoch ist die Reihung dieser unterschiedlichen Aufladungen der *Sensory Deprivation* keineswegs als eine Verfallsgeschichte zu lesen, wie bestimmte kulturwissenschaftliche Lesarten es nahelegen, die ein Phänomen wie Wellness als eine banalisierte Abirrung eines vormals seriösen Diskurses einordnen – sei es die Psychoanalyse, seien es religiöse Praktiken, die nun profaniert würden *et cetera*.[72] Vielmehr lassen sich in den unterschiedlichen Szenarien jeweils spezifische Einschreibungen von Körpervorstellungen ausmachen. Während die Cartesische Zweiteilung eigentlich davon ausging, dass es dem Geist zuträglich ist, wenn der Körper und die Erregungen des Körpers weitgehend ausgeschaltet werden, ist das Lillysche Körperschema stark von einer tiefenpsychologischen Symbolisierung von Trieben, Kräften *et cetera* geprägt. Die Stressbewältigung geht wiederum davon aus, dass durch die Beruhigung des Körpers, der in der holistischen Vorstellung eins mit dem Geist ist, auch der Geist beruhigt und in die Lage versetzt wird, das Gleichgewicht in der Selbststeuerung zu bewahren. Auch der vorschnellen Diagnose, hier werde ein Körpersubjekt in die modernen Notwendigkeiten des Funktionierens eingepasst, lässt sich entgegenhalten, dass sowohl das Cartesische Unterfangen als auch Lillys Trips und das Wellness-Konzept letztendlich als aufklärerische Projekte zu begreifen sind.[73]

DIE WUNDE SCHLIESST DER SPEER NUR, DER SIE SCHLUG

Zum Schluss gilt es noch jene Volte zu betrachten, die gerade in Bezug auf die Trope der Reizüberflutung schnell außer Acht gelassen wird. Der Stress, den die durch neue Medien herausgeforderte Anpassungsfähigkeit erlebt, wird nicht etwa mit einem reformistischen Rückzug aus der modernen Welt beantwortet, sondern es sind eben genauso jene neuen Medien, die in Anschlag gebracht werden können, um Abhilfe zu schaffen. Die Natur, zu der die »Hippies von Mill Valley« zurückwollten, war immer schon medial moderiert.[74] In diesem Zusammenhang wurde besonders der Medienphilosoph Marshall McLuhan für die Pioniere einer holistischen Medizin und die Wellness-Bewegung attraktiv, etwa durch seine Schlussfolgerung, dass die Rettung aus dieser durch Medienentwicklung provozierten Schieflage wiederum durch Medien möglich sei: »When we have achieved a world-wide fragmentation, it is not unnatural to think about a world-wide integration.«[75]

Tatsächlich waren Stressbewältigung und Balance in Wellness-Zentren und anderen holistischen Praktiken eng an Medien und mediale Setups gekoppelt, boten diese doch vielversprechende Alternativen zu Möglichkeiten der klassischen Psychologie und der Biomedizin. So wurde in den Zentren von Beginn an auf computergestützte Datenverarbeitung und wissenschaftliche Messpraktiken (EMG, EKG, differenzierte Temperaturmessung und EEG) zurückgegriffen. Bereits Ende der 1970er Jahre wurde mit Com-

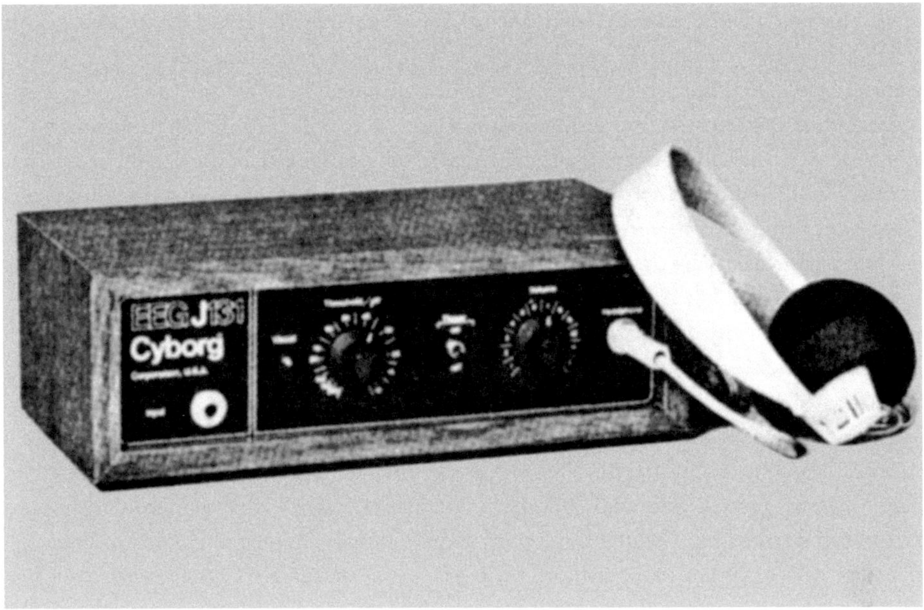

5 Gehirnwellentrainingsgerät.

puter-Interfaces gearbeitet, und vor allem die Technik des Biofeedbacks verschaltete Mensch und Maschine in Rückkopplungsschleifen miteinander. Als Verhaltenstraining, welches auf der Rückmeldung von Körperzuständen durch Messgeräte basiert, schien sie nicht nur Stressbewältigung zu trainieren, sondern auch zahlreiche funktionelle Störungen durch Übungen zu beheben (Abb. 5). Joseph Kamiya, eine der prägenden Gestalten der Biofeedback-Entwicklung, bezeichnete als Co-Autor eines Aufsatzes Biofeedback gar als eine »McLuhanistic technique«.[76]

Zwar greift Floating weder auf Rückmeldung noch auf ein avanciertes Schaltbild zurück. Was das Setup des Tanks dennoch als neues Medium der Selbsttechnik qualifiziert, sind folgende Charakteristika: Die Wahrnehmung des Raumes sowie die Sinneneindrücke werden manipuliert, diese Erfahrung ist immersiv, und – für den Klienten möglicherweise viel entscheidender – das Setup ist instantan nutzbar, und ohne auf Sprache beziehungsweise das therapeutische Gespräch zu rekurrieren unmittelbar effizient. Kurz: »Instant Nerve-ana«.[77] Die Technik des Floatings hat dabei die entscheidenden Vorteile, dass die Benutzer zum einen keinen Exorzisten, Guru, Hypnotiseur, Therapeuten oder Analytiker als Gegenüber hatten, und dass zum anderen im Gegensatz zu vielen der neuen Verfahren keine Technik erlernt werden musste. Der Tank meditierte gewissermaßen für den Benutzer.[78]

An der sich transformierenden Zeitrelation lässt sich dabei ablesen, wie sich Leerlauf jeweils integriert sieht. Bei Lilly fühlen sich Stunden im Tank ganz kurz an, als Wellness-App sind sechzig Minuten ebenso erholsam oder gar besser als eine Nachtruhe. Leerlauf – Schlaf, Gammeln, Distraktion – wird in letzterem Fall noch leerer gemacht, um schlussendlich die Overall-Performance zu erhöhen. Der (kurzzeitige) Leerlauf des Systems transformiert sich von Entspannungszeit zur Arbeitszeit, das Reduzieren der Reize wird Teil einer homöostatisch-produktiven Maßnahme. Der kurzzeitig hergestellte Leerlauf ist somit jene Errungenschaft, die es dem Informationsmenschen ermöglicht, dem Traum vom Organismus als langlebigem spirituellem Perpetuum Mobile anzuhängen. Durch ein gesteuertes »Reset« kann das System stets wieder vom Irrlauf in den Leerlauf zurückkehren.

Dies ließe sich noch weiter entwickeln. Um in der Computermetapher zu bleiben: Bei einigen Applikationen soll im Zero-Input-Zustand auf die Kommandoebene gewechselt und das System durch gezielte Input-Daten optimiert werden, zum Beispiel durch Suggestionen, die während des Floatens abgespielt wurden. In Konkordanz mit Selyes Konzept vom idealen schöpferischen Zustand geht Floating-Befürworter Michael Hutchison davon aus, dass »wir alle instinktiv wissen, dass geistige Spitzenleistungen aus Entspannung heraus entstehen.«[79] Die Zeit im Tank wurde als nutzbar und produktiv konzipiert – durch gezieltes Lernen vor, nach und im Tank, wie es Hutchison 1986 in seinem Buch mit dem bezeichnenden Titel *Megabrain* beschreibt. Folglich ist es ganz gleich, ob mit Floating nun in den 1980ern Yuppies oder in den 2010ern Hipster adressiert werden – es gilt, was der Wellness-Pionier Dunn bereits 1959 in einem Vortrag in der Arlington Church in Virginia formulierte: »A balanced life is a good life. And, furthermore, it is an effective life.«[80] Und dies bedeutet ja nichts weniger, als dass ein »looking forward to a whole lot more nothing« immer schon alles im Blick hat.

ANMERKUNGEN

Einleitung (Eckart Goebel und Cornelia Zumbusch)

1 Zitiert nach: Jan Assmann: *Ma'at. Gerechtigkeit und Unsterblichkeit im Alten Ägypten* [1990], München 2006, S. 157.

2 Für interdisziplinäre Studien, die ihren Ausgang vom physiologischen Gleichgewichtssinn nehmen und den Schwerpunkt v. a. auf materielle Kulturen in Sport, (Industrie-)Design, Architektur, Maschinen usw. legen, vgl. aus jüngerer Zeit den informativen Sammelband von Rainer Schönhammer (Hrsg.): *Körper, Dinge und Bewegung. Der Gleichgewichtssinn in materieller Kultur und Ästhetik*, Wien 2009.

3 Hans R. Jenemann u. Erich Robens: *A brief History of the Balance in Society*, in: *Journal of Thermal Analysis and Calorimetry* 55/1999, S. 339–346, Zitat: S. 340.

4 Assmann 2006, S. 163.

5 Vgl. Assmann 2006, S. 122–159, Zitat: S. 124.

6 *Die Bibel oder die ganze Heilige Schrift des Alten und Neuen Testaments*, nach der deutschen Übersetzung Martin Luthers, Stuttgart 1963, S. 923.

7 Zu den komplizierten Hintergründen mit Blick auf die Spannung zwischen »fatalism and free will« vgl.: James V. Morrison: *Kerostasia. The Dictates of Fate and the Will of Zeus in the Iliad*, in: *Arethusa* 30.2/1997, S. 273–296, Zitat: S. 275.

8 Homer: *Ilias*, nach der Übersetzung von Johann Heinrich Voß, München 1966, S. 311 (V. 209–213).

9 Assmann 2006, S. 122; Wilhelm Capelle (Hrsg.): *Die Vorsokratiker. Fragmente und Quellenberichte*, 4. Aufl. Stuttgart 1953, S. 107; vgl. zur Melancholie grundlegend: Raymond Klibansky, Erwin Panofsky u. Fritz Saxl: *Saturn und Melancholie. Studien zur Geschichte der Naturphilosophie und Medizin, der Religion und der Kunst*, Frankfurt a. M. 1990 u. ö.

10 Hier zit. nach: Walter Müri (Hrsg.): *Der Arzt im Altertum*, 3. Aufl. München 1962, S. 191.

11 Hier zit. nach Capelle 1953, S. 143.

12 Aristoteles: *Nikomachische Ethik*, übersetzt und herausgegeben von Ursula Wolf, 6. Aufl. Reinbek 2017, S. 84.

13 Ibid., S. 170.

14 Joachim Schummer: *Symmetrie und Schönheit in Kunst und Wissenschaft*, in: Wolfgang Krohn (Hrsg.): *Ästhetik in der Wissenschaft. Interdisziplinärer Diskurs über das Gestalten und Darstellen von Wissen, Sonderheft 7 der Zeitschrift für Ästhetik und allgemeine Kunstwissenschaft*, Hamburg 2006, S. 59–78, Zitat: S. 60 f.

15 Bert Tieben: *The Concept of Equilibrium in Different Economic Traditions*, Cheltenham 2012, S. 2.

16 Jürgen Habermas: *Strukturwandel der Öffentlichkeit. Untersuchungen zu einer Kategorie der bürgerlichen Gesellschaft* [1962], 17. Aufl. Neuwied 1987, S. 108 f.

17 Vgl. Fred W. Mast u. Luzia Grabherr: *Mit dem Körper denken – Der Gleichgewichtssinn als fundamentale leibliche Selbsterfahrung*, in: Schönhammer 2009, S. 49–60, Zitat: S. 49. Vgl. ferner Peter K. Plinkert u. Christoph Klingmann (Hrsg.): *Hören und Gleichgewicht im Blick gesellschaftlichen Wandels*, Wien u. New York 2010; Klaus Jahn: *Der Gleichgewichtssinn und seine Störungen – Schwindel aus Sicht des Neurologen*, in: Schönhammer 2009, S. 75–85, sowie Thomas Brandt u. Michael Strupp: *Leitsymptom Schwindel. Diagnose und Therapie*, Deutsches Ärzteblatt 10/2008, S. 173–180.

18 Arthur Schopenhauer: *Die Welt als Wille und Vorstellung*, in: *Sämtliche Werke* Bd. 1, Frankfurt a. M. 1986, S. 427.

19 Schönhammer 2009, S. 11.

20 Karl Menninger: *Das Leben als Balance. Seelische Gesundheit und Krankheit im Lebensprozeß* [orig.: *The Vital Balance*, New York 1963], München 1974, S. 88; vgl.: Erwin Schrödinger: *Was ist Leben? Die lebende Zelle mit den Augen des Physikers betrachtet* [engl. 1944], 11. Aufl. München 2011, S. 121.

21 Heinrich von Kleist: *Über das Marionettentheater*, in: *Sämtliche Werke und Briefe* Bd. 2 (hrsg. v. Helmut Sembdner), München 1987, S. 343.

22 Ibid., S. 345.

23 Christian G. Allesch: *Gleichgewichtssinn, Balance und Ästhetik*, in: Schönhammer 2009, S. 243–250, Zitat: S. 245.

24 Ibid., S. 248.

25 Arno Strohmeyer: *Gleichgewicht der Kräfte*, in: Friedrich Jaeger (Hrsg.): *Enzyklopädie der Neuzeit* Bd. 4, Stuttgart 2005, S. 925.

26 Menninger 1974, S. 79.

27 Walter B. Cannon: *The Wisdom of the Body*, New York 1932, S. 24.

28 Menninger 1974, S. 82.

29 Ibid., S. 88.

30 Sigmund Freud: *Jenseits des Lustprinzips* [1920], in: *Gesammelte Werke* Bd. 13, London 1940, S. 46.

31 Sigmund Freud u. Joseph Breuer: *Studien über Hysterie* [1895], Frankfurt a. M. 1970, S. 35.

32 Ernst Osterkamp: *Zum Verständnis des Klassischen in der Weimarer Klassik*, in: Thorsten Valk (Hrsg.): *Heikle Balancen. Die Weimarer Klassik im Prozess der Moderne*, Göttingen 2014, S. 161–178, Zitat: S. 178.

33 Menninger 1974, 94.

34 Robert Musil: *Die Vollendung der Liebe* (1911), in: *Gesammelte Werke* Bd. 2 (hrsg. v. Adolf Frisé), S. 156–194, Zitat: S. 157.

35 Ibid., S. 187.

36 Ibid., S. 156.

37 Ibid., S. 159.

38 Ibid.

39 Ibid., S. 158.

40 Ibid.

41 Cannon 1932, S. 306.

42 Josef H. Reichholf: *Stabile Ungleichgewichte. Die Ökologie der Zukunft*, Frankfurt a. M. 2008, S. 101.

43 Joel Kaye: *A History of Balance 1250–1375. The Emergence of a New Model of Equilibrium and its Impact on Thought*, Cambridge 2014, S. 18.

44 Fritz Heider: *Psychologie der interpersonellen Beziehungen* [engl. 1958], Stuttgart 1977, S. 242.

45 Ibid., S. 212.

46 Leon Festinger: *Theorie der kognitiven Dissonanz* [engl. 1957], Bern 1978, S. 16.

47 Norbert Elias: *Die höfische Gesellschaft*, Neuwied u. Berlin 1969, S. 182.

48 Ibid., S. 218 u. S. 217.

49 Ibid., S. 220.

50 Helmuth Plessner: *Grenzen der Gemeinschaft. Eine Kritik des sozialen Radikalismus* [1924], Frankfurt a. M. 2002, S. 39.

51 Ibid., S. 109 u. ö.

52 Ibid., S. 43.

53 Ibid., S. 115.

54 Ibid., S. 75.

55 Ibid., S. 69.

56 Vgl. hierzu die vorzügliche Monographie von Richard Little: *The Balance of Power in International Relations. Metaphors, Myths and Models*, Cambridge 2007.

57 Vgl. hierzu etwa Thomas Wegmann: *Artistik. Zu einem Topos literarischer Ästhetik im Kontext zirzensischer Künste*, in: *Zeitschrift für Germanistik, Neue Folge XX* (2010), S. 563–582.

58 Michael Eggers: *Vergleichendes Erkennen. Zur Wissenschaftsgeschichte und Epistemologie des Vergleichs und zur Genealogie der Komparatistik*, Heidelberg 2016.

59 Joseph Vogl: *Kalkül und Leidenschaft. Poetik des ökonomischen Menschen* [2002], 4. Aufl. Zürich 2011, S. 232.

60 Ibid.

61 Ibid.

62 Ibid., S. 241.

63 Albrecht Koschorke: *Die Geschichte des Horizonts. Grenze und Grenzüberschreitung in literarischen Landschaftsbildern*, Frankfurt a. M. 1990, S. 249.

64 Hans Blumenberg: *Schiffbruch mit Zuschauer. Paradigma einer Daseinsmetapher* [1979], Frankfurt a. M. 1997, S. 94.

65 Heinrich Wölfflin: *Kunstgeschichtliche Grundbegriffe. Das Problem der Stilentwicklung in der neueren Kunst* [1915], Basel u. Stuttgart 1948, S. 166–167.

66 Ibid., S. 184.

67 Ibid., S. 20.

68 Henri Focillon: *Das Leben der Formen* [*La Vie des formes*, Paris 1934], München 1954, S. 27.

69 Immanuel Kant: *Kritik der Urteilskraft* [1790], in: *Werkausgabe* (hrsg. v. Wilhelm Weischedel), Bd. 10, Frankfurt a. M. 1974, S. 134. Siehe auch: Winfried Menninghaus: *›Ein Gefühl der Beförderung des Lebens‹. Kants Reformulierung des Topos ›lebhafter Vorstellung‹*, in: Armen Avanessian, Winfried Menninghaus u. Jan Völker (Hrsg.): *Vita aesthetica. Szenarien ästhetischer Lebendigkeit*, Berlin 2009, S. 77–94.

70 Friedrich Schiller: *Briefe über die ästhetische Erziehung des Menschen*, in: *Werke und Briefe in zwölf Bänden* (hrsg. v. Otto Dann et al.), Bd. 8 (hrsg. v. Rolf-Peter Janz et al.), Frankfurt a. M. 1992, S. 633.

71 Ibid.

72 Ibid., S. 632.

73 Johann Joachim Winckelmann: *Geschichte der Kunst*, in: *Werke* (hrsg. v. Carl Ludwig Fernow, Heinrich Meyer u. Johann Schulze), Bd. 4, Dresden 1811, S. 138.

74 Kant [1790] 1974, S. 182.

75 Johann Wolfgang von Goethe an Friedrich Schiller, 30. August 1794, in: *Schiller Goethe Briefwechsel* (hrsg. v. Emil Staiger, rev. Neuausgabe v. Hans-Georg Dewitz), Frankfurt a. M. u. Leipzig 2005, S. 39.

76 Ibid., S. 40 f.

77 Johann Wolfgang von Goethe: *Nachlese zu Aristoteles' Poetik*, in: *Sämtliche Werke, Briefe, Tagebücher und Gespräche* (hrsg. v. Friedmar Apel et al.), Bd. 22, Frankfurt a. M. 1999, S. 337.

78 Gottfried Wilhelm Leibniz: *Kurzer Abriss der Streitfrage in formgerechten Schlüssen*, in: id.: *Die Theodizee II. Philosophische Schriften*, Bd. 2.2 (hrsg. und übers. v. Herbert Herring), Frankfurt a. M. 1996, S. 291.

79 Carl von Linné: *Die Oeconomie der Natur*, in: id.: *Des Ritter Carl von Linné Auserlesene Abhandlungen aus der Naturgeschichte, Physik und Arzneywissenschaften*, Bd. 2, Leipzig 1777, S. 51.

80 Frank Egerton hat gezeigt, dass Linné mit seiner – tatsächlich schon in der Antike vorgeprägten – Metapher vom Gleichgewicht der Natur als Vorläufer der modernen Ökologie gelten kann. Frank N. Egerton: *Changing Concepts of the Balance of Nature*, in: *The Quarterly Review of Biology*, 48/1973, S. 322–350. Vgl. auch: Erwin Mergenthaler: *Von der Ökonomie der Natur zur Ökologie. Die Entwicklung ökologischen Denkens und seiner sprachlichen Ausdrucksformen*, Berlin 2000.

81 Vgl. Cornelia Zumbusch: ›*beschädigt und wiederhergestellt*‹. *Kompensationslogik und Romanform in Wilhelm Meisters Wanderjahren*, in: *Deutsche Vierteljahrsschrift für Literaturwissenschaft und Geistesgeschichte*, 1/2014, S.3–21.

82 Zum Bild des Pendels bei Aby Warburg vgl. Cornelia Zumbusch: *Wissenschaft in Bildern. Symbol und dialektisches Bild in Aby Warburgs Mnemosyne-Atlas und Walter Benjamins Passagen-Werk*, Berlin 2004, S.120–128.

83 Aby Warburg: *Francesco Sassettis letztwillige Verfügung*, in: id.: *Werke in einem Band* (hrsg. v. Martin Treml, Sigrid Weigel u. Perdita Ladewig), Frankfurt a.M. 2010, S.260.

84 Ibid., S.267.

85 Halbert L. Dunn: *High-Level Wellness. A collection of twenty-nine short talks on different aspects of the theme »High-Level Wellness for Man and Society«*, Arlington 1961, S.138.

Der Weg der »goldenen Mitte« (Simon Grund)

1 Deutsche Übersetzung von Gregor Maurach: *Horaz. Werk und Leben*, Heidelberg 2001, S.260, Kursivdrucke stammen vom Verfasser dieses Beitrages; zum realhistorischen Kontext und dem Adressaten Licinius vgl. Robin G.M. Nisbet u. Margaret Hubbard: *A Commentary on Horace: Odes. Book 2*, Oxford 1978, S.151–157.

2 Als Teil eines tradierten Wertekanons hat die »goldene Mitte« in diachroner Hinsicht rezeptionsbedingte Abwandlungen und Umformungen erfahren, so gilt sie etwa Anfang des 20.Jhds. als überkommene Floskel eines spießbürgerlichen Mäßigkeitsideals, wie Frank Wedekinds *Lied vom gehorsamen Mägdlein* sinnfällig parodiert (v. 5–8): »Verlier dich von dem Lebenspfad / nie seitwärts ins Geheg', / geh immer artig kerzengrad' / den *goldenen Mittelweg*«.

3 Vgl. Manfred Fuhrmann: *Geschichte der römischen Literatur*, Stuttgart 2005, S.314; zu Horazens Eklektizismus vgl. Dorothee Gall: *Die Literatur in der Zeit des Augustus*, Darmstadt 2006, S.80; ähnlich Maurach 2001, S.260–264; zur Diskussion der Bezeichnung der Mitte als »golden« s. Nisbet u. Hubbard 1978, S.160; Hans Peter Syndikus: *Die Lyrik des Horaz. Eine Interpretation der Oden. Band I: Erstes und zweites Buch*, Darmstadt 2001, S.392, Anm. 9; David Alexander West: *Horace Odes II. Vatis amici*, Oxford 2004, S.69; zur Seefahrt in der antiken Literatur vgl. Titus Heydenreich: *Tadel und Lob der Seefahrt. Das Nachleben eines antiken Themas in den romanischen Literaturen*, Heidelberg 1970, S.15–62, bes. S.55–57 zur Metapher des Lebens als Seereise; vgl. dazu auch die Stellensammlung bei Nisbet u. Hubbard 1978, S.158–159; einen umfangreichen Überblick über die Metaphorik des Meeres und der Seefahrt in der Spätantike vornehmlich christlicher Auslegung bietet Hugo Rahner: *Symbole der Kirche. Die Ekklesiologie der Väter*, Salzburg 1964, S.177–564.

4 Vgl. zur »nautischen Daseinsmetaphorik« Hans Blumenberg: *Schiffbruch mit Zuschauer. Paradigma einer Daseinsmetapher*, Frankfurt am Main 1979, S.9–11 u. *passim*; die Verbindung der Meeresmetaphorik mit der Balance ist nicht neu, schon in den von Blumenberg angeführten *Erga* Hesiods heißt es am Ende der dortigen Seefahrts-Episode (Hes. *Op.* 691–694): »Schlimm nämlich ists, in den Wellen der See auf Unheil zu stoßen; / Schlimm auch, wenn du die Last zu schwer auf den Wagen gepackt hast, / und dann die Achse dir bricht, und das Frachtgut wäre verdorben. / *Maße* (μέτρα, *metra*) mit Sorgfalt beachten! [*Das richtige Maß*] (καιρός, *kairos*) ist bei allem am besten«, Übersetzung nach Walter Marg: *Hesiod. Sämtliche Gedichte: Theogonie, Erga, Frauenkataloge*, Zürich u. Stuttgart 1970, S.338–339, Kursivdrucke, Ergänzungen in runden und Editionen in eckigen Klammern stammen vom Verfasser dieses Beitrages; ein ähnlicher Balanceakt in der griechischen Archaik liegt schon der Fahrt des Odysseus in der Meerenge zwischen Skylla und Charybdis im 12. Buch der *Odyssee* zugrunde.

5 Syndikus 2001, S.391 mit Anm. 3 für zahlreiche Beispiele aus der archaischen griechischen Spruchdichtung; vgl. zum Apollonorakel Michael Maaß: *Das antike Delphi. Orakel, Schätze und*

Monumente, Darmstadt 1993, S. 1–19, bes. S. 2–3 zu dessen Zusammenhang mit den Sieben Weisen; zum Orakelspruch der Mäßigung μηδὲν ἄγαν (*meden agan,* »nichts zu sehr«), auf den Syndikus anspielt, vgl. Hermann Kalchreuter: *Die μεσότης bei und vor Aristoteles,* Dissertation Tübingen 1911, S. 11–12, sowie zur historischen Verortung des Spruches und der damit einhergehenden *mesotes*-Semantik vor Aristoteles Hans Joachim Mette: *Meden agan. Ein Vortrag*, München 1933, *passim.*

6 So Cicero in seinem Spätwerk *De Officiis* (Über das pflichtgemäße Handeln) (Cic. *off.* 1.89): *prohibenda autem maxime est ira puniendo; numquam enim iratus qui accedet ad poenam* mediocritatem *illam tenebit, quae est* inter nimium et parum, *quae placet* Peripateticis *et recte placet* (»Am meisten aber muss man bei der Bestrafung den Zorn vermeiden. Wer nämlich zornig zum Strafen herantritt, wird niemals jene *Mitte* (*mediocritas*) bewahren, die *zwischen dem Zuwenig und dem Zuviel* liegt. Diese heißen die *Peripatetiker* gut – und das zurecht«, eigene Übersetzung); ähnlich auch Seneca, der sich despektierlich über die peripatetische Mitte bei Affekten äußert (*epist.* 141.1): *Utrum satius sit modicos habere adfectus an nullos saepe quaesitum est. Nostri illos expellunt,* Peripatetici temperant. *Ego non video quomodo salubris esse aut utilis possit ulla* mediocritas *morbi* (»Es ist oft gefragt worden, ob es besser sei, gemäßigte Affekte zu haben oder aber gar keine. Die Unseren [sc. *die Stoiker*] stoßen diese gänzlich fort, *die Peripatetiker halten sie im Maß.* Ich für meinen Teil sehe nicht, auf welche Weise irgendeine *Mitte* eines krankhaften Zustandes vorteilhaft oder nützlich sein könnte«, eigene Übersetzung); dass Horaz an dieser Stelle speziell die aristotelische Doktrin im Blick hat, vermuten auch Nisbet u. Hubbard 1978, S. 160; vgl. auch Eckard Lefèvre: *Horaz. Dichter im augusteischen Rom*, München 1993, S. 210, der auf die Gemeinsamkeiten von peripatetischer und epikureischer Lehre hinweist, bei Horazens Ode jedoch auch aristotelische Provenienz vermutet.

7 Vgl. Theobald Ziegler: *Die Ethik der Griechen und Römer*, Bonn 1881, S. 103–104; Kalchreuter 1911, S. 44–46 u. *passim*; Harald Schilling: *Das Ethos der Mesotes. Eine Studie zur nikomachischen Ethik des Aristoteles*, Tübingen 1930, S. 11–14; Markos Vardakis: *Die Mesoteslehre des Aristoteles.* Heidelberg 1984, S. IX–XII; dazu bemerkt Olof Gigon (*Aristoteles. Vom Himmel. Von der Seele. Von der Dichtkunst. Eingel. und übertr. von Olof Gigon*, Zürich 1983, S. 200–201): »Für Aristoteles ist der *Consensus gentium* immer ein Hinweis auf die Wahrheit«.

8 Gigon 1983, S. 207; da Aristoteles selbst die *Politik* als Endziel der übrigen Wissenschaften betrachtet (z. B. *NE* 1094a27-b7) ist der hier postulierte Kulminationspunkt struktureller und nicht chronologischer Natur; gedanklich liegt dem Beitrag die Werkchronologie zugrunde, die Andronikos von Rhodos bei seiner antiken Edition rekonstruiert hat und auf der auch die Akademieausgabe von Immanuel Bekker aus dem Jahr 1831 beruht, die u. a. Jonathan Barnes (*The Cambridge Companion to Aristotle*, Cambridge 1995, S. xxi-xxiv) als Referenzpunkt anführt; zwar hat Werner Jaeger (*Aristoteles. Grundlegung einer Geschichte seiner Entwicklung*, Berlin 1923) eine tentative relative Werkchronologie des *corpus Aristotelicum* vorgestellt, die für viele Jahre wegweisend war, in jüngerer Zeit hat jedoch z. B. Jonathan Barnes (*Life and Work*, in: id. (Hrsg.): *The Cambridge Companion to Aristotle*, Cambridge 1995, S. 1–26) überzeugend auf die Unmöglichkeit einer solchen relativen Datierung hingewiesen; zur schwierigen Überlieferung von Aristoteles' Schriften vgl. Christof Rapp: *Aristoteles zur Einführung*, Hamburg 2016, S. 15–17, oder Hellmut Flashar: *Aristoteles. Lehrer des Abendlandes*, München 2013, S. 63–66.

9 Vgl. die Stellensammlung bei Kalchreuter 1911, S. 6–9 u. *passim*, Zitat S. 51, Kursivdrucke stammen vom Verfasser dieses Beitrages.

10 Schon früh kritisierte Schilling (1930, S. 13, Anm. 1) Kalchreuters Arbeit dafür, nicht »auf den tieferen Gehalt der Mesotes« einzugehen; kritisch ist auch Vardakis (1984, S. X–XII), der eine polykausale Verkettung von Populärethik, Medizin, zeitgenössischer Philosophie und der politischen Realsituation Griechenlands als Entstehungsfaktoren annimmt; zu einer ähnlichen Schlussfolgerung wie Kalchreuter gelangte allerdings wenig später Werner Jaeger (*Diokles von Karystos. Die griechische Medizin und die Schule des Aristoteles*, Berlin 1938, S. 45–47), auf dessen Erkenntnisse sich Fritz Wehrli stützt (*Ethik und Medizin. Zur Vorgeschichte der aristotelischen Mesonlehre,* in: *Museum Helveticum. Schweizerische Zeitschrift für klassische Altertumswissenschaft* 8/1951, S. 36–62, bes. S. 40–48); hervorzuheben ist besonders die einschlägige Untersuchung von Theodore Tracy (*Physiological Theory and the Doctrine of the Mean in Plato and Aristotle*, Den Haag u. Paris 1969), der in einer Kontextualisierung von Medizin, Platonismus und aristotelischer Lehre eine synoptische Gegenüberstellung vornimmt und sich am Schluss für einen physiologischen Kontext als Quelle der ethischen *mesotes* ausspricht; auch Stephen Clark (*Aristotle's Man. Speculations upon Aristotelian Anthropology*, Oxford 1975, S. 84–97) sieht eine analoge Konstruktion der ethischen und der physiologischen *mesotes*, wobei seine Argumentation der von Tracy ähnelt; eine explizite Verbindung von der Mischung der Körperaffektionen zu den Emotionen der Seele zieht George N. Terzis (*Homeostasis and the Mean in Aristotle's Ethics*, in: *Apeiron. A journal for ancient philosophy and science* 25/1995, S. 175–189).

11 Vgl. zu Aristoteles' Herkunft und Leben Flashar 2013, S. 10–62, sowie Barnes 1995 (Life and Work), S. 3–6; eine umfangreiche Vergleichsstudie zwischen Aristoteles' biologischen Schriften und dem *Corpus Hippocraticum* hat Carolin Oser-Grote durchgeführt (*Aristoteles und das Corpus Hippocraticum. Die Anatomie und Physiologie des Menschen*, Stuttgart 2004), wobei sie vornehmlich auf anatomische Konzepte des Menschen wie Körperbau und Funktion der einzelnen Organe eingeht.

12 Zu Alkmaion und seinen anthropologischen Erwägungen vgl. Thomas Buchheim: *Sterbliche Unsterbliche. Über die Lage des Menschen in der vorsokratischen Philosophie*, in: Ludger Jansen u. Christoph Jedan (Hrsg.): *Philosophische Anthropologie in der Antike*, Berlin u. Boston 2010, S. 31–68, bes. S. 39, Anm. 34 zur Problematisierung seiner Lebensdaten.

13 Griechischer Text und deutsche Übersetzung von Hermann Diels u. Walther Kranz (Hrsg.): *Die Fragmente der Vorsokratiker. Griechisch und Deutsch von Hermann Diels. Herausgegeben von Walther Kranz. Erster Band*, Berlin 1989, S. 215–216, im Folgenden stammen Ergänzungen in runden und Editionen in eckigen Klammern in der Übersetzung von Primärtexten, sofern nicht anders angegeben, vom Verfasser dieses Beitrages.

14 Vgl. Tracy 1969, S. 22–24, bes. S. 23, Anm. 3 zur politisch-terminologischen Färbung von ἰσονομία (*isonomia*) und μοναρχία (*monarchia*).

15 Die Weiterentwicklung des Grundgedankens Alkmaions auch durch Philistion skizziert Wehrli 1951, S. 41–43; vgl. auch Tracy 1969, S. 28–32; eine Adaption dieser Lehre bei Platon wird besonders im Dialog *Timaios* sichtbar (81e5–82b5): »Woraus nun aber die *Krankheiten* entstehen, ist wohl jedermann klar: Da nämlich der Körper aus vier Elementen, Erde, Feuer, Wasser und Luft, zusammengesetzt ist, so haben das widernatürliche Zuviel oder Zuwenig derselben und die widernatürliche Vertauschung des ihnen zukommenden Ortes mit einem fremden sowie die Aufnahme unangemessener Bestandteile durch das Feuer und die übrigen im Körper vorhandenen Elemente, da es ja mehr als eine Art davon gibt, und alle ähnlichen Vorkommenheiten Störungen und Krankheiten zur Folge. [...] Nur dann aber, behaupten wir, wenn das Gleiche zu dem Gleichen gleichmäßig, auf dieselbe Weise und in richtigem Verhältnis hinzutritt und von ihm weggeht, wird ein jedes, als sich selber gleichbleibend, sich unversehrt und gesund erhalten können«, deutsche Übersetzung von Franz Susemihl in Erich Loewenthal (Hrsg.): *Platon. Sämtliche Werke in drei Bänden. Band III*, Darmstadt 2010, S. 177–178; s. auch unten Anm. 22 zur Bekanntschaft Philistions mit Platon.

16 Die etwa 60 Einzelschriften des *Corpus Hippocraticum* sind in ihrer Echtheit und Datierung stark umstritten, zur Frage nach der Urheberschaft der Werke und dem Problem der Suche nach den genuin hippokratischen Schriften vgl. John Chadwick: *Hippocratic writings*, London et al. 1983, S. 9–60.

17 Deutsche Übersetzung von Hans Diller (Hrsg.): *Hippocrates. Ausgewählte Schriften. Aus dem Griech. übers. und hrsg. von Hans Diller. Mit einem bibliograph. Anhang von Karl-Heinz Leven*, Stuttgart 1994, S. 169; kritisch weist Christoph Jedan (*Im Visier der Ärzte. Hippokrates und Galen über die Natur des Menschen*, in: Ludger Jansen u. Christoph Jedan (Hrsg.): *Philosophische Anthro-*

pologie in der Antike, Berlin u. Boston 2010, S. 311–340, S. 327, Anm. 44) in seiner Analyse der Textpassage auf Dillers terminologische Ergänzung der »Säfte« hin, die im Griechischen nicht explizit genannt werden.

18 Vgl. Tracy 1969, S. 45–51.

19 Eigene Übersetzung.

20 Eigene Übersetzung; beide Textstellen sind bei Tracy 1969, S. 49, erwähnt und kontextualisiert.

21 Vgl. zu Aristoteles' Anthropologie Ludger Jansen: *Vernünftiger Rede fähig. Das Menschenbild des Aristoteles*, in: Jansen u. Jedan 2010, S. 157–184; auf die verlorenen Schriften über Krankheit und Gesundheit verweist Tracy 1969, S. 157–158 mit Verweis auf Emil Heitz: *Die verlorenen Schriften des Aristoteles*, Leipzig 1865, S. 56.

22 Werner Jaeger (1938, S. 8–12) leitet aus Platons umstrittenem zweiten Brief eine persönliche Bekanntschaft des Akademikers mit dem Arzt Philistion her, dessen Besuch in der athenischen Akademie seiner Vermutung nach auch Aristoteles mit den medizinischen Lehren Philistions vertraut gemacht haben dürfte; zwischen den Elementarlehren Platons und der von Aristoteles gibt es jedoch große Differenzen: So beschreibt Platon im Dialog *Timaios* die Elemente als geometrische Formen (53b4–56c7) und legt ihren Verbindungen und ihrem Wechsel ineinander geregelte mathematische Größenverhältnisse zugrunde (56c8–57c6), während diese Eigenschaften und Prozesse bei Aristoteles relativer Natur sind und auf den elementaren Eigenschaften beruhen.

23 Deutsche Übersetzung von Hans Strohm (Aristoteles: *Meteorologie. Über die Welt*, in: id.: *Werke in deutscher Übersetzung*, Bd. 12/I–II (hrsg. von Ernst Grumach, fortgef. von Hellmut Flashar, übersetzt von Hans Strohm) Berlin 1970, S. 9–10); die Schrift *de mundo* (Über die Welt) ist in ihrer Echtheit zwar umstritten, die Ortslage und -bewegung der Elemente werden allerdings auch an anderen Stellen, bes. in *de caelo* (Über den Himmel), ausgeführt (Textstellen gesammelt z. B. bei Tracy 1969, S. 164); die Zusammensetzung der organischen Körperteile aus den vier Elementen wird im ersten Kapitel des zweiten Buches *de partibus animalium* (Über die Teile der Lebewesen) expliziert (Arist. *part. an.* 646a12–14): »Von den drei Arten von Zusammensetzungen, die es gibt, muß man als erste [sc. *die grundlegendste*] diejenigen ansetzen, die aus den von einigen so genannten Elementen besteht, nämlich aus Erde, Luft, Wasser und Feuer«, Übersetzung von Wolfgang Kullmann (Aristoteles: *Zoologische Schriften II. Über die Teile der Lebewesen*, in: id.: *Werke in deutscher Übersetzung*, Bd. 17/1 (begr. von Ernst Grumach, hrsg. von Hellmut Flashar, übersetzt und erläutert von Wolfgang Kullmann) Berlin 2007, S. 32).

24 Deutsche Übersetzung von *de generatione et corruptione* hier und im Folgenden von Thomas Buchheim (Aristoteles: *Über Werden und Vergehen*, in: id.: *Werke in deutscher Übersetzung*, Bd. 12/4 (begr. von Ernst Grumach, fortgef. von Hellmut Flashar, hrsg. von Christof Rapp, übersetzt und erläutert von Thomas Buchheim) Berlin 2010, S. 61).

25 Ibid., S. 58.

26 Ibid., S. 60.

27 Vgl. zum Elementenwandel bei Aristoteles z. B. *gen. corr.* 334a15-b30; *de caelo* 305a31–307b24.

28 Aristoteles 2010, S. 54.

29 Aristoteles: *Physikvorlesung*, in: id.: *Werke in deutscher Übersetzung*, Bd. 11 (hrsg. von Ernst Grumach, übersetzt von Hans Wagner) Berlin 1967, S. 200; in seinen frühen Schriften hat Aristoteles eine andere Ansicht vertreten, so folgt er in seinem weitestgehend verlorenen Dialog *Eudemus* der platonischen Lehre von der Harmonie des Körpers und der Seele als mathematisch feststehende Ordnungsproportionen, die in der Seele und im Körper die kosmische Harmonie und Symmetrie des Weltalls widerspiegeln; die hier von Aristoteles propagierte συμμετρία (*symmetria*) der δυνάμεις (*dynameis*) entfernt sich jedoch von diesem Gedanken; zur früharistotelischen Harmonielehre im *Eudemus* vgl. Jaeger 1923, S. 38–45, u. Gigon 1983, S. 205–207.

30 Vgl. dazu Tracy 1969, S. 175–176.

31 Die innerorganische Beschaffenheit von Herz und Hirn sind bei Tracy 1969, S. 188–189 bzw. S. 193–194 näher erklärt; vgl. dazu auch ausführlich und z. T. mit detaillierten Illustrationen versehen Oser-Grote 2004, S. 90–94 bzw. S. 189–193, die in den entsprechenden Kapiteln zudem die aristotelische Darstellung mit denen des *Corpus Hippocraticum* vergleicht.

32 Aristoteles 1967, S. 200, editiert (Wagners Übersetzung »unter letzteren« setzt eine durchgehende Lektüre des Abschnittes voraus); Theodore Tracy präzisiert diese Aussage (1969, S. 174): »The hot, cold, moist, and dry are the ›proper affections‹ (πάθη) of the body«; vgl. dazu auch *part. an.* 648b2–6: »Deshalb muß man sich klar darüber sein, in welcher Weise man die von Natur aus bestehenden Dinge teils warm, teils kalt, teils trocken, teils feucht nennen soll, da ja offensichtlich gerade diese (Qualitäten) die Ursachen von Tod und Leben zu sein scheinen, ferner von Schlaf und Wachsein, von Reife und Alter und Krankheit und Gesundheit«, Übersetzung von Kullmann (Aristoteles 2007, S. 36); zum Tod der Lebewesen und der Rolle der elementaren Eigenschaften und des Elementenwandels vgl. *long. brev.* 465a13–465b32.

33 Vgl. auch Clark 1975, S. 86 § 6 u. S. 89 § 11.

34 Deutsche Übersetzung von Eugen Dönt: *Kleine naturwissenschaftliche Schriften (Parva naturalia)*, Stuttgart 2010, S. 141.

35 Dönt 2010, S. 178, editiert (Dönts Übersetzung »auf das entsprechende Quantum« für εἰς τὸ μέτριον (*eis to metrion*) gibt die Verbindung zur *mesotes*-Lehre an dieser Stelle nur unzureichend wieder).

36 Aristoteles 1967, S. 201.

37 So auch Clark (1975, S. 87 § 8): »Thus: the being of any organism is preserved by the *maintenance of correct proportion* in the blending of the elements which compose it« (eigene Hervorhebungen), vgl. auch Tracy 1969, S. 231–232.

38 Anthony Kenny weist darauf hin, dass es für diese Anomalie keine einheitliche Erklärung gibt (*Geschichte der abendländischen Philosophie. Band 1: Antike*, Darmstadt 2014, S. 96); Rapp (2016, S. 18–22) legt dar, dass die *Magna Moralia* inzwischen weitestgehend für unecht gehalten werden; zu den ethischen Schriften und ihrem Verhältnis zueinander vgl. auch Olof Gigon (*Aristoteles. Die Nikomachische Ethik*, München 2006, S. 75–90, bes. 88–90), der eine mögliche Werkgenese durch Editionsarbeiten peripatetischer Schüler annimmt; für Wehrli (1951, S. 39) ist das ethische System des Aristoteles kein einheitliches, sondern ein aus grassierenden Lehrmeinungen zusammengefasstes, das nicht nur distinkt trennbarer Lehrschriften, sondern auch innerer Geschlossenheit ermangele; vgl. auch Douglas Hutchinson: *Ethics*, in: Jonathan Barnes (Hrsg.): *The Cambridge Companion to Aristotle*, Cambridge 1995, S. 195–232, S. 197–199.

39 Vgl. Gigon 2006, S. 89; ähnlich Flashar (2013, S. 67), der die *NE* als »das reife Werk« betitelt; ausführlich diskutiert Lawrence Jost (*The Eudemian Ethics and Its Controversial Relationship to the Nicomachean Ethics*, in: Ronald M. Polansky (Hrsg.): *The Cambridge Companion to Aristotle's Nicomachean Ethics*, Cambridge 2014, S. 410–427) die einschlägigsten Ansichten zum qualitativen und chronologischen Sonderstatus der *NE* vor der *EE* und plädiert für eine Emanzipation der *EE*.

40 Deutsche Übersetzung der *NE* hier und im Folgenden nach Franz Dirlmeier (Aristoteles: *Nikomachische Ethik*, in: id.: *Werke in deutscher Übersetzung*, Bd. 6 (begr. von Ernst Grumach, hrsg. von Hellmut Flashar, übersetzt und erläutert von Franz Dirlmeier), Berlin 1974, S. 14).

41 Ibid., S. 15.

42 Eine kurze Analyse des ἔργον (*ergon*)-Arguments bieten Hutchinson 1995, S. 202, oder Ursula Wolf (*Über den Sinn der aristotelischen Mesoteslehre*, in: Otfried Höffe (Hrsg.): *Aristoteles. Nikomachische Ethik*, Berlin 2010 (Klassiker auslegen, Band 2), S. 88–108, S. 84–88), die kritisch den Zusammenhang zwischen ἔργον (*ergon*) und εὐδαιμωνία, (*eudaimonia*) hinterfragt; Günther Bien (*Aristoteles. Nikomachische Ethik. Auf der Grundlage der Übersetzung von Eugen Rolfes*, Hamburg 1985 (Philosophische Bibliothek), S. 269–270 *ad loc.*) weist auf die vielfach fehlinterpretierte Bestimmung der εὐδαιμωνία (*eudaimonia*) als Tätigkeit (ἐνέργεια, *energeia*) hin, durch die in der nachkantischen Kritik die aristotelische Ethik vornehmlich als Hedonismus interpretiert worden ist und die Tätigkeit der Seele als Akte des Lustgewinns verstanden wurde, während es Aristoteles – so Bien – vielmehr lediglich auf eine Tätigkeit ankomme, »die ihren Zweck, ihr ergon, in sich enthält«.

43 Aristoteles 1974, S. 28.

44 Die im späteren Verlauf der *NE* behandelten dianoëtischen Tugenden sind zudem von anderer Art: da sie es nicht mit Affekten und Handlungen zu tun haben, gibt es bei ihnen auch keine Mitte (*NE* 1106b14–18): »[...] sittliche Tüchtigkeit zielt wesenhaft auf jenes Mittlere ab. Ich meine natürlich die Tüchtigkeit des Charakters. Denn diese entfaltet sich im Bereiche der irrationalen Regungen und des Handelns und da gibt es das Zuviel, das Zuwenig und das Mittlere«, Übersetzung von Dirlmeier (Aristoteles 1974, S. 36).

45 Diese semantische Verknüpfung hat insbesondere Theodore Tracy betont (1969, S. 231–237).

46 Aristoteles 1974, S. 34, editiert (die von Dirlmeier hinzugefügte Bestimmung der Tugenden als »sittliche« ist im griechischen Text nicht explizit gegeben, erschließt sich jedoch aus dem Kontext).

47 In den *Kategorien* wird diese Gegenüberstellung explizit vorgenommen (11b2–4): »Das Erhitzen nämlich ist dem Kühlen gegensätzlich und das erhitzt Werden dem gekühlt Werden und so auch wenn man in Freude versetzt oder mit Schmerzen versehen wird«, eigene Übersetzung; George Terzis (1995, S. 180–185) verbindet diese interdisziplinären Konzepte und führt die Emotionen auf physiologische (homöostatische) Ursachen zurück.

48 Aristoteles 1974, S. 32; mit dem aristotelischen Lustbegriff und der Problematik, dass sich innerhalb der *NE* gleich zwei Definitionen der Lust mit unterschiedlichem Inhalt finden (VII Kap. 12–15 bzw. X Kap. 1–5), setzt sich Friedo Ricken auseinander (*Wert und Wesen der Lust (VII 12–15 und X 1–5)*, in: Höffe 2010, S. 207–228), der am Ende eine ontologische Differenzierung zwischen der Lust an sich und den Lust-erzeugenden Tätigkeiten vornimmt.

49 Aristoteles 1974, S. 31; Schilling (1930, S. 18–21) wertet diesen Gedanken als fundamentale Gesinnungsethik, die in ihrem Rigorismus noch über Kant hinausgehe, dessen Handeln nach dem sittlichen Gesetz auch widerwillig ausgeführt noch eine moralisch gute Handlung ist; vgl. auch *NE* 1105a28–33, wo drei weitere Kriterien für die moralisch gute Tat angeführt werden – der Handelnde muss wissend sein (εἰδώς, *eidos*), absichtsvoll handeln (προαιρούμενος, *proairoumenos*) und dabei standhaft bleiben (βεβαίως, *bebaios*); zum Verhältnis von Aristoteles und Kant vgl. ausführlich Otfried Höffe: *Ausblick: Aristoteles oder Kant – wider eine plane Alternative*, in: Höffe 2010, S. 277–304, bes. S. 279–283.

50 Aristoteles 1974, S. 31.

51 Ibid., S. 30–31; zwar klingt die Entstehung der Stärke durch reichlich Nahrung (πολλὴν τροφήν, *pollen trophen*) und viel Mühe (πολλοὺς πόνους, *pollous ponous*) nicht nach einem maßvollen Verhalten, zuvor ist jedoch ausgeführt worden, dass auch in Diät und Gymnastik die Mitte eingehalten werden muss (*NE* 1104a15–16): »Die Körperstärke wird durch ein Zuviel an Sport genau so geschädigt wie durch ein Zuwenig«, Übersetzung von Dirlmeier (Aristoteles 1974, S. 30).

52 Zur metaphysischen Fundierung der Begriffe δύναμις (*dynamis*) und ἐνέργεια (*energeia*) als Möglichkeit und Wirklichkeit vgl. Josef Stallmach: *Dynamis und Energeia. Untersuchungen am Werk des Aristoteles zur Problemgeschichte von Möglichkeit und Wirklichkeit*, Meisenheim am Glan

1959, S. 39–49; vgl. dazu außerdem zur Rolle der Bewegung Walter Bröcker: *Aristoteles*, Frankfurt am Main 1987 (Philosophische Abhandlungen, Band 1), S. 66–81, sowie speziell zur *NE* als Ethik der »Bewegung des zur Weisheit gelangen Wollens« S. 23–39, Zitat S. 39; als ein »Wesen [...], das sich soz. selbst herstellt«, schlussfolgert auch Ursula Wolf (2010, S. 88–94, Zitat S. 93) die Bestimmung des ethischen Menschen in der *mesotes*-Lehre der *NE*.

53 Aristoteles 1974, S. 27; ähnlich auch die späteren Definitionen in *NE* 1106a10–12 oder 1106b36–1107a2.

54 Aristoteles 1974, S. 30.

55 Werner Jaeger (1938, S. 45–51, Zitat S. 45–46) geht so weit, die aristotelische Ethik als »eine Art Seelenmedizin« zu bezeichnen, die eine gesunde Seele zum Gegenstand habe.

56 Aristoteles 1974, S. 35–36; zum berühmten Ringer Milon von Kroton vgl. Wolfgang Decker (s. v. »Milon«, in: *Der neue Pauly* 8, Stuttgart, Weimar 2000, S. 191–192), der auch auf eine mögliche Verbindung Milons zum Kreis der Pythagoreer hinweist, was seine Erwähnung in der Abgrenzung der arithmetischen von der relativen Mitte plausibilisiert; vgl. dazu auch Gigon 2006, S. 371–372 *ad loc.*

57 Wehrli (1951, S. 43–48) erkennt in diesem Prinzip den sophistischen Gedanken der Umstands-/Situationsangemessenheit (πρέπον, *prepon*), der besonders im *homo mensura*-Lehrsatz des Protagoras greifbar wird; vgl. zur Abgrenzung der Mitte »nach uns« von der platonischen bzw. pythagoreischen Harmonielehre Jaeger 1923, S. 86–89, Schilling 1930, S. 12–14, Jaeger 1938, S. 45–47, Bien 1985, S. 274 *ad loc.*

58 Über den Ehrgeiz wird später genauer im 10. Kapitel in Buch IV gehandelt und sein Sonderstatus näher expliziert (vgl. *NE* 1125a35-b25).

59 Aristoteles 1974, S. 42–43; eine Interpretation dieser kontraintuitiven Stelle auf der Basis eines Emotionsverständnisses, das auf der Wärme oder Kälte des Organismus beruht, bietet Terzis (1995, S. 185–187, Zitat S. 187): »character change in the direction of one's opposite can succeed because it eventually changes the chemistry that regulates the physiology of emotion«.

60 Vgl. Rapp 2016, S. 54–57; in der griechischen Vorstellung besteht eine analoge Struktur zwischen Kosmos (Natur), Mensch und Staat, deren verbindendes Glied bei Aristoteles die Konzeption der *mesotes* darstellt, vgl. allgemein zu dieser Analogie Gigon 1983, S. 183–187, sowie exemplarisch Arist. *pol.* 1290b23–39 zum Staat als Lebewesen.

61 Aristoteles 1974, S. 237; dass der Staat die Aufgabe hat, die Menschen zur Tugend zu führen, wird auch an anderer Stelle deutlich, z. B. *NE* 1099b29–32, 1102a5–10.

62 David Konstan: *The Emotions of the Ancient Greeks. Studies in Aristotle and Classical Literature*, Toronto, Buffalo u. London 2006.

63 Konstan 2006, S. 259; ähnlich Terzis 1995, S. 180; dazu passt Aristoteles' Bestimmung, dass Affekte nicht per se schlecht sind, sondern nur ihr übermäßiges oder unangemessenes Ausleben (vgl. *NE* 1106b19–29).

64 Diese Frage umreißt Vardakis 1984, S. 230–231; dass es sich bei Aristoteles' idealisiertem Wunschstaat (VII-VIII) nicht um eine Utopie handelt, sondern dass dieser – in Abgrenzung zu Platon – unter Umständen auch lebensweltlich zu verwirklichen ist, demonstriert Eckart Schütrumpf (Aristoteles: *Politik Buch VII und VIII. Über die beste Verfassung*, in: *Werke in deutscher Übersetzung*, Bd. 9/4 (begr. von Ernst Grumach, hrsg. von Hellmut Flashar, übersetzt und erläutert von Eckart Schütrumpf), Berlin 2005, S. 65–74).

65 Deutsche Übersetzung der *Politik* (Bücher VII und VIII) hier und im Folgenden von Schütrumpf (Aristoteles 2005, hier S. 19).

66 Ibid., S. 20.

67 Ibid., S. 21.

68 Aristoteles stellt drei »guten« Staatsformen ebenso viele »schlechte« gegenüber, die als Entartungen der »guten« Formen anzusehen sind. Zu den ersten gehören die Monarchie, die Aristokratie und die Politie, deren Pendants die Tyrannei, Oligarchie und Demokratie bilden (vgl. *pol.* 1279a22–b10). Dahinter steckt der fast schon protoutilitaristische Gedanke, dass ein Staat nur dann gut ist, wenn er auf das Gesamtwohl seiner Bürger bedacht ist (vgl. *pol.* 1279a17–21), was den »guten« Formen zwar entspricht, während sich die Entartungen jedoch primär auf den Vorteil je einer bestimmten Untergruppe richten. Die Politie wiederum sieht er als die beste Staatsform, die für die meisten Städte und Bürger zu verwirklichen ist und die von der Aristokratie kaum verschieden ist (vgl. *pol.* 1295a25–34). Vgl. dazu auch Flashar 2013, S. 122–125 u. Rapp 2016, S. 64–66.

69 Deutsche Übersetzung der *Politik* (Bücher IV-VI) hier und im Folgenden von Eckart Schütrumpf (Aristoteles: *Politik Buch IV–VI*, in: id.: *Werke in deutscher Übersetzung*, Bd. 9/3 (begr. von Ernst Grumach, hrsg. von Hellmut Flashar, übersetzt und eingeleitet von Eckart Schütrumpf, erläutert von id. und Hans-Joachim Gehrke), Berlin 1996, S. 30); die Ergänzung »(dies sind Verhältnisse)« stammt vom Übersetzer.

70 Ibid., S. 31.

71 Vgl. dazu Günther Bien: *Einleitung: Bemerkungen zum aristotelischen Politikbegriff und zu den Grundsätzen der aristotelischen Staatsphilosophie*, in: Eugen Rolfes (Hrsg.): *Aristoteles: Politik. Übersetzt und mit erklärenden Anmerkungen versehen von Eugen Rolfes mit einer Einleitung von Günther Bien*, Hamburg 1981, S. XIII–LXI, bes. S. XVII–XX.

72 Vgl. zur Entwicklung der lateinischen Literatur aus der griechischen Fuhrmann 2005, S. 49–60.

73 Bei Cicero heißt es dazu (*de rep.* 2.10): *Qui potuit igitur divinius et utilitates conplecti maritimas Romulus et vitia vitare, quam quod urbem perennis amnis et aequabilis et in mare late influentis posuit in ripa? quo posset urbs et accipere a mari quo egeret, et reddere quo redundaret, eodemque ut flumine res ad victum cultumque maxime necessarias non solum mari absorberet, sed etiam invectas acciperet ex terra, ut mihi iam tum divinasse ille videatur hanc urbem sedem aliquando et domum summo esse imperio praebituram; nam hanc rerum tantam potentiam non ferme facilius alia ulla in parte Italiae posita urbs tenere potuisset* (»Wie nämlich hätte Romulus besser all die zum Meere gehörigen Vorteile umfassen und gleichzeitig jeden Fehler vermeiden können, als dadurch, dass er die Stadt am Ufer eines ewigen und gleichmäßigen Stroms gründete, der weithin ins Meer fließt? Wo hätte die Stadt nicht nur vom Meer aus die ermangelnden Güter erhalten, sondern auch die abgeben können, die im Überfluss vorhanden sind, sodass sie durch ein und denselben Fluss die für das Leben und die Kultur notwendigsten Dinge nicht nur vom Meer her aufsaugen, sondern auch vom Lande hergebracht in Empfang nehmen könnte? So scheint es mir, dass er schon damals vorhergesehen hat, dass diese Stadt einst Sitz und Heim für die höchste Befehlsgewalt bieten werde, denn diese so große Vormachtstellung (*rerum potentia*) hätte eine in einer anderen Gegend Italiens gelegene Stadt nicht leichter erhalten können«, eigene Übersetzung).

74 Senecas exemplarischer fünfter Brief an Lucilius steht im Kontext der richtigen Lebensführung des Philosophen und seines Umgangs mit der Menge, ein Balanceakt, den er mit folgenden Worten beschließt (*epist.* 5.5): *Hic mihi modus placet: temperetur vita inter bonos mores et publicos* (»Dieses Maß gefällt mir: Das Leben werde ins Gleichgewicht gebracht (*temperetur*) zwischen den guten Sitten und dem Maßstab der Menge«, eigene Übersetzung).

Die Waage der Melancholie (Emiliano De Vito)

1 Walter Benjamin: *An Gershom Scholem, Berlin 22.12.1924*, in: id.: *Gesammelte Briefe*, Bd. 2 (hrsg. v. Christoph Gödde u. Henri Lonitz), Frankfurt am Main 1996, S. 509.

2 Erwin Panofsky u. Fritz Saxl: *Dürers ›Melencolia I‹. Eine quellen- und typengeschichtliche Untersuchung*, Leipzig u. Berlin 1923, S. 54.

3 Vgl. ibid., S. 62–63.

4 Ibid., S. 62–63.

5 *Introductorium in astronomiam Albumasaris abalachi octo continens lebros partiales* [1506], zitiert in: Panofsky u. Saxl 1923, S. 77. Vgl. ibid., S. 63.

6 Vgl. ibid., S. 63.

7 Ibid., S. 63, Anm. 1.

8 Philipp Melanchthon: *De anima* [1548], zitiert in: Aby Warburg: *Heidnisch-antike Weissagung in Wort und Bild zu Luthers Zeiten* [1920], in: id.: *Die Erneuerung der heidnischen Antike. Kulturwissenschaftliche Beiträge zur Geschichte der europäischen Renaissance*, Bd. 2 (hrsg. v. Gertrud Bing), Leipzig u. Berlin 1932, S. 529. Vgl. Walter Benjamin: *Ursprung des deutschen Trauerspiels* [1928], in: id.: *Gesammelte Schriften*, Bd. 1 (hrsg. v. Rolf Tiedemann u. Hermann Schweppenhäuser), Frankfurt am Main 1974, S. 329.

9 Vgl. Gustav Friedrich Hartlaub: *Arcana artis. Spuren alchemistischer Symbolik in der Kunst des 16. Jahrhunderts*, in: *Zeitschrift für Kunstgeschichte*, Bd. 6, Heft 4/1937, S. 308–314.

10 Vgl. Benjamin 1928 (Ursprung), S. 317–335.

11 Ibid., S. 329–332. Vgl. ferner: ibid., S. 311–312 u. S. 333.

12 Ibid., S. 312 und S. 319.

13 Ibid., S. 315, meine Hervorhebungen.

14 Ibid., S. 364.

15 Ibid.

16 Walter Benjamin: *Das Passagen-Werk* [1927–1940], in: id: *Gesammelte Schriften*, Bd. 5 (hrsg. v. Rolf Tiedemann), Frankfurt am Main 1982, J 78, 4, S. 462. Im *Passagen-Werk* heißen die Elemente der Allegorie »Requisiten« (ibid., H 5, 1, S. 280) und »Embleme«; vgl. Emiliano De Vito: *L'immagine occidentale*, Macerata u. Rom 2015, S. 86–94.

17 Benjamin 1928 (Ursprung), S. 215, meine Hervorhebungen.

18 Paul Alexandroff u. Heinz Hopf: *Topologie*, Bd. 1, Berlin 1935, S. 42.

19 Vgl. Emanuel Löwy: *Typenwanderung*, in: *Jahreshefte des Österreichischen archäologischen Institutes in Wien* 12/1909, S. 243 ff.

20 Panofsky u. Saxl 1923, S. 122, meine Hervorhebung.

21 Ibid., meine Hervorhebung.

22 Ibid., S. 122–123, meine Hervorhebung.

23 Ibid., S. 135–136, meine Hervorhebungen.

24 Ibid., S. 10 u. S. 19. Vgl. Benjamin 1928 (Ursprung), S. 327.

25 Panofsky u. Saxl 1923, S. 10, zitiert in: Benjamin 1928 (Ursprung), S. 327; Panofsky u. Saxl 1923, S. 10, zitiert in: Benjamin 1928 (Ursprung), S. 328 (vgl. Panofsky u. Saxl 1923, S. 9); Panofsky u. Saxl 1923, S. 14, zitiert in: Benjamin 1928 (Ursprung), S. 328; Panofsky u. Saxl. 1923, S. 10, zitiert in: Benjamin 1928 (Ursprung), S. 328; Benjamin 1928 (Ursprung), S. 327, 328, 329.

26 Panofsky u. Saxl 1923, S. 63, meine Hervorhebung.

27 Vgl. Benjamin 1928 (Ursprung), S. 216–217, 227. Zur dialektischen Bedeutung des Waage-Emblems in der Hand der geflügelten, weiblichen Figur der *Dialectica* von H. S. Beham, bekanntlich

einem Nachfolger Dürers, vgl. Max Allihn: *Dürer-Studien. Versuch einer Erklärung schwer zu deutender Kupferstiche A. Dürers von culturhistorischem Standpunkte*, Leipzig 1871, S. 107–108.

28 Gershom Scholem: *Brief an Wolfgang Kemp*, zitiert in: Wolfgang Kemp, *Walter Benjamin und die Kunstwissenschaft. Walter Benjamin und Aby Warburg*, in: *Kritische Berichte* 3/1975, S. 7.

29 Walter Benjamin: *Erkenntnistheorie* [1920–1921], in: id.: *Gesammelte Schriften*, Bd. 6 (hrsg. von Rolf Tiedemann u. Hermann Schweppenhäuser), Frankfurt am Main 1985, S. 45; Walter Benjamin: *Über das Programm der kommenden Philosophie* [1918], in: id.: *Gesammelte Schriften*, Bd. 2 (hrsg. v. Rolf Tiedemann u. Hermann Schweppenhäuser), Frankfurt am Main 1977, S. 163, S. 166.

30 Benjamin 1927–1940, N 10a, 3, S. 595.

31 Panofsky u. Saxl 1923, S. 63, meine Hervorhebung.

32 Vgl. Walter Benjamin: *Der Begriff der Kunstkritik in der deutschen Romantik*, Bern 1920, S. 29; Panofsky u. Saxl 1923, S. 70.

33 Ibid., S. 63.

34 Vgl. Paul Deussen: *Allgemeine Einleitung und Philosophie des Veda bis auf die Upanischad's*, in: id.: *Allgemeine Geschichte der Philosophie mit besonderer Berücksichtigung der Religionen*, Bd. 1, Abt. 1, Leipzig 1894, S. 72 ff.; Dynamik und Raum des Opfers treten besonders deutlich in dem folgenden Passus zu Tage: »Il sacrificio è un'alternanza di due gesti: disperdere e raccogliere. Gli dèi succhiarono l'essenza del sacrificio, che per loro era dolce come il miele. Poi ne dispersero i gusci con un palo. Non volevano che gli uomini li raggiungessero. Felici della ›vittoria‹ che avano ottenuto mediante il sacrificio, pensarono: ›Potesse questo nostro mondo essere irraggiungibile dagli uomini!‹. Apparvero allora i *rishi*, perenne controparte, e raccolsero i *disiecta membra* del sacrificio. Quel ›raccogliere‹, *sambhr-*, significa anche ›preparare‹, predisporre gli oggetti – i cucchiai, la spada di legno, le pelli di antilope e altri – che sono gli ›attrezzi‹, *sambhârâh*, del sacrificio. Quel raccogliere, nella desolazione, i gusci spolpati del sacrificio, a cui si dedicarono i *rishi*, è anche un affinare gli strumenti del mestiere, un esercizio metrico, una sequenza di scale al pianoforte. Che il sacrificio sia un alternarsi, combinarsi, sovrapporsi di due gesti – disperdere e raccogliere – spiega anche perché sia inevitabile e immediato concepirlo come respirazione, sistole e diastole, alchemico *solve et coagula*«. Roberto Calasso: *L'ardore*, Mailand 2010, S. 314–315.

35 Vgl. ibid., S. 315.

36 Ibid., S. 314; Vgl. zum Begriff der »generazione reciproca« in dem Veda Roberto Calasso: *La letteratura e gli dèi*, Mailand 2001, S. 132, und id.: *Ka*, Mailand 1996, S. 189.

37 Benjamin 1928 (Ursprung), S. 370.

38 Ibid.

39 Jacob Taubes: *Walter Benjamin. Geschichtsphilosophische Thesen* [1984–1985], in: id.: *Der Preis des Messianismus. Briefe von Jacob Taubes an Gershom Scholem und andere Materialien*, Würzburg 2006, S. 68.

40 Walter Benjamin: *Über den Begriff der Geschichte. Das Hannah-Arendt-Manuskript*, in: id.: *Werke und Nachlaß. Kritische Gesamtausgabe* (hrsg. v. G. Raulet), Frankfurt am Main 2010, S. 26–27. Vgl. die analoge Formulierung in Benjamin 1927–1940, N 10a, 3, S. 595: »Zum Denken gehört ebenso die Bewegung wie das Stillstellen der Gedanken. Wo das Denken in einer von Spannungen gesättigten Konstellation zum Stillstand kommt, da erscheint das dialektische Bild. Es ist die Zäsur in der Denkbewegung. Ihre Stelle ist natürlich keine beliebige. Sie ist, mit einem Wort, da zu suchen, wo die Spannung zwischen den dialektischen Gegensätzen am größten ist«.

41 Mircea Eliade: *Le Yoga. Immortalité et liberté*, Paris 1954, S. 70, 249–51, und id.: *Techniques du Yoga*, Paris 1948, S. 74, 76, 80, 84. Über den Begriff *kumbhaka* (›Vase‹) vgl. Vidyâranya, *Jîvanmuktiviveka*, hrsg. v. Roberto Donatoni, Mailand 1995, S. 210–223. Im Traktat *De quieta conver-*

satione liest man: »Und bleibe [d.i. halte deinen Atem züruck] dort [d.i. im Sitz des Herzens, wohin der Meditierende die Gedanken mittels der Atmung durch Nase und der Aufmerksamkeit zusammenströmen lässt], solange du vermagst« (καὶ παραμενέτω, ὅσον δυνατὸν, ἐκει). *Domini Callisti Telicudae De quieta conversatione*, in: *Patrologiae cursus completus. Series graeca*, hrsg. v. Jacques-Paul Migne, Bd. 147, Paris 1865, col. 821 C. Vgl. *Tre chiavi guida al tesoro della preghiera interiore attinte dalle doviziose pagine spirituali dei Santi Padri*, in: Anonym: *La via di un pellegrino. Racconti sinceri di un pellegrino al suo padre spirituale* (hrsg. v. Alberto Pescetto), Mailand 1972, S. 134, 139, 142, 147. Vgl. Eliade 1948, S. 253, 254.

42 Es lohnt den Passus *in extenso* zu zitieren: »GEBETMÜHLE. Lebendig nährt den Willen nur das vorgestellte Bild. Am bloßen Wort dagegen kann er sich zu höchst entzünden, um dann brandig fortzuschwelen. Kein heiler Wille ohne die genaue bildliche Vorstellung. Keine Vorstellung ohne Innervation. Nun ist der Atem deren allerfeinste Regulierung. Der Laut der Formeln ist ein Kanon dieser Atmung. Daher die Praxis der über den heiligen Silben atmend meditierenden Yoga. Daher ihre Allmacht«. Walter Benjamin: *Einbahnstraße*, Berlin 1928, S. 45.

43 Benjamin 1928 (Ursprung), S. 208.

44 Ibid.

45 Ibid., S. 209.

46 Ibid.

47 Ibid., S. 209 und S. 212. Vgl. Benjamin 1920, S. 91 ff.

48 Ibid., S. 42.

49 Ibid., S. 92.

50 Aby Warburg: *Italienische Antike im Zeitalter Rembrandts* [1926], in: id.: *Nachhall der Antike. Zwei Untersuchungen*, Zürich 2012, S. 101.

51 Ernst Jünger: *Sinn und Bedeutung. Ein Figurenspiel*, Stuttgart 1971, S. 24.

52 Warburg 1920, S. 534.

53 Eintrag Warburg vom 3.4.1929, in: *Tagebuch der Kulturwissenschaftlichen Bibliothek Warburg*, VII, 249, zitiert in: Robert Galitz u. Brita Reimers: *Vorwort*, in: id. (Hrsg.): *Aby M. Warburg. »Ekstatische Nymphe ... trauernder Flußgott«. Portrait eines Gelehrten*, Hamburg 1995, S. 8.

54 Edgar Wind: *Einleitung* zur *Kulturwissenschaftlichen Bibliographie zum Nachleben der Antike* [1931], in: id.: *Heilige Furcht und andere Schriften zum Verhältnis von Kunst und Philosophie* (hrsg. v. John Michael Krois u. Roberto Ohrt), Hamburg 2009, S. 332; »In uno strano sdoppiamento il Warburg non cessò mai di osservare se stesso«. Giorgio Pasquali: *Aby Warburg* [1930], in: id: *Pagine stravaganti*, Bd. 1, Florenz 1968, S. 54. Vgl. zur besonnenen Selbstbeobachtung Warburgs Emiliano De Vito, *Appunti di storia naturale. Warburg, Benjamin e Pauli*, in: *aut aut* 376/2017, S. 186 ff.

55 Vgl. Julius Grill: *Die Erzväter der Menschheit. Zur Methode der urgeschichtlichen Forschung*, Leipzig 1875, S. 171, Anm. 3; aus diesem Urpaar stammen vermutlich die Wildgänse (*hamsa*) eines Tempelreliefs des 10. Jahrhunderts (*Abb. 4*). Vgl. Stella Kramrisch: *The Hindu Temple*, Calcutta 1946, S. 344–345, sowie Roberto Donatoni: *Introduzione* zu Vidyâranya, *Jîvanmuktiviveka*, Mailand 1995, S. 78–81.

56 Novalis, *Die Lehrlinge zu Sais* [1802], Bern 1949, S. 89.

57 Ibid., S. 69, 107. Vgl. ibid., S. 71, 73, 75, 91, 99, 49, 87, 21, 101.

58 Ibid., S. 77.

59 Ibid.

60 Ibid., S. 109.

61 Ibid.

62 Ibid., S. 11.

63 Benjamin 1928 (Ursprung), S. 226–227. Vgl. De Vito 2017, S. 177 ff.

»Nihil firmum est« (Andreas Gormans)

1 Zur Komposition in der frühen italienischen Kunsttheorie Leon Battista Alberti: *Das Standbild. Die Malkunst. Grundlagen der Malerei* (hrsg., eingel., übers. u. kom. v. Oskar Bätschmann u. Christoph Schäublin), Darmstadt 2000, S. 257–265. Zur Stilllebenmalerei Ingvar Bergström: *Dutch Still-Life Painting in the seventeenth Century*, London 1956; Gerhard Langemeyer u. Hans-Albert Peters (Hrsg.): *Stilleben in Europa*, Ausstellungskatalog Westfälisches Landesmuseum für Kunst und Kulturgeschichte, Münster, u. Staatliche Kunsthalle Baden-Baden 1979/80, Münster 1979; Alan Chong u. Wouter Kloek: *Still-Life Paintings from the Netherlands 1550–1720*, Ausstellungskatalog Rijksmuseum, Amsterdam, u. The Cleveland Museum of Art, 1999/2000, Zwolle 1999.

2 Vgl. J. A. Emmens: *Rembrandt en de regels van de kunst*, Utrecht 1968 (Utrechtse Kunsthistorische Studiën 10); Claudia Fritzsche, Karin Leonhard u. Gregor J. M. Weber (Hrsg.): *Ad Fontes! Niederländische Kunst des 17. Jahrhunderts in Quellen*, Petersberg 2013.

3 Zur Ideengeschichte der Stabilität des Instabilen Horst Bredekamp: *Die Stabilität des Instabilen in der Hypnerotomachia Poliphili*, in: Hannah Baader et al. (Hrsg.): *Ars et scriptura. Festschrift für Rudolf Preimesberger zum 65. Geburtstag*, Berlin 2001 (Berliner Schriften zur Kunst XV), S. 17–34.

4 Die große Ausnahme in diesem Zusammenhang bildet Stefan Grohé: *Stillleben. Meister der holländischen Malerei*, München et al. 2004, S. 90.

5 Zu den Prunk- und Vanitasstillleben Elisabeth Nowak: *Das Holländische Vanitas-Stilleben des 17. Jahrhunderts* (Dissertation Universität Salzburg 1974); Bergström 1956, S. 154–190; Gerhard Bott: *Gemalte Schätze. Erinnerung an die Vergänglichkeit alles Irdischen wie Mittel zur Repräsentation*, in: Langemeyer u. Peters 1979, S. 432–446; Liana DeGirolami Cheney (Hrsg.): *The Symbolism of Vanitas in the Arts, Literature and Music. Comparative and Historical Studies*, New York 1992.

6 Vgl. Simon Schama: *Überfluß und schöner Schein. Zur Kultur der Niederlande im Goldenen Zeitalter*, München 1988.

7 Vgl. A. Blankert: *Heraclitus en Democritus. In het bijzonder in de Nederlandse Kunst van de 17de eeuw*, in: *Nederlands Kunsthistorisch Jaarboek* 18/1967, S. 31–124; Heraklit, B. Fragmente 12 u. 49a. Hermann Diels: *Die Fragmente der Vorsokratiker* (hrsg. v. Walther Kranz), Griechisch und Deutsch, 1. Bd., Berlin, 9. Aufl. 1960, S. 154 u. S. 161.

8 C. Plinii Secundi: *Naturalis Historiae* II, 25. C. Plinius Secundus d. Ä.: *Naturkunde*, Lateinisch – deutsch, Buch 2 Kosmologie (hrsg. u. übers. v. Roderich König), München 1973, S. 28; Sextus Empiricus: *Grundriß der pyrrhonischen Skepsis*. Mit einer Einführung von Malte Hossenfelder, Frankfurt am Main, 1986 (Suhrkamp Taschenbuch Wissenschaft 499), S. 120–122.

9 L. Annaeus Seneca: *Ad Lucilium Epistulae Morales* 88, 45 u. 98, 10. Id.: *Philosophische Schriften* (hrsg. v. Manfred Rosenbach), Lateinisch und Deutsch, 4. Bd. An Lucilius Briefe 70–124, Darmstadt 1999, S. 324–325 u. S. 528–529.

10 Hrabanus Maurus: *Commentariorum in Ecclesiasticum* III, 8. In: J.-P. Migne (Hrsg.): *Patrologia Latina*, Bd. 109, col. 852.

11 Francisci Petrarchae: *De remediis utriusque Fortunae*, Libri Dvo. [...], Rotterdam 1549, S. 17.

12 René Descartes: *Meditationes de prima philosophia*, Paris, Leiden 1641, II, § 1. Zit. n. id.: *Meditationen über die Grundlagen der Philosophie* (neu hrsg. v. Lüder Gäbe), Lateinisch – deutsch, Hamburg, 3. Aufl. 1992 (Philosophische Bibliothek 250a), S. 43.

13 Károly Simonyi: *Kulturgeschichte der Physik*, Frankfurt am Main 1990, S. 90.

14 Vgl. Michel Authier: *Archimedes. Das Idealbild des Gelehrten*, in: Michel Serres (Hrsg.): *Elemente einer Geschichte der Wissenschaften*, Frankfurt am Main, 1994, S. 176–227.

15 Der zugehörige Text lautet: »La boule mise sur une cube, veult dire que lors qu'un Roy gouverne bien, ce qu'est estoit vague & inconstant l'establit.«

16 Vgl. Eddy de Jongh: *Peace of mind by the balustrade. The implications of an architectural motif in seventeenth-century portraiture*, in: id.: *Questions of meaning. Theme and Motif in Dutch seventeenth-century painting* (hrsg. v. Michael Hoyle), Leiden 2000, S. 215–230.

17 Blaise Pascal: *Pensées*. Nouvelle Édition collationnée sur le manuscrit autographe et publiée avec une introduction et des notes par Léon Brunschvicg (Reprint Vaduz 1965), Paris 1904, [Section II. 347, 72], S. 85–86. Übers. zit. n. Lothar Schäfer: *Blaise Pascal (1623–1662)*, in: Otfried Höffe (Hrsg.): *Klassiker der Philosophie, Erster Band: Von den Vorsokratikern bis David Hume*, München, 2. Aufl. 1985, S. 322–337, S. 333.

18 Vgl. A. Doren: *Fortuna im Mittelalter und in der Renaissance*, Leipzig u. Berlin 1924 (Vorträge der Bibliothek Warburg, II. Vorträge 1922–1923/I. Teil), S. 71–144; Ehrengard Meyer-Landrut: *Fortuna. Die Göttin des Glücks im Wandel der Zeiten*, München u. Berlin 1997.

19 Vgl. Sonja Brink: *Ruhm der Könige und Künstler. Druckgraphik der Schule von Fontainebleau aus dem Kunstmuseum Düsseldorf – Sammlung der Kunstakademie*, Ausstellungskatalog Kunstmuseum Düsseldorf im Ehrenhof 1997, Düsseldorf 1997, S. 142–147, Kat.-Nr. 69–72.

20 Vgl. Johann Heinrich Zedler: *Grosses vollstaendiges Universal-Lexicon aller Wissenschaften und Kuenste*, Halle u. Leipzig 1731–1754, Bd. 6 (Ci–Cz), Sp. 1347–1354 [S. 693–696].

21 Vgl. Fleur Richter: *Die Ästhetik geometrischer Körper in der Renaissance*, Stuttgart 1995, S. 69–83; Birgit Seidenfuß: *»Daß wirdt also die Geometrische Perspektiv genandt«. Deutschsprachige Perspektivtraktate des 16. Jahrhunderts*, Weimar 2006; Robert Felfe: *Naturform und bildnerische Prozesse. Elemente einer Wissensgeschichte in der Kunst des 16. und 17. Jahrhunderts*, Berlin u. Boston 2015 (Actus et Imago XIII), S. 165–231.

22 Vgl. Seidenfuß 2006, S. 173–201.

23 Vgl. ibid., S. 213–224.

24 Vgl. Guido Jansen: *›On the Lowest Level‹. The Status of Still Life in Netherlandish Art Literature of the seventeenth Century*, in: Chong u. Kloek 1999, S. 51–57.

25 Samuel van Hoogstraten: *Inleyding tot de Hooge Schoole der Schilderkonst: anders de Zichtbaere Werelt*, Rotterdam 1687, S. 75.

26 Zum Paragone allgemein Hannah Baader et al. (Hrsg.): *Im Agon der Künste. Paragonales Denken, ästhetische Praxis und die Diversität der Sinne*, München 2007; Joris van Gastel, Yannis Hadjinicolaou u. Markus Rath (Hrsg.): *Paragone als Mitstreit*, Berlin 2014 (Actus et Imago XI); Christiane J. Hessler: *Zum Paragone. Malerei, Skulptur und Dichtung in der Rangstreitkultur des Quattrocento*, Berlin 2014. Zum Paragone speziell bei Stoskopff Sylvia Böhmer: *Nachahmung und Bild-Erfindung – Gemalte Graphiken in den Stillleben Sebastian Stoskopffs*, in: *Sebastian Stoskopff 1597–1657. Ein Meister des Stilllebens*, Ausstellungskatalog Musée de l'Œuvre Notre-Dame, Straßburg u. Suermondt-Ludwig-Museum, Aachen 1997, Paris 1997, S. 94–107.

27 Zur Materialfrage in Stillleben Celeste Brusati: *Natural Artifice and Material Values in Dutch Still Life*, in: Wayne Franits (Hrsg.): *Looking at Seventeenth-Century Dutch Art. Realism Reconsidered*, Cambridge 1997, S. 144–157. Zur Alchemie in der Kunst Volker Manuth, Jillian Harrold u. Dianna Beaufort: *Alchemy in Dutch Art of the sixteenth and seventeenth centuries. Van de consten der alchimie*, in: *Wisdom, knowledge & magic. The image of the scholar in seventeenth-century Dutch art*, Ausstellungskatalog, Agnes Etherington Art Centre, Queen's University, Kingston, Canada, Kingston 1996, S. 19–25; Sven Dupré, Dedo von Kerssenbrock-Krosigk u. Beat Wismer (Hrsg.): *Kunst und Alchemie. Das Geheimnis der Verwandlung*, Ausstellungskatalog Museum Kunstpalast 2014, München 2014.

28 Gérard de Lairesse: *Le Grand Livre des Peintres, ou L'Art de la Peinture [...]*, Tome Second, Paris 1787, S. 484; Arnold Houbraken: *De Groote Schouburgh der Nederlantsche Konstschilders en Schilderessen. [...]* Het II. Deel. [...], Amsterdam 1719, S. 171.

29 Vgl. *Gemaltes Licht. Die Stillleben von Willem Kalf 1619–1693*, Ausstellungskatalog, Museum Boijmans Van Beuningen, Rotterdam u. Suermondt-Ludwig-Museum, Aachen 2006/07, München u. Berlin 2007, S. 82–87, Kat.-Nr. 17–19.

30 Johann Wolfgang Goethe: *Kunsttheoretische Schriften und Übersetzungen*. Schriften zur bildenden Kunst I: Aufsätze zur bildenden Kunst (1772–1808). Winckelmann und sein Jahrhundert. Philipp Hackert (hrsg. v. Siegfried Seidel), Berlin u. Weimar, 1973 (Berliner Ausgabe, Bd. 19), S. 144.

31 Aristoteles: *Poetik* 1447b-1448a, id.: *Poetik* (übers. u. hrsg. v. Manfred Fuhrmann), Griechisch/Deutsch, Stuttgart 1989 (Universal-Bibliothek 7828), S. 5–8; Quintus Horatius Flaccus: *Ars Poetica* 119–134; id.: *Ars Poetica. Die Dichtkunst* (übers. u. hrsg. v. Eckart Schäfer), Lateinisch u. deutsch, Stuttgart 1984 (Universal-Bibliothek 9421), S. 13; M. Fabii Quintiliani: *Institutionis Oratoriae* X, 2, 4–8; id.: *Ausbildung des Redners* (hrsg. u. übers. v. Helmut Rahn), Zwölf Bücher, Zweiter Teil Buch VII–XII, 3. Aufl. Darmstadt 1995 (Texte zur Forschung 3), S. 487–489; Van Hoogstraten 1678, S. 193.

32 Vgl. Gunter Gebauer u. Christoph Wulf: *Mimesis. Kultur – Kunst – Gesellschaft*, Reinbek bei Hamburg 1992 (Rowohlts Enzyklopädie), S. 82–84.

33 Vgl. Eberhard König u. Christiane Schön (Hrsg.): *Stilleben*, Berlin 1996 (Geschichte der klassischen Bildgattungen in Quellentexten und Kommentaren, Bd. 5), S. 17–36; Alan Chong: *Contained under the name of Still Life. The Association of Still-Life Painting*, in: id. 1999, p. 11–37.

34 Vgl. Ernst Kris u. Otto Kurz: *Die Legende vom Künstler. Ein geschichtlicher Versuch*. Mit einem Vorwort von Ernst H. Gombrich, Frankfurt am Main 1980 (Edition Suhrkamp 1034), S. 64–85.

35 Vgl. Klaus Irle: *Apelles, Zeuxis, Lysippos und die Malerei des Cinquecento*, in: Gunter Schweikhart (Hrsg.): *Antiquarische Gelehrsamkeit und Bildende Künste. Die Gegenwart der Antike in der Renaissance*, Köln 1996 (Atlas 1), S. 123–135; Matthias Müller: *Im Wettstreit mit Apelles. Hofkünstler als Akteure und Rezepteure im Austausch- und Konkurrenzverhältnis europäischer Höfe zu Beginn der Frühen Neuzeit*, in: Werner Paravicini u. Jörg Wettlaufer (Hrsg.): *Vorbild – Austausch – Konkurrenz. Höfe und Residenzen in der gegenseitigen Wahrnehmung*, Ostfildern 2010 (Symposium der Residenzen-Kommission der Akademie der Wissenschaften in Göttingen 11), S. 173–191; Matthias Müller et al. (Hrsg.): *Apelles am Fürstenhof. Facetten der Hofkunst um 1500 im Alten Reich*, Berlin 2010.

36 Vgl. Hans Holländer: *Anamorphotische Perspektiven und cartesianische Ornamente. Zu einigen Gemälden von Jean François Niceron*, in: Wolfdietrich Rasch, Hans Geulen u. Klaus Haberkamm (Hrsg.): *Rezeption und Produktion zwischen 1570 und 1730. Festschrift für Günther Weydt zum 65. Geburtstag*, Bern 1972, S. 53–72, bes. S. 66–67, Anm. 1; Jutta Bacher: *»Ingenium vires superat«. Die Emanzipation der Mechanik und ihr Verhältnis zu Ars, Scientia und Philosophia*, in: Hans Holländer (Hrsg.): *Erkenntnis, Erfindung, Konstruktion. Studien zur Bildgeschichte von Naturwissenschaften und Technik vom 16. bis zum 19. Jahrhundert*, Berlin 2000, S. 519–555; Steven

Nadler: *The Philosopher, the Priest, and the Painter. A Portrait of Descartes*, Princeton u. Oxford 2013.

37 »Anschauung«, in: George Samuel Albert Mellin: *Enzyklopädisches Wörterbuch der Kritischen Philosophie*, Bd. 1: A-C (Neudruck der Ausgabe Züllichau 1797–98), Aalen 1970, S. 256–273.

38 »Imperativ«, in: George Samuel Albert Mellin: *Enzyklopädisches Wörterbuch der Kritischen Philosophie*, Bd. 3: Gewißheit – Lernen (Neudruck der Ausgabe Jena u. Leipzig 1800–1801), Aalen 1971, S. 449–479.

Antoine Watteau oder: die Grazie der Balance (Maria Moog-Grünewald)

1 So der Titel des Buches von Christian Michel: *Le »célèbre Watteau«*, Genève 2008. Michel hat sich darin mit mehr oder weniger überzeugenden Ergebnissen versucht. Wir kommen darauf zurück.

2 So Michel 2008.

3 Hier ist vor allem Watteaus Freund und Auftraggeber Jean de Julienne zu nennen: Nach dem Tod Watteaus beauftragte Julienne eine Gruppe von Stechern, zunächst Radierungen von Zeichnungen Watteaus anzufertigen; er veröffentlichte sie in zwei Bänden 1726 und 1728: Antoine Watteau (1684–1721): *Figures de différents caractères de paysage et d'études, dessinées d'après nature … gravées à l'eau-forte par les plus habiles peintres et graveurs du temps,* Paris: Audran et Chereau, [1726–1728]. Es folgten Stiche von zahlreichen Gemälden, die zunächst als Einzelblätter verkauft wurden, um ab 1735 wiederum in zwei Bänden, bekannt als *Recueil Julienne*, angeboten zu werden: Antoine Watteau: *L'Œuvre d'Antoine Watteau … gravée d'après les dessins originaux, tirez du Cabinet du Roi et des plus curieux de l'Europe, par les soins de M. de Jullienne,* Paris: sans lieu [1735].

4 Im Sinne des Verständnisses von »modern«, das Charles Perraults *Parallèles des anciens et des modernes en ce qui regarde les arts et les sciences* (1688–1697; vier Bände) zugrunde liegt.

5 Im Jahrzehnt von 1710 bis 1720 malten in ganz Europa tätige und in ihrem Malgestus so unterschiedliche französische Künstler wie Hyacinthe Rigaud, Claude Gillot, Jean Raoux, Antoine Pesne, Jean-Baptiste Oudry (alle Mitglieder der *Académie Royale de Peinture et de Sculpture*) sowie italienische, insbesondere venezianische wie Giovanni Battista Tiepolo, Giovanni Antonio Pellegrini, Jacopo Amigoni, Antonio Canal, gen. »Il Canaletto«, Rosalba Carriera, Marco und Sebastiano Ricci, Giovanni Battista Pittoni – um nur diese zu nennen. Ihnen allen eignet Zeittypisches, letzteren spezifisch Venezianisches – man ist übereingekommen, sie unter dem Stilbegriff des Rokoko zusammenzufassen. Watteau, Boucher, Fragonard werden mit Grund zu den herausragenden französischen Malern des Rokoko gezählt. Unsere Intention ist es indes, die Besonderheit Watteaus unter den Malern des Rokoko und – zeitlich – der Régence herauszustellen. Zur Unterscheidung von Régence und Rokoko siehe die Studie von Hermann Bauer u. Hans Sedlmayr: *Rokoko. Struktur und Wesen einer europäischen Epoche*, Köln 1991, S. 66.

6 Mit der Einschränkung freilich: In der zweiten Hälfte des 18. Jahrhunderts bis weit in die erste Hälfte des 19. Jahrhunderts geraten Watteau und seine Malerei zunächst in Misskredit – eine Ausnahme ist Friedrich der Große – und werden sodann vergessen, um ab der Mitte des 19. Jahrhunderts wieder in Mode zu kommen, bei den Kennern Anerkennung zu finden: Baudelaire, Verlaine, die Goncourts, Proust sind hier zu nennen.

7 So insbesondere Robert Tomlinson: *La Fête galante: Watteau et Marivaux*, Genève 1981.

8 So insbesondere Norbert Elias: *Watteaus Pilgerfahrt zur Insel der Liebe.* Mit einem biographischen Essay von Marianne Roland Michel und farbigen Abbildungen, Frankfurt a. M. 2000. In dieser Vorstellung trifft sich Elias auch mit Tomlinson 1981.

9 »Bilder vom irdischen Glück« lautete der Titel einer Ausstellung im Weißen Saal des Charlottenburger Schlosses zu Berlin im Herbst 1983 sowie des die Ausstellung begleitenden Katalogs, herausgegeben von den Freunden der preußischen Schlösser und Gärten e.V., erschienen im selben Jahr bei Frölich & Kaufmann, Berlin. Siehe allgemein zu dieser Thematik die Studie von Kirsten Dickhaut: *Positives Menschenbild und ›venezianità‹. Kythera als Modell einer geselligen Utopie in Literatur und Kunst von der italienischen Renaissance bis zur französischen Aufklärung*, Wiesbaden 2012; zu Watteau S.293–385.

10 So die Auswahl der Künstler für die Ausstellung im Charlottenburger Schloss 1983.

11 Am 28. August 1717, dem jährlichen Hauptsitzungstag, wurde Watteau in die Akademie aufgenommen.

12 Ich übernehme die Graphie aus dem handschriftlichen Protokoll, das Pierre Rosenberg seinen Anmerkungen zu Watteaus Gemälde *Pilgerzug zur Insel Cythera* in Kopie (Auszug) beigefügt hat: *Watteau 1684–1721* (hrsg. von Margaret Morgan Grasselli u. Pierre Rosenberg mit Unterstützung von Nicole Parmentier), Berlin 1985, S.396. – Es handelt sich um den exhaustiven und exzellent dokumentierten Katalog zur großen Watteau-Ausstellung in der National Gallery of Art, Washington (17. Juni–23. September 1984), in den Galeries nationales du Grand Palais, Paris (23. Oktober 1984–28. Januar 1985), im Schloss Charlottenburg, Berlin (23. Februar – 27. Mai 1985). – Als Druck und in modernisierter Orthographie in: *Procès-verbaux de l'Académie Royale de peinture et de sculpture – 1648–1793*, publiés pour la Société de l'Histoire de l'Art français [...] par M. Anatole de Montaiglon, t. IV: 1705–1725, Paris 1881, S.252.

13 Watteau selbst soll dem Gemälde den Titel *Le Pèlerinage à l'île de Cythère* gegeben haben.

14 Watteau wurde als Historienmaler in die Akademie aufgenommen. Zur »galanten Malerei« siehe das Kapitel »Galant« in Jean Weisgerber: *Les masques fragiles: esthétique et formes de la littérature rococo*, Lausanne 1991, S.91–94. Dass Watteau ihr Erfinder ist, vermerkt Michel 2008 zutreffend, wenngleich nicht hinreichend pointiert und widersprüchlich: »Cependant lui-même n'est pas un peintre de genre, mais l'inventeur de ses propres conventions [...].« (S.178). Die *fête galante* wird zu einem piktoralen und literarischen Genus werden; Watteau überführt die Konventionen – er schafft nicht *ex nihilo* (darin ist Michel zuzustimmen) – in einen eigenen Stil. Das bedeutet nicht, dass der Begriff *fête galante* selbst nicht schon vorher existierte – s.u. und Anm. 17.

15 Im *Dictionnaire de l'Académie françoise* (3. éd., t.1, Paris 1740, S.740f.) liest man unter dem Eintrag »GALANT, ANTE adj.« u.a. Folgendes: »Honnête, qui a de la probité, civil, sociable, de bonne compagnie, de conversation agréable«.

16 Ibid., S.741: »GALANT, ANTE, signifie aussi, Un homme qui cherche à plaire aux Dames. Et dans ce sens on met Galant après le substantif. *C'est un homme galant, fort galant.*«

17 *A part* sei angemerkt: Im Jahre 1672 wurde die Zeitschrift *Le Mercure galant* von Jean Donneau de Visé gegründet und 1724 unter dem Titel *Mercure de France, dédié au roi* von Antoine de La Roque weitergeführt. Der *Mercure galant* erschien monatlich (ab 1677) und informierte vor allem über die Schönen Künste (Literatur, Theater), publizierte auch Gedichte, Erzählungen, Theaterstücke, eben »Gefälliges«. Für die Kenntnis der Kultur des Ancien Régime, im ganzen des kulturellen Lebens, ist der *Mercure galant* und sodann der *Mercure de France* unentbehrlich. Zum *Mercure galant* siehe die Monographie von François Moureau: *Le »Mercure galant« de Dufresny (1710–1714) ou le journalisme à la mode*, Oxford 1982.

18 Ibid. – Bereits im *Furetière* von 1690 findet sich unter dem Eintrag »FESTE«, näherhin »en matière profane« u.a.: »Les festes de Versailles ont esté fort galantes & magnifiques«. (Antoine Furetière: *Dictionnaire universel, contenant généralement tous les mots françois tant vieux que modernes* [...], 2 t. A la Haye, et a Rotterdam [...] 1690, s.p.).

19 François Boucher schuf die Radierung im Jahr 1727 – sie befindet sich als Original im Philadelphia Museum of Art. Der Autor der Verse ist ein gewisser C. Moraine.

20 Siehe dazu Weisgerber 1991, S. 94: »Brillant, piquant, galant: ces termes se recouvrent en partie, de sorte qu'il est difficile de cerner chacun d'eux dans sa spécificité. Leur joindre le gracieux ne fait qu'augmenter la confusion [...]. Tant pis, car l'épithète [sc. gracieux] est aussi fréquente que banale. Le *Mercure* l'applique régulièrement à Watteau: ›ce gracieux Peintre‹.«

21 Goncourt: *L'art du dix-huitième siècle et autres textes sur l'art*. Textes réunis et présentés par J.-P. Bouillon, Paris 1967, S. 65 f. (Hervorhebung von MMG).

22 Im Folgenden werde ich – der Einfachheit halber – das deutsche Wort *Grazie* und das französische Wort *grâce* synonym gebrauchen – wohl wissend, dass die beiden Wörter differente Semantiken haben, zudem das Bedeutungsspektrum von *grâce* sehr viel breiter ist. Es wird im Folgenden nicht darum gehen können, die Begriffsgeschichte von *Grazie* nachzuzeichnen, insbesondere nicht das je nach Kunstlehre differente Verständnis von *Grazie* (und ihren italienischen, französischen, englischen Entsprechungen) nach 1720. Ich konzentriere mich, wie im Folgenden deutlich wird, auf die französischen Kunstlehren des ausgehenden 17. und beginnenden 18. Jahrhunderts, insoweit sie für das Verständnis von Watteaus Malkunst von Belang sein könnten bzw. tatsächlich sind.

23 Bauer u. Sedlmayer 1992, S. 13, bemerken zu der oben zitierten Passage: »Eine solche Charakterisierung stellt einen frühen Versuch dar, Strukturprinzipen aus der Kunst des Rokoko selbst zu entwickeln.« Dies trifft nicht zu, wie auch letztlich Bauer u. Sedlmayer selbst keine Strukturprinzipien des Rokoko im engeren Sinne benennen.

24 Nützliche Hinweise verdanke ich den Beiträgen des Bandes *Watteau au confluent des arts. Esthétiques de la grâce*. Sous la direction de Valentine Toutain-Quintellier et Chris Rauseo. Préface d'Alain Mérot, Rennes 2014 (Collection »Art & Société«).

25 Dass dies hier nurmehr in aller Knappheit geschehen kann, versteht sich von selbst.

26 A Paris. Chez Pierre le Petit, [...], M.DC.LXVI. – Die *Entretiens* wurden zunächst in fünf Teilen zu je zwei ›Entretiens‹ in den Jahren 1666, 1672, 1679, 1685 und 1688 gedruckt.

27 Ibid., p. 35.

28 Katalin Bartha-Kovács (*Figures de la grâce chez Watteau et dans le discours sur l'art de l'époque*, in: *Watteau au confluent des arts* 2014, S. 19–30, S. 20) behauptet, dass Félibien die beiden Begriffe *beauté* und *grâce* gegenüberstelle und dabei den Gegensatz zwischen beiden kunsttheoretischen Prädikaten noch verschärfe, einen Gegensatz, den bereits einige italienische manieristische Kunsttheoretiker formuliert hätten. Das trifft, wie die zitierte Passage deutlich zeigt, nicht zu.

29 Félibien, *Entretiens*, 1666, S. 36.

30 Ibid.

31 Ibid., S. 38: »Que s'il en sort de la main des plus excellens Maistres où l'on rencontre vne juste convenance de toutes les parties du corps & vne belle vniformité de mouvemens qui concourent à vne mesme fin, c'est alors qu'on admire comme quoy la beauté, & la grace forment vn ouvrage parfait.«

32 Bartha-Kovács 2014, S. 21 f. Bartha-Kovács missversteht einmal mehr die Formulierung Félibiens, indem sie »je ne sais quoi« ausschließlich auf »grâce« bezieht. Das für unsere Ausführungen Interessante und Entscheidende ist hingegen, dass in den frühen klassizistischen *Entretiens* das »je ne sais quoi« (noch) in der Verbindung von »beauté« und »grâce« gesehen wird und eben nicht ausschließlich in »grâce«. Zur Begriffsgeschichte des Je ne sais quoi siehe den noch immer lesenswerten Aufsatz von Erich Köhler: *»Je ne sais quoi«. Ein Kapitel aus der Begriffsgeschichte des Unbegreiflichen*, in: id., *Esprit und arkadische Freiheit. Aufsätze aus der Welt der Romania*, Frankfurt a. M. 1972, S. 230–286. Der Aufsatz erschien zuerst in *Romanistisches Jahrbuch* 6/1953/54, S. 21–59.

33 Die *Entretiens* wurden häufig wieder aufgelegt, so beispielsweise im Jahr 1725, ohne dass der Text geändert wäre.

34 Zu Félibien siehe die große Studie von Stefan Germer: *Kunst – Macht – Diskurs. Die intellektuelle Karriere des André Félibien im Frankreich von Louis XIV.*, München 1997.

35 Ich verdanke den Hinweis Arbogast Schmitt: *Symmetrie und Schönheit. Plotins Kritik an hellenistischen Proportionslehren und ihre unterschiedliche Wirkungsgeschichte in Mittelalter und Früher Neuzeit*, in: Verena Olejniczak Lobsien u. Claudia Olk (Hrsg.): *Neuplatonismus und Ästhetik. Zur Transformationsgeschichte des Schönen*, Berlin u. New York 2007, S. 59–84. – Siehe auch: Hans-Jürgen Horn: *Stoische Symmetrie und Theorie des Schönen in der Kaiserzeit*, in: Wolfgang Haase (Hrsg.): *Aufstieg und Niedergang der römischen Welt*, II. Principat. 36, S. 1454–1472.

36 Galen: *Placita Hippocratis et Platonis*, V 3. – Eine Anmerkung zum Verweis auf Polyklet: Die Sätze Chrysipps, die Galen zitiert, sind in dem, was sie meinen, nicht mit dem Kanon des Polyklet gleichzusetzen. Denn die Symmetrien, von denen bei Chrysipp, dem Stoiker, die Rede ist, sind durch fixe Maße geregelt und normiert. Anders im Kanon des Polyklet – und auch bei Platon und Aristoteles *(cum grano salis)*: Hier stehen die Symmetrien in einem Spannungsverhältnis, das nach Maßgabe von Haltung und Bewegung des menschlichen Körpers stets neu auszutarieren ist. Kanon ist Form, nicht Inhalt bzw. Materie. Das aber hat Galen nicht verstanden, er hat den Satz eines Stoikers verallgemeinert. Eine pythagoreische und mehr noch platonisch-aristotelische Auffassung von Proportion ist ihm offenbar fremd.

37 Hierzu im einzelnen wiederum Schmitt 2007. Schmitt kann überzeugend und aufgrund genauer Analyse der einschlägigen Texte der antiken und der neuzeitlichen Philosophen und Kunsttheoretiker die Übergängigkeiten von nicht selten unbeabsichtigten Verschiebungen platonisch-neuplatonischer und hellenistisch-stoischer Schönheitsvorstellungen und -bestimmungen herausstellen.

38 Hier wäre es wiederum notwendig, darauf hinzuweisen, dass die Stoa die Materie theologisiert (siehe dazu Senecas 65. Brief an Lucilius). Auch hierin ist sie Vorläuferin und Anregerin neuzeitlicher Philosophien, auch und gerade dann, wenn sie *prima vista* platonisch-neuplatonisch geprägt zu sein scheinen, wie Marsilio Ficino oder Giordano Bruno.

39 Roger de Piles: *Les Premiers Eléments de la Peinture pratique. Enrichis de Figures de Proportion mesurées sur l'Antique, desinées* [sic!] *& gravées par J. B. Corneille Peintre de l'Academie Royale.* A Paris [...] M.DC.LXXXIV. – Das Werk erschien bis weit ins 18. Jahrhundert hinein, unter anderem überarbeitet und erweitert von Charles-Antoine Joubert (z. B. Amsterdam u. Leipzig 1766).

40 Siehe dazu Anthony Blunt: *Poussin and Stoicism*, in: id. (Hg.): *Nicolas Poussin* I–III, London u. New York 1967, S. 157–176, sowie Reinhard Brandt: *Pictor philosophus: Nicolas Poussin, ›Gewitterlandschaft mit Pyramus und Thisbe‹*, in: *Städel Jahrbuch*, NF 12/1989, S. 243–258.

41 Dazu hat Arbogast Schmitt in zahlreichen Artikeln und Büchern Einschlägiges vorgelegt. Ich verweise hier nur auf die große Monographie *Die Moderne und Platon*, Stuttgart u. Weimar 2003 u. ö.

42 So der Titel der berühmten Schrift von Voltaire, der den Klassizismus der Regierungszeit Ludwigs XIV. hervorhebt.

43 Um nur ein weiteres Beispiel anzuführen: Roger de Piles annotiert in seinen erstmals 1668 erschienenen *Remarques* zu Du Frenoys *L'Art de Peinture* das Wort »grace« u. a. wie folgt: »Une Figure sera dessinée avec toutes ses Proportions, & aura toutes ses Parties regulieres, laquelle pour cela ne sera pas agreable, si toutes ces Parties ne sont mises ensemble d'une certaine manière qui attire les yeux, & qui les tienne comme immobiles.« (*L'Art de Peinture de C. A. Du Fresnoy*, Traduit en François, Enrichy de Remarques [...], Seconde Edition. A Paris [...], MDCLXXIII).

44 Roger de Piles: *L'Idée du Peintre parfait, Pour servir de Régle aux jugemens que l'on doit porter sur les Ouvrages des Peintres.* A Londres [...] M.DCCVII, S. 10. Auch Roger de Piles folgt der traditionellen Bestimmung, nach der Schönheit der Grazie als Komplement bedarf, Grazie nurmehr Komplement der Schönheit ist: »[les] Tableaux ne pourront être parfaits si la Beauté qui s'y trouve n'est accompagnée de la Grace.« (ibid.) In der Bestimmung des Verhältnisses von Schönheit und Grazie setzt auch de Piles den üblichen Gegensatz: »La Grace & la Beauté, sont deux choses différentes: la Beauté ne plaît que par les régles, & la Grace plaît sans les régles.« (ibid., S. 10 f.)

45 In der Ausgabe seiner Vorträge von 1721 liest man nach einem ausführlichen Vorwort u.a. in der *Approbation de l'Académie Royale de Peinture & de Sculpture*: »[...] L'Académie assemblée a jugé que l'impression de ces Discours, qui ont été prononcez publiquement avec l'applaudissement general, tant de la Compagnie que de nombres d'Illustres Auditeurs qui s'y sont trouvez, seroit tres-agréable aux Sçavans & aux amateurs de l'Art de Peinture, & tres-utile pour les Etudians qui voudront se perfectionner dans la pratique des choses absolument necessaires pour atteindre à la perfection de cet Art; [...]« (Antoine Coypel: *Discours prononcez dans les conférences de l'Académie Royale de Peinture et de Sculpture* [...]. A Paris [...] M.DCC.XXI).

46 Ibid., S. 75. Hervorhebung von MMG.

47 Ganz in diesem Verständnis hat Klaus Krüger in seiner Studie *Grazia. Religiöse Erfahrung und ästhetische Evidenz* (Göttingen 2016) eindrucksvoll gezeigt, dass in der italienischen Renaissance *grazia* »zu einem zentralen ästhetischen Wertbegriff« wird. *Grazia* – so Krüger – ist »keine analytische Beschreibungs- und Stilkategorie. Grazia meint das, was sich in seiner künstlerischen Absolutheit jeder begrifflichen Definition entzieht, aber als ästhetische Dimension präsent und in seiner Fülle erfahrbar ist.« (Ich zitiere der Kürze halber den Klappentext.) Im Unterschied zu den französischen Kunsttheorien und -lehren des 17. und 18. Jahrhunderts ist *grazia* nicht ein Komplement der *beltà*, vielmehr eine eigene ästhetische Kategorie.

48 Noch ein letztes Beispiel aus den vielen möglichen Zuschreibungen: »Les graces doivent generalement se répandre dans toutes les parties de la Peinture; c'est-à-dire, elles doivent entrer dans la composition; dans les caracteres, ou les passions; dans le dessein, la couleur & l'execution du Pinceau.« Coypel 1721, S. 80.

49 Repräsentativ ist das Lemma Grace (*Beaux arts*) in der *Encyclopédie*. Der Autor ist Watelet. Für die Besonderheit der Grazie hat er kein Verständnis: er fordert für sie dieselben Regeln, die bislang für die Schönheit galten. Er schreibt unter anderem: »Le mot *grace* est d'un usage très-fréquent dans les arts. Il semble cependant qu'on a toûjours attribué au sens qu'il emporte avec lui quelque chose d'indécis, de mystérieux, & que par une convention générale on s'est contenté de sentir à-peu-près ce qu'il veut dire sans l'expliquer. Seroit-il vrai que la *grace* qui a tant de pouvoir sur nous, naquît d'un principe inexplicable? & peut-on penser que pour l'imiter dans les ouvrages de l'art, il suffise d'un sentiment aveugle, & d'une certaine disposition qu'on ne peut comprendre? non sans doute. Je crois, pour me renfermer dans ce qui regarde l'art de peinture, que la *grace* des figures imitées comme celle des corps vivans, consiste principalement dans la parfaite structure des membres, dans leur exacte proportion, & dans la justesse de leurs emmanchemens.«

50 In Frankreich beschränkt sich das Rokoko im Wesentlichen auf die Schönen Künste. Das übrige Europa, insbesondere der katholische Süden und Südosten, verwirklicht den »neuen« Stil auch und insbesondere in der Architektur, in Schlössern und Sakralbauten. – Eindrucksvoll die monumentale Ausstellung, die im Sommer 1958 in der Münchner Residenz kuratiert wurde: *Europäisches Rokoko. Kunst und Kultur des 18. Jahrhunderts*. Sie stand in einer Serie als vierte Ausstellung »unter den Auspizien des Europarates«, ein frühes Beispiel nicht nur für die politische, vielmehr die kulturelle Idee Europas. Sie beeindruckte durch eine immense Zahl an Ausstellungsstücken – Gemälden, Zeichnungen, Skulpturen, Porzellan, Möbel, Tapisserien, insgesamt mehr als 1200 – und konnte in den bislang wiederhergestellten Räumen der Residenz einen Eindruck vom »Gesamtkunstwerk« Rokoko vermitteln.

51 Genau dies ist die Differenz zum Barock.

52 *L'Indifférent* und *La Finette*, von gleicher Größe und Beschaffenheit (25,5 cm hoch, 18,7 cm breit, 3 mm dick, Öl auf Eichenholz, parkettiert), hängen im Louvre einander gegenüber (Sully, 2. Etage, Saal 916). In der kunstgeschichtlichen Forschung werden beide Gemälde fast immer in Einheit diskutiert, sie »zählen mit guten Grund zu den berühmtesten Werken Watteaus« (*Watteau 1684–1721* 1985, S. 389).

53 Zu Watteaus kleinem Gemälde *L'Indifférent* sowie dem gleichbetitelten Poème en prose von Paul Claudel, das auf das Gemälde Bezug nimmt, siehe Maria Moog-Grünewald: *»Der Dichter hört im Sehen«: Paul Claudel und Antoine Watteau*, in: Julia Lichtenthal, Sabine Narr-Leute u. Hannah Steurer (Hrsg.): *Le Pont des Arts*, Paderborn 2016, S. 259–271. – Die nachfolgende Seite folgt in Verkürzung und auch leichter sachlicher Veränderung den entsprechenden Ausführungen in diesem Aufsatz. Für präzisierende Einzelaspekte verweise ich auf diesen Aufsatz.

54 JoLynn Edwards, ausgewiesene Forscherin zum Verhältnis von Tanz und Malerei im 17. und 18. Jahrhundert in Frankreich, bemerkt zur Haltung des *Indifférent*: »[...] *L'Indifférent* stands at the moment before he commences his first choreographed step.« JoLynn Edwards: *Watteau and the Dance*, in: *Antoine Watteau (1684–1721): le peintre, son temps et sa légende*. Textes recueillis par François Moureau et Margaret Morgan Grasselli, Paris u. Genève 1987, S. 219–225, S. 219, Anm. 2.

55 So wiederum zutreffend JoLynn Edwards, die in einer schriftlichen Mitteilung an Pierre Rosenberg aus dem Jahre 1983 bemerkt, »daß *Der Gleichgültige* mit großer Genauigkeit in der Haltung vollkommenen Gleichgewichts vor dem Beginn des Tanzes gezeigt wird. Die Stellung der Füße ›in der vierten Position‹ ist genau beobachtet, die der Arme ›in der zweiten‹ bedeutet, daß die Variation beginnen wird«. (In: *Watteau 1684–1721* 1985, S. 390.)

56 Paul Claudel: *Watteau – L'Indifférent*, in: id.: *Œuvres en prose*. Préface par Gaëtan Picon, textes établis et annotés par Jacques Petit et Charles Galpérine, Paris 1965, S. 241. Hervorhebungen von MMG. – Eine eingehende Analyse des Claudelschen Textes gibt Moog-Grünewald 2016.

57 Damit wäre auch in etwa präzisiert, was Félibien u. a. zu *grace* eher psychologistisch angemerkt hat – ich nehme noch einmal das Zitat von oben auf: »Et la grace s'engendre de l'vniformité des mouvemens interieurs causez par les affections & les sentimens de l'ame.«

58 Das gilt auch für die Zeichnungen Watteaus. Sie erhalten die ihnen eigene Grazie durch die für Watteau typische »trois-crayons-Technik«, eine seltene Kombination von Rötel, schwarzer und weißer Kreide, wobei letztere für Lichthöhungen eingesetzt wurden.

59 Es könnte auch eine *Robe à la française* sein, in jedem Falle eine – später so genannte – *Robe à plis Watteau*.

60 Albert Pomme de Mirimonde hat das Instrument als eine große Basslaute identifiziert (*Musiciens isolés et portraits de l'Ecole française du XVIII*[e] *siècle dans les collections nationales. I – Fin Louis XIV, Régence, Louis XV*, in: *La Revue du Louvre et des Musées de France* 3/1966, S. 141–156.) – Siehe auch Florence Gétreau: *Watteau und die Musik*, in: *Watteau 1684–1721* 1985, S. 533–552; zur Theorbe der *Finette* bemerkt Gétreau (S. 550): »Die Schlaue [sc. la Finette] spielt auf einem Instrument [sc. einer Theorbe], das den italienischen Modellen entspricht (sechs Saiten im *petit jeu*, d. h. im ersten Wirbelkasten, und acht Saiten im *grand jeu*).«

61 *La Finette* ist – wie *L'Indifférent* – in einem schlechten konservatorischen Zustand. Es ist höchstwahrscheinlich, dass die Farbskala ursprünglich differenzierter war, zumindest von größerem Glanz.

62 Um die Balance zwischen Körper(haltung), Robe volante und Theorbenhals recht einzuschätzen, genügt die Vorstellung, dass die junge Dame mit der linken Hand eine Violine am Kinn hielte: Die Grazie der Gesamtfigur wäre zerstört.

63 In diesem Punkt ist allerdings Vorsicht geboten: Benoit Audran d. J. hat für den *Recueil Julienne* einen Stich von *La Finette* angefertigt: Der Hintergrund zwischen den Bäumen und Sträuchern ist wenn nicht weit, so doch hell.

64 Gustave Larroumet, ein Mitglied des Institut de France, schrieb 1895 in der Absicht, eine Watteau-Ausstellung zu organisieren, unter anderem folgendes: »An erster Stelle, im Mittelpunkt, würde die *Einschiffung* stehen, Wunder der Wunder, Apotheose der Bezauberung [...]. Und dann [...] *Der Gleichgültige* und *Die Schlaue*, zwei reine Juwele der Anmut [...].« (Zit. nach *Watteau 1684–1721* 1985, S. 241.) Das Zitat ist für unsere Überlegungen von Interesse, insofern Larroumet bei der Aufzählung der für eine Ausstellung auszuwählenden Werke Watteaus allein diesen beiden kleinen Gemälden »Anmut«, »grâce« zuschreibt – freilich ohne sie näher zu bestimmen.

65 Die malerische Darstellung einzelner Figuren ist in Watteaus Repertoire äußerst selten. Das gilt aus naheliegenden Gründen selbstverständlich nicht für die Zeichnungen. Zum Diptychon vgl. Michel 2008, S. 231.

66 Zahlreiche Figuren der Gemälde Watteaus sind Zitate zeitgenössischer Theaterfiguren. François Moureau hat in seinem Artikel *Die Ikonographie der Theaterfiguren* (in: *Watteau 1684–1721* 1985, S. 511–532) »die von Watteau gemalten oder gezeichneten *Figuren* mit zeitgenössischen ikonographischen Quellen verglichen«, und er legt »eine Aufstellung der typischen Theater*figuren*, geordnet nach ihrer *Herkunft*, vor: italienisches Theater, französisches Theater, lyrisches Theater«. Wesentlich ist der Hinweis: »Watteau malt nicht das Theater, er wird von ihm inspiriert.« (alle Zitate S. 511).

67 Watteau hat darüber hinaus diese Figur aus der *Commedia dell'arte* in einem eigenen Gemälde dargestellt: Es trägt den Titel *Mezetin* (Öl/Lw., 55,2 × 43,2 cm, MoMA, New York; auch dieser Titel findet sich erst auf dem Stich des *Recueil Julienne*) und ist möglicherweise kurz vor *L'Indifférent* entstanden (zur Diskussion des Entstehungsdatums siehe *Watteau 1684–1721* 1985, S. 362; Abb. dort S. 363). Und darüber hinaus: Eine ganz ähnliche Haltung insbesondere der Hände und auch Kleidung weist der Tänzer in dem großformatigen Gemälde *Le bal champêtre* auf (ÖL/Lw., 96 × 128 cm, Privatsammlung; Abb. u. a. in *Watteau 1684–1721* 1985, S. 299). Letztere Figur ist wieder aufgenommen in *Les plaisirs du bal* (Öl/Lw., 52,6 × 65,4, The governors of the Dulwich Picture Gallery, Dulwich). Rosenberg (in: *Watteau 1684–1721* 1985, S. 368) bemerkt dazu: »In der Mitte ›beginnen‹ Tänzer in Theaterkostümen ›das Menuett‹ [Tomlinson, 1981].« – Zu Watteaus Vorliebe für die *commedia dell'arte* siehe die Ausführungen von Charles-Louis-François Lecarpentier, Maler und Kunsthistoriker (1744–1822); in seiner *Galerie des peintres célèbres: avec des remarques sur le genre de chaque maître* (Paris 1821, S. 211–220) schreibt er unter anderem: »Il est à croire que la même inclination qui avait développé le goût de *Watteau* à Valenciennes, l'entraîna par un penchant naturel, dès son arrivée à Paris, aux représentations de l'ancien théâtre italien. Ce fut sans doute dans cette mine féconde, dans le temple de la badine Thalie, qu'il trouva ses modèles. Le docteur Pantalon, Mezetin, Scaramouche, Arlequin, Colombine et Pierrot lui fournirent, par leurs pantomimes, leurs jeux comiques et plaisants, des ressources infinies pour le genre qu'il avait choisi, et dans lequel il est resté au premier degré. Il se passionna tellement pour les costumes de ces joyeux personnages, qu'ils se multipliaient sans cesse dans ses tableaux, et il en saisit si bien les manières, les attitudes, l'esprit et la tournure plaisante, qu'il est impossible d'y mettre plus de goût.«

68 Auf die Doppelbödigkeit nicht weniger Gemälde Watteaus weist Bernhard Greiner hin (*Die Komödie. Eine theatralische Sendung: Grundlagen und Interpretationen*, Tübingen u. Basel, 2. aktualisierte und ergänzte Aufl. 2006). Zum *Départ des Comédiens italiens* schreibt Greiner u. a.: »Das Thema (sc. die Vertreibung der Commedia dell'arte aus Paris per Dekret Ludwigs XIV. im Jahre 1697) legt nahe, die Schauspieler in ihren Spielerkostümen und Masken aus der Stadt aufbrechen zu lassen, womit ein Schwebezustand zwischen vorgestellten Figuren und der Wirklichkeit ihrer Darsteller wie Zuschauer ermöglicht wird, der generell den Reiz der Bilder Watteaus ausmacht« (S. 71).

69 Das ist ein Novum – so sehr, dass von Anbeginn Kennzeichnungen vorgenommen wurden, ideologische, philosophische, pragmatische. Den Radierungen, die Jean de Julienne von den Zeichnungen und Gemälden Watteaus anfertigen ließ, sind zu einem großen Teil nicht allein Titel beigegeben, vielmehr suchen nicht selten mehr oder minder gelungene Verszeilen, in der Regel vier an der Zahl, das Vorgestellte zu erklären. Es sind Vereindeutigungen, Festlegungen, auch Banalisierungen. Ihre Absicht ist es vor allem, den Verkauf zu fördern.

70 Die galante Liebe ist keineswegs gleichbedeutend mit Galanterie.

71 So der Tenor der Einführung von Jutta Held: *Antoine Watteau – Einschiffung nach Kythera. Versöhnung von Leidenschaft und Vernunft*, Frankfurt a. M. 1985, und so auch der Tenor des Büchleins von Elias 2000. Dass diese politisch-soziologische Einordnung Watteaus verfehlt ist, mithin selbst ideologisch, könnte ein Blick auf Friedrich II. lehren: Der preußische König, durchaus aufgeklärter Absolutist, war ein ferventer Liebhaber von Rokoko und der ihm eigenen Form, der Rocaille.

72 Die formale Verwirklichung dieses Verhältnisses ist *par excellence* die Rocaille.

73 So noch einmal die Begriffe im Titel des Buches von Krüger 2016.

74 So ist die Konstellation zu Beginn des 18. Jahrhunderts in Frankreich in gewisser Weise analog zu der der Spätantike, soweit sie von den Platonikern Plotin, Proklos und anderen geprägt ist: Platonisch-neuplatonische Philosopheme suchen hellenistische Philosopheme abzulösen.

75 *Enneades* VI 7, 22 (180): Διὸ καὶ ἐνταῦθα φατέον μᾶλλον τὸ κάλλος τὸ ἐπὶ τῇ συμμετρίᾳ ἐπιλαμπόμενον ἢ τὴν συμμετρίαν εἶναι καὶ τοῦτο εἶναι τὸ ἐράσμιον. (Zit. nach *Plotins Schriften*, übers. von Richard Harder, IIIa, Hamburg 1964, S. 306/07.)

76 Dieses Gemälde ist – zusammen mit der Pariser Variante – das wohl meistkommentierte und -diskutierte Werk Watteaus. Es ist hier keineswegs nötig, die zahllosen Beschreibungen, Kommentare und Diskussionen zu berücksichtigen, die sich unter anderem darum drehen, welchem der beiden Werke der Vorzug zu geben ist, welches früher entstanden ist, ob die Abreise von oder die Ankunft auf Kythera zur Darstellung kommt usw. usf. – m. E. völlig vernachlässigenswerte Aspekte, es sei denn, sie werden für die absichtsvolle Offenheit, Unbestimmtheit der Gemälde Watteaus in Anschlag gebracht.

77 Der Stecher ist Nicolas-Henri Tardieu.

78 Das trifft auf die Titel, die den Radierungen des *Recueil Julienne* beigegeben sind, insgesamt zu und gilt *a fortiori* für Ideologisierungen und Trivialisierungen, wie sie den Ausführungen von Held 1985 und Elias 2000 – um nur diese zu nennen – eignen.

79 Der Ausdruck sexueller Begierde findet sich in keiner Haltung, keiner Mimik.

80 Um die raffiniert ausbalancierte Grazie des Berliner und auch des Pariser Gemäldes in ihrer Einzigartigkeit recht einschätzen zu können, genügt ein Blick auf die frühe Frankfurter Variante: Die bildflächenparallele Reihung der Figuren, die monotone Isokephalie lassen eher an die keineswegs geglückte Wiedergabe einer Theaterszene denken. Und hier handelt es sich eindeutig um eine Einschiffung *nach* Kythera. Auch ein Vergleich mit den sog. Fêtes galantes eines Jean-Baptiste Pater oder Nicolas Lancret erweist die künstlerische Überlegenheit und intentionale Einzigartigkeit Watteaus, die eben darin besteht, nicht »Bilder vom irdischen Glück« zu malen, vielmehr das ästhetische Konzept der Grazie sichtbar zu machen.

»Göttin des Maßes« (Hendrik Blumentrath)

1 Karl Philipp Moritz: *Götterlehre oder mythologische Dichtungen der Alten*, Berlin 1791, S. 44.

2 Ibid., S. 45.

3 Ibid.

4 Ibid., S. 78.

5 Johann Gottfried Herder: *Nemesis. Ein lehrendes Sinnbild*, in: id.: *Werke in zehn Bänden* (hrsg. v. Günter Arnold et al.), Frankfurt/M. 1984–2000 [im Folgenden zitiert als FHA], Bd. 4: *Schriften zu*

Philosophie, Literatur, Kunst und Altertum 1774–1787 (hrsg. v. Jürgen Brummack u. Martin Bollacher), Frankfurt/M. 1994, S. 549–578.

6 Vgl. dazu auch den Kommentar in ibid., S. 1245 f.

7 Ibid., S. 564.

8 Ibid., S. 564 u. S. 560.

9 Ibid., S. 560 f. Herder verweist für diese Deutung auf Winckelmann. Vgl. dazu Johann Joachim Winckelmann: *Schriften und Nachlaß* (hrsg. v. der Akademie der Wissenschaften und der Literatur Mainz, der Akademie gemeinnütziger Wissenschaften zu Erfurt u. der Winckelmann-Gesellschaft Stendal), Mainz 1996 ff., Band 6,1: *Monumenti antichi inediti spiegati ed illustrati. Roma 1767* (hrsg. v. Adolf Heinrich Borbein u. Max Kunze), Mainz 2011, S. 185.

10 Herder 1994, S. 557.

11 Ibid., S. 1243.

12 Ibid., S. 552.

13 Ibid.

14 Ibid., S. 562 u. S. 563.

15 Ibid., S. 565.

16 Ibid., S. 553.

17 Ibid.

18 Ibid., S. 567.

19 Ibid., S. 568.

20 Ibid., S. 564.

21 Vgl. Joseph Leo Koerner: *The Fortune of Dürer's ›Nemesis‹*, in: Walter Haug u. Burghart Wachinger (Hrsg.): *Fortuna*, Tübingen 1995, S. 239–294, S. 257 ff.

22 Herder 1994, S. 571.

23 Johann Gottfried Herder: *Gott. Einige Gespräche*, in: FHA, Bd. 4: *Schriften zu Philosophie, Literatur, Kunst und Altertum 1774–1787* (hrsg. v. Jürgen Brummack u. Martin Bollacher), Frankfurt/M. 1994, S. 679–794.

24 Ibid., S. 721.

25 Ibid.

26 Vgl. etwa Johann Gottfried Herder: *Ideen zur Philosophie der Geschichte der Menschheit*, in: FHA, Bd. 6: *Ideen zur Philosophie der Geschichte der Menschheit* (hrsg. v. Martin Bollacher), Frankfurt/M. 1989, S. 9–898, S. 647–656. Zu Herder Rekursen auf Lambert vgl. vor allem: Stefan Metzger: *Die Konjektur des Organismus. Wahrscheinlichkeitsdenken und Performanz im späten 18. Jahrhundert*, München 2002, sowie Ulrich Gaier: *Philosophie der Systeme und Organisationen beim frühen und späten Herder*, in: Sabine Groß u. Gerhard Sauder (Hrsg.): *Der frühe und der späte Herder. Kontinuität und / oder Korrektur. Beiträge zur Konferenz der Internationalen Herder-Gesellschaft Saarbrücken 2004*, Heidelberg 2007, S. 33–44.

27 Johann Gottfried Herder: *Nemesis der Geschichte*, in: FHA, Bd. 10: *Adrastea* (hrsg. v. Günter Arnold), Frankfurt/M. 2000, S. 931–937, S. 932 u. S. 932 f.

28 Vgl. Herder 1994, S. 566.

29 Ibid., S. 568, S. 569.

30 Johann Gottfried Herder: *Das eigene Schicksal*, in: FHA, Bd. 8: *Schriften zu Literatur und Philosophie 1792–1800* (hrsg. v. Hans Dietrich Irmscher), Frankfurt/M. 1998, S. 241–256.

31 Ibid., S. 243, S. 242.

32 Ibid., S. 244.

33 Ibid.

34 Ibid., S. 254.

35 Ibid., S. 256.

36 Johann Gottfried Herder: *Das Drama*, in: FHA, Bd. 10: *Adrastea (Auswahl)* (hrsg. v. Günter Arnold), Frankfurt/M. 2000, S. 317–361.

37 Vgl. Jürgen Brummack: *Eine »Zeit-Schrift« als Vermächtnis: Herders* Adrastea, in: Martin Kessler u. Volker Leppin (Hrsg.): *Johann Gottfried Herder. Aspekte seines Lebenswerks*, Berlin u. New York 2005, S. 179–202, sowie Ralf Simon: *Apokalyptische Hermeneutik. Johann Gottfried Herder:* Maran Atha, *Geschichtsphilosophie,* Adrastea, in: *Herder-Jahrbuch / Herder Yearbook* 1998, S. 37–52.

38 Vgl. Herder 1994, S. 565.

39 Vgl. dazu den Kommentar in Herder 2000, S. 991.

40 Johann Gottfried Herder: *Vorrede*, in: FHA, Bd. 10: *Adrastea (Auswahl)* (hrsg. v. Günter Arnold), Frankfurt/M. 2000, S. 11–13, S. 11.

41 Ibid., S. 12.

42 Ibid., S. 13.

43 Ibid.

44 Gottfried Weber: *Herder und das Drama. Eine literarhistorische Untersuchung*, Weimar 1922, S. 263. Vgl. auch Rudolf Haym: *Herder. Nach seinem Leben und seinen Werken*, 2. Bd., Berlin 1954, S. 821–826. Für neuere Forschungsbeiträge vgl. Wolfgang Düsing: *Die Tragödientheorie des späten Herder*, in: Gerhard Sauder (Hrsg.): *Johann Gottfried Herder 1744–1803*, Hamburg 1987, S. 238–250, Simon 1998 sowie Christine Roger: *Herders theaterästhetische Betrachtungen und Reflexionen in der* Adrastea *(1802). Die Abhandlung über Shakespeare mit Übersetzungsproben aus* Macbeth, in: Clémence Couturier-Heinrich (Hrsg.): *Übersetzen bei Johann Gottfried Herder. Theorie und Praxis*, Heidelberg 2012, S. 197–215.

45 Vgl. Düsing 1987, S. 246 f.

46 Herder 2000, S. 332.

47 Ibid., S. 335.

48 Ibid., S. 329.

49 Ibid., S. 330.

50 Herder 1989, S. 655.

51 Herder 2000, S. 322, S. 323, S. 335.

52 Ibid., S. 325.

53 Ibid., S. 327.

54 Ibid., S. 328.

55 Ibid., S. 351, S. 327.

56 Ibid., S. 328.

57 Johann Gottfried Herder: *Fabel*, in: FHA, Bd. 10: *Adrastea (Auswahl)* (hrsg. v. Günter Arnold), Frankfurt/M. 2000, S. 235–255, S. 235.

58 Herder 2000, S. 351.

59 Ibid., S. 345.

60 Ibid.

61 Ibid., S. 351.

62 Ibid., S. 352.

63 Ibid.

64 Vgl. Düsing 1987, S. 243, S. 249 f.

65 Johann Wolfgang Goethe: *Nachlese zu Aristoteles'* Poetik, in: id.: *Sämtliche Werke nach Epochen seines Schaffens. Münchner Ausgabe* (hrsg. v. Karl Richter et al.), München 1985–1998, Bd. 13.1: *Die Jahre 1820–1826* (hrsg. v. Gisela Henckmann u. Irmela Schneider), München 1992, S. 340–343, S. 340. Auf das Gespräch zwischen Goethe und Herder verweist Jacob Bernays. Vgl. dazu Werner Mittenzwei: *Katharsis*, in: *Ästhetische Grundbegriffe. Historisches Wörterbuch in 7 Bänden* (hrsg. v. Karlheinz Barck et al.), Stuttgart u. Weimar 2000–2003, Bd. 3: *Harmonie – Material*, Stuttgart u. Weimar 2001, S. 245–272, S. 255 f.

66 Herder 2000, S. 357.

67 Ibid., S. 328 f.

68 Ibid., S. 329.

69 Ibid., S. 356.

70 Ibid., S. 357.

71 Ibid., S. 358.

72 Ibid.

73 Ibid.

74 Ibid., S. 360, S. 319.

75 Vgl. Simon 1998, S. 46 ff.

76 Herder 2000, S. 319.

77 Ibid.

78 Ibid., S. 318 f.

79 Ibid., S. 325.

80 Johann Gottfried Herder: *Admetus' Haus. Der Tausch des Schicksals. Ein Drama mit Gesängen*, in: id.: *Herders Sämmtliche Werke* (hrsg. v. Bernhard Suphan), Berlin 1877–1913, Bd. 28: *Herders poetische Werke. Vierter Band* (hrsg. v. Carl Redlich), Berlin 1884, S. 369–398, S. 370, S. 398, S. 397 u. passim, S. 387.

Gegengewichte (Lars Friedrich)

1 Friedrich Hölderlin: *Anmerkungen zum Ödipus*, in: id.: *Frankfurter Hölderlin-Ausgabe (FHA)*, Bd. 16 (*Sophokles*) (hrsg. v. Michael Frantz, Michael Knaupp u. Dietrich E. Sattler), Basel u. Frankfurt am Main 1988, 247–258, S. 250. Zitate im Weiteren unter Angabe der Sigle AzÖ im laufenden Text.

2 Zum Verhältnis von Hölderlins Modell zur Vermögenspsychologie des 18. Jhs. vgl. Gerhard Kurz: *Poetische Logik. Zu Hölderlins »Anmerkungen« zu »Oedipus« und »Antigonae«*, in: Christoph Jamme u. Otto Pöggeler (Hrsg.): *Jenseits des Idealismus. Hölderlins letzte Homburger Jahre (1804–1806)*, Bonn 1988, S. 83–101, S. 93 ff.

3 Vgl. Aristoteles: *Poetik*, gr./dt., übers. u. hrsg. v. Manfred Fuhrmann, Stuttgart 1982, 1450b; vgl. Alan Reynolds Thompson: *The Anatomy of Drama*, Berkeley et al. 1946; Martin Esslin: *An Anatomy of Drama*, London 1976.

4 Vgl. Peter Szondi: *Versuch über das Tragische*, in: id.: *Schriften 1*, Frankfurt am Main 1978, S. 149–260, S. 162 f.

5 Die Studie von Alexander Honold über *Hölderlins Kalender* ist eine der wenigen, die sich durch Rekonstruktion der astronomischen Implikationen von Hölderlins Naturbegriff bemüht haben, die Philologie für kulturtheoretische wie wissenschaftshistorische Fragestellungen zu öffnen; vgl. Alexander Honold: *Hölderlins Kalender. Astronomie und Revolution um 1800*, Berlin 2005.

6 Zit. n. Wolfgang Schadewaldt: *Hölderlins Übersetzung des Sophokles*, in: id.: *Antike und Gegenwart. Über die Tragödie*, München 1966, S. 113–174, S. 115 f.

7 Vgl. Walter Benjamin: *Die Aufgabe des Übersetzers*, in: id.: *Gesammelte Schriften*, Bd. IV. 1 (hrsg. v. Tillman Rexroth), Frankfurt am Main 1972, S. 9–21.

8 Vgl. David Farrell Krell: *A small Number of Houses in the Tragic Universe*, in: Christoph Jamme u. Anja Lemke (Hrsg.): *»Es bleibet aber eine Spur / Doch eines Wortes.« Zur späten Hymnik und Tragödientheorie Friedrich Hölderlins*, München 2004, S. 345–378; Rodolphe Gasché: *Der unterbrechende Augenblick. Hölderlin über Zäsur, Zeit und Gefühl*, in: ibid., S. 419–445, S. 427.

9 Friedrich Hölderlin: *Brief an Casimir Ulrich Böhlendorff vom 4. Dezember 1801*, in: *FHA* 19 (*Stammbuchblätter, Widmungen und Briefe II*) (hrsg. v. Dietrich E. Sattler u. Anja Ross), Basel u. Frankfurt am Main 2007, S. 492–493, S. 492. Da alle Zitate aus dem Brief dieser Seite entnommen sind, werden die Belege im Folgenden nicht einzeln nachgewiesen.

10 Vgl. Philippe Lacoue-Labarthe: *Hölderlin und die Griechen*, in: id.: *Die Nachahmung der Modernen. Typographien II*, übers. v. Thomas Schestag, Basel, Weil am Rhein u. Wien 2003, S. 71–85, S. 79.

11 Vgl. Peter Szondi: *Überwindung des Klassizismus. Der Brief an Böhlendorff vom 4. Dezember 1801*, in: id.: *Schriften 1*, S. 345–366.

12 Vgl. Hölderlin: *Fragment von Hyperion*, in: *FHA* 10 (*Hyperion I*) (hrsg. v. Michael Knaupp u. Dietrich E. Sattler), Frankfurt am Main 1982, S. 45–74, S. 54; sowie Hölderlin: *Der Tod des Empedokles* [1. Entwurf], in: *FHA* 13 (*Empedokles II*) (hrsg. v. Dietrich E. Sattler), Basel u. Frankfurt am Main 1985, S. 547–758, S. 742 (v. 1315).

13 Vgl. die Rekonstruktion der verschiedenen Erzählebenen von Jacques Derrida: *Chōra*, Wien 1990, S. 62 ff.

14 Platon: *Timaios*, in: id.: *Werke in acht Bänden*, gr./dt., hrsg. v. Gunther Eigler, Bd. 7, übers. v. Hieronymus Müller, bearb. v. Klaus Widdra, Darmstadt 1972, 23a–b u. 24a–b.

15 Ebd., 22c–d.

16 So Alexander Honold 2005, S. 387. Honold erklärt die »Wahrheit« der Himmelsabweichung, von der der ägyptische Priester spricht, als Entdeckung des schiefen Neigungswinkels der Erdachse, welcher für den Tag-Nacht-Zyklus wie für den Jahreszeitenwechsel verantwortlich ist, unterstellt dem Priester mit dieser Auflösung des Katastrophenszenarios zu einem Ordnungsparameter aber ein heliozentrisches Weltbild und Hölderlin ein Aufklärungsdenken, das mit der Differenz von Antike und Moderne auch die Dimension des Tragischen aus dem Blick verliert.

17 Wenngleich die griechisch-römischen Doppelbiographien des Plutarch zum Bildungskanon der Zeit gehören und Hölderlin sie schon früher benutzt, so beispielsweise in der ersten Fassung des *Empedokles* mit dem Verweis auf den römischen Kaiser Numa, so mag sich ihm die Marcellus-Vita in Erinnerung gerufen haben durch Schillers Epigramm *Archimedes und der Schüler*: »Zu Archimedes kam ein wißbegieriger Jüngling, / Weihe mich, sprach er zu ihm, ein in die göttliche Kunst, / Die so herrlich Frucht dem Vaterland getragen / Und die Mauren der Stadt vor der Sambuca beschützt. / ›Göttlich nennst du die Kunst? Sie ist's versetzte der Weise, / Aber das war sie, mein Sohn, eh' sie dem Staat noch gedient. / Willst du nur Früchte von ihr, die kann auch die sterbliche zeugen, / Wer um die Göttin freit, suche in ihr nicht das Weib.‹« (Friedrich Schiller: *Archimedes und der Schüler*, in: id.: *Werke und Briefe in zwölf Bänden*, Bd. 1 (*Gedichte*) (hrsg. v. Georg Kurscheidt), Frankfurt am Main 1992, S. 88.) Die »Sambuca« ist der Name der Belagerungsanlage des Marcellus, die Plutarch explizit erwähnt; vgl. Plutarch: *Große Griechen und Römer in sechs Bänden*, übers. v. Konrat Ziegler, Bd. 3, München 1980, S. 319 f.

18 Plutarch 1980, S. 317 f.

19 Zu der Archimedes-Erzählung des Plutarch im Allgemeinen wie des mathematischen Problems der Proportionenberechnung im Besonderen vgl. Michel Authier: *Archimedes: das Idealbild des Gelehrten*, in: Michel Serres (Hrsg.): *Elemente einer Geschichte der Wissenschaften*, Frankfurt am Main 1994, S. 177–227, bes. S. 189 f.

20 Vgl. Plutarch 1980, S. 320.

21 Plutarch 1980, S. 321 u. S. 317.

22 Plutarch 1980, S. 318.

23 Vgl. Platon: *Timaios*, 53b; über den platonischen Demiurgen als Ingenieur vgl. Helmut Müller-Sievers: *»Kontingenz und Latenz. Maschinen im Raum der Welt«*, in: Reto Rössler, Tim Sparenberg u. Philipp Weber (Hrsg.): *Kosmos & Kontingenz*, Paderborn 2016, S. 180–197, S. 187 f.

24 Vgl. Plutarch 1980, S. 318.

25 Plutarch 1980, S. 324.

26 Durch Cicero wird der Tod des Archimedes zu einem Emblem, wie eine untergegangene Kultur von einer neuen bewahrt und angeeignet werden kann; vgl. Marcus Tullius Cicero: *Gespräche in Tusculum*, lt./dt., hrsg. v. Olof Gigon, München u. Zürich 1984, S. 64: »Als ich Quästor war, habe ich sein Grab, das die Syrakusaner nicht kannten und behaupteten, es existiere überhaupt nicht, gefunden, dicht umgeben und verhüllt von Büschen und Sträuchern. Ich kannte nämlich einige kleine Iamben, die auf seinem Grabe, wie ich erfahren hatte, geschrieben standen und besagten, daß auf der Spitze des Grabes sich eine Kugel und ein Zylinder befänden.«

27 Vgl. Hans Blumenberg: *Die Genesis der kopernikanischen Welt*, Frankfurt am Main 1975, S. 162–199.

28 Vgl. Eduard J. Dijksterhuis: *Die Mechanisierung des Weltbildes*, Berlin, Göttingen u. Heidelberg 1956.

29 Vgl. Johannes Kepler: *Astronomia Nova. Neue, ursächlich begründete Astronomie* [1609], übers. v. Max Caspar, hrsg. v. Fritz Krafft, Wiesbaden 2005, S. 26.

30 Isaac Newton: *Mathematische Grundlagen der Naturphilosophie* [1687] (übers. u. hrsg. v. Ed Dellian), Hamburg 1988, S. 9.

31 Immanuel Kant: *Allgemeine Naturgeschichte und Theorie des Himmels* [1755], in: id.: *Werkausgabe* (hrsg. v. Wilhelm Weischedel), Bd. I, Frankfurt am Main 1977, S. 219–396, S. 252; vgl. Friedrich Wilhelm Joseph Schelling: *Ideen zu einer Philosophie der Natur* [1797], in: id.: *Historisch-kritische Ausgabe*, Bd. 5 (u. Mitw. v. Walter Schieche hrsg. v. Manfred Durner), Stuttgart 1994, S. 183 ff.; Hölderlin: *Brief an Isaak von Sinclair vom 24. 12. 1798*, in: *FHA* 19, S. 342–344, S. 343.

32 Vgl. Schelling: *Von der Weltseele, eine Hypothese der höheren Physik zur Erklärung des allgemeinen Organismus* [1798], in: id.: *Historisch-kritische Ausgabe*, Bd. 6 (u. Mitw. v. Thomas Kisser hrsg. v. Jörg Jantzen), Stuttgart 2000, S. 86.

33 Kant: *Metaphysische Anfangsgründe der Naturwissenschaft* [1786], in: id.: *Werkausgabe*, Bd. IX, S. 7–135, S. 133.

34 Hölderlin: *Anmerkungen zur Antigonä*, in: *FHA* 16, S. 409–421, S. 418. Im Folgenden zitiert unter der Sigle AzA im laufenden Text.

35 Vgl. Dieter Henrich: *Der Grund zum Bewußtsein. Untersuchungen zu Hölderlins Denken (1794–1795)*, Stuttgart 1992, S. 24.

36 Kant: *Kritik der reinen Vernunft*, in: id.: *Werkausgabe*, Bd. III, B 248. Die »Analytik der Grundsätze« der Ersten Kritik Kants, auf die sich Schelling hier bezieht, wird in ihrer Bedeutung für Hölderlins Tragödientheorie schon betont bei Gasché 2004, S. 431 ff.; Schelling 1994, S. 85.

37 Schelling 1994, S. 93 ff.

38 Zum »als ob« vgl. Kant: *Kritik der Urteilskraft*, in: id.: *Werkausgabe*, Bd. X, B 285.

39 Schelling 2000, S. 67.

40 Platon 1994, 63 b–c.

41 Platon 1994, 64 c.

42 Vgl. Francis MacDonald Cornford: *Plato's Cosmology*, London 1937, S. 264.

43 Vgl. Ed Dellian: *Einleitung*, in: Newton 1988, S. XIII, sowie Honold 2005, S. 65 u. S. 71.

44 Vgl. Kant 1977 (*Metaphysische Anfangsgründe der Naturwissenschaft*), A 124; allgemein vgl. E. J. Dijksterhuis 1956, S. 534.

45 Zu diesem zeitlichen Aspekt vgl. Anja Lemke: *Konstellation ohne Sterne. Zur poetischen und geschichtlichen Zäsur bei Martin Heidegger und Paul Celan*, München 2002, S. 61 ff.

46 Vgl. Aristoteles 1982, 1451a.

47 Hölderlin hat – wie unten in den Ausführungen zur *Antigonä* noch deutlicher werden wird – nicht nur Kants Kategorien, sondern gleichermaßen diejenigen im Blick, durch die Schellings Naturphilosophie die kantischen ersetzt und auf denen die mechanische Bauform der Tragödie selber beruht: der Quantität der Schwere, der Qualität chemischer Prozesse sowie der Relation mechanischer Bewegungen (vgl. Schelling 1994, S. 83).

48 Kant 1977 (*Kritik der reinen Vernunft*), B 102.

49 Hölderlin: *Antigonä*, in: *FHA* 16, S. 261–407, S. 309 (v. 467).

50 Hölderlin 1988 (*Antigonä*), v. 1106 f.

51 Vgl. Sophokles: *Antigone*, in: id.: *Dramen*, gr./dt., hrsg. u. übers. v. Wilhelm Willige, bearb. v. Karl Bayer, Düsseldorf u. Zürich 2003, v. 1065.

52 Kant 1977 (*Kritik der reinen Vernunft*), B 106; Kant 1977 (*Metaphysische Anfangsgründe der Naturwissenschaft*), A 129; A 122; vgl. Schelling 1994, S. 83.

53 Hölderlin 1988 (*Antigonä*), v. 852–860.

54 Vgl. Sophokles 2003 (*Antigone*), v. 830.

55 Vgl. Schelling 1994, S. 125 f.

56 Schelling 1994, S. 126.

57 Über Rückkopplungseffekte zwischen der Erde und den Handlungen ihrer Bewohner vgl. Bruno Latour: *Kampf um Gaia. Acht Vorträge über das neue Klimaregime*, übers. v. Achim Russer u. Bernd Schwibs, Frankfurt am Main 2017, bes. S. 207 ff.

58 Immanuel Kant: Der Streit der Fakultäten, in: id.: Werkausgabe, Bd. XI, Frankfurt am Main 1977, S. 261–393, A 143.

59 G. W. F. Hegel: *Phänomenologie des Geistes*, in: id.: *Werkausgabe* (hrsg. v. Karl Markus Michel u. Eva Moldenhauer), Frankfurt am Main 1969 f., Bd. 3, S. 349.

Rhetorik und Logik der Kompensation (Michael Eggers)

1 Siehe die Vorrede in Adalbert Stifter: *Bunte Steine. Buchfassungen*, in: id.: *Werke und Briefe. Historisch-kritische Gesamtausgabe.* Band 2,2 (hrsg. v. Alfred Doppler u. Wolfgang Frühwald), Stuttgart 1982, S. 9–16.

2 Adalbert Stifter: *Katzensilber* [1853], in: id.: *Bunte Steine*, S. 241–315, S. 286.

3 Stifter: *Katzensilber*, S. 288 f.

4 Stifter: *Bunte Steine* (Vorrede), S. 10.

5 Joseph Vogl: *Kalkül und Leidenschaft. Poetik des ökonomischen Menschen*, Zürich 2011, S. 241. Zur historischen Konjunktur des Begriffs in Frankreich vgl. Jean Svagelski: *L'idee de compensation en France: 1750–1850*, Lyon 1981.

6 Vgl. Aristoteles: *Über die Teile der Lebewesen. Werke*, Zoologische Schriften 2, übers. u. erl. v. Wolfgang Kullmann, hrsg. v. Ernst Grumach, Berlin 2007, 663b, S. 64 f.; Wolfgang Kullmann: *Aristoteles als Naturwissenschaftler*, Boston, Massachusetts 2014, S. 160 u. S. 166–178.

7 Kullmann: *Aristoteles als Naturwissenschaftler*, S. 170.

8 Zu Herders Ausarbeitung des Kompensationsgedankens als geschichtliches Prinzip im Anschluss an Spinoza vgl. Michael Mack: *Why Herder matters. The contemporary relevance of Herder's »law of compensation«*, in: *Germanisch-Romanische Monatsschrift* 91/2010, S. 27–51. Zu dem hier verhandelten Konnex Herder-Kielmeyer-Cuvier vgl. auch Verf.: *Vergleichendes Erkennen. Zur Wissenschaftsgeschichte und Epistemologie des Vergleichs und zur Genealogie der Komparatistik*, Heidelberg 2016.

9 Johann Gottfried Herder: *Gott. Einige Gespräche* [1787], in: *Schriften zu Philosophie, Literatur, Kunst und Altertum 1744–1787*, Werke in zehn Bänden, Bd. 4 (hrsg. v. Jürgen Brummack u. Martin Bollacher), Frankfurt a. M. 1990, S. 679–794, S. 775 f.

10 Johann Gottfried Herder: *Ideen zur Philosophie der Geschichte der Menschheit*, Werke in zehn Bänden, Bd. 6 (hrsg. v. Martin Bollacher), Frankfurt a. M. 1989, S. 82.

11 Vgl. Johann Heinrich Lambert: *Anlage zur Architektonik*, reprograf. Nachdr. d. Ausg. Riga 1771, Philosophische Schriften Bd. 3–4, Hildesheim 1965, sowie id.: *Texte zur Systematologie und zur Theorie der wissenschaftlichen Erkenntnis* (hrsg. v. Geo Siegwart u. Horst D. Brandt), Hamburg

1988. Vgl. zu Herders Verarbeitung dieser Position Peter König: *Vernunft und geistige Macht. Lambert, Herder und Jochmann*, in: Claus Altmayer u. Armands Gutmanis (Hrsg.): *Johann Gottfried Herder und die deutschsprachige Literatur seiner Zeit in der baltischen Region*, Riga 1997, S.166–197.

12 Herder: *Gott*, S.776. Der Begriff der »Kraft« ist aufgrund seiner Vielschichtigkeit einer der schwierigsten in Herders Schriften. Er umfasst nicht nur die hier erwähnte metaphysische Bedeutungskomponente, sondern zugleich eine biologische und physikalische. Zur auch begrifflichen und begriffsgeschichtlichen Erläuterung von »Kraft« vgl. Robert T. Clark, Jr.: *Herder's Conception of ›Kraft‹*, in: *Publications of the Modern Language Association of America* 57/1942, S.737–752; Robert Edward Norton: *Herder's Concept of ›Kraft‹ and the psychology of semiotic functions*, in: Wulf Köpke (Hrsg.): *Johann Gottfried Herder. Academic disciplines and the pursuit of knowledge*, Columbia SC 1996, S.22–31; Ulrike Zeuch: *›Kraft‹ als Inbegriff menschlicher Seelentätigkeit in der Anthropologie der Spätaufklärung (Herder und Moritz)*, in: *Jahrbuch der deutschen Schillergesellschaft* 43/1999, S.99–122. Menke liest den Kraftbegriff Herders als einen ästhetischen: Christoph Menke: *Kraft. Ein Grundbegriff ästhetischer Anthropologie*, Frankfurt a.M. 2008, besonders S.46–66.

13 Vgl. vor allem Herder: *Ideen*, S.55–199 (Erster Teil. Zweites bis fünftes Buch).

14 Herder: *Ideen*, S.94.

15 Vgl. William Coleman: Art. »Carl Friedrich Kielmeyer«, in: Charles Coulston Gillispie (Hrsg.): *Dictionary of Scientific Biography*, Bd.7, New York 1973, S.366–369, S.367, mit Bezug auf die Herder-Stelle: »Here was Kielmeyer's program«. Vgl. Carl Friedrich Kielmeyer: *Ueber die Verhältnisse der organischen Kräfte unter einander in der Reihe der verschiedenen Organisationen, die Gesetze und Folgen dieser Verhältnisse*, mit einer Einf. von Kai Torsten Kanz. Faks. der Ausg. Stuttgart 1793, Marburg an der Lahn 1993. Vgl. darin die Einführung von Kanz: »Herders Aufforderung, ein ›philosophischer Zergliederer‹ möge die Verhältnisse der organischen Kräfte genauer untersuchen, wirkte unmittelbar auf Kielmeyer. Der junge Carl Friedrich Kielmeyer scheint dies geradezu als Aufforderung aufgefaßt zuhaben, denn in seiner Karlsschulrede hat er nichts anderes unternommen als das, was Herder als Aufgabe formuliert hatte« (S.40).

16 Immanuel Kant: *Kritik der Urteilskraft*, Werkausgabe in zwölf Bänden (hrsg. v. Wilhelm Weischedel), Frankfurt a.M., 1. Aufl. [Nachdr.] 2009, Bd. X, S.24 f. Anm. (Erste Fassung der Einleitung in die *Kritik der Urteilskraft*, V.).

17 Vgl. Carl Friedrich von Kielmeyer: [Über Naturgeschichte], in: id.: *Gesammelte Schriften. 1–3; [Natur und Kraft]...; mit einer Selbstbiographie und Beiträgen von Goethe* (hrsg. v. Fritz-Heinz Holler u. Julius Schuster), Berlin 1938, S.211–234; id.: *[Über Kant und die deutsche Naturphilosophie 1807]*, ebd. S.235–254; außerdem id.: *Ueber die Verhältnisse*, S.5 f., sowie Timothy Lenoir: *The strategy of life. Teleology and mechanics in nineteenth century German biology*, Dordrecht 1982.

18 Gustav Wilhelm Münter [C.F.v. Kielmeyer]: *Allgemeine Zoologie oder Physik der organischen Körper*, Halle 1840, S.36. Es handelt sich hierbei um die Mitschrift einer Vorlesung Kielmeyers, die G.W. Münter zu einem Zeitpunkt, als die darin enthaltenen Thesen längst überholt waren, als Plagiat veröffentlicht hat. Zu diesem außergewöhnlichen Fall s. Ilse Jahn: *War Gustav Wilhelm Münter (1804–1870) ein ›Plagiator‹ Kielmeyers? Zur Autorschaft der ›Allgemeinen Zoologie oder Physik der organischen Körper‹ (Halle 1840)*, in: Kai Torsten Kanz (Hrsg.): *Philosophie des Organischen in der Goethezeit. Studien zu Werk und Wirkung des Naturforschers Carl Friedrich Kielmeyer (1765–1844)*, Stuttgart 1994, S.174–193.

19 Vgl. Johann Wolfgang Goethe: *Erster Entwurf zu einer allgemeinen Einleitung in die vergleichende Anatomie, ausgehend von der Osteologie*, in: id.: *Sämtliche Werke, Briefe, Tagebücher und Gespräche*, Bd.24, *Schriften zur Morphologie* (hrsg. v. Dorothea Kuhn), Frankfurt a.M. 1985–99, S.227–281.

20 Die direktesten Zeugnisse von Cuviers »Fernstudium« der Lehre Kielmeyers sind seine Briefe an Christoph Heinrich Pfaff: Georges Cuvier: *George Cuvier's Briefe an C.H. Pfaff aus den Jahren 1788 bis 1792, naturhistorischen, politischen und literarischen Inhalts*, nebst einer biographischen Notiz über G. Cuvier von C.H. Pfaff (hrsg. von Dr. W.F.G. Behn), Kiel 1845.

21 Georges Cuvier: *Vorlesungen über vergleichende Anatomie,* übers. u. mit Anm. u. Zusätzen vermehrt v. L.F. Froriep und J.F. Meckel, 4 Bde., Leipzig 1809/10. Bd. 1, S. 38.

22 Georges Cuvier: *Cuvier's Ansichten von der Urwelt. Nach der zweiten Originalausgabe verdeutscht und mit Anmerkungen begleitet von Dr. Jakob Nöggerath*, Bonn 1822, S. 72.

23 Georges Cuvier: *Das Thierreich, geordnet nach seiner Organisation. Als Grundlage der Naturgeschichte der Thiere und Einleitung in die vergleichende Anatomie*, übers. u. hrsg. v. Friedrich Siegmund Voigt, nach der 2., verm. Ausg. Leipzig 1831, S. 1–7. Vgl. dazu auch William Coleman: *Georges Cuvier, zoologist. A study in the history of evolution theory*, Cambridge, Massachusetts 1964, S. 82 ff.

24 Dazu Michel Foucault: *Die Ordnung der Dinge. Eine Archäologie der Humanwissenschaften*, Frankfurt a.M. 1990, S. 188 f.

25 Vgl. Goethe: *Erster Entwurf*, S. 233.

26 Charles Darwin: *On the Origin of Species by Means of Natural Selection, or the Preservation of Favoured Races in the Struggle for Life*, London 1859, S. 147 f.

27 Vgl. Charles Darwin: *The Descent of Man, and Selection in Relation to Sex*, London 1871, S. 158–184.

28 Darwin: *The Descent of Man,* S. 113.

29 Darwin: *The Descent of Man,* S. 166.

30 Darwin: *The Descent of Man,* S. 173.

31 Herder: *Abhandlung über den Ursprung der Sprache*, in: id.: *Frühe Schriften 1764–1772*, Werke in zehn Bänden, Bd. I (hrsg. v. Ulrich Gaier), Frankfurt a.M. 1985, S. 716 und S. 717.

32 Vgl. Carl von Linné: *Nemesis divina* (hrsg. v. Wolf Lepenies u. Lars Gustafsson), Frankfurt a.M. 1983.

33 Ralph Waldo Emerson: *Compensation*, in: Carl Bode u. Malcolm Cowley (Hrsg.): *The portable Emerson*, New York 1981, S. 164–186, S. 184.

34 Emerson: *Compensation*, S. 168.

35 Cesare Lombroso: *Der geniale Mensch*, autorisierte Übersetzung von M.O. Fraenkel, Hamburg 1890, S. XI. Zu Lombroso vgl. Jutta Person: *Der pathographische Blick. Physiognomik, Atavismustheorien und Kulturkritik 1870–1930*, Würzburg 2005.

36 Ibid., S. 12.

37 Vgl. Cesare Lombroso: *Der Verbrecher in anthropologischer, aerztlicher und juristischer Beziehung*, 2 Bde., Hamburg 1887 und 1890.

38 Vgl. Adolphe Quetelet: *Sur l'homme et le développement de ses facultés, ou essai de physique sociale*, 2 Bde., Paris 1835.

39 Vgl. Ian Hacking: *Styles of Scientific Reasoning*, in: John Rajchman u. Cornel West (Hrsg.): *Post-Analytic Philosophy*, New York 1985, S. 145–165, u. Verf.: *Vergleichendes Erkennen*.

40 Vgl. Jürgen Link: *Versuch über den Normalismus. Wie Normalität produziert wird* [1997], Göttingen 2013.

41 Vgl. Odo Marquard: *Skeptische Methode im Blick auf Kant*, Freiburg u. München 1958; Joachim Ritter: *Die Aufgabe der Geisteswissenschaften in der modernen Gesellschaft* [1963], in: id.: *Subjektivität. Sechs Aufsätze*, Frankfurt a. M. 1974, S. 105–140. Vgl. auch Henning Ottmann: *The Humanities as Compensation*, in: *Epistemologia* XIV (1991), S. 311–318, sowie Mark Schweda: *Entzweiung und Kompensation. Joachim Ritters philosophische Theorie der modernen Welt*, Freiburg u. München 2013 (Symposion, 135).

42 Odo Marquard: *Philosophie des Stattdessen. Einige Aspekte der Kompensationstheorie* [1998/99], in: id.: *Philosophie des Stattdessen. Studien*, Stuttgart 2009, S. 30–49, S. 32. Vgl. auch id. et al.: *Menschliche Endlichkeit und Kompensation*, Bamberg 1995; id.: *Kunst als Kompensation ihres Endes*, in: Willi Oelmüller (Hrsg.): *Ästhetische Erfahrung*. Paderborn 1981 (Kolloquium Kunst und Philosophie; 1), S. 159–168.

43 Odo Marquard: *Homo compensator* [1983], in: id.: *Philosophie des Stattdessen*, S. 11–39, S. 26, S. 33, S. 39, S. 32.

44 Ibid., S. 31.

45 Ritter [1963] 1974, S. 132.

Äquilibrium im (P)Flug (Julia Kerscher)

1 Angegeben sind die Jahreszahlen der jeweiligen Erstveröffentlichung. *Romeo und Julia auf dem Dorfe* ist 1871 mit gekürztem Rahmen in Paul Heyses *Deutschen Novellenschatz* aufgenommen worden und in dieser Form auch 1874 in der zweiten Auflage der *Leute von Seldwyla* erschienen. *Der Condor* ist 1844 mit umplatzierten Fußnoten in der Buchfassung der *Studien* erneut veröffentlicht worden.

2 Zu den genauen technischen Hintergründen vgl. Michael Gamper: *Der Ballon als multifunktionale Versuchsanstalt. Stifters »Der Condor« als erweitertes Experimentalsystem*, in: Michael Neumann u. Kerstin Stüssel (Hrsg.): *Magie der Geschichten. Weltverkehr, Literatur und Anthropologie in der zweiten Hälfte des 19. Jahrhunderts*, Konstanz 2011, S. 403–416, sowie Ulrich Beil: *Sterne und Fußnoten. Medialität, Physik und Phantastik in Stifters »Der Condor«*, in: Michael Gamper u. Karl Wagner (Hrsg.): *Figuren der Übertragung. Adalbert Stifter und das Wissen seiner Zeit*, Zürich 2009, S. 187–207.

3 Oben/unten-Verhältnisse symbolisieren den Dualismus von Himmel und Erde/Hölle, Gott und Mensch, Geist und Materie sowie politische, soziale und ökonomische Hierarchien. Vgl. Michael Homberg: *Oben/unten*, in: *Metzler Lexikon literarischer Symbole* (hrsg. v. Günter Butzer u. Joachim Jacob), 2. erweiterte Auflage, Stuttgart u. Weimar 2012, S. 301–302, S. 301.

4 Vgl. z. B. Dorothee Kimmich: *Gefährliche Nachbarschaften. Bürgerliche Grenzwüsten bei Stifter und Keller*, in: Sandra Evans u. Schamma Schahadat (Hrsg.): *Nachbarschaft, Räume, Emotionen. Interdisziplinäre Beiträge zu einer sozialen Lebensform*, Bielefeld 2012, S. 141–156, S. 151, oder Alexander Honold: *Vermittlung und Verwilderung. Gottfried Kellers »Romeo und Julia auf dem Dorfe«*, in: *Deutsche Vierteljahrsschrift für Literaturwissenschaft und Geistesgeschichte* 78/2004, H. 3, S. 459–481, S. 464 f.

5 Vgl. Gottfried Keller: *Romeo und Julia auf dem Dorfe* [1856], in: id: *Sämtliche Werke. Historisch-Kritische Ausgabe* (hrsg. unter der Leitung v. Walter Morgenthaler im Auftrag der Stiftung Historisch-Kritische Gottfried Keller-Ausgabe), Bd. 4: *Die Leute von Seldwyla. Erster Band* (hrsg. v. Peter Villwock et al.), Basel, Frankfurt am Main u. Zürich 2000, S. 74–159, S. 75.

6 Vgl. dazu Honold 2004, S. 464, und Winfried Menninghaus: *Artistische Schrift. Studien zur Kompositionskunst Gottfried Kellers*, Frankfurt am Main 1982, S. 123.

7 Keller [1856] 2000, S. 75.

8 Ibid., Honold 2004, S. 465.

9 Ibid.

10 Keller [1856] 2000, S. 75 f.

11 Ibid., S. 82.

12 Ibid., S. 88.

13 Ibid., S. 90.

14 Zur juristisch-ökonomischen Ausgangs- und Grundbedeutung des Begriffs »Kompensation« vgl. Odo Marquard: *Kompensation*, in: *Historisches Wörterbuch der Philosophie* (hrsg. v. Joachim Ritter u. Karlfried Gründer), Bd. 4: *I–K*, Darmstadt 1976, Sp. 912–918, Sp. 913.

15 Keller [1856] 2000, S. 111; vgl. ibid., S. 76, S. 83 u. S. 88. Vgl. auch die Belegstellen: »Ohne sich zu besinnen, raffte er einen Stein auf und schlug mit demselben den Alten gegen den Kopf, halb in Angst um Vrenchen und halb im Jähzorn. Marti taumelte erst ein wenig, sank dann bewußtlos auf den Steinhaufen nieder und zog das erbärmlich aufschreiende Vrenchen mit.« Ibid., S. 118. »Ich werde es aber nicht aushalten ohne Dich, und doch kann ich Dich nie bekommen, auch wenn alles Andere nicht wäre, bloß weil Du meinen Vater geschlagen und um den Verstand gebracht hast! Dies würde immer ein schlechter Grundstein unserer Ehe sein und wir beide nie sorglos werden, nie!« Ibid., S. 123. Zum Status der Steine als *res nullius* sowie zu den Eigentumsfragen überhaupt vgl. Eva Geulen: *Habe und Bleibe in Kellers »Romeo und Julia auf dem Dorfe«*, in: *Zeitschrift für deutsche Philologie* 129/2010 (Sonderheft: *Grenzen im Raum – Grenzen in der Literatur*), S. 253–263, S. 256. Zum *Ius Talionis*: »Entsteht ein dauernder Schaden, so sollst du geben Leben um Leben, Auge um Auge, Zahn um Zahn, Hand um Hand, Fuß um Fuß, Brandmal um Brandmal, Beule um Beule, Wunde um Wunde« (2. Mose 21, 23–25, in: *Die Bibel. Nach der Übersetzung Martin Luthers. Mit Apokryphen*, Stuttgart 1999, S. 79). Das *Ius talionis* ist das »Rechtsprinzip der Gleichwertigkeit bei einer Deliktsahndung«. Bei dieser »spiegelbildl[ichen] Strafe« handelt es sich jedoch nicht um Rache, sondern um »die Angemessenheit der Wiedergutmachung eines angerichteten Schadens«, meist in Form einer »Ausgleichszahlung (Schadensersatzleistung)«. Ludger Schwienhorst-Schönberger: *Ius talionis*, in: *Lexikon für Theologie und Kirche*, Bd. 5: *Hermeneutik bis Kirchengemeinschaft*, Freiburg et al. 1996, Sp. 700–701, Sp. 700.

16 Johannes 8, 7 (Die Bibel 1999, S. 117).

17 Keller [1856] 2000, S. 109; vgl. 2. Mose 34, 6–7: »HERR, HERR, Gott, barmherzig und gnädig [...], der da Tausenden Gnade bewahrt und vergibt Missetat, Übertretung und Sünde, aber ungestraft lässt er niemand, sondern sucht die Missetat der Väter heim an Kindern und Kindeskindern bis ins dritte und vierte Glied« (Die Bibel 1999, S. 94). Der menschliche Sündenfall kann nicht durch Menschen, sondern nur durch Jesu Opfertod kompensiert werden: »Gottes Erlösungshandeln ist [...] ein – durch die Sünde, die insofern ›felix culpa‹ ist, erforderlich gewordener, jedoch ungeschuldeter – kompensatorischer Akt.« Marquard 1976, Sp. 913.

18 Zur Friedenssymbolik vgl. Klaus Vogelsang: *Pflug*, in: Butzer u. Jacob 2012, S. 323–324, S. 323; zum Ehesymbol vgl. *Pflug*, in: *Deutsches Wörterbuch von Jacob und Wilhelm Grimm*, Bd. 7: *N. O. P. Q*, Leipzig 1889, Sp. 1773–1778, Sp. 1775 u. Sp. 1776.

19 Keller [1856] 2000, S. 111.

20 Vgl. Menninghaus 1982, S. 127.

21 Vgl. Vogelsang 2012, S. 323.

22 Vgl. ibid., S. 324.

23 Vgl. ibid.

24 Franz Passow: *Handwörterbuch der griechischen Sprache*, Bd. I/1, Leipzig 1841, S. 519.

25 Dieter Burdorf: *Einführung in die Gedichtanalyse*, 3., aktualisierte u. erweiterte Auflage, Stuttgart 2015, S. 16.

26 Jürgen Hein (Hrsg.): *Gottfried Keller, Romeo und Julia auf dem Dorfe. Erläuterungen und Dokumente*, Stuttgart 1980, S. 19.

27 Ibid. S. 19 f.

28 Vgl. Keller [1856] 2000, S. 138. Alexander Honold ist sogar der Ansicht, dass die gesamte Novellenhandlung »nichts anderes darstellt als die Auf- und Abschwünge, die von einem Wendepunkt zum nächsten führen«. Honold 2004, S. 467.

29 Vgl. Menninghaus 1982, S. 107 u. S. 124 ff.

30 Keller [1856] 2000, S. 88.

31 Ibid., S. 85.

32 Vgl. dazu Günter Oesterle: *Vorbegriffe zu einer Theorie der Ornamente. Kontroverse Formprobleme zwischen Aufklärung, Klassizismus und Romantik am Beispiel der Arabeske*, in: Herbert Beck (Hrsg.): *Ideal und Wirklichkeit in der bildenden Kunst im späten 18. Jahrhundert*, Berlin 1984, S. 119–139.

33 Auch die realistische Literaturprogrammatik, insbesondere das Verklärungsprinzip, ist als eine Balancierungsleistung, nämlich zwischen Realität und Poesie, zu begreifen.

34 Vgl. Menninghaus 1982, S. 107 u. S. 126; Honold 2004, S. 462; sowie Peter Stocker: *»Romeo und Julia auf dem Dorfe«. Novellistische Erzählkunst des Poetischen Realismus*, in: Walter Morgenthaler (Hrsg.): *Interpretationen. Gottfried Keller. Romane und Erzählungen*, Stuttgart 2007, S. 57–77, S. 61.

35 Keller [1856] 2000, S. 138.

36 Vgl. auch Menninghaus 1982, S. 110, sowie Stocker 2007, S. 62 f.

37 Keller [1856] 2000, S. 145 und S. 146. Zu den Außenseiterfiguren im Text vgl. Herbert Uerlings: *»Diesen sind wir entflohen, aber wie entfliehen wir uns selbst?« ›Zigeuner‹, Heimat und Heimatlosigkeit in Kellers »Romeo und Julia auf dem Dorfe«*, in: Ulrich Kittstein u. Stefani Kugler (Hrsg.): *Poetische Ordnungen. Zur Erzählprosa des deutschen Realismus*, Würzburg 2007, S. 157–185.

38 »Als sie durch die stillen Gassen kamen und an ihren verlorenen Vaterhäusern vorüber, ergriff sie eine schmerzhaft wilde Laune und sie tanzten mit den andern um die Wette hinter dem Geiger her, küßten sich, lachten und weinten. Sie tanzten auch den Hügel hinauf, über welchen der Geiger sie führte, wo die drei Aecker lagen […].« Ibid., S. 154.

39 Dass wir heute von *Balance* und nicht von *Bilance* reden, wie die etymologische Herleitung von früh-rom. **bilancia* = »Waage« nahegelegt hätte, beruht sprachgeschichtlich auf einer Sekundärmotivation, nämlich nach spätlateinisch *ballare* = »tanzen, bewegen« (*Balance*, in: *Kluge. Etymologisches Wörterbuch der deutschen Sprache*, bearbeitet v. Elmar Seebold, 24., durchgesehene u. erweiterte Auflage, Berlin u. New York 2002, S. 84), und wird in der Institution des Tanzes, des Balls, zusätzlich evident. Symbolisch steht der Ball für die Überwindung des Irdischen sowie für Sorglosigkeit. Vgl. Cora Dietl: *Tanz*, in: Butzer u. Jacob 2012, S. 348 u. S. 349, S. 438–440.

40 Vgl. Dietl 2012, S. 349.

41 Keller [1856] 2000, S. 156.

42 Ibid., S. 158.

43 Vgl. ibid., S. 148, S. 155, S. 156 u. S. 158, sowie Adalbert Stifter: *Der Condor*, in: *Adalbert Stifter. Werke und Briefe.* Historisch-Kritische Gesamtausgabe (hrsg. v. Alfred Doppler u. Wolfgang

Frühwald), Bd. 1,4: *Studien. Buchfassungen. Erster Band* (hrsg. v. Helmut Bergner u. Ulrich Dittmann), Stuttgart et al. 1980, S. 15–41, S. 17, S. 18 u. S. 19.

44 *Ball*, in: Seebold 2002, S. 85.

45 »So gehen die Weberschiffchen des Geschickes an einander vorbei und ›was er webt, das weiß kein Weber!‹« (Keller [1856] 2000, S. 83); besagte »Weberschiffchen des Geschickes« verweisen zunächst ins *»webergewerbe«*, nämlich auf *»das schiffförmige werkzeug, mit dem der einschlag durch die kette geschossen wird«* bzw. auf den *»schiffförmige[n] behälter bei nähmaschinen für den zwirn«* (*Schiffchen*, in: *Deutsches Wörterbuch von Jacob Grimm und Wilhelm Grimm*, Bd. 9: *Schiefeln-Seele*, Leipzig 1899, Sp. 67–68, Sp. 68). Damit ist eine poetologische Lesart natürlich nahegelegt. Dass es sich hier außerdem um ein verstecktes Heine-Zitat handelt, ist nachzulesen bei Gerhard Kaiser: *Gottfried Keller. Das gedichtete Leben*, Frankfurt am Main 1981, S. 314. Zum Schiff als Vehikel in den Tod vgl. Keller [1856] 2000, S. 158.

46 Vgl. Stifter [1840] 1980, S. 23.

47 *Schiff*, in: Grimm u. Grimm 1899. Sp. 53–61, Sp. 59.

48 Grimm u. Grimm 1889, Sp. 1773.

49 Stifter [1840] 1980, S. 23.

50 Vgl. Beil 2009, S. 190.

51 Stifter [1840] 1980, S. 20.

52 *Ballast*, in: Seebold 2002, S. 86. »Hierauf fing der Aeltere an, Säcke mit Sand, die im Schiffe standen, über Bord zu leeren. Der Condor wiegte sich in seinem Bade, und wie mit den prächtigen Schwingen seines Namensgenossen hob er sich langsam und feierlich in den höchsten Aether«. Stifter [1840] 1980, S. 26 f.

53 Vgl. *Ballon*, in: Seebold 2002, S. 86.

54 Vgl. *Ball*, in: *Etymologisches Wörterbuch des Deutschen. A-L*, 2. Auflage, durchgesehen u. ergänzt v. Wolfgang Pfeiffer, Berlin 1993, S. 91.

55 Stifter [1840] 1980, S. 23 u. S. 24.

56 Gamper 2011, S. 409; vgl. Stifter [1840] 1980, S. 19.

57 Vgl. Bettine Menke: *Rahmen und Desintegrationen. Die Ordnung der Sichtbarkeit, der Bilder und der Geschlechter. Zu Stifters »Der Condor«*, in: *Weimarer Beiträge* 44/1998, H. 3, S. 325–363, bes. S. 331–336, sowie Monika Ehlers: *»Das Weib erträgt den Himmel nicht«. Grenzwahrnehmungen in Stifters »Condor«*, in: *Jahrbuch des Adalbert-Stifter-Institutes des Landes Oberösterreich* 11/2003, S. 152–165, S. 157.

58 Stifter [1840] 1980, S. 26.

59 Ibid., S. 27 f.

60 Ibid., S. 28.

61 Vgl. ibid., S. 28 f.

62 Vgl. Jeannot Simmen: *Vertigo. Schwindel der modernen Kunst*, München 1990, S. 18.

63 Stifter [1840] 1980, S. 23.

64 Ibid., S. 28.

65 Vgl. ibid., S. 37.

66 Ibid., S. 28 f.

67 Ibid., S. 27.

68 Ulrich Beil verwendet das Bild, dass der Höhenflug, den das Motiv des Ballons für die Literatur bringt, gedämpft wird, wenn der Text mit Fußnoten beschwert wird. Vgl. Beil 2009, S. 187.

69 Vgl. Kaiser 1981, S. 296.

70 Vgl. Geulen 2010, S. 263.

71 Vgl. Hein 1980, S. 23.

72 Jean Paul: *Siebenkäs*, in: *Jean Paul. Werke*, Bd. 2: *Siebenkäs, Flegeljahre* (hrsg. v. Norbert Miller, Nachwort v. Walter Höllerer), 3. neubearbeitete Auflage, München 1971, S. 7–576, S. 436.

Bewegung aus dem Stand (Pirkko Rathgeber)

1 Vgl. Hans Rupprich: *Dürer. Schriftlicher Nachlass*, Bd. 2: *Die Anfänge der theoretischen Studien/ Das Lehrbuch der Malerei: Von der Maß der Menschen, der Pferde, der Gebäude; Von der Perspektive; Von Farben/Ein Unterricht alle Maß zu ändern*, Berlin 1966, S. 7.

2 Rupprich 1966, S. 7.

3 Berthold Hinz: *»Maß und Messen« – Dürers Zahlenwerk zur menschlichen Proportion*, in: Georg Ulrich Großmann (Hrsg.): *Dürer.* Forschungsband 2: *Buchmalerei der Dürerzeit. Dürer und die Mathematik. Neues aus der Dürerforschung*, Nürnberg 2009, S. 125–138.

4 Vgl. Walter Strauss: *Drawings. Construction versus Invention*, in: Walter Strauss u. Tracie Felker (Hrsg.): *Drawings Defined. With a Preface and Commentary by Konrad Oberhuber*, New York 1978, S. 197–216, S. 203, 206 u. 215. Strauss schließt mit dem Terminus »konstruierte Zeichnungen« (»constructed drawings«) nicht nur die figurale Repräsentation ein, sondern auch solche der Perspektive, Komposition und Architektur. Darüber hinaus fungiert der Terminus als Funktion des Lernens für den Künstler.

5 Albrecht Dürer: *Vnderweysung der Messung / mit dem Zirckel vnd richtscheyt / in Linien, Ebnen vnd gantzen Corporen durch Albrecht / Dürer zusamen gezogen vnd durch jn selbs, (als er noch / auff erden war), an vil orten gebessert, in sonder- / heyt mit xxij figuren gemert; die selbigen auch / mit eygner handt auffgerissen, wie es / dann eyn yder werckman erkennen / wirdt Nun aberzu nuß allen / kunst liebhabenden in / truck geben* / Nürnberg 1538, Bayerische Staatsbibliothek München, Sign. Rar 610. Vgl. dazu: Julius Schlosser: *Die Kunstliteratur. Ein Handbuch zur Quellenkunde der neueren Kunstgeschichte*, Wien 1924, 4. Buch, Kap. IV: *»Erste Fernwirkung der italienischen Theorie auf das Ausland«*, S. 226–250, S. 238. Die Originalstelle in: Albrecht Dürer: *HJerin sind begriffen vier biicher / von menschlicher Proportion | durch Albrechten / Dürer von Nuremberg erfunden vnd be/ schriben / zu nuß allen allen denen / so zu di/ser kunst liebtragen / M.D. XXVIII.*, Nürnberg 1528, Bayerische Staatsbibliothek München, Sign. Rar 612, fol. A2vf; Albrecht Dürer: *Vier Bücher von menschlicher Proportion* [1528] (Mit einem Katalog der Holzschnitte hrsg. u. in heutiges Deutsch übertrg. v. Berthold Hinz), Berlin 2011, S. 21 f.: »Damit auch diese meine Unterrichtung umso besser verstanden werden kann, habe ich vorher ein Buch der Messung, nämlich Linien, Ebenen, Corpora etc. betreffend, herausgehen lassen, ohne welches diese meine jetzige Lehre nicht gründlich verstanden werden kann. Darum ist es für jeden, der sich auf diese Kunst verstehen will, nötig, daß er zuvor in der Messung gut unterrichtet sei und ein Verständnis erwerbe, auf welche Weise alle Dinge in den Grundriß und Aufriß zu bringen seien. … Es soll sich auch niemand abschrecken (›abweysen‹) lassen, wenn er nicht sogleich (›alßpald‹) alles versteht, denn was ganz leicht ist, kann nicht sehr wissenschaftlich (›künstlich‹) sein, was aber wissenschaftlich ist, das will Fleiß, Mühe und Arbeit haben, bis daß es erworben und gelernt werden kann. Es ist immer (›ye‹) eine vergebliche Arbeit, wo viel Mühe und Fleiß auf ein falsches Ding gelegt wird. Wenn ein Ding (›es‹) aber sein rechtes Maß hat, kann es von niemandem getadelt werden, ob es auch ganz schlicht gemacht ist.«

6 Dürer 1528, fol. V1r.

7 Dürer [1528] 2011, S. 234. Im Original heißt es: »[...] wie vnd wo man die for beschrybnen bilder biegen soll« und »[...] wo man sie in iren glidern biegen vnd verwenden sol«. Dürer 1528, fol. V1r.

8 Dürer [1528] 2011, S. 235. Im Original heißt es: »Unnd darumb was dem biegen zu gehört vnd anhangt das vernym recht in deinem gebrauch / Zu solchem merk dise sechs nachfolget vnderschyd / vnd nym diser wörter in allen biegen wol acht. Diß sind die vnderschyd // Gebogen // Gekrümbt // Gewent // Gewunden // Gestreckt / Gekrüpfft // und Geschoben. // Dise ob gemelte sechs wörter werden alle in einem menschen gethon mehr oder minder darnach er sich bewegt / Und dise sechserley vnderschyd wie ich ein nedliche meyn/nnnd wie sie zu versten sy / wil ich durch linien zu versten geben wie hernach folgt.« Dürer 1528, fol. V1r.

9 Dürer 1528, fol. V1v.

10 Ibid.

11 Ibid.

12 Vgl. Dürer [1528] 2011, S. 244.

13 Dürer 1528, fol. A2v; Dürer [1528] 2011, S. 22. »Ich wil auch mit diser meiner vnderricht allein von den eusseren linien der form vnd pilder / vnd wie die von punckt zu punckt gezogen sollen werden / schreibenn / aber von den innerlichen dingen gar nit.«

14 Dürer [1528] 2011, S. 239. Im Original heißt es: »Es ist zu wissen das alle meyne for beschrybne bildnüssen so sie hin vnd wider gebogen werden nit in allen teylen in der for beschrybnen dicke vnd breyten beleyben an allen enden dann die beweglickeyt nymbt etwan einem teyl vnn gibt dem andern zu / darumb verkeren sich die ding / solchs klar zu erlernen geschicht am aller basten in vil ab machens lebendiger menschen / dann da sicht man wie sich alle ding begeben / Darumb hab ein yedlicher acht das er sein werck nicht verfür.« Dürer 1528, fol. V2v.

15 Dürer 1528, fol. V2v.

16 Berthold Hinz: *Albrecht Dürer. Die Proportionslehre*, in: Rainer Schoch, Matthias Mende u. Anna Scherbaum (Hrsg.): *Albrecht Dürer. Das druckgraphische Werk*, München 2004, Bd. 3, Buchillustrationen, S. 319–474, S. 315.

17 Schlemmer wurde im Frühjahr 1928 mit dem Kurs beauftragt, wie Heimo Kuchling schreibt, und bereits im Oktober 1929 wurde sein Abschied vom Bauhaus gefeiert, so dass die Unterrichtszeit für Schlemmer zu kurz war, um seine Vorlesungsskripte in das geplante Buch zu überführen. Über zweihundert Blätter umfasst der Nachlass zu diesem Thema, dessen Zentrum das figürliche Zeichnen darstellt. Posthum wurde 1969 in der Reihe »Neue Bauhausbücher« eine kleine Auswahl daraus herausgegeben. Vgl. Heimo Kuchling: *Vorbemerkung*, in: Hans Maria Wingler (Hrsg.): *Oskar Schlemmer. Der Mensch. Unterricht am Bauhaus. Nachgelassene Aufzeichnungen*, redigiert, eingeleitet und kommentiert von Heimo Kuchling, Mainz 1969, S. 9–10, S. 9. Vgl. auch Oskar Schlemmer, *Briefe und Tagebücher* (hrsg. v. Tut Schlemmer), Stuttgart 1977, S. 114. Das Abschiedsfest für Tut und Oskar Schlemmer fand am 1. 10. 1929 am Bauhaus statt. Mitte des Monats begann er mit seiner Lehrtätigkeit mit dem weiterentwickelten Unterrichtsthema »Raum und Mensch« an der Breslauer Akademie.

18 Heimo Kuchling: *Figürliches Zeichnen*, in: Wingler 1969, S. 79–132, S. 80.

19 Heimo Kuchling: *Lineare Figuren*, in: Wingler 1969, S. 85–95, S. 85.

20 Ibid., S. 89.

21 Ibid., S. 91.

22 Die Konstruktion von Netzen und Gittern, auch die Verwendung von kariertem Papier hat eine lange Tradition. Zur Verwendung des Gitters als Grundlage des (figürlichen) Entwurfs vgl. Erwin Panofsky: *Die Entwicklung der Proportionslehre als Abbild der Stilentwicklung*, in: *Monatshefte für Kunstwissenschaft* 14/1921, S. 188–219 [id.: *Die Entwicklung der Proportionslehre als Abbild der Stilentwicklung* [1921], in: id. (Hrsg.): *Sinn und Deutung in der bildenden Kunst (Meaning in the Visual Arts)*, Köln 1975, S. 68–124]; Bernd Mahr: *Modellieren. Beobachtungen und Gedanken zur Geschichte des Modellbegriffs*, in: Sybille Krämer u. Horst Bredekamp (Hrsg.): *Bild – Schrift – Zahl*, München 2003, S. 59–86, bes. S. 70–73.

23 Vgl. für den von Schlemmer unternommenen Versuch, eine eigene Tanzschrift zu entwickeln: Dirk Scheper: *Oskar Schlemmer. Das Triadische Ballett und die Bauhausbühne*, Berlin 1988, S. 172.

24 Erwin Panofsky: *Albrecht Dürers rhythmische Kunst* [1926], in: id.: *Deutschsprachige Aufsätze*, Bd. 1 (hrsg. v. Karen Michels u. Martin Warnke), Berlin 1998, S. 390–474, S. 400.

25 Oskar Schlemmer: *Unvoreingenommen eine Figur zu zeichnen (Prüfung auf Fähigkeit, Individualität usw.)*, in: Wingler 1969, S. 87.

26 Kuchling 1969 (Lineare Figuren), S. 86.

27 Kuchling 1969 (Figürliches Zeichnen), S. 86–89.

28 Arthur Schopenhauer: Die Welt als Wille und Vorstellung, in: Sämtliche Werke Bd. 1, Frankfurt a. M. 1986, S. 427.

29 Edwin George Lutz: *Animated Cartoon. How they are made. Their Origin and Development* [1920], Bedford, MA 1998. Das Buch erschien 1927 in der deutschen Übersetzung und Überarbeitung von Konrad Wolter: *Edwin George Lutz: Der gezeichnete Film. Ein Handbuch für Filmzeichner und solche, die es werden wollen* (Nach dem amerikanischen Werk Animated Cartoons von E. G. Lutz übertr., bearb. u. erweit. v. Konrad Wolter), Enzyklopädie der Photographie und der Kinematographie, Heft 122/1927.

30 Neben seinem »Animationsklassiker« *Animated Cartoon* und dessen deutscher Ausgabe sind (unter vielen anderen) folgende Bücher von Edwin George Lutz zum Thema der Figurzeichnung im erweiterten Kontext zu erwähnen: id.: *What To Draw and How To Draw*, New York 1913; id.: *Practical Drawing. A Book For The Student And The General Reader*, London u. New York 1916; id.: *Practical Art Anatomy*, New York 1918; id.: *Practical Graphic Figures. The Technical Side of Drawing for Cartoons and Fashions* [1925], New York u. London 1928; id.: *Drawing Made Easy. A Helpful Book For Young Artists. The Way To Begin And Finish Your Sketches Clearly Shown Step By Step* [1921], New York 1935.

31 Lutz [1920] 1998, S. 100.

32 Ibid., S. 101.

33 Ibid., S. 100.

34 Ibid., S. 110.

35 Ibid., S. 101.

Ein Gleichgewicht positiver und negativer Kräfte? (Ole W. Fischer)

1 Henry van de Velde: *Ein Kapitel ueber Entwurf und Bau moderner Moebel*, in: *Pan*, Jg. 3, 2. Hälfte, Heft 4, (1898) S. 260–264.

2 van de Velde 1898, S. 261.

3 Ibid.

4 Ibid.

5 Henry van de Velde: *Das neue Ornament*, in: id., *Die Renaissance im modernen Kunstgewerbe*, Berlin 1901, S. 97–109, S. 103.

6 van de Velde 1898, S. 262. Siehe: Ole W. Fischer: *Nietzsches Schatten. Henry van de Velde – von Philosophie zu Form*, Berlin 2012; siehe auch: id.: *The Veil of Truth? Van de Velde, Muthesius, and the Battle over Ornament in Modern Architecture*, in: Loretta Vandi (Hrsg.): *Ornament and European Modernism. From Art Practice to Art History*, New York, NY 2018, S. 104–136.

7 van de Velde 1901, S. 97.

8 Ibid., S. 104–105.

9 Ibid., S. 105.

10 Ibid., S. 107.

11 Henry van de Velde: *Prinzipielle Erklärungen*, in: id., *Kunstgewerbliche Laienpredigten*, Leipzig 1902, S. 137–195, S. 145.

12 van de Velde 1902 (Prinzipielle Erklärungen), S. 156 und S. 172.

13 Vgl. Peter Bürger: *Theorie der Avantgarde*, Frankfurt am Main 1974.

14 van de Velde 1902 (Prinzipielle Erklärungen), S. 182.

15 Vgl. ibid., S. 182–183.

16 Ibid., S. 184–185.

17 Ibid., S. 188–189.

18 Ibid., S. 191–192.

19 Ibid., S. 192.

20 Ibid., S. 195.

21 Henry van de Velde: *Das Museum »Folkwang« in Hagen. II. Teil und Schluss*, in: *Innen-Dekoration* 13/1902, S. 273–277; vgl. Harry Graf Kessler: *Kunst und Religion*, in: *Pan* 5/1899, S. 163–176.

22 Henry van de Velde.: *Die verstandesmäßigen und folgerechten Konstruktions-Prinzipien*, in: *Innen-Dekoration* 13/1902, S. 101–108, S. 105–106.

23 Henry van de Velde: *Die Belebung des Stoffes als Schönheitsprincip*, in: *Kunst und Künstler* 1.12.1903, S. 453–463, S. 457–458.

24 van de Velde 1903, S. 459.

25 Henry van de Velde: *Die Linie*, in: *Die neue Rundschau* 19.3.1908, S. 1035–1050.

26 Ibid., S. 1035–1036.

27 Ibid., S. 1036.

28 Ibid.; siehe auch S. 1038: »Die Linie und das ursprünglich lineare Ornament sind die Schrift der beschwörenden, wollüstigen Gebärden und Tänze.«

29 Ibid., S. 1037: »Der Rhythmus prägte also der Linie die ornamentale Eigenschaft auf!« Vgl. ibid., S. 1039.

30 Ibid., S. 1038–1039; vgl. Karl von den Steinen: *Unter den Naturvölkern Zentral-Brasiliens. Reiseschilderung und Ergebnisse der Zweiten Schingú-Expedition. 1887–1888*, Berlin 1894; Wilhelm Wundt: *Über Ziele und Wege der Völkerpsychologie*, in: *Philosophische Studien* 4/1888, S. 1–27;

id.: *Völkerpsychologie. Eine Untersuchung der Entwicklungsgesetze von Sprache, Mythos und Sitte.* 10 Bde. Leipzig 1900–1920.

31 Vgl. van de Velde 1908, S. 1049–1050.

32 Ibid., S. 1050.

Äquilibristik und Informationsverhalten (Bernhard J. Dotzler)

1 Gregory Bateson: *Ökologie des Geistes* [1972], Frankfurt am Main 1985, S. 566 u. 636.

2 Thomas Rid: *Rise of the Machines. The Lost History of Cybernetics*, Melbourne u. London 2017, S. 178 u. 57.

3 William Ross Ashby: *Entwurf für einen Intelligenz-Verstärker*, in: Claude E. Shannon u. John McCarthy (Hrsg.): *Studien zur Theorie der Automaten (Automata Studies)* [1956], erweiterte Ausgabe und Übersetzung durch Franz Kaltenbeck u. Peter Weibel, München 1974, S. 249–271, S. 251.

4 Vgl. Andrew Pickering: *Kybernetik und Neue Ontologien*, Berlin 2007, S. 105.

5 The W. Ross Ashby Digital Archive – http://www.rossashby.info/index.html (13. 3. 2012; ein jüngerer Zugriffsversuch, 22. 9. 2018, schlug fehl; das Material scheint migriert worden zu sein auf: https://digital.library.illinois.edu/items/8a40d1b0-29aa-0136-4d81-0050569601ca-9).

6 Zur Situierung der *Wilhelm Meister*-Romane innerhalb der Wissensgeschichte der Kybernetik vgl. Bernhard J. Dotzler: *Papiermaschinen. Versuch über* COMMUNICATION & CONTROL *in Literatur und Technik*, Berlin 1996, S. 549 ff.

7 Sigmund Freud: *Das Unbehagen in der Kultur* [1930], in: *Gesammelte Werke*, Bd. 14, Frankfurt am Main 1999, S. 419–506, S. 450 f.

8 André Leroi-Gourhan: *Hand und Wort. Die Evolution von Technik, Sprache und Kunst* [1964/65], Frankfurt am Main 1988, S. 331.

9 Marshall und Eric McLuhan: *Laws of Media. The New Science*, Toronto 1988, S. 99.

10 Marshall McLuhan: *Die magischen Kanäle. »Understanding Media«* [1964], Düsseldorf 1992, S. 57.

11 Walter Benjamin: *Das Kunstwerk im Zeitalter seiner technischen Reproduzierbarkeit.* Dritte Fassung, in: *Gesammelte Schriften*, Bd. 1, Frankfurt am Main 1974, S. 471–508, S. 500.

12 Günter Matthias Ziegler: *Ferngesteuert, aber frei*, in: *Der Tagesspiegel*, 22. August 2011, S. 25.

13 Diethmar Dath: *Kontrolle außer Kontrolle*, in: *Frankfurter Allgemeine Zeitung*, 10. Oktober 2011, S. 27.

14 Joseph Carl Robnett Licklider, Robert William Taylor u. Evan Herbert: *The Computer as a Communication Device*, in: *Science and Technology*, April 1968, S. 21–31, S. 31.

15 Ashby 1956/1974, S. 253.

16 Ibid., S. 252 f. u. 250 f.

17 Ibid., S. 249.

18 Ibid., S. 249 f.

19 Ibid., S. 250.

20 Ibid., S. 269 f.

21 Ibid., S. 265.

22 Ibid., S. 255.

23 Ibid.

24 Ibid., S. 256.

25 Ibid., S. 256 f.

26 Norbert Wiener: *The Human Use of Human Beings*, London 1954, S. 38. *Machina sopora*: »von sopor = Schläfrigkeit, tiefer Schlaf«. Hans-Joachim Flechtner: *Grundbegriffe der Kybernetik* [1966/1070], München 1984, S. 46.

27 William Grey Walter: *Das lebende Gehirn* [1953], Köln u. Berlin 1961, S. 136.

28 Pickering 2007, S. 97.

29 Vgl. Pamela McCorduck: *Denkmaschinen. Die Geschichte der künstlichen Intelligenz*, Haar 1987, S. 97–116, und daran anschließend Bernhard J. Dotzler: *Diskurs und Medium. Zur Archäologie der Computerkultur*, München 2006, S. 109 ff.

30 Pickering 2007, S. 104; McCorduck 1987, S. 107; Marvin Minsky, zit. n. McCorduck 1987, S. 101.

31 Pickering 2007, S. 104.

32 Minsky, zit. n. McCorduck 1987, S. 101; Pickering 2007, S. 104.

33 William Ross Ashby: *An Introduction to Cybernetics*, London 1957, S. 272. Vgl. die deutsche Übersetzung, die »equivalent« durch »Modell« er- und nicht übersetzt (*Einführung in die Kybernetik*, Frankfurt am Main 1974, S. 391).

34 Jacques Lacan: *Das Seminar über E. A. Poes »Der entwendete Brief«* [1956/66] in: *Schriften I*, Frankfurt am Main 1975, S. 7–60, S. 59.

Von Risiko, Schwindel und Balance (Margarete Fuchs)

1 Vgl. Michel Foucault: *Andere Räume*, in: Karlheinz Barck et. al. (Hrsg.): *Aisthesis. Wahrnehmung heute oder Perspektiven einer anderen Ästhetik*, Leipzig, 1990, S. 34–46, und id.: *Die Heterotopien – Les hétérotopies – Der utopische Körper – Le corps utopique*, Frankfurt am Main 2005.

2 Hans Richard Brittnacher: *Leben auf der Grenze. Klischee und Faszination des Zigeunerbildes in Literatur und Kunst*, Göttingen 2012, S. 21.

3 Günter Bose u. Erich Brinkmann: *Circus – Geschichte und Ästhetik einer niederen Kunst*, Berlin 1978, S. 36.

4 Zur Geschichte des Zirkus als Distinktionsprozess, der mit ideologischen Inklusions- und Exklusionsverfahren einhergeht und eine nicht unwesentliche Rolle in den Prozessen der Definition von Kunst und Kultur und Identitätsprozessen spielt, vgl. Birgit Peter: *Zirkus. Irritierende Geschichten – Historische Grenzgänge*, Berlin et. al. vorauss. 2019.

5 Günter Blamberger: *Von der Faszination riskanter Bewegungen. Anmerkungen zu Kleists Sportbetrachtungen*, in: *Kleist-Jahrbuch* 2007, S. 38–45, S. 39.

6 Ibid., S. 39.

7 Das Risiko als spezifischer Aspekt von Zirkusperformances wird jedoch im Nationalsozialismus in die politische Ideologie eingebunden. Denn der Großzirkus als Wanderunternehmen wird in der NS-Zeit recht früh schon zum Musterinstitut erklärt, wird zur ideologischen Projektionsflä-

che und zum Narrativ für nationalsozialistischen Expansionsdrang, Artisten werden zu vorbildlichen NS-Bürgern, gar zu Übermenschen in der vulgarisierten Tradition Nietzsches stilisiert, deren wichtigste Eigenschaften Tollkühnheit, Todesverachtung und Draufgängertum sind – Eigenschaften, die auch für die Soldaten der deutschen Wehrmacht zentral sind. Zirkus wird zur »fahrenden Sonderwelt« erklärt, die nach außen glänzt und spielerische Leichtigkeit verspricht, nach innen aber Disziplin, Unterwerfung, Opferbereitschaft und nüchterne Organisation fordert. Gleichzeitig aber kam es zur massiven Verfolgung, Ermordung und vollständigen Auslöschung jüdischer Zirkusfamilien und ihrer Unternehmen (v.a. die Unternehmen Lorch, Strassburger und Blumenfeld) wie auch einzelner Artist/innen, die Opfer des Holocaust wurden. Vgl. u.a. Marliene Otte: *Jewish Identities in German Popular Entertainment. 1890–1933,* Cambridge et. al. 2006.

8 Das Antonym, das Balint einführt, ist die Oknophilie. »Mit diesem antithetischen Begriffspaar zielt Balint auf den Konflikt zwischen den Bedürfnissen nach Bindung einerseits und Autonomie andererseits. Denn ›Oknophilie‹ verweist auf das griech. *okneo* (sich scheuen, fürchten, anklammern), während ›Philobat‹ in Anlehnung an ›Akrobat‹ gebildet wurde und das Verb *batein* (gehen) enthält. Der Akrobat geht somit buchstäblich auf der Spitze (*akro* = spitz, hoch), und der Philobat liebt etymologisch das Gehen.« Thomas Wegmann: *Artistik. Zu einem Topos literarischer Ästhetik im Kontext zirzensischer Künste.* In: Zeitschrift für Germanistik 20 (2010), H.3, S.563–582, S.565, Note 11. Vgl. Michael Balint: *Angstlust und Regression.* Mit einer Studie von Enid Balint. (Aus d. Engl. übers. v. Konrad Wolff unter Mitarb. v. Alexander Mitscherlich u. Michael Balint), Stuttgart, 2. Aufl. 1988.

9 Wegmann 2010, S.581.

10 Balint 1988, S.17.

11 Wegmann 2010, S.565. Vgl. Michail Bachtin: *Literatur und Karneval. Zur Romantheorie und Lachkultur* [1929/1965], Frankfurt am Main 1985.

12 Thomas Alkemeyer et. al.: *Aufs Spiel gesetzte Körper. Eine Einführung in die Thematik,* in: id. et. al. (Hrsg.): *Aufs Spiel gesetzte Körper. Aufführungen des Sozialen in Sport und populärer Kultur,* Konstanz 2003, S.7–18, S.12.

13 Vgl. John Austin: *Zur Theorie der Sprechakte* [1955/1962], Stuttgart 1972.

14 Alkemeyer et. al. 2003, S.12.

15 Pierre Bourdieu: *Meditationen. Zur Kritik der scholastischen Vernunft,* Frankfurt am Main 2001, S.165–208.

16 Vgl. dazu: Marius Kwint: *The circus and nature in late Georgian England,* in: Peta Tait u. Katie Lavers (Hrsg.): *The Routledge Circus Studies Reader,* London u. New York, NY 2016, S.331–348.

17 Laut Balint ist der Schwindel auch auf Seiten der Zuschauenden zu finden, hier jedoch in Form des Vergnügens, vgl. Balint 1988, S.17 f.

18 Dazu erklären Janz, Stoermer u. Hiepko: »Das Wort ›schwindeln‹ (einen Schwindel empfinden) ist aus dem mhdt. ›swinden‹ abgeleitet, das u.a. ›abnehmen‹, ›vergehen‹, ›bewusstlos werden‹ bedeutet. Die zweite, heute geläufige Bedeutung des Wortes ›Schwindel‹ (im Sinne von Täuschung, Betrug) entsteht erst allmählich seit dem 16.Jh. Der Schwindler, im 17.Jh. noch ein ›Schwärmer und Phantast‹, der unglaubwürdige Geschichten erzählt, wird Ende des 18.Jhs. unter dem Einfluss des englischen ›swindler‹ mit dem Betrüger beinahe gleichgesetzt. Aus dem Schwindel als ›unbesonnener Handel‹ hat sich der ›unlautere Handel‹ entwickelt, der Betrug v.a. im Geschäftsleben (vgl. Kluge)«. Rolf-Peter Janz, Fabian Stoermer u. Andreas Hiepko: *Einleitung,* in: id.(Hrsg.): *Schwindelerfahrungen. Zur kulturhistorischen Diagnose eines vieldeutigen Symptoms,* Amsterdam u. New York, NY 2003, S.7–46, S.10.

19 Janz, Stoermer u. Hiepko 2003, S.10.

20 Ibid., S. 12.

21 Ibid., S. 16.

22 Vgl. ibid.

23 Gabriele Brandstetter: *Kleists Choreographien*, in: *Kleist-Jahrbuch* 2007, S. 25–37, S. 29.

24 Brandstetter 2007, S. 29.

25 Immanuel Kant: *Mutmaßlicher Anfang der Menschengeschichte* [1786], in: id.: *Werke in sechs Bänden*, hrsg. v. Wilhelm Weischedel, Band 6: *Schriften zur Anthropologie, Geschichtsphilosophie, Politik und Pädagogik*, Darmstadt 1964, S. 85–102, S. 89.

26 Brandstetter 2007, S. 30.

27 Kant [1786] 1964, S. 93.

28 Vgl. hierzu Eckart Goebel: *Charis und Charisma. Grazie und Gewalt von Winckelmann bis Heidegger*, Berlin 2006, v. a. S. 35–56. Aber auch: Norbert Oellers: *Antik – modern? Kleists Aufsatz »Über das Marionettentheater«*, in: Institut für Textkritik (2005) http://www.textkritik.de/vigoni/oellers.htm (abgerufen am: 14. 10. 2018).

29 Heinrich von Kleist: *Über das Marionettentheater* [1810], in: id.: *Sämtliche Werke und Briefe* (hrsg. v. Helmut Sembdner), Bd. 2, *Erzählungen und Anekdoten*, München, 9., vermehrte u. rev. Aufl. 1993, S. 338–345, S. 345.

30 Wegmann 2010, S. 569.

31 Kleist [1810] 1993, S. 430.

32 Ibid., S. 342.

33 Brandstetter 2007, S. 34.

34 Anja Lemke: *›Gemüts-Bewegungen‹. Affektzeichen in Kleists Aufsatz ›Über das Marionettentheater‹*, in: *Kleist-Jahrbuch* (2008/2009), S. 184–202, S. 194.

35 Kleist [1810] 1993, S. 340.

36 Frank Wedekind: *Zirkusgedanken*. Erstveröffentlichung: Neue Zürcher Zeitung, Nr. 209 vom 29. 07. 1887 I,II (1. und 2. Blatt), Nr. 210 vom 30. 07. 1887, III. Hier zitiert nach: id.: *Gesammelte Werke*, Bd. 9: *Dramen, Aufsätze, Entwürfe aus dem Nachlaß*, München u. Leipzig 1921, S. 298–305.

37 Vgl. Volker Mergenthaler: *Völkerschau – Kannibalismus – Fremdenlegion. Zur Ästhetik der Transgression (1897–1936)*, Tübingen 2005, S. 223–247.

38 Wedekind [1887] 1921, S. 299.

39 Der Schwerpunkt eines Körpers ist der Punkt, für den, wäre die Masse des Körpers auf diesem Punkt konzentriert, die Bewegungseigenschaften (zumindest für lineare und nicht rotierende Bewegungen) gleich blieben. »Der Schwerpunkt eines beliebigen Systems von Massenpunkten bewegt sich so, als ob er ein Körper mit der Gesamtmasse M wäre, auf den die gesamte äußere Kraft wirken würde« (Wolfgang Demtröder: *Experimentalphysik. Mechanik und Wärme*, Berlin u. Heidelberg, 7. Aufl. 2003, S. 128). Bei einer gleichmäßigen Kugel befindet er sich beispielsweise im Mittelpunkt, je nach Form und Dichte kann der Schwerpunkt aber auch außerhalb des Körpers liegen (beispielsweise bei einem u-förmigen Objekt). Übrigens wird bei Kleist die Sache mit dem Schwerpunkt physikalisch unsauber formuliert: »Jede Bewegung, sagte er, hätte einen Schwerpunkt«. Tatsächlich ist der Schwerpunkt eine Eigenschaft, die nur Körper haben – Bewegungen nicht.

40 Wedekind [1887] 1921, S. 298.

41 Wedekind [1887] 1921, S. 299.

42 Vgl. im Folgenden auch: Mergenthaler 2005, besonders S. 223–232.

43 *Seiltänzer*, in: *Brockhaus' Conversations-Lexikon. Allgemeine deutsche Realencyklopädie*, Bd. 14, Leipzig 13. Aufl. 1886, S. 672.

44 Mergenthaler 2005, S. 226 f.

45 Wedekind: *Im Zirkus* [1888], in: id. : *Prosa. Erzählungen, Aufsätze, Selbstzeugnisse* (hrsg. von Manfred Hahn), Berlin 1969, S. 163–169, S. 168 f.

46 Zur Kunst der Balance vgl. auch: Mergenthaler 2005, S. 225–228.

47 Wedekind verweist auch noch darauf, dass die Instabilität der Balance unterschiedlich ist, je nachdem ob sich die/der Tanzende auf einem straff gespannten oder einem Schlappseil bewegt. Bei Letzterem gebe es überhaupt »keinen gegebenen festen Stützpunkt mehr«, sie/er muss diesen also »in sich selber [...] suchen.« Wedekind [1888] 1969, S. 169.

48 Vgl.: »Ein Mann geht durch den Raum, während ihm ein anderer zusieht; das ist alles, was zur Theaterhandlung notwendig ist.« Peter Brook: *Der leere Raum*, Berlin 3. Aufl. 1997, S. 1.

49 Wedekind [1887] 1921, S. 298.

Gleichgewicht am Erwartungshorizont (Ernst Seidl)

1 Vgl. Cord Meckseper: *Oben und Unten in der Architektur. Zur Entstehung einer abendländischen Raumkategorie*, in: Hermann Hipp, Ernst Seidl (Hrsg.): *Architektur als politische Kultur. Philosophia practica*, Berlin 1996, S. 37–52; Otto Friedrich Bollnow: *Mensch und Raum*, Stuttgart 1963, S. 54 f., streift das Thema »Die rechte und die linke Seite« auf nur einer Seite. Vgl. auch die großen Leerstellen in Karsten Ley: *Raum, Zeit, Funktion. Die Dimensionen der Achse im Städtebau*, Aachen 2005.

2 Zu Begriff und Bedeutung von »Stadtlandschaft« vgl. Holger Gräf u. Katrin Keller (Hrsg.): *Städtelandschaften – réseau urbain – urban network*, Köln, Weimar u. Wien 2004.

3 Vgl. Ernst Seidl: *Der Bautypus als Ordnungsprinzip der Architekturgeschichte*, in: id. (Hrsg.): *Lexikon der Bautypen. Funktionen und Formen der Architektur*, Stuttgart 2006, S. 11–18, oder id. (Hrsg.): *Politische Raumtypen. Zur Wirkungsmacht öffentlicher Bau- und Raumstrukturen im 20. Jahrhundert*, Göttingen 2009 (Kunst und Politik. Jahrbuch der Guernica-Gesellschaft, Bd. 11).

4 Italo Calvino: *Le città invisibili*, Turin 1972, S. 27: Le città e i segni 2 (deutsch: Italo Calvino: *Die unsichtbaren Städte*, München 1977, S. 25: Die Städte und die Zeichen 2: »Das Gedächtnis ist übervoll: Es wiederholt die Zeichen, damit die Stadt zu existieren beginnt«).

5 Vgl. beispielsweise mit grundlegenden Literaturverweisen Konrad Hoffmann: *»Geschichte des Sehens« heute*, in: *Attempto* 59/60/1977, S. 76–80.

6 Unter ganz anderen Vorzeichen aber mit verwandten Perspektiven auf die Landschaft: Denis Cosgrove: *Social Formation and Symbolic Landscape*, London 1984; id. u. Stephen Daniels (Hrsg.): *The Iconography of Landscape*, Cambridge 1988; Jörg Traeger: *Der Weg nach Walhalla. Denkmallandschaft und Bildungsreise*, Regensburg, 2. Auflage 1991, oder auch Martin Warnke: *Politische Landschaft. Zur Kunstgeschichte der Natur*, München u. Wien 1992.

7 Vgl. dazu: Ernst Seidl: *Achse als Zeichen. Ein urbaner Raumtypus und seine Bedeutung als Gedächtnisform* (unpublizierte Habilitationsschrift), Tübingen 2004.

8 Den historischen Prozess der perspektivischen Konstruktion von der Frühen Neuzeit bis in die Moderne bestätigen auch Alberto Pérez-Gómez u. Louise Pelletier: *Architectural Representation and the Perspective Hinge*, Cambridge, MA., London 1997, jedoch bleiben sie auf die *Darstellung* von Architektur und den Einfluss auf Architekturentwürfe begrenzt.

9 Vgl. Wolfgang Kemp: *Die Räume der Maler*, München 1996, oder Samuel Edgerton: *Giotto und die Erfindung der dritten Dimension*, München 2004; vgl. auch Ivan Nagel: *Malerei und Drama. Über das Historiengemälde*, in: *Zeitschrift für Kunstgeschichte* 1/2003, S. 1–18, der je nach Raumstruktur bei Giotto verschiedene Bedeutungszuweisungen erkennt.

10 Zur Entwicklung und zu den Vorläufern des frühneuzeitlichen Bild-Bühnenraumes vgl. auch Miriam Bunim: *Space in Medieval Painting and the Forerunners of Perspective*, New York, NY 1940.

11 Vgl. Leon Battista Alberti: *De Pictura libri tres absolutissimi (*hrsg. v. Thomas Venatorius), Basel 1540 (vollendet 1435), oder id.: *La Pittura* (übers. v. Lodovico Domenichi), Venedig 1547; Piero della Francesca: *De prospectiva pingendi* (hrsg. v. Giusta Nicco Fasola [1942]), Florenz 1984.

12 Vgl. Jean Gebser: *Ursprung und Gegenwart. Teil I: Die Fundamente der aperspektivischen Welt. Beiträge zu einer Geschichte der Bewußtwerdung*, 2 Bde, Stuttgart 1949–53; Alexandre Koyré: *Von der geschlossenen Welt zum unendlichen Universum*, Frankfurt am Main 1969, oder Manfredo Tafuri: *Ricerca la Rinascimento. Principi – città – architetti*, Turin 1992; Daniel Arasse: *Perspective régulière – rupture historique?*, in: Jean Galard (Hrsg.): *Ruptures. De la discontinuité dans la vie artistique*, Paris 2002, S. 58–71.

13 Vgl. Richard Krautheimer: *The Tragic and Comic Scene of the Renaissance. The Baltimore and Urbino Panels*, in: *Gazette des Beaux-Arts* 33/1948, S. 327–346, und id.: *The Panels in Urbino, Baltimore and Berlin Reconsidered*, in: Henry Armand Millon (Hrsg.): *Italian Renaissance Architecture. From Brunelleschi to Michelangelo*, London 1996, S. 233–257.

14 Vgl. Heinz Kindermann: *Bühne und Zuschauerraum. Ihre Zuordnung seit der griechischen Antike*, Wien 1963, S. 86.

15 Wie etwa auch Götz Pochat: *Theater und bildende Kunst*, Graz 1990, diese Entwicklung chronologisch aufschlüsselt. Vgl. zur Unterscheidung zwischen »*stage space*« und »*viewer space*« auch Svetlana Alpers: *The Art of Describing. Dutch Art in the Seventeenth Century*, Chicago 1983, S. 53–59.

16 Zu Peruzzi vgl. Christoph Luitpold Frommel: *Baldassare Peruzzi als Maler und Zeichner*, in: *Beiheft zum Römischen Jahrbuch für Kunstgeschichte*, Bd. 11, 1967/68; vgl. etwa auch Sebastiano Serlio: *Il secondo libro di prospettiva* [1545], Vicenza 1618, der die genaue Darstellung der drei Bühnentypen eng an die Lehre der Perspektivkonstruktion bindet. Vgl. hierzu Günter Schöne: *Die Entwicklung der Perspektivbühne. Von Serlio bis Galli-Bibiena*, Nendeln, Liechtenstein 1977.

17 Dieser Sichtweise entspricht auch die Definition der Achse als »*Richtungsraum*« aus einem »*Bund strebiger Strahlen*« durch Wilhelm Rave: *Die Achse in der Baukunst*, Münster 1929, S. 27. Vgl. auch Stefano Ray: *Lo specchio del cosmo. Da Brunelleschi à Palladio*, Rom 1991 (Rezension in: *Critica del Arte* 6/56/1991, S. 12).

18 Zur Neuartigkeit dieser »*Bedeutungsdiagonale*« der Perspektive von unten nach oben und in die Bildtiefe – im Gegensatz zur früheren heiligenden Bedeutungsperspektive oder den Goldsphären vgl. Ernst Seidl: *Welche Bedeutung kann die Perspektive tragen? Anmerkungen zu Masaccios Trinitätsfresko in Florenz*, in: *Das Münster* 4/2000, S. 356–359, oder, anders gewichtet, Alexander Perrig: *Masaccios «Trinità« und der Sinn der Zentralperspektive*, in: *Marburger Jahrbuch für Kunstwissenschaft* 21/1986, S. 11–43, S. 31.

19 Zwar waren im antiken Rom annähernd alle öffentlichen Bauten und Foren für sich als Einzelkomplexe axialsymmetrisch angelegt, jedoch wurden sie untereinander und darüber hinausgreifend im Stadtraum, also urbanistisch, nicht durch visuelle Achsen und *points de vues* inszeniert.

20 Obgleich königliche Einzüge jahrhundertealte Tradition hatten – insbesondere in Frankreich –, kann für die Renaissance beobachtet werden, dass die bühnenbildhafte zeremonielle Ausgestaltung des Stadtraumes zu solchen Ereignissen einen Höhepunkt erfährt. Vgl. Karl Möseneder: *Zeremoniell und monumentale Poesie. Die «Entrée solennelle« Ludwigs XIV. 1660 in Paris*, Berlin 1983, zur spätantiken und mittelalterlichen Geschichte des königlichen Einzugs S. 23 ff.

21 Nicolas Bock u. Wolfgang Jung: *Der Stadtraum als Bühne. Formen architektonischer Inszenierung zwischen Mittelalter und Neuzeit*, in: Jan Adrianus Aertsen u. Andreas Speer (Hrsg.): *Raum und Raumvorstellungen im Mittelalter*, Berlin u. New York 1998, S. 763–792.

22 Vgl. Irving Lavin: *The Campidoglio and Sixteenth-Century Stage Design*, in: Walter Cahn (Hrsg.): *Essays in honour of Walter Friedlaender*, New York 1965, S. 114–118; Fritz Saxl: *The Capitol during the Renaissance – A Study of the Imperial Idea*, in: id.: *Lectures*, London 1957, Bd. 1, S. 200–214 (1957 erstmals publizierter Vortrag aus dem Jahr 1938); Nachdruck: id.: *Das Kapitol im Zeitalter der Renaissance – Ein Symbol der Idee des Imperiums*, in: Martin Warnke (Hrsg.): *Politische Architektur in Europa vom Mittelalter bis heute. Repräsentation und Gemeinschaft*, Köln 1984, S. 74–105.

23 Vgl. dazu den Sonderdruck des Vortrags von Richard Krautheimer: *Roma Alessandrina*, Poughkeepsie, NY 1982, bzw. dessen Wiederabdruck in: id.: *Ausgewählte Aufsätze zur europäischen Kunstgeschichte*, Köln 1988, S. 357–375, oder auch id.: *The Rome of Alexander VII*, Princeton, NJ 1985.

24 Als Beispiele seien neben der *Piazza del Popolo* und dem gezeigten Bühnenprospekt auch die Bühne von Palladios bzw. Scamozzis *Teatro Olimpico* in Vicenza, der Park der *Villa Montalto* von Sixtus V. sowie der Garten von *Esterháza* in Ungarn, St. Petersburgs Dreistrahl und jener von Peterhof genannt sowie jene der *Place de la Concorde* in Paris, der Südseite des dortigen Invalidendoms, der Versailles' und – als Mehrstrahl – die ungebaute *Place de France* Heinrichs IV., schließlich der Dreistrahl des *Belle-Alliance*-Platzes in Berlin, jene der englischen Landsitze Hampton Court oder Houghton, der in Kassels Karlsaue, der Nymphenburgs sowie der jenseits der Engelsburg in Rom auf dem *Banchi*-Ufer; ein früher Dreistrahl findet sich zudem in Bagnaia. Vgl. dazu auch Spiro Kostof: *The City Shaped. Urban patterns and meaning through history*, London 1991 (dt.: *Das Gesicht der Stadt. Geschichte städtischer Vielfalt*, Frankfurt am Main u. New York, NY 1992, S. 237 ff.).

25 Vgl. Kostof 1992, S. 332.

26 Jörg Häntzschel: *Die Freiheitsstatue im Garten Eden*, in: *Süddeutsche Zeitung*, Nr. 190, 20. August 2003, S. 11.

27 Ibid. Die Pläne befinden sich in *The Frank Lloyd Wright Foundation*, Scottsdale, AZ.

28 Dieses Grundmotiv des vom Auge ausgehenden Sehstrahls statt des in das Auge einfallenden Lichts nimmt seinen Anfang bereits in der antiken Theorie bei Pythagoras oder Platon. Vgl. Arthur Erich Haas: *Antike Lichttheorien*, in: *Archiv für Geschichte der Philosophie* 20/NF13/1907, S. 345–386; Walter Jablonski: *Die Theorie des Sehens im griechischen Altertume bis auf Aristoteles*, in: *Sudhoffs Archiv für Geschichte der Medizin und der Naturwissenschaften* 23/1930, S. 306–331.

29 Dass das künstlerische Motiv der städtebaulichen Achse zwar eine lange kulturgeschichtliche Entwicklung hinter sich hat, aber sowohl als urbanistischer Begriff, als auch als kunstwissenschaftliche Kategorie noch recht jung ist, das zeigen auch die »künstlerischen Grundsätze« des Städtebaus Camillo Sittes, die sich um 1900 noch ausschließlich auf Gestaltung von Plätzen beschränkten. Vgl. Camillo Sitte: *Der Städtebau nach seinen künstlerischen Grundsätzen*, Wien, 3. Auflage 1901, oder Albert Erich Brinckmann: *Deutsche Stadtbaukunst in der Vergangenheit*, Frankfurt am Mai, 2. Auflage 1921.

30 Vgl. Jean-Paul Lacaze: *Paris, urbanisme d'Etat et destin d'une ville*, Paris 1994, S. 106; Marc Antoine Laugier: *Essai sur l'architecture*, Paris 1753, oder Cornelia Jöchner: *Die Ordnung der Dinge. Barockgarten und politischer Raum*, in: Michael Petzet (Hrsg.): *Die Gartenkunst des Barock*, München 1999, S. 177; so betont etwa auch Michael Hesse: *Stadtarchitektur. Fallbeispiele von der Antike bis zur Gegenwart*, Köln 2003, S. 87, dass die Stadtbaukunst sich »*Gestaltungsmittel des formalen Gartens französischer Art*« zu eigen machte. Jedoch wird ganz im Gegensatz dazu offensichtlich, dass sich sogar die französischen Gärten dieselben Prinzipien zu eigen machten, die vorher die Bild- und Bühnenbildperspektive sowie die Idealstadtplanungen seit dem *Quattrocento* entwickelten; hinzuzufügen ist, dass alle Gärten, auch jene der mittelalterlichen Klöster und die fürstlichen Gärten der Renaissance, »formaler« Natur waren.

31 Von »*kommunalen Verweigerungen*« oder »*kommunalen Anverwandlungen*« zahlreicher Beispiele wie auch immer gelagerter »absolutistischer« *Place-Royale*-Projekte spricht Andreas Köstler: *Place Royale. Metamorphosen einer kritischen Form des Absolutismus*, München 2003, S. 125–182.

32 Beispielsweise war auch Gottfried Semper die Funktion von Architektur als »*Symbol von herrschenden religiösen, sozialen und politischen Systeme(n)*« bewusst. Gottfried Semper: *Über Baustyle*, in: id.: *Kleine Schriften*, Berlin u. Stuttgart 1884, S. 395–426.

33 Immanuel Kant verwies dabei grundsätzlich auf verschiedene Orientierungen in der Natur, die nur durch die Bezugnahme auf ein absolutes Orientierungssystem erklärt werden können. Immanuel Kant: *Von dem ersten Grunde des Unterschiedes der Gegenden im Raume*, in: id.: *Gesammelte Schriften* (hrsg. v. d. Kgl. Preußischen Akademie der Wissenschaften, 1768), Bd. 2: *Vorkritische Schriften II*, 1757–1777, Berlin 1905, S. 375–383 (Kommentar: Kurt Lasswitz, S. 507–509). Vgl. auch in ähnlicher Stoßrichtung mit anderen Mitteln Bollnow 1963, S. 63 ff.

34 Otto Becker: *Beiträge zur phänomenologischen Begründung der Geometrie und ihrer physikalischen Anwendungen*, in: *Jahrbuch der Philosophie und phänomenologischen Forschung* 6/1923, S. 385–560.

35 Vgl. Lenelis Kruse u. Carl Friedrich Graumann: *Sozialpsychologie des Raumes und der Bewegung*, in: Kurt Hammerich (Hrsg.): *Materialien zur Soziologie des Alltags*, Opladen 1978, S. 177–219, S. 180 f. Dass der Begriff der »Orientierung« als wissenschaftsgeschichtliche Kategorie auch losgelöst vom Raum in Anschlag gebracht werden kann, zeigt etwa Jörn Rüsen: *Historische Orientierung. Über die Arbeit des Geschichtsbewusstseins, sich in der Zeit zurechtzufinden*, Köln, Weimar u. Wien 1994.

36 Dabei wäre etwa an den Einfluss Thomas Morus' »Utopia« oder Tomaso Campanellas »Sonnenstaat« zu denken; damit ist ein Problem angesprochen, das in seiner Grundsätzlichkeit hier nicht verfolgt werden kann. Vgl. etwa die beiden Beiträge von Hermann Hipp und Barbara Uppenkamp in: Hipp u. Seidl 1996, S. 93–129.

37 Etwa in Georg Simmel: *Soziologische Ästhetik*, in: *Die Zukunft* 17/5/1896, S. 204–216; Wiederabdr. in: id.: *Gesamtausgabe* (hrsg. v. Otthein Rammstedt), Bd. 5: *Aufsätze und Abhandlungen*, 1992, S. 197–214, sowie in seiner *Philosophie des Geldes*, Leipzig, 2. Auflage 1907; Wiederabdr. in: id.: *Gesamtausgabe*, Bd. 6, 1989, S. 681 f.

38 So in: Nicolas Malebranche: *Méditations chrétiennes*, in: id.: *Œuvres*, Bd. 2, Paris 1858, S. 43; vgl. Michail Wladimirowitsch Alpatow: *Versailles*, in: id.: *Studien zur Geschichte der westeuropäischen Kunst* [1939] (Klassiker der Kunstgeschichte), hrsg. v. Andreas Beyer, Nachdr. d. Ausg. Köln 1974, Köln 1996, S. 250.

39 Nicolas Malebranche: *Méditations chrestiennes, par l'auteur De la Recherche de la Vérité*, IV. *Meditation: Des véritez nécessaires. de l'ordre immuable, & des loix éternelles en général*, Köln 1683, Art. 13, S. 56 f.: »*Warum, meinst Du, lieben alle Menschen von Natur aus das Schöne? Es liegt daran, dass jede Schönheit, zumindest jene, die Ergebnis des Geistes ist, offensichtlich eine Nachahmung von Ordnung ist.*«

40 Georg Germann: *Krumme Straßen. Städtebautheorie der Frühneuzeit*, in: *Zeitschrift für Stadtgeschichte, Stadtsoziologie und Denkmalpflege* 3/1976, S. 10–25, S. 20.

41 Dazu sei noch einmal an Rousseaus vergleichbare Kritik am chaotischen Straßenbild von Paris in *The Confessions* 1781 (1954) erinnert, hier in »*V. 3. Turin – Stadt und Landschaft*«.

42 Marc Antoine (Abbé) Laugier: *Essai sur l'architecture*, Farnborough 1966 [1753/1755], S. 209 f.; S. 221 die Forderung nach zahlreichen, breiten und geraden Straßen: »*Unsere Städte sind immer noch, was sie waren: eine Anhäufung von durcheinander aufgetürmten Häusern, ohne System, ohne*

Anordnung und ohne Plan. Nirgendwo tritt dieses Chaos empfindlicher und schockierender zutage als in Paris. [...] Paris hat also größten Bedarf an Verschönerung, und es ist in diesem Punkt unendlich verbesserungsfähig. [...] Die Schönheit und Großartigkeit einer Stadt hängt hauptsächlich von drei Dingen ab, ihren Zugängen, ihren Straßen und ihren Bauten.«

43 Thomas Kesseler, Andreas Vowinckel u. Kunstverein Karlsruhe (Hrsg.): *Le Corbusier, synthèse des arts. Aspekte des Spätwerks, 1945–1965* (Ausst.-Kat., Karlsruhe), Berlin 1986, S.23 – dort das Lob der Ordnung. Vgl. dazu auch Pérez-Gómez u. Pelletier 1997, S.340–360, die das Gedicht Le Corbusiers als Zeugen dieser Art einer rationalen Grundhaltung gegenüber architektonischer und städtebaulicher Moderne aufrufen.

44 Vgl. Ernst Cassirer: *Mythischer, ästhetischer und theoretischer Raum*, aus: Hermann Noack (Hrsg.): *Vierter Kongreß für Ästhetik und Allgemeine Kunstwissenschaft*, Stuttgart 1931 (*Zeitschrift für Ästhetik und Allgemeine Kunstwissenschaft*, Bd.25/Beilagenheft), S.21–36, S.24.

45 Rudolf Arnheim: *Inverted Perspective and the Axiom of Realism*, aus: *Inverted Perspective in Art: Display and Expression*, in: *Leonardo*, Nr.5, 1972 (dt.: *Die umgekehrte Perspektive und das Axiom des Realismus*, in: id.: *Neue Beiträge*, Köln 1991, S.212–243, S.212). Vgl. ferner Rudolf Arnheim: *Die Macht der Mitte*, Köln 1983.

46 David Summers: *Real Spaces. World Art History and the Rise of Western Modernism*, New York, NY 2003, S.201.

47 Dies konnte beispielsweise zur extrem überspitzten Aussage führen, dass – um ein ironisches Wort Herbert Reads nach dem Zweiten Weltkrieg aufzugreifen – »*hinter jeder dorischen Säule ein blutbefleckter Diktator*« steht. Zitiert in Colin St. John Wilson: *Gunnar Asplund. The Dilemma of Classicism*, in: *AA files. Annals of the Architectural Association School of Architecture* 18/1988, S.19. Vgl. zu diesem virulenten Diskussionsfeld den Aufsatz von Winfried Nerdinger: *Politische Architektur. Betrachtungen zu einem problematischen Begriff*, in: Ingeborg Flagge u. Wolfgang Jean Stock (Hrsg.): *Architektur und Demokratie. Bauen für die Politik von der amerikanischen Revolution bis zur Gegenwart*, Stuttgart 1992, S.10–31. Ähnlich auch – nunmehr auf den Raum der Achse bezogen – id.: »*Ein deutlicher Strich durch die Achse der Herrscher*«. *Diskussionen um Symmetrie, Achse und Monumentalität zwischen Kaiserreich und Bundesrepublik*, in: Romana Schneider u. Wilfried Wang (Hrsg.): *Moderne Architektur in Deutschland 1900 bis 2000. Macht und Monument* (Ausst.-Kat., DAM Frankfurt am Main), Stuttgart 1998, S.87–99 – dagegen: Hans-Ernst Mittig: *NS-Stil als Machtmittel*, in: ibid., S.101–115.

48 Saxl 1984 (1957), S.104.

49 Vgl. Summers 2003, hier »*The appropriation of the centre*«, S.201–250, bes. S.228–241.

50 Franz Alto Bauer: *Stadt, Platz und Denkmal in der Spätantike*, Mainz 1996, S.379 f.

51 Ibid., S.394.

52 Der Topos der essentiellen Ordnung als »[...] *notwendige Vorbedingung für alles, was der Menschengeist verstehen möchte*«, etwa bei Rudolf Arnheim: *Entropie und Kunst. Ein Versuch über Unordnung und Ordnung* [1979], Köln 1996, S.9.

53 Vgl. zu den verschiedenen Bedeutungsebenen von Architektur Günter Bandmann: *Ikonologie der Architektur*, in: *Jahrbuch für Ästhetik und Allgemeine Kunstwissenschaft*, Stuttgart 1951, S.87–95.

54 Rudolf Arnheim: *Anschauliches Denken. Zur Einheit von Bild und Begriff*, Köln 1972, S.88.

REST in Peace (Philipp Hauss und Sebastian Vehlken)

1 Seth Stevenson: *Embracing the Void. The profound, ecstatic state of nothingness I achieved while floating naked in a sensory deprivation tank*, *Slate Magazine*, 15.Mai 2013, https://slate.com/

human-interest/2013/05/sensory-deprivation-flotation-tanks-i-floated-naked-in-a-pitch-black-tank-and-you-should-too.html (abgerufen am: 2. 5. 2019); vgl. Amir Efrati: *Float Centers Gaining Steam, Wall Street Journal*, 27. Februar 2013, https://www.wsj.com/articles/SB1000142412788 7324338604578326143828290394 (zuletzt abgerufen am: 2. 5. 2019).

2 Nick Bastone: *Can Floating Naked Inside a Redwood City Strip Mall Simplify Your Life? We Found Out, The Six Fifty*, 5. April 2017, https://thesixfifty.com/can-floating-naked-inside-a-redwood-city-strip-mall-simplify-your-life-we-found-out-dab7b3b7c564 (abgerufen am: 2. 5. 2019).

3 Hamilton Morris: *Hamilton's Pharmacopeia*, Season 1, Episode 13, 2016, https://www.viceland. com/en_us/video/tanks-for-the-memories/5630f489e6ec053d6a2b67d0 (abgerufen am: 2. 5. 2019).

4 Vgl. https://floatconference.com (abgerufen am: 2. 5. 2019).

5 Anonym: *Relaxation Tanks. A Market develops, New York Times*, 21. November 1981, https://www.nytimes.com/1981/11/21/business/relaxation-tanks-a-market-develops.html (abgerufen am: 2. 5. 2019).

6 Stevenson 2013, o. S.

7 Vgl. John Cunningham Lilly: *The Deep Self*, New York, NY 1977; Michael Hutchison: *The Book of Floating. Exploring the Private Sea,* New York, NY 1984, u. id.: *Megabrain*, New York, NY 1986.

8 Vgl. Roderick A. Borrie u. Peter Suedfeld: *Restricted environmental stimulation therapy in a weight reduction program*, in: *Journal of Behavioral Medicine* 3/1980, S. 147–161.

9 Vgl. z. B. Jay Talmadge Shurley: *Sensory Deprivation and Sensory Isolation Research, and Political Torture. A 35-Year Critical Retrospective*, in: Anthony Kales, Chester Middlebrook Pierce u. Milton Greenblatt (Hrsg.): *The Mosaic of Contemporary Psychiatry in Perspective,* New York, NY 1992, S. 200–210.

10 Vgl. Michel Serres: *Der Parasit*, Frankfurt am Main 1980.

11 Vgl. Mark Jackson: *The Age of Stress. Science and the Search for Stability*, Oxford 2013.

12 So das Motto der Float-Conference 2013, 3. Februar 2013, https://floatconference.com/looking-forward-to-a-whole-lot-more-of-nothing/(abgerufen am: 1. Juli 2019).

13 Vgl. Peter Suedfeld, Elizabeth J. Ballard, u. Margaux Murphy: *Water immersion and flotation. From stress experiment to stress treatment*, in: *Journal of Environmental Psychology* 3, 2/1983, S. 147–155, S. 147.

14 Vgl. John Peter Zubek: *Sensory Deprivation. Fifteen Years of Research*, New York, NY 1969.

15 Rez. zu Zubek 1969 v. Leo Goldberger: *In the Absence of Stimuli*, in: *Science* 168/3932/1970, S 709–711.

16 Vgl. Goldberger 1970.

17 Vgl. George W. Barnard, Harold D. Wolff, u. Duane Edgar Graveline: *Sensory deprivation under null-gravity conditions*, in: *American Journal of Psychiatry* 118, 10/1962, S. 921–925; Woodburn Heron: *The pathology of boredom*, in: *Scientific American* 196/1957, S. 52–56.

18 Suedfeld, Ballard u. Murphy 1983, S. 147.

19 Philip Solomon et al.: *Sensory deprivation*, in: *American Journal of Psychiatry* 114, 4/1957, S. 357–363.

20 Vgl. W. H. Bexton, W. Heron u. T. H. Scott: *Effects of decreased variation in the sensory environment*, in: *Canadian Journal of Psychology* 8/2/1954, S. 70–76; W. Heron, B. K. Doane u. T. H. Scott: *Visual disturbances after prolonged perceptual isolation*, in: *Canadian Journal of Psychology* 10,

1/1956, S. 13–18; T. H. Scott et al.: *Cognitive effects of perceptual isolation*, in: *Canadian Journal of Psychology* 13/1959, S. 200–220.

21 Vgl. Marvin Zuckerman: *Variables affecting deprivation results*, in: Zubek 1969, S. 47–84.

22 Suedfeld, Ballard u. Murphy 1983, S. 147.

23 Vgl. Peter Suedfeld u. Stanley Cohen: *Perceptual Isolation, Sensory Deprivation, and Rest. Moving Introductory Psychology Texts Out of the 1950s*, in: *Canadian Psychology* 30/1989, S. 17–29, S. 19–20.

24 Vgl. Suedfeld u. Cohen 1989, S. 20.

25 Vgl. Peter Suedfeld (Hrsg.): *Restricted Environment Stimulation. Research and Clinical Applications*, New York, NY 1980.

26 Peter Suedfeld: *Behavioral applications of the restricted environmental stimulation technique,* in: John Richard Eiser (Hrsg.): *Social Psychology and Behavioral Medicine,* London 1982, S. 393–412, S. 403–404.

27 Suedfeld 1982, S. 407–408.

28 Suedfeld 1982, S. 399.

29 Suedfeld u. Cohen 1989, S. 20.

30 John Cunningham Lilly: *Mental effects of reduction of ordinary levels of physical stimuli on intact, healthy persons*, in: *Psychiatric Research Reports* 5/1956, S. 1–9; Lilly 1977, S. 119–128, S. 124.

31 Vgl. Giuseppe Moruzzi u. Horace Magoun: *Brain stem reticular formation and activation of the EEG*, in: *Electroencephalography and Clinical Neurophysiology* 1, 4/1949, S. 455–473; Frederic Bremer: *Cerveau »isolé« et Physiologie du Sommeil*, in: *Comptes Rendus des Séances et Mémoires de la Société de Biologie* 118/1935, S. 1235–1241.

32 John Cunningham Lilly u. E. J. Gold: *Tanks for the Memories. Floating Tank Talks,* Nevada City, CA 1995, S. 19; John Cunningham Lilly: *Programming and Metaprogramming in the Human Biocomputer. Theory and Experiments*, New York, NY 1968.

33 John Cunningham Lilly u. Jay Talmadge Shurley: *Experiments in Solitude in Maximum Achievable Physical Isolation with Water Suspension of Intact Healthy Persons*, in: Bernhard E. Flaherty (Hrsg.): *Psychophysiological Aspects of Space Flight*, New York, NY 1961, S. 238–247, S. 239.

34 Lilly u. Gold 1995, S. 7.

35 Ibid.

36 Ibid., S. 18.

37 Lilly 1956, S. 1.

38 Vgl. Lilly u. Shurley 1962, S. 130–131.

39 Vgl. Lilly u. Shurley 1962, S. 132.

40 Stevenson 2013, o. S.

41 Vgl. Steve Conger: *Isolation Tank Construction and Maintenance*, in: Lilly 1977, S. 149–170.

42 Vgl. ibid., S. 47.

43 Vgl. ibid., S. 126.

44 Ibid., S. 127–128.

45 Lilly u. Gold 1995, S. 6.

46 Suedfeld, Ballard u. Murphy 1983, S. 151.

47 Stevenson 2013, o. S.

48 Aurelius Augustinus: *Noli foras ire, in te ipsum redi. In interiore homine habitat veritas*, in: Aurelius Augustinus, *De Vera Religione. Liber Unus* [390], v. 72, S. 154. http://www.documentacatholicaomnia.eu/02m/0354-0430,_Augustinus,_De_Vera_Religione_Liber_Unus,_MLT.pdf (abgerufen am: 2. 5. 2019); vgl. René Descartes: *Meditationes de Prima Philosophia*, in: id.: *Meditationes de Prima Philosophia lateinisch/deutsch* [1641] (hrsg. v. Gerhart Schmidt), Stuttgart 1986; vgl. Aurelius Augustinus: *De vera religione* [390] (übers. u. hrsg. v. Wilhelm Thimme), Stuttgart 1986, S. 39 u. S. 72.

49 In der ersten Meditation heißt es: »[...] ziehe mich einsam zurück, [...]«; vgl. Descartes [1641] 1986, 17,2.

50 Vgl. Descartes [1641] 1986, 22,23: »Ich will alles beseitigen, das auch nur den geringsten Zweifel zulässt, gerade so als ob ich erfahren hätte, dass es insgesamt falsch ist.«

51 Vgl. ibid., 34,12.

52 Vgl. Anne Harrington: *The Cure Within. A history of mind-body medicine*, London u. New York, NY 2008.

53 Vgl. Eva Illouz: *Die Errettung der modernen Seele. Therapien, Gefühle und die Kultur der Selbsthilfe*, Frankfurt am Main 2009.

54 Stanley Krippner: *Psilocybin. An adventure in psilocybin*, in: Bernard Aaronson u. Humphry Osmond (Hrsg.): *Psychedelics. The uses and implications of hallucinogenic drugs*, Garden City, NY 1970, S. 36.

55 Lilly 1977, S. 274.

56 John Cunningham Lilly u. Phillip Lilly: *The Quiet Center. Isolation and Spirit*, Oakland, CA 2003, S. 126.

57 Vgl. Cornelius Borck: *Hirnströme. Eine Kulturgeschichte der Elektroenzephalographie*, Göttingen 2005, S. 313.

58 Peter Sloterdijk: *Du musst dein Leben ändern. Über Anthropotechnik*, Frankfurt am Main 2011, S. 12.

59 Vgl. Harrington 2008.

60 Harrington 2008, S. 60 f.

61 »Everybody is aware of this, but it is less well-known that our bodily *defense reactions can also fall into a groove*. [...]The body of a patient can [...] responding in the same senseless manner«, Hans Selye: *The stress of life*, New York, NY 1976, S. 402.

62 Vgl. Halbert L. Dunn: *High-Level Wellness. A collection of twenty-nine short talks on different aspects of the theme »High-Level Wellness for Man and Society«*, Arlington, VA 1961; id.: *Points of Attack for Raising the Levels of Wellness*, in: *Journal of the Medical Association* 4 49/1957, S. 225–235; id.: *High Level Wellness For Man and Society*, in: *American Journal of Public Health* 6 49/1958, S. 786–792.

63 Dunn 1961, S. 138.

64 Vgl. Norbert Wiener: *Cybernetics or Control and Communication in the Animal and the Machine*, Cambridge, MA 1948, S. 150. Bis in den Metapherngebrauch wird in den folgenden Jahrzehnten

die Überforderung durch ein Zuviel an Reizen, an Information gleichberechtigt neben psychischer und physischer Erschöpfung durch zu große Anstrengung stehen, diese sogar verdrängen.

65 Vgl. Jackson 2013, S. 173.

66 Vgl. ibid., S. 21.

67 Vgl. ibid., S. 112.

68 Vgl. ibid., S. 144.

69 Vgl. ibid., S. 141; Harrington 2008, S. 158.

70 Selye 1976, S. 84.

71 Ibid., S. 420 f.

72 Vgl. z. B. Stefanie Duttweiler: »*Stellen Sie sich ihr persönliches Wellnessprogramm zusammen!*« *Wellness zwischen Ethik und Ästhetik*, in: Jens Elberfeld u. Otto Marcus (Hrsg.): *Das schöne Selbst. Zur Genealogie des modernen Subjekts zwischen Ethik und Ästhetik*, Bielefeld 2009, S. 401–413; Sloterdijk 2011, S. 106.

73 Der Kulturwissenschaftler Pascal Eitler hat diesen Aspekt präzise beschrieben: »Selbsttechniken geraten in diesem Kontext nicht ausschließlich, aber in erster Linie als Körpertechniken in den Blick – und diese zielten im Fall des neuen Zeitalters weniger auf den immer wieder neu zu optimierenden ›Marktwert‹ als auf eben jene allenfalls langsam zu erfahrende ›Selbstheilung‹.« Pascal Eitler: »*Selbstheilung*«. *Zur Somatisierung und Sakralisierung von Selbstverhältnissen im New Age (Westdeutschland 1970–1990)*, in: Sabine Maasen et al. (Hrsg.): *Das beratene Selbst. Zur Genealogie der Therapeutisierung in den ›langen‹ Siebzigern*, Bielefeld 2011, S. 162.

74 John Travis nannte ihre Gruppierung so in einem persönlichen Gespräch.

75 Marshall McLuhan: *Understanding Media. The extensions of man*, London u. New York, NY 1964, S. 117.

76 James V. Hardt et al.: *Studying power and coherence relationships in 6-channel EEGs. A McLuhanistic technique applied to Zen meditation*, in: *Proceedings of the Biofeedback Research Society* (2/7) 1976, S. 31.

77 Marvin Karlins u. Lewis M. Andrews: *Biofeedback. Die Technik der Selbstkontrolle*, Stuttgart 1973, S. 71.

78 Lilly 1977, S. 29.

79 Vgl. Michael Hutchison: *Megabrain*, Paderborn 1999.

80 Dunn 1961, S. 141.

FARBTAFELN

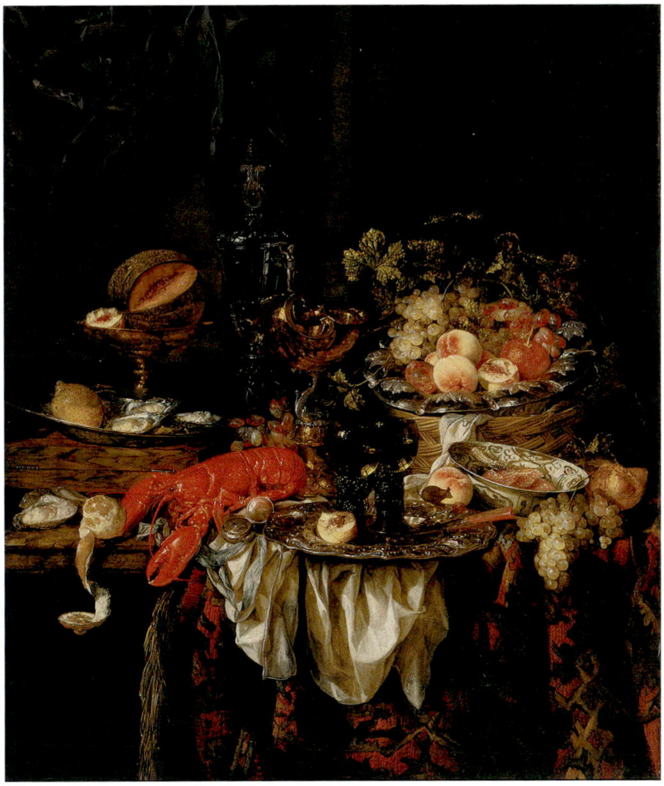

Tafel 1 Abraham van Beyeren: *Bankettstillleben*, 1667, Öl auf Leinwand, 141 × 121,9 cm, Los Angeles, County Museum of Art

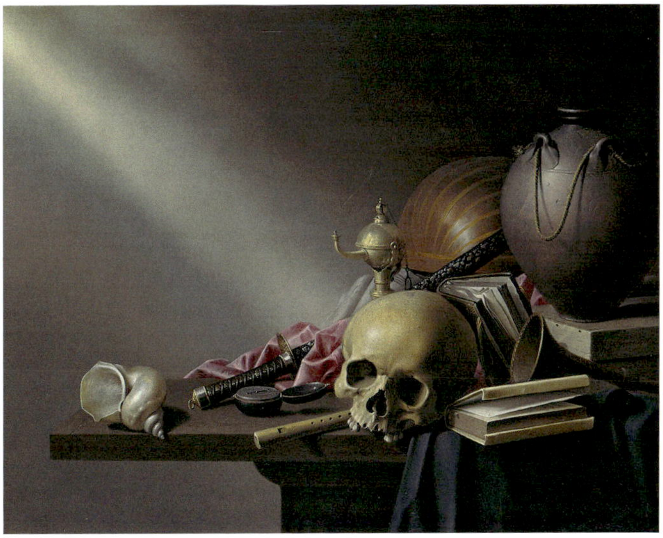

Tafel 2 Harmen Steenwyck: *Stillleben*, um 1640, Öl auf Eichenholz, 39,2 × 50,7 cm, London, The National Gallery

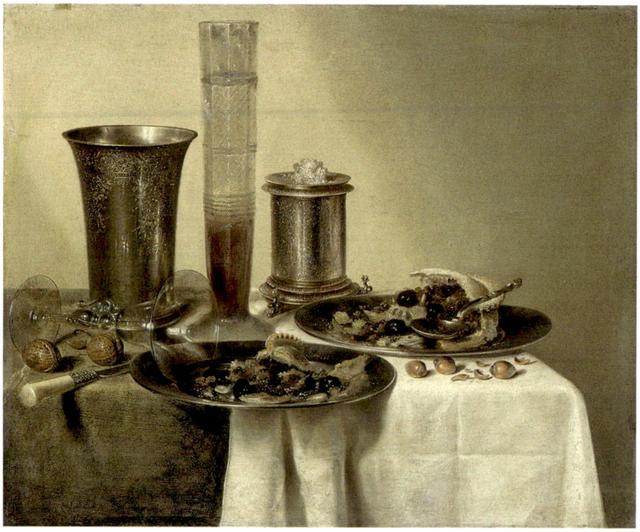

Tafel 3 Willem Claesz. Heda: *Stillleben*, 1637, Öl auf Holz, 44 × 55 cm, Paris, Musée du Louvre

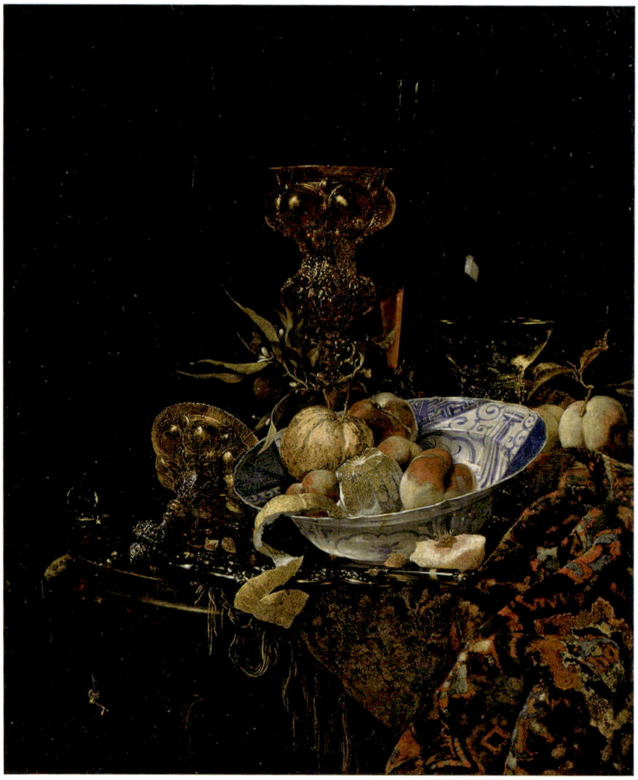

Tafel 4 Willem Kalf: *Gefäß und Früchte mit Porzellanschale*, 2. Hälfte 17. Jh., Öl auf Leinwand, 78,5 × 66,7 cm, Schwerin, Staatliches Museum Schwerin

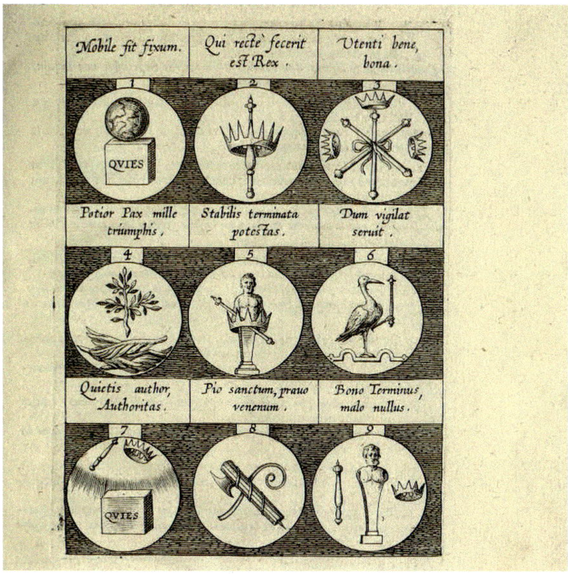

Tafel 5 Otto van Veen: *Emblemata Sive Symbola [...]* Bruxellæ 1624, S. 2, Emblem Nr. 1

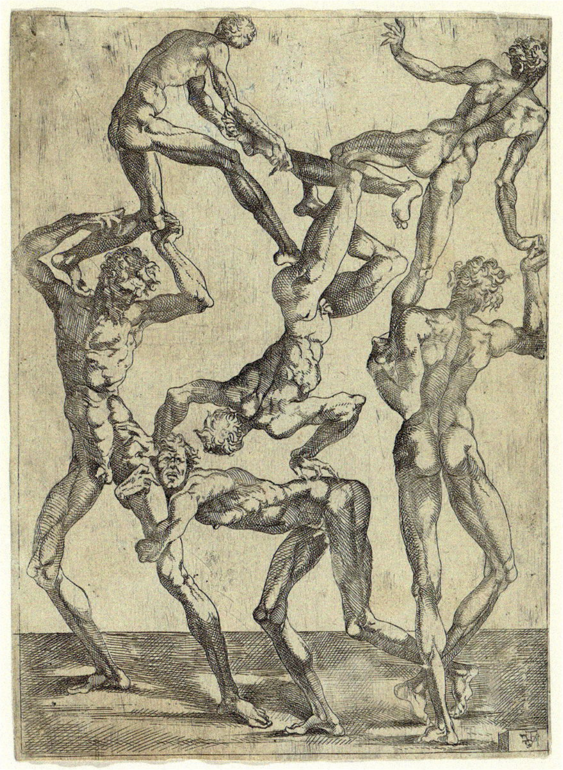

Tafel 6 Juste de Juste: *Figurenpyramide*, um 1550, Radierung 27,9 × 20,8 cm

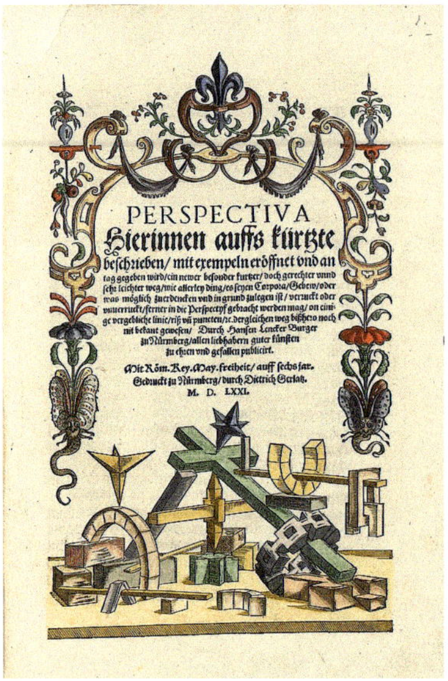

Tafel 7 Hans Lencker, *Perspectiva*, [...], Nürnberg 1571 (Frontispiz)

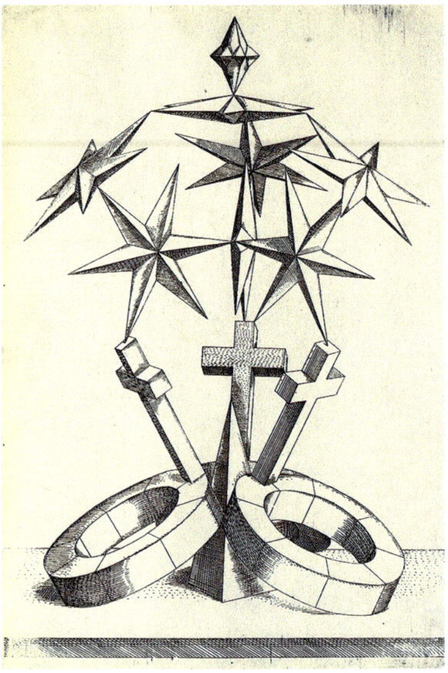

Tafel 8 Mathis Zündt nach Hans Lencker: *Sieben Sterne balancierend auf drei Kreuzen*, 1576, Radierung, 25,7 × 17,5 cm

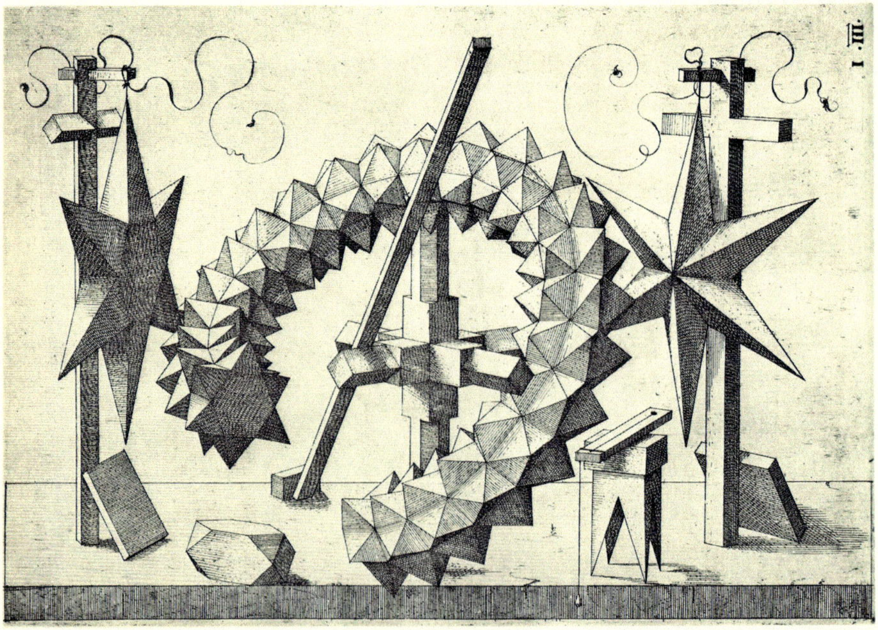

Tafel 9 Wenzel Jamnitzer: *Perspectiva Corporum Regularium*. [...], Nürnberg 1568, Blatt 50, 18 × 26 cm, S. 109

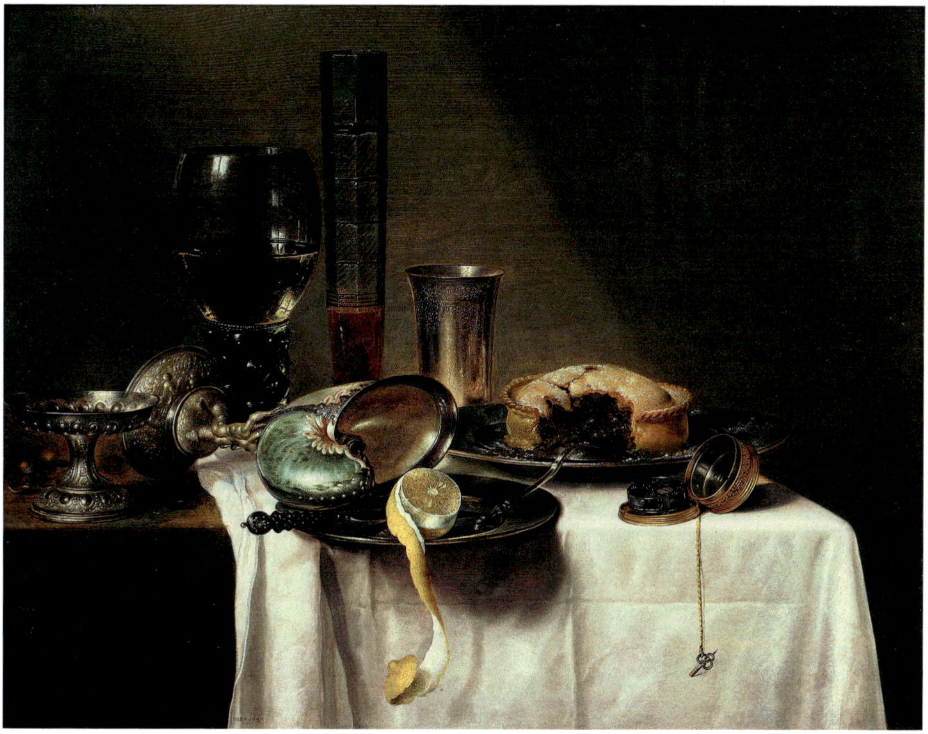

Tafel 10 Willem Claesz. Heda: *Stillleben*, 1640, Öl auf Holz, 59,5 cm × 78,5 cm, Aachen, Suermondt-Ludwig-Museum

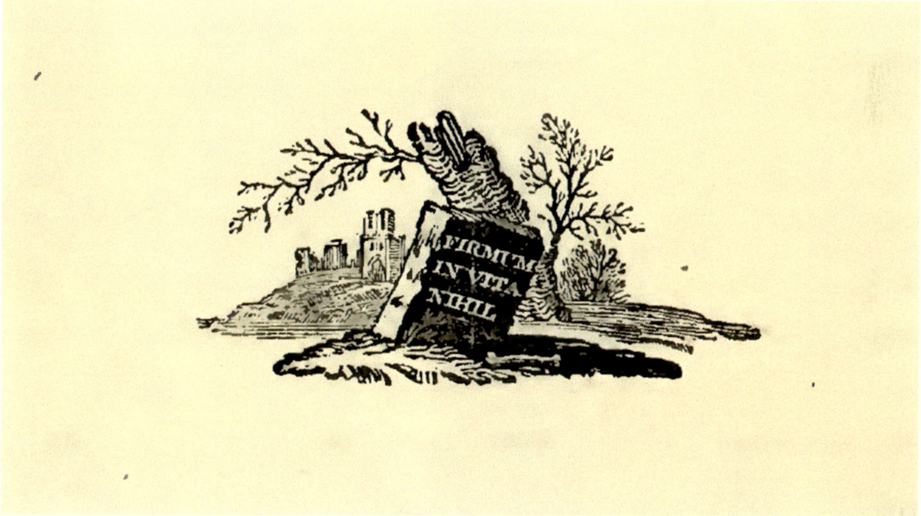

Tafel 11 Thomas Bewick: *General History of Quadrupeds [...]*, Newcastle upon Tyne 1800, Index, S. X (Detail)

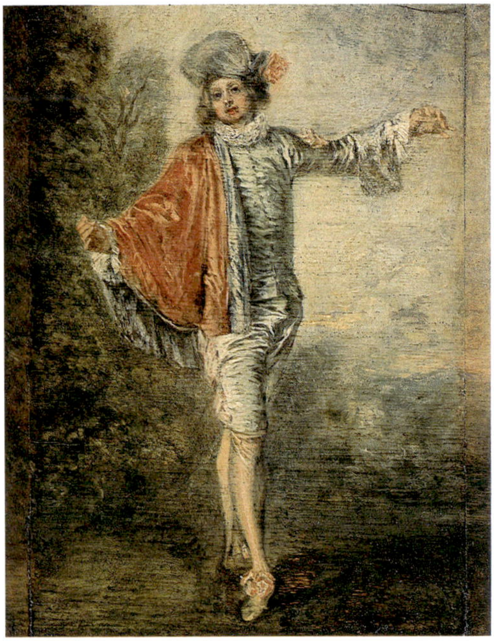

Tafel 12 Jean-Antoine Watteau: *L'Indifférent*. Um 1717. Öl auf Eichenholz, 25,5 × 18,7cm, Musée du Louvre, Paris

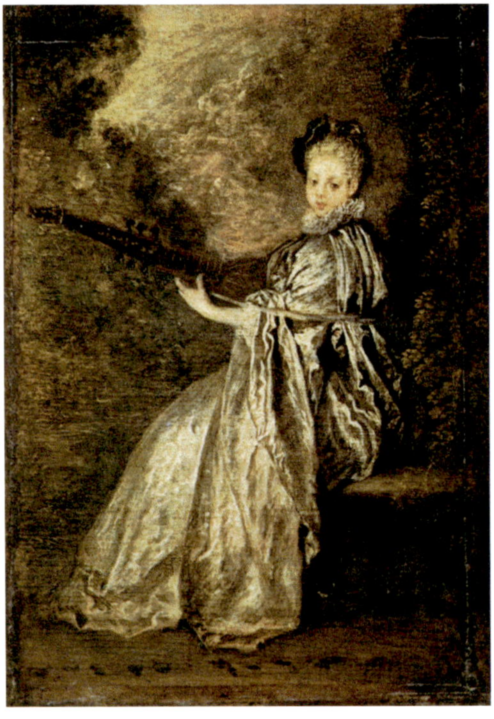

Tafel 13 Jean-Antoine Watteau: *La Finette*. Um1717. Öl auf Eichenholz, 25,3 × 18,9 cm, Musée du Louvre, Paris

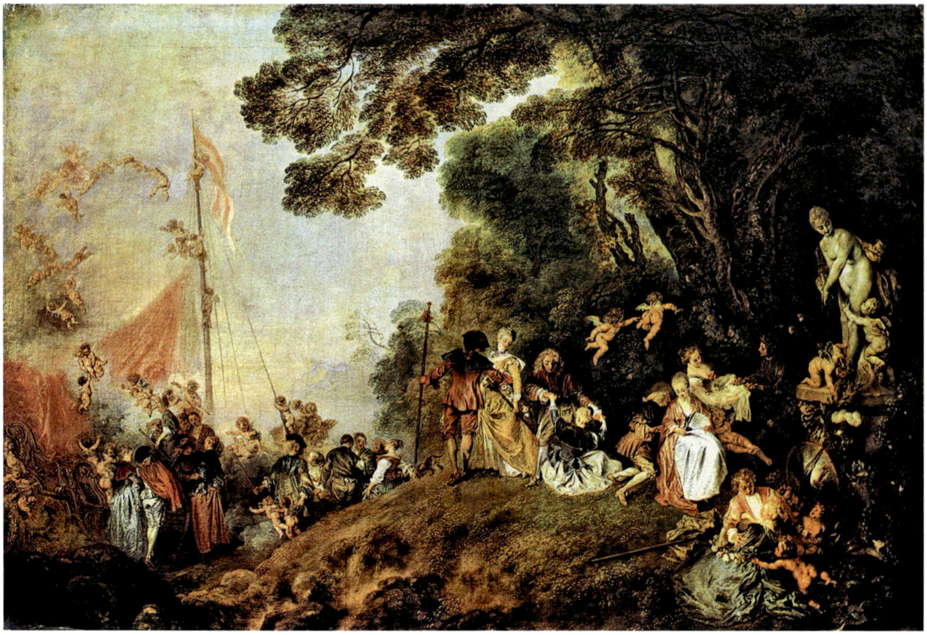

Tafel 14 Jean-Antoine Watteau: *L'Embarquement pour Cythère*. Um 1718. Öl/Lwd., 129 × 194 cm, Staatliche Schlösser und Gärten, Berlin, Schloss Charlottenburg

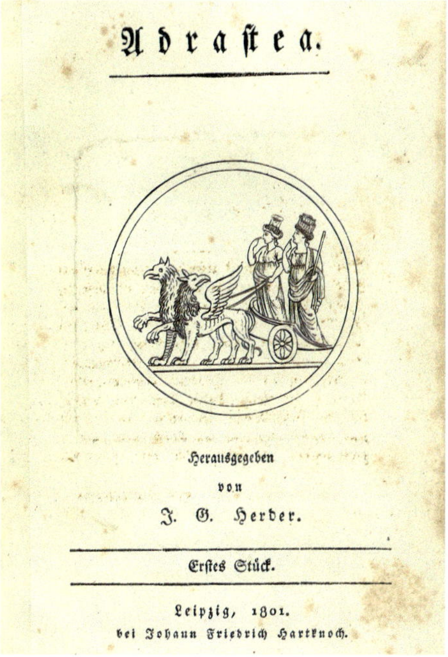

Adrastea.

Herausgegeben
von
J. G. Herder.

Erstes Stück.

Leipzig, 1801.
bei Johann Friedrich Hartknoch.

Tafel 15 Titelblatt *Adrastea*, herausgegeben von J. G. Herder. Erstes Stück, Leipzig 1801, Vignette von Johann Christian Ernst Müller

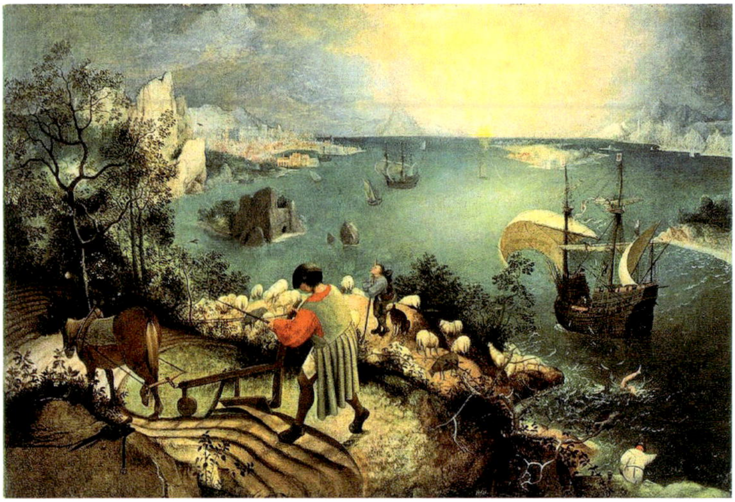

Tafel 16 Pieter Bruegel der Ältere: *Landschaft mit dem Sturz des Ikarus*, undatiert, Öl auf Leinwand, 73,5 × 112 cm, Königliche Museen der Schönen Künste in Belgien, Brüssel

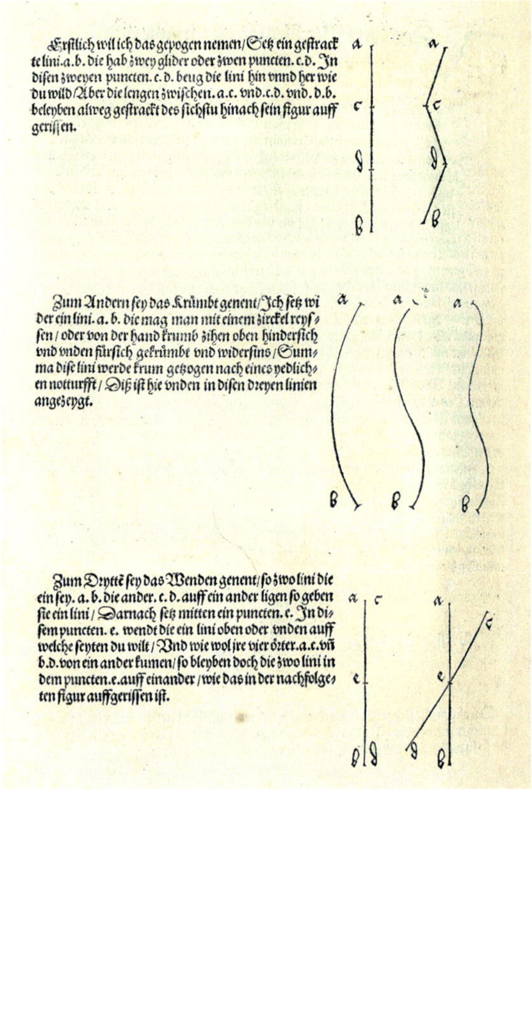

Erſtlich wil ich das gepogen nemen/Setz ein geſtrackte lini.a.b. die hab zwey glider oder zwen puncten. c.d. In diſen zweyen puncten. c. d. beug die lini hin vnnd her wie du wild/Aber die lengen zwiſchen. a.c. vnd.c.d. vnd. d.b. beleyben alweg geſtrackt des ſichſtu hinach ſein figur auff geriſſen.

Zum Andern ſey das Krůmbt genent/Ich ſetz wider ein lini. a. b. die mag man mit einem zirckel reyſſen / oder von der hand krumb zihen oben hinderſich vnd vnden fürſich gekrůmbt vnd widerſins /Summa diſe lini werde krum getzogen nach eines yedlichen notturfft / Diß iſt hie vnden in diſen dreyen linien angezeygt.

Zum Dryttē ſey das Wenden genent/ſo zwo lini die ein ſey. a. b. die ander. c. d. auff ein ander ligen ſo geben ſie ein lini / Darnach ſetz mitten ein puncten. e. In diſem puncten. e. wendt die ein lini oben oder vnden auff welche ſeyten du wilt / Vnd wie wol jre vier ôrter.a.c.vñ b.d.von ein ander kumen/ ſo bleyben doch die zwo lini in dem puncten.e.auff einander /wie das in der nachfolgeten figur auffgeriſſen iſt.

Tafel 17a, b, c Albrecht Dürer: *Hjerin sind begriffen vier biicher / von menschlicher Proportion*, Nürnberg 1528, Bayerische Staatsbibliothek München, Sign. Rar 612, fol. V6v, X1r, V1v

Ein bewriſch weyb von ſiben haubt lengen.

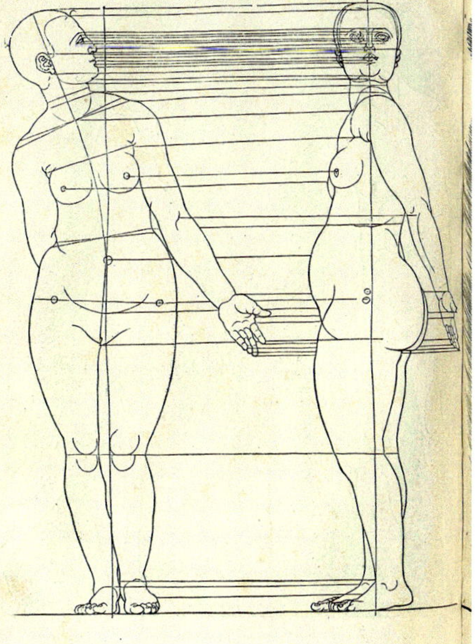

115

Hie ſind die geſtrackten linien außgelaſſen.

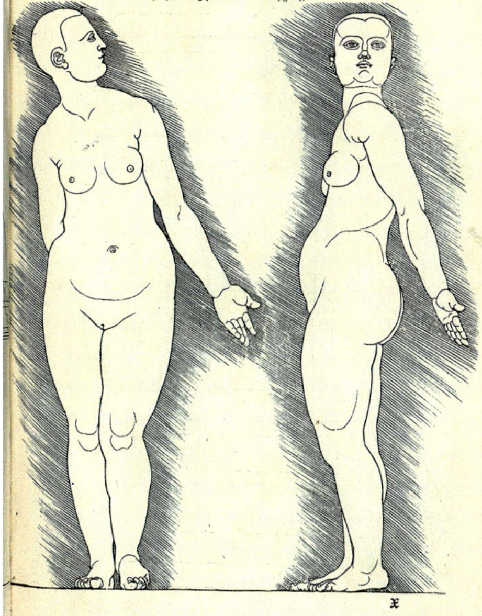

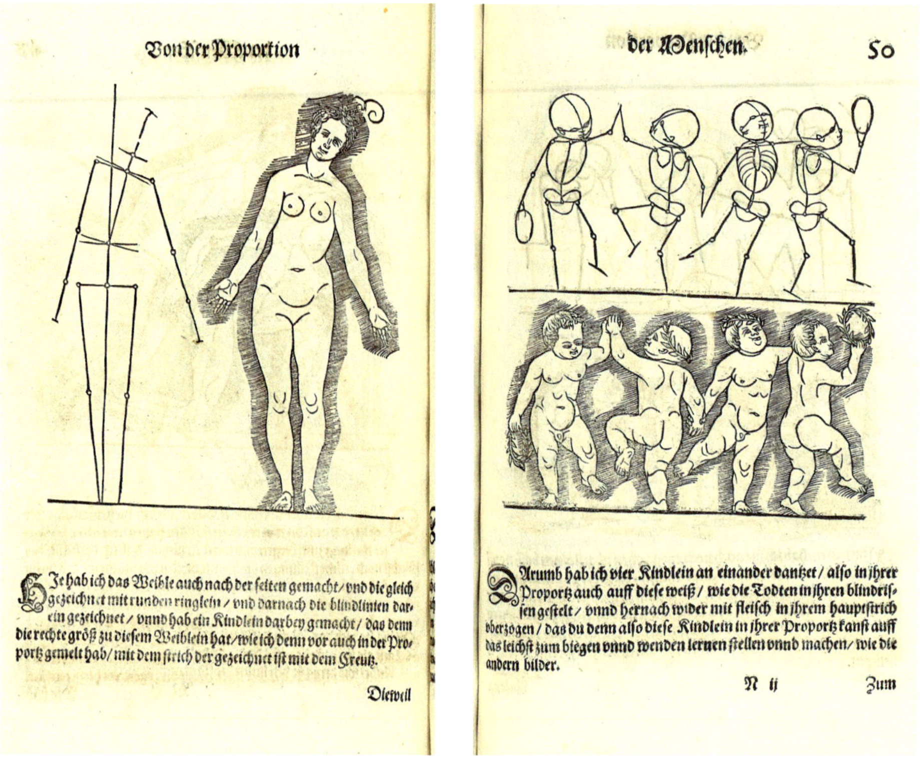
Von der Proportion

Hie hab ich das Weible auch nach der seiten gemacht / vnd die gleich gezeichnet mit runden ringlein / vnd darnach die blindlinien darein gezeichnet / vnnd hab ein Kindlein darbey gemacht / das denn die rechte gröss zu diesem Weiblein hat / wie ich denn vor auch in der Proportz gemelt hab / mit dem strich der gezeichnet ist mit dem Creutz.

Dieweil

der Menschen. 50

Darumb hab ich vier Kindlein an einander dantzet / also in jhrer Proportz auch auff diese weiß / wie die Todten in jhren blindrissen gestelt / vnnd hernach wider mit fleisch in jhrem hauptstrich vberzogen / das du denn also diese Kindlein in jhrer Proportz kanst auff das leichst zum biegen vnnd wenden lernen stellen vnnd machen / wie die andern bilder.

N ij Zum

Tafel 18a, b Heinrich Lautensack: *Deß Circkelß vnd Richtscheyts / auch der Perspectiva / vnd Proportion der Menschen vnd Rosse / kurtze / doch gründtliche vnderweisung / deß rechten Gebrauchs*, Franckfurt am Mayn 1618, Bayerische Staatsbibliothek München, Sign. Res/2A.gr.b.543, fol. 48v, 50, hier Bibliothek der Universität Heidelberg, Sign. 83 B 1434 RES

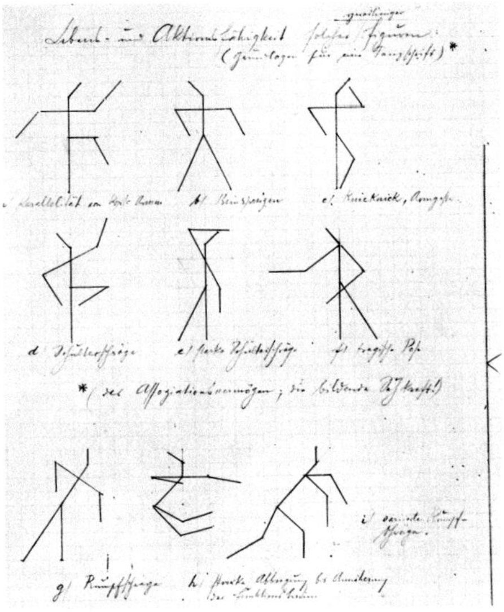

Tafel 19a Oskar Schlemmer: *Lebens-und Aktionsfähigkeit solcher geradliniger Figuren: (Grundlage für eine Tanzschrift) (das Assoziationsvermögen; die bildende Sehkraft!)*

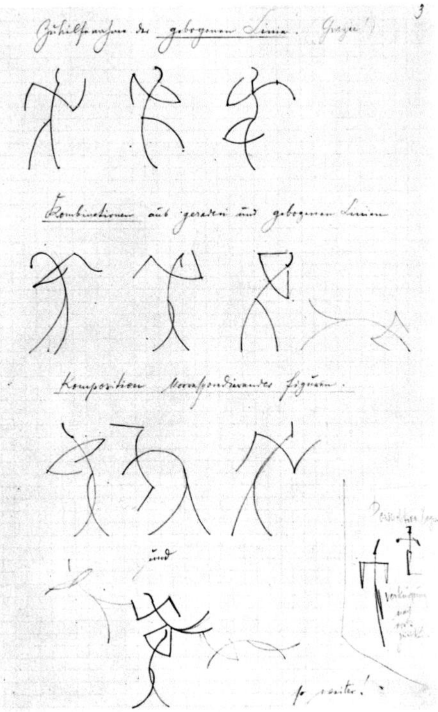

Tafel 19b Oskar Schlemmer: *Zuhilfenahme der gebogenen Linie. (Grazie!)*

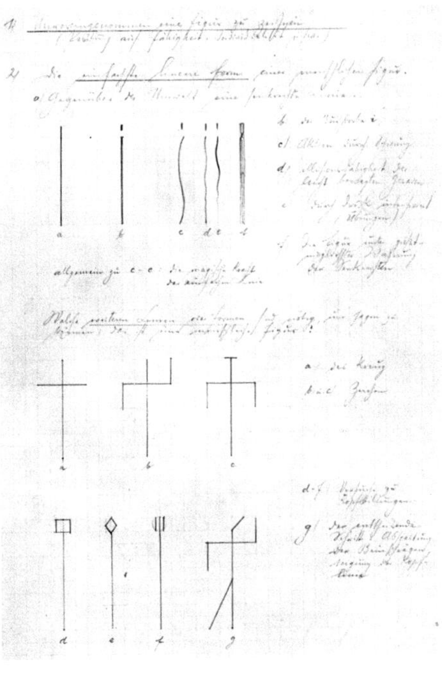

Tafel 19c Oskar Schlemmer: *Unvoreingenommen eine Figur zu zeichnen (Prüfung auf Fähigkeit, Individualität usw.)*

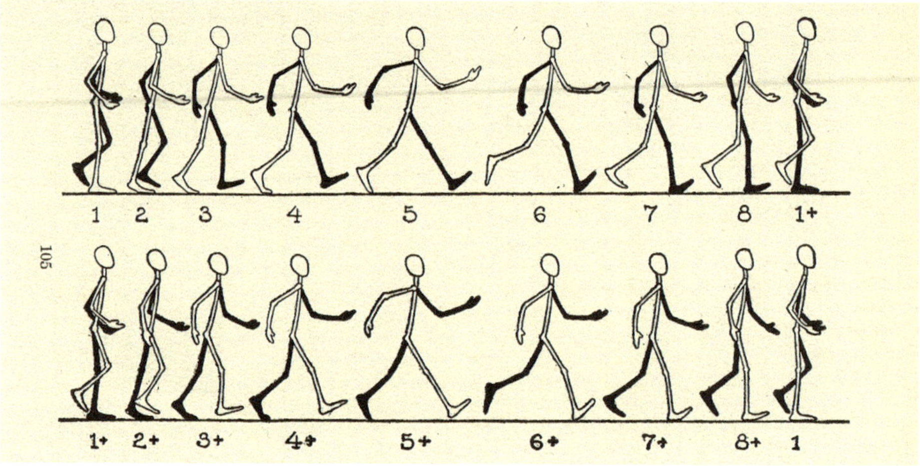

Tafel 20a Edwin George Lutz: *Successive Phases of Movements in Walking, Illustrating Especially the Reciprocal Action of the Limbs*

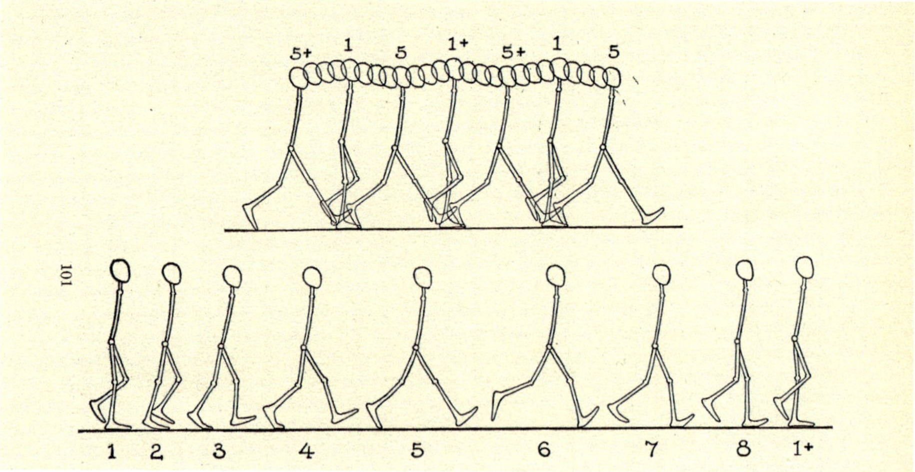

Tafel 20b Edwin George Lutz: *Successive Phases of Movements of the Legs in Walking, Above: Diagram to indicate the length of a stride and to show how the head describes a »wave«*

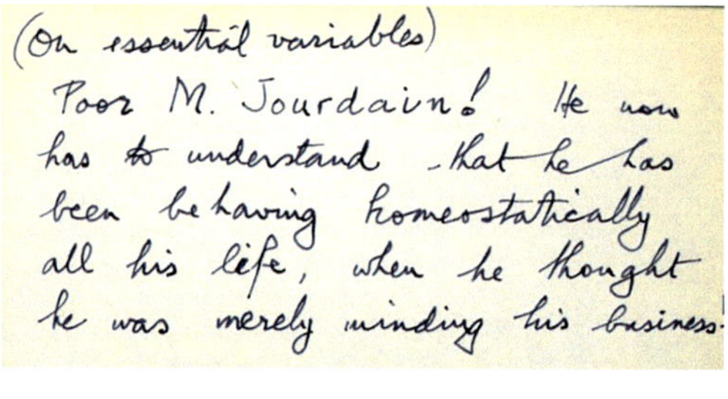
(On essential variables)
Poor M. Jourdain! He now has to understand that he has been behaving homeostatically all his life, when he thought he was merely minding his business.

Tafel 21 Karteikarte Ashbys, The W. Ross Ashby Digital Archive

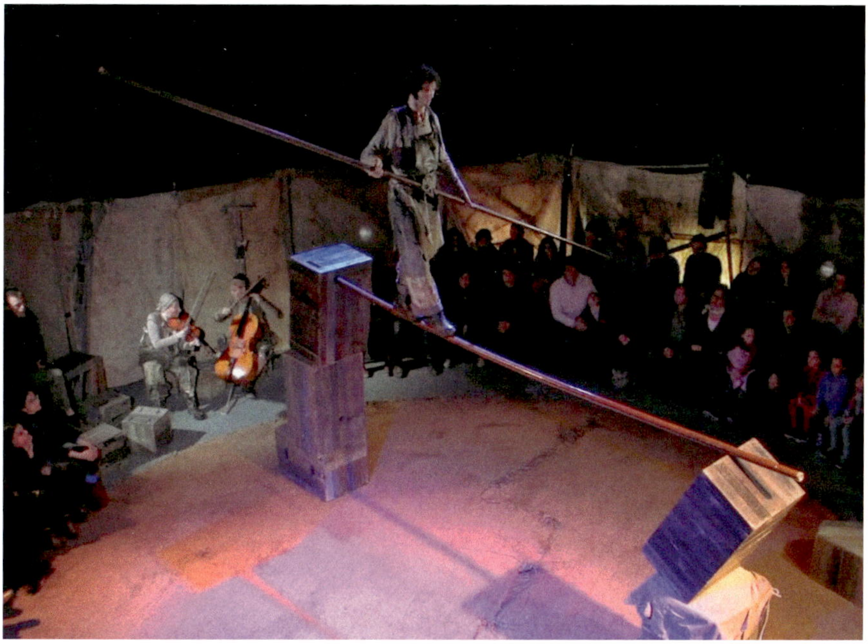

Tafel 22 Filmstill aus: Manolo Alcántara: *RUDO*. (Min. 21:53). Videoaufzeichnung vom März 2014

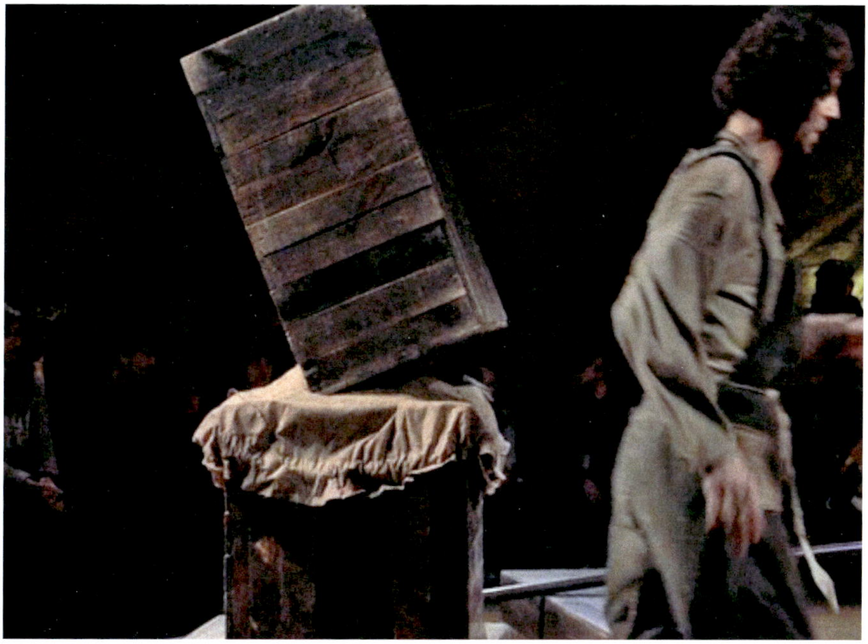

Tafel 23 Filmstill aus: Manolo Alcántara: *RUDO*. (Min. 19:46). Videoaufzeichnung vom März 2014

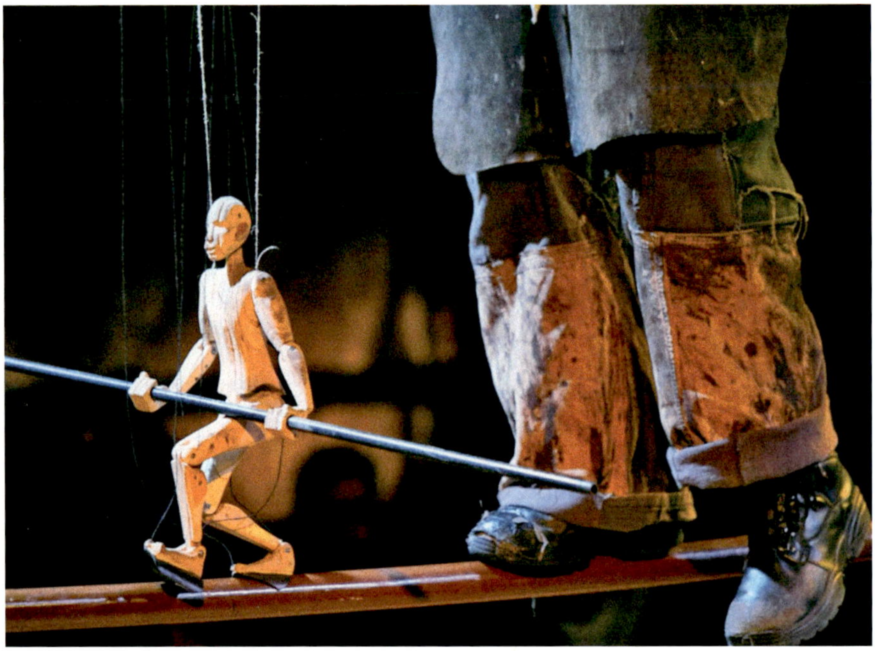

Tafel 24 Filmstill aus: Manolo Alcántara: *RUDO*. (Min. 42:45). Videoaufzeichnung vom März 2014

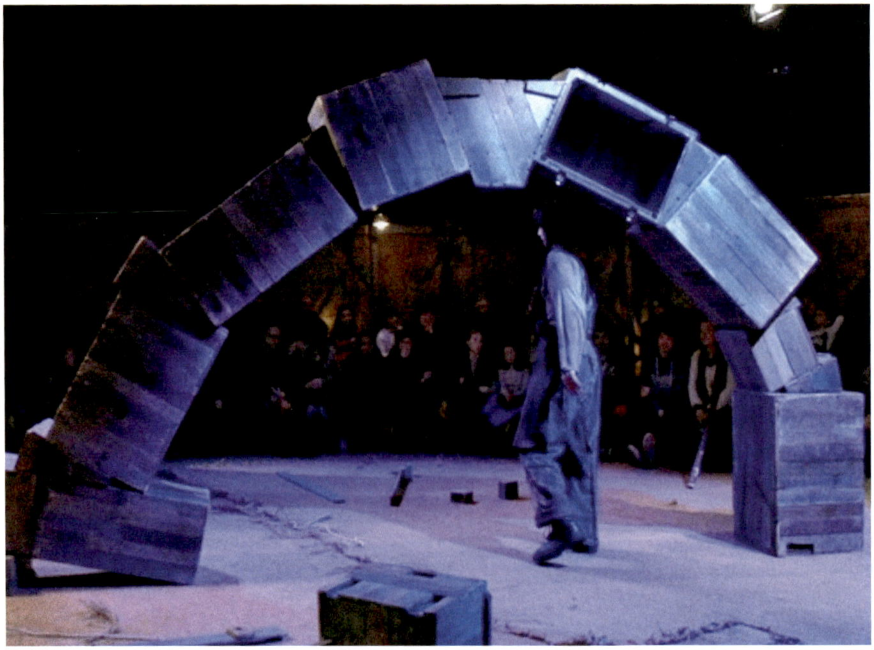

Tafel 25 Filmstill aus: Manolo Alcántara: *RUDO*. (Min. 56:57). Videoaufzeichnung vom März 2014

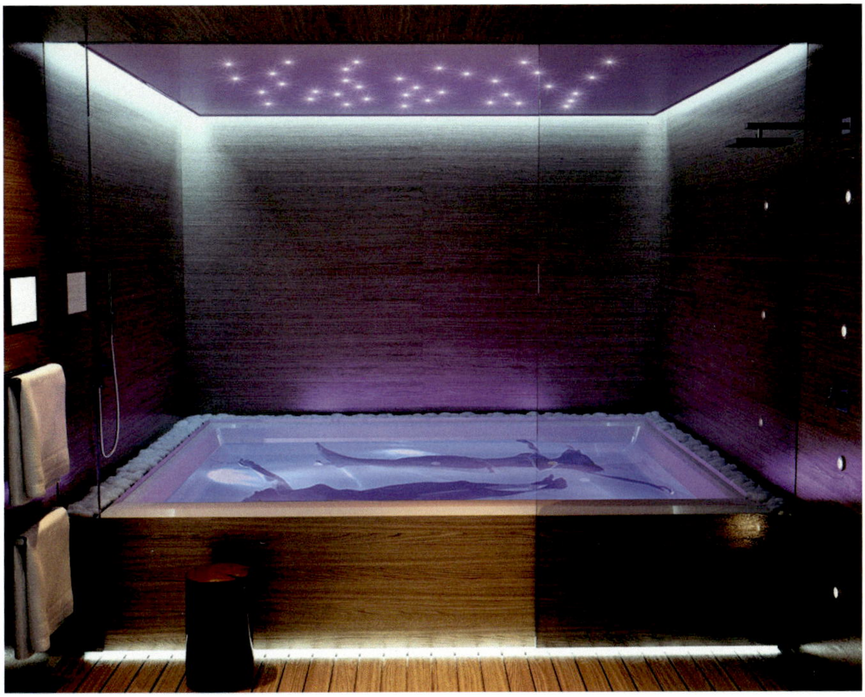

Tafel 26 Open-Float-Tank für Partner-Floating

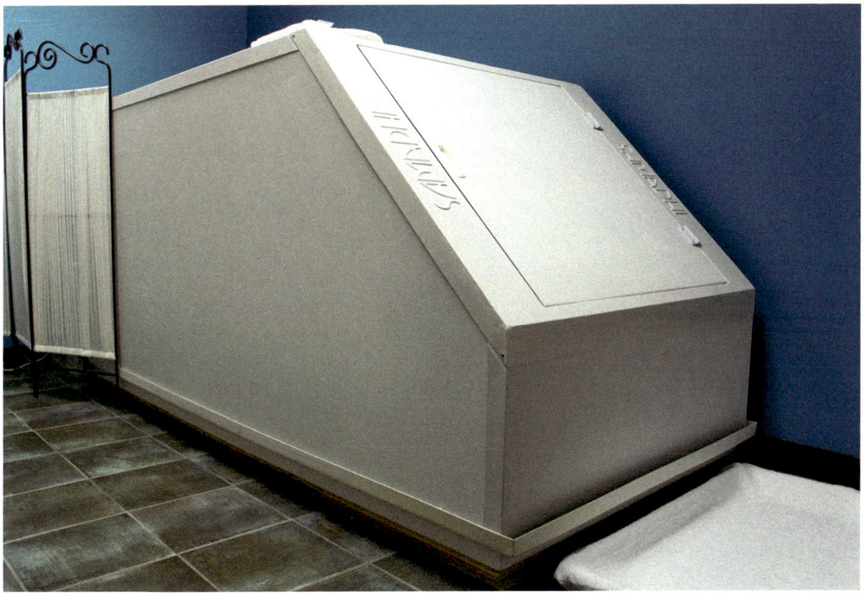

Tafel 27 Klassischer Floating Tank der Firma *Samadhi*

BILDNACHWEIS

ABBILDUNGEN

Emiliano De Vito

1 Albrecht Dürer: *Melencolia I*, 1514, Kupferstich, 37,1 × 28,3 cm (Blatt) u. 23,7 × 19 cm (Platte), Tafel 1 in: Raymond Klibansky, Erwin Panofsky u. Fritz Saxl: *Saturno e la melanconia. Studi su storia della filosofia naturale, medicina, religione e arte*, Torino 2002

2 Albrecht Dürer: *Melencolia I*, Detailansicht

3 Albrecht Dürer: *Waage*, 1514, Teilentwurf zum Stich *Melencolia I*, Federzeichnung, 20,5 × 17,5 cm, Tafel 6 in: Raymond Klibansky, Erwin Panofsky u. Fritz Saxl: *Saturno e la melanconia. Studi su storia della filosofia naturale, medicina, religione e arte*, Torino 2002

4 Wildgänse und Lotusblume, Nîlakantheshvara Tempel, Kekind, Rajputana, 10. Jahrhundert, Tafel 75 in: Stella Kramrisch: *The Hindu Temple*, University of Calcutta 1946

Andreas Gormans

1 Pierre Varignon: *Projet d'une Nouvelle Méchanique [...]*, Paris 1687, S. 89, [© Archiv des Autors]

Michael Eggers

1 G. W. Münter [C. F. v. Kielmeyer]: *Allgemeine Zoologie oder Physik der organischen Körper*, Halle 1840, S. XIV (Inhaltsverzeichnis)

Bernhard J. Dotzler

1 Ausschnitt aus *Entwurf für einen Intelligenz-Verstärker*, W. Ross Ashby: Entwurf für einen Intelligenz-Verstärker, in: C. E. Shannon u. J. McCarthy (Hrsg.): Studien zur Theorie der Automaten (Automata Studies) [1956], erweiterte Ausgabe und Übersetzung durch Franz Kaltenbeck u. Peter Weibel, München 1974, S. 249–271, S. 250

2 Ausschnitt aus *Entwurf für einen Intelligenz-Verstärker*, W. Ross Ashby: Entwurf für einen Intelligenz-Verstärker, in: C. E. Shannon u. J. McCarthy (Hrsg.): Studien zur Theorie der Automaten (Automata Studies) [1956], erweiterte Ausgabe und Übersetzung durch Franz Kaltenbeck u. Peter Weibel, München 1974, S. 249–271, S. 255

3 Ausschnitt aus *Entwurf für einen Intelligenz-Verstärker*, W. Ross Ashby: Entwurf für einen Intelligenz-Verstärker, in: C. E. Shannon u. J. McCarthy (Hrsg.): Studien zur Theorie der Automaten (Automata Studies) [1956], erweiterte Ausgabe und Übersetzung durch Franz Kaltenbeck u. Peter Weibel, München 1974, S. 249–271, S. 256

Philipp Hauss und Sebastian Vehlken

1 Isolationsraum im Experiment der McGill-Universität. Aus: F. Croft: Look What Utter Boredom Can Do, in: MacLean's Magazine, 15. Mai 1954, S. 18–19 und S. 88–90: S. 19

2 Maximale Isolation im Latexkostüm. Aus: John C. Lilly u. Jay T. Shurley: Experiments in Solitude, in Maximum Achievable Physical Isolation with Water Suspension, of Intact Healthy Persons, in: B. E. Flaherty (Hrsg.): Psychophysiological Aspects of Space Flight, New York 1961, S. 238–247. Bild abgerufen unter C. Williams, S. Marks, D. Pick: Can isolation lead to manipulation?, in: Welcome Collection, 27. September 2018, https://wellcomecollection.org/articles/W1bwkyYAACUAqy10 (abgerufen am 28.07.2019)

3 Überblick über Sensory Deprivation-Experimente. Aus: Peter Suedfeld, Elizabeth J. Ballard u. Margaux Murphy: Water immersion and flotation: From stress experiment to stress treatment, in: Journal of Environmental Psychology 3,2/1983, S. 147–155: S. 149

4a, b Tabelle 1: Ebenen des Bewußtseins. Aus: John C. Lilly. Das Zentrum des Zyklons. Eine Reise in die inneren Räume. Neue Wege der Bewußtseinserweiterung, Frankfurt 1976, S. 155–156

5 Gehirnwellentrainingsgerät. Aus: David Boxerman u. Aron Spilken: Alpha-Wellen. Die Technik der Elektronischen Meditation, Basel 1977, S. 109. Dort mit freundlicher Genehmigung der Cyborg Corporation, Boston, USA

FARBTAFELN

1 Abraham van Beyeren: *Bankettstillleben*, 1667, Öl auf Leinwand, 141 × 121,9 cm, Los Angeles, County Museum of Art [© bpk | Los Angeles County Museum of Art | Art Resource, NY]

2 Harmen Steenwyck: *Stillleben*, um 1640, Öl auf Eichenholz, 39,2 × 50,7 cm, London, The National Gallery [© London, The National Gallery]

3 Willem Claesz. Heda: *Stillleben*, 1637, Öl auf Holz, 44 × 55 cm, Paris, Musée du Louvre [© bpk | RMN-Grand Palais | Gérard Blot]

4 Willem Kalf: *Gefäß und Früchte mit Porzellanschale*, 2. Hälfte 17. Jh., Öl auf Leinwand, 78,5 × 66,7 cm, Schwerin, Staatliches Museum Schwerin [© bpk | Staatliche Schlösser, Gärten und Kunstsammlungen Mecklenburg-Vorpommern | Elke Walford]

5 Otto van Veen: *Emblemata Sive Symbola [...]* Bruxellæ 1624, S. 2, Emblem Nr. 1 [© Archiv des Autors]

6 Juste de Juste: *Figurenpyramide*, um 1550, Radierung 27,9 × 20,8 cm [© Archiv des Autors]

7 Hans Lencker, *Perspectiva* [...], Nürnberg 1571 (Frontispiz) [© Archiv des Autors]

8 Mathis Zündt nach Hans Lencker: *Sieben Sterne balancierend auf drei Kreuzen*, 1576, Radierung, 25,7 × 17,5 cm [© Archiv des Autors]

9 Wenzel Jamnitzer: *Perspectiva Corporum Regularium.* [...], Nürnberg 1568, Blatt 50, 18 × 26 cm, S. 109 [© Archiv des Autors]

10 Willem Claesz. Heda: *Stillleben*, 1640, Öl auf Holz, 59,5 cm × 78,5 cm, Aachen, Suermondt-Ludwig-Museum [© Suermondt-Ludwig-Museum, Aachen]

11 Thomas Bewick: *General History of Quadrupeds [...]*, Newcastle upon Tyne 1800, Index, S. X (Detail) [© Archiv des Autors]

12 Jean-Antoine Watteau: *L'Indifférent*, um 1717, Öl auf Eichenholz, 25,5 × 18,7 cm, Musée du Louvre, Paris; Margaret Morgan Grasselli u. Pierre Rosenberg (Hrsg.): Watteau 1684–1721, Ausst. Kat., Berlin 1985, S. 392

13 Jean-Antoine Watteau: *La Finette*, um1717, Öl auf Eichenholz, 25,3 × 18,9 cm, Musée du Louvre, Paris; Margaret Morgan Grasselli u. Pierre Rosenberg (Hrsg.): Watteau 1684–1721, Ausst. Kat., Berlin 1985, S. 389

14 Jean-Antoine Watteau: *L'Embarquement pour Cythère*, um 1718, Öl/Lwd., 129 × 194 cm, Staatliche Schlösser und Gärten, Berlin, Schloss Charlottenburg; Margaret Morgan Grasselli u. Pierre Rosenberg (Hrsg.): Watteau 1684–1721, Ausst. Kat., Berlin 1985, S. 408–409

15 Titelblatt *Adrastea*, herausgegeben von J. G. Herder. Erstes Stück, Leipzig 1801, Vignette von Johann Christian Ernst Müller [© Staatsbibliothek zu Berlin – PK/Abteilung Historische Drucke/ Signatur: Zsn 46664-1.1801:R]

16 Pieter Bruegel der Ältere: *Landschaft mit dem Sturz des Ikarus*, undatiert, Öl auf Leinwand, 73,5 × 112 cm, Königliche Museen der Schönen Künste in Belgien, Brüssel [© Königliche Museen der Schönen Künste in Belgien, Brüssel]

17 a, b c Albrecht Dürer: *HJerin sind begriffen vier biicher / von menschlicher Proportion*, Nürnberg 1528, Bayerische Staatsbibliothek München, Sign. Rar 612, fol. V1v, V6v, X1r, in: Pirkko Rathgeber: Bewegungsfiguren. Über die Bewegung der Strichfigur in der Zeichnung und ihre Bedeutung für den Zeichentrickfilm, Paderborn 2019 12. 09. 2019, S. 569, 571

18 a, b Heinrich Lautensack: *Deß Circkelß vnd Richtscheyts / auch der Perspectiva / vnd Proportion der Menschen vnd Rosse / kurtze / doch gründtliche vnderweisung / deß rechten Gebrauchs*, Franckfurt am Mayn 1618, Bayerische Staatsbibliothek München, Sign. Res/2 A.gr.b.543#Beibd.3, fol. 48v, 50, in: Pirkko Rathgeber: Bewegungsfiguren. Über die Bewegung der Strichfigur in der Zeichnung und ihre Bedeutung für den Zeichentrickfilm, Paderborn 2019 12. 09. 2019, S. 590, 592

19a Oskar Schlemmer: *Lebens-und Aktionsfähigkeit solcher geradliniger Figuren: (Grundlage für eine Tanzschrift) (das Assoziationsvermögen; die bildende Sehkraft!)*, in: Hans M. Wingler (Hrsg.): *Oskar Schlemmer. Der Mensch. Unterricht am Bauhaus. Nachgelassene Aufzeichnungen*, redigiert, eingeleitet und kommentiert von Heimo Kuchling, Mainz 1969, S. 89

19b Oskar Schlemmer: *Zuhilfenahme der gebogenen Linie. (Grazie!)*, in: Hans Hans M. Wingler (Hrsg.): *Oskar Schlemmer. Der Mensch. Unterricht am Bauhaus. Nachgelassene Aufzeichnungen*, redigiert, eingeleitet und kommentiert von Heimo Kuchling, Mainz 1969, S. 91

19c Oskar Schlemmer: *Unvoreingenommen eine Figur zu zeichnen (Prüfung auf Fähigkeit, Individualität usw.)*, in: Hans M. Wingler (Hrsg.): *Oskar Schlemmer. Der Mensch. Unterricht am Bauhaus. Nachgelassene Aufzeichnungen*, redigiert, eingeleitet und kommentiert von Heimo Kuchling, Mainz 1969, S. 87

20a Edwin George Lutz: *Successive Phases of Movements in Walking, Illustrating Especially the Reciprocal Action of the Limbs*, in: id.: *Animated Cartoons. How They Are Made, Their Origin and Development* [1920], Bedford, MA 1998, S. 105

20b Edwin George Lutz: *Successive Phases of Movements of the Legs in Walking, Above: Diagram to indicate the length of a stride and to show how the head describes a »wave«*, in: id.: *Animated Cartoon. How they are made. Their Origin and Development* [1920], Bedford, MA 1998, S. 101

21 Karteikarte Ashbys, The W. Ross Ashby Digital Archive, http://www.rossashby.info/index.html (abgerufen am: 1. 7. 2019)

22 Filmstill aus: Manolo Alcántara: *RUDO*. (Min. 21:53). Videoaufzeichnung vom März 2014 [© Manolo Alcántara]

23 Filmstill aus: Manolo Alcántara: *RUDO*. (Min. 19:46). Videoaufzeichnung vom März 2014 [© Manolo Alcántara]

24 Filmstill aus: Manolo Alcántara: *RUDO*. (Min. 42:45). Videoaufzeichnung vom März 2014 [© Manolo Alcántara]

25 Filmstill aus: Manolo Alcántara: *RUDO*. (Min. 56:57). Videoaufzeichnung vom März 2014 [© Manolo Alcántara]

26 Open-Float-Tank für Partner-Floating, https://storage.spatiulconstruit. ro/storproc/gallery/69/93/23996/gallery_item/146643/float_room_couple_146643.jpg (abgerufen am: 1. 7. 2019)

27 Klassischer Floating Tank der Firma *Samadhi*, https://www.samadhitank. com/formsam_resp.html (abgerufen am: 1. 7. 2019)

ISBN 978-3-11-060382-8
eISBN (PDF) 978-3-11-060528-0

Library of Congress Control Number: 2019954490

Bibliografische Information der Deutschen Nationalbibliothek
Die Deutsche Nationalbibliothek verzeichnet diese Publikation in der Deutschen Nationalbibliografie; detaillierte bibliografische Daten sind im Internet über http://dnb.dnb.de abrufbar

Coverabbildung: Willem Claesz. Heda: Stillleben, 1637, Öl auf Holz, 44 × 55 cm, Paris, Musée du Louvre © bpk | RMN-Grand Palais | Gérard Blot.
Covergestaltung: Petra Florath
Satz: LVD GmbH, Berlin
Druck und Bindung: DZA Druckerei zu Altenburg GmbH, Altenburg

www.degruyter.com